那更罗衣峭窄裁

南宋女装形制风格研究

张玲 著

本书出版得到中国传媒大学「双一流」和特色发展引导专项资金项目（CUC18CX09）、中国传媒大学中央高校基本科研业务费专项资金项目（2018CUCTJ056）的资助。

中国传媒大学出版社
·北京·

紧扣历史脉动　展现东方神韵

——张玲《那更罗衣峭窄裁——南宋女装形制风格研究》序

2016年8月在中山大学举办的宋史年会上，结识了正在撰写博士论文的张玲女士，这本《那更罗衣峭窄裁——南宋女装形制风格研究》则是她数年辛勤钻研的结晶。虽然早前我对宋代服饰做过一些摸索，但服装的“形制风格”于我则近于空白，见到这个标题，自然抱有很大兴趣。在我国古代服饰史上，宋代是一个非常重要的阶段，学界在此领域的研究上已经取得有许多成果，但囿于条件的限制，对服饰的形制探讨最为薄弱。该论以“南宋女装形制风格”为题，可谓迎难而上，在服装形制的精细化上下苦功，且又不仅限于此，视角阔远，给人深刻印象，不失为宋代服饰史研究中的重要成果。

就服饰史而论，不同时代有不同的形制风格，这是历史、文化、社会、时代诸因素在服装上的沉淀，所以，研究某个特定时期的服饰风格，必须将之放在那个时代社会历史的大背景下来讨论，才可能获得深入的认知。作者非历史专业出身，但从书中可以看出，她在宋代历史文化和史料上下了不少功夫，故而能尽可能地紧扣历史脉动，节次展开论述。与前代相较，宋代社会及其风貌发生了深刻的变化，这部论著以大量的文献和图像，结合难得的服装实物证据，充分显现了宋代的这一特点，故而著作的时代感十分强烈。例如，今人说的唐肥宋瘦，是指唐宋审美旨趣发生了变化，但变化不可能整齐划一，近代史学大家刘咸炘《北宋政变考》说，北宋仁宗初期及以前，“貌以丰肥为美”，是言审美观的演变在北宋中期就已经发生了。到了南宋，这种变化就更明显了。张玲通过对福州、南京、江西德安等地多座南宋墓葬出土服饰的实地调研测绘，将其形制数据与北宋及历代加以对比考察，实证了南宋女装“峭窄化”成为普遍追逐的时尚剪裁风格。她还在宋词中找出大量关于衣衫形制的描述，如北宋王齐愈《虞美人》中“水沈香熨窄衫轻”，曹组《醉花阴》中“峭窄春衫小”；南宋曹勋《武陵春》中“峭窄春衫试嫩寒”，辛弃疾《醉太平》中“薄罗衣窄絮风软”，黄机《浣溪沙》中“墨绿衫儿窄窄裁”，吴文英《玉楼春》中“金蝉罗翦胡衫窄，乘肩争看小腰身”，佳句不胜枚举。以文证史，进一步证实两宋服饰向峭窄形制发展的趋势。儒家强调服装对人体的遮蔽与覆盖，汉晋士人服饰有“宽衣博带”之风，但在宋代，女性窄衣文化却受到普遍欣赏，这个转变是如何发生的？这是个十分有趣的问题。揆诸史实，衣着的窄短之风更多受到北方民族的影响。胡汉间的服饰文化交融源远流长，宋代民族融合现象更加明显。且不论战国赵武灵王“胡服骑射”的改装，宋沈括《梦溪笔谈》就已指出：“中国衣冠，自北齐以来，乃全用胡服。窄袖绯绿短衣，长靿靴，有蹀躞带，皆胡服也。窄袖利于驰射，短衣长靿，皆便于涉草。”上引宋吴文英词也明确说是“胡衫窄”。该书对“胡化”与汉装之间的互动亦有很好的论述，不仅仅限于上述的窄衣现象，这是值得继续探讨的课题。

文字与图像是服饰研究的两大要素，沈从文和周锡保的著作为中国服饰史研究打下了坚实基础。张玲在图像的采集利用上用力甚勤，进而证之以服装实物，得出的结论可信度高。对近数十年来的考古发掘资料的梳理和比较，以及对南宋墓葬中女装研究标本的深入分析，是该书最为出彩的地方之一。作者利用自己擅长的剪裁技术，对南宋各类女装结构、尺寸、款式特征都作了细微的比对分析，为宋代女装的数据化定量研究做出了可贵的探索。这些年来，张玲跑了不少地方，调研了许多博物馆，大凡有与宋代服饰相关的墓葬发现，似乎都少不了她的身影，这是难能可贵的，其间自有发现的惊喜。例如，南宋岳珂《桯史》记载，宣和（1119—1125）年间流行一种“不施衿钮”的妇人便服，“束身短制”，“始自宫掖，未几而通国皆服之”，被称为“服妖”。有一天张玲告诉我，她在安徽南陵铁拐北宋晚期墓出土服饰的考察中发现，各式女装上衣均无衿带装饰，使北宋晚期的“服妖”得到实物证据，我也难禁一喜。其实，“服妖”就是所谓的奇装异服，在当社会处于急剧变化之中，“服妖”成为这种变化的一个表象。北宋晚期，金人南下，北宋政权风雨飘摇，出现所谓“服妖”，这就不足为怪了。今日视之，这正是着装上的突破和创新，追求俏美是人天性使然，“服妖”不妖，应予“平反”。

从技术的角度而言，一部服饰史，核心正在于服装形制（样式、尺寸）的变化。新颖而得体的、别出心裁的形制，加上材质、色彩、纹饰变化的适当搭配，往往带来视觉冲击，给人以美的享受，这不正是今日不时推出的时装秀所致力的目标吗？古人于此也有同样的追求，只是表现形式不同罢了。自然，服饰史有更丰富的内容，如该书所揭示的，服饰与政治、思想文化、社会生活的关系等，都是值得深入讨论的课题。

蔽体、保暖是衣裳的基本功能，同时衣裳也是人与社会的媒介。随着社会的发展，政治制度走向成熟，衣裳附加的功能也不断增多。传说中的黄帝、尧、舜时代"垂衣裳而天下治"，是后人想象中的三代政治，但"服制"的制定无疑是中国古代文明进入到新时期的一种标志。服制与舆制合而为"舆服制度"，是历代政治制度中的重要内容。西汉董仲舒《春秋繁露》说，"染五彩，饰文章者，非以为益肌肤血气之情也，将以贵贵尊贤，而明别上下之伦也。"贵贵尊贤、上下分明，是古代政治制度的本质特征。历代统治者所定的"服制"，欲使卑贱者不得与尊贵者穿着"同荣并丽"。但制度的规定性与世俗之间未必可以同一，以别身份的士庶服制从来就没有得到很好的遵行，宋代尤为明显。《宋史・舆服志》中记北宋末年"今闾阎之卑，倡优之贱，男子服带犀玉，妇人涂饰金珠，尚多僭侈，未合古制"，一些官员急切希望改变这种"衣冠之制，上下混一"的状况。后妃命妇的常服在南宋时已"与臣下无异"，故而时人有"女优被后服"之叹，而且，这种现象并不是从宋代开始的。以服饰来区分贵贱的"服制"在宋代已经被打乱了，在这部著作中这些现象得到了多重的有力论证。

宋代是中国古代思想文化大放光彩的时代，随着儒学复兴思潮的深化，产生了重要的学派——理学。一般的印象，理学是压制人性、趋于保守的一种思想，如果不细加分析，则将宋代归为保守时期，或以中国转向内在视之，这要看如何界定"中国"了。虽然对理学的评价是另一层面，但理学确有尚古的一面，就服饰而言，理学的集大成者朱熹制作过仿古并赋予某种道德含义的"深衣"，在当时就已经行不通，且受到人们的嘲笑。事实上，至少到南宋中期以前，理学都没有成为社会的主流，更说不上"控制"了社会生活，所以，因为理学流行而使宋人服饰趋"保守"的说法是不成立的。该书论证，南宋女装"轻装化"日益明显，继承了唐五代以来形成的开放风格并有发展，不同色质的抹胸式内衣与直领开襟大行其道，其所呈现的简约流畅、清新洒脱的造型成为新的范式，闪动着东方神韵，显示出恒久的审美价值，为"宋代美学"增添了一笔重彩。中华传统服饰文化丰富多彩，既是多元的，也非一成不变，这本厚重的著作揭示了变动中的南宋衣装，为古为今用、推陈出新打下了坚实的理论基础，就此而言，张玲博士对南宋女装的研究具有重要的学术意义。

大约二十年前，我曾参与王曾瑜先生主持的中国社科院历史所《宋辽西夏金社会生活史》课题，担任其中“服饰”的撰写，初步感受到了“宋代服饰”研究的魅力。张玲为她的新著索序，我唯恐不当其任，视之为学习新知的过程，心稍释然。张玲两年前已出版有专著《东周楚服结构风格研究》，甚得好评，如今再上层楼，在学术攀援之路上，理应得到最好的祝愿。

刘复生 于川大农林村

2019年3月

序

PREFACE

宋代是一个非常值得研究的历史阶段。一方面，与北方游牧民族冲突，军事上失利，导致北宋灭亡，赵宋南迁，多少英雄豪杰仁人志士为雪靖康之耻而献身；另一方面，在经济和文化上，宋代却是古代社会又一个高峰时期。其服饰文化也颇具特色，统治者反复修订服饰制度，不断颁布禁奢敕令，多次申饬服饰“务从简朴”“不得奢僭”。尤其女装“惟务洁净，尤不可异众”，宁宗嘉泰初年，为整顿侈靡风俗，将宫廷中女用金翠首饰当街焚烧，以儆效尤。特别是程朱理学“存天理，去人欲”思想的影响和支配，促使当时人们的审美观念和社会风尚朝着简洁、质朴、素雅、节俭方向转变，与开放、绚烂的唐代相比，宋代服饰的确显得朴素、拘谨，甚至保守。这是以往服饰史的传统看法。

但追求美是人之天性，时尚是一种力量，这种力量往往不以统治者的意志为转移，之所以有禁奢令，就说明有“僭越”，禁奢令越频繁，越说明世俗社会奢靡时尚的风起云涌！而这又折射出当时经济发展的状况。

近些年来，江南一带有许多南宋古墓被发掘，出土了大量女性服饰，这为深入研究南宋的服饰文化提供了第一手素材。张玲博士的《那更罗衣峭窄裁——

南宋女装形制风格研究》通过深入细致的田野考察和严谨周密的文献考证，对南宋女装的形制风格进行了详细分析和系统研究，构筑起独特的理论体系，提出了颇具创新意义的学术见解，丰富了关于宋代服饰文化的研究，很有学术价值，值得学界关注。

2019. 7. 27

目录 CONTENTS

绪论

一、问题的提出…………………………………………002
二、研究的现状…………………………………………003
三、题目的界定…………………………………………007
四、研究的方法…………………………………………010

第一章　南宋女装多元发展的社会语境

一、震古烁今的两宋文明……………………………014
二、繁盛的社会生活实景……………………………016
（一）以文治世的政治环境 …………………………016
（二）活跃繁荣的经济形态 …………………………018
（三）交融并济的文化格局 …………………………020
三、女性权益空间的拓展……………………………021
（一）女性社会地位的提高 …………………………022
（二）女性生活场域的开放 …………………………024
四、上下交济的时尚推动……………………………025
（一）“上行下效”的大众崇尚 ……………………026
（二）下层时尚的逆行侵袭 …………………………028
（三）形制风格与时尚异变 …………………………029
五、小结…………………………………………………030

第二章　南宋女装形制类别及组合秩序

一、“稳中求变”的后妃命妇冠服 …………………………… 034
（一）“循袭有序”的礼服 ………………………………… 035
（二）“世俗化”的常服 …………………………………… 046
二、“相矜侈靡”的女性日常服饰 …………………………… 054
（一）华炫雅逸的外衣 ……………………………………… 054
（二）简洁实用的内衣 ……………………………………… 074
三、女装组合与搭配秩序……………………………………… 088
（一）出土服装的性质 ……………………………………… 088
（二）着装的搭配原则 ……………………………………… 089
（三）着装的搭配秩序 ……………………………………… 092
四、小结………………………………………………………… 096

第三章　南宋女装形制结构及工艺特征

一、标本资料的收集与调研…………………………………… 100
（一）女装标本的文本资料 ………………………………… 100
（二）女装标本的实地调研 ………………………………… 102
二、南宋女装结构剪裁技要…………………………………… 102
（一）上衣类 ………………………………………………… 104
（二）裤类与裙类 …………………………………………… 142
（三）内衣类 ………………………………………………… 172
三、南宋女装缝制工艺探微…………………………………… 185
（一）配领及缘边工艺 ……………………………………… 186
（二）领抹及花边装饰工艺 ………………………………… 193
（三）衿带工艺 ……………………………………………… 201
（四）缝纫工艺 ……………………………………………… 203
四、小结………………………………………………………… 204

第四章　南宋女装形制构成的风格范式

一、衣之构成：尚简归一、竞趋峭窄…………………………208
（一）简洁纯粹的“十字型”通裁 …………………………208
（二）高度统一的开放领式 ………………………………212
（三）“峭窄裁”竞成时尚 ………………………………215
二、裙之构成：简约轻盈、奇巧创新…………………………226
（一）“裙幅式”结构融通发展 …………………………227
（二）“褶裥式”结构轻盈便捷 …………………………231
（三）“复合式”结构奇巧创新 …………………………239
三、裤之构成：稳中求变、外化发展…………………………241
（一）开裆裤形制稳中求变 ………………………………241
（二）合裆裤双轨并行，内隐外显 …………………………246
四、小结…………………………………………………………255

第五章　南宋女装形制风格的时代变迁

一、北宋后期（1086—1127）：雍容遗韵犹在………………259
（一）褒博式微与雍容遗绪 ………………………………261
（二）从“疏阔漫散”到“宽适利落” …………………265
二、南宋前期（1127—1162）：“峭窄化”新变 …………271
（一）“纤柔秀雅”之风劲起 ……………………………271
（二）衫裤组合的变奏 ……………………………………273
三、南宋中期（1163—1224）：承传与深化………………278
（一）纤长裙背、裤背同步流行 …………………………279
（二）衫裤的兴盛与普及 …………………………………290
四、南宋后期（1225—1279）：“轻盈化”递变 …………296
（一）裙背、裤背长度同步削减 …………………………297
（二）衫裤更趋利落 ………………………………………300

（三）大袖的“简易化” …………………………………… 302
五、小结……………………………………………………… 308

第六章　南宋女装形制语言的“胡化”及二元互逆

一、女装形制语言的“胡化” ……………………………… 313
（一）尺寸紧缩 ……………………………………………… 313
（二）式样仿效 ……………………………………………… 314
二、“女真”女装的“汉化”转型 ………………………… 317
（一）原初的“纯实之风” ………………………………… 318
（二）演变中的“褒博之象” ……………………………… 319
三、小结……………………………………………………… 325

第七章　南宋女装形制风格的文化建构

一、女装形制风格之形成…………………………………… 328
（一）“华夷之辨”的民族意识 …………………………… 328
（二）“求简从便”的着装观念 …………………………… 331
（三）“腰肢纤袅”的审美旨趣 …………………………… 333
二、女装形制风格之特色…………………………………… 337
（一）轻装化 ………………………………………………… 337
（二）开放性 ………………………………………………… 342
（三）外衣化 ………………………………………………… 344
三、小结……………………………………………………… 345
结　论 ………………………………………………………… 347
参考文献 ……………………………………………………… 353
后记 …………………………………………………………… 369

绪论

一、问题的提出

陈寅恪曾言："华夏民族之文化，历数千载之演进，而造极于赵宋之世[①]"。钱穆亦认为："论中国古今社会之变，最要在宋代。宋以前，大体为古代中国。宋以后，乃为后代中国。……故就宋代而言之，政治经济，社会人生，较之前代，莫不有变[②]"。邓广铭亦言"宋代文化的发展，既超越了居于它之前的唐，也为居于它之后的元明之所不能及[③]"。内藤湖南则以"唐宋变革说"将宋代推为中国"近世的开端[④]"，甚至有学者把宋代称作开启现代性曙光的中国的"文艺复兴"时代[⑤]。宋代，被国内外史学界视为中华文明恢宏耀世的顶峰。

作为宋代文化重要载体的服饰艺术理应与辉煌的时代旋律同步，但与宋代蓬勃的整体文化气象极不协调的是，在宋代服饰文化研究领域，程朱理学影响下的"拘谨保守说"桎梏日久，尤以女装研究最为显著。对这一流弊，孟晖于20世纪90年代即言："今人对两宋女服的认识最为模糊，充满了许多'想当然耳'的观念[⑥]"。包伟民在其《视角、史料与方法：关于宋代研究中的"问题"》一文中亦犀利指出，"将服装'保守'归因于理学的影响，更是出于想当然"。[⑦]扬之水亦强调，"或曰'程朱理学影响下服饰趋于拘谨和质朴'，其实'理学'之种种，当日尚远未渗透到日常生活中"。[⑧]更有学者进一步指出："在宋代女性身体领域中存在的许多惯有习见，依然是很多研究的默认前提，如将宋代女性身体形象一言蔽之为"保守卑弱"，并将其完全归结于理学的兴盛。虽有朱瑞熙等学者不断试图重新审视与探讨，但直至近年来仍有不少研究成果未脱离固有观念影响。"[⑨]杨渭生针对理学问题曾直言："程朱理学在两宋时期都不是占统治地位的官方哲学，程朱理学为封建帝王所利用，使它在思想界占有统治地位是从元朝开始，而盛于明、清时期"，"理学在两宋时期并未定于一尊，不能控制人们的思想"。[⑩]但遗憾的是，传统理论成见仍影响至今，在广播电视、文博展览、高校教学中，凡论及宋代服饰文化，皆难逃程朱理学影响之窠臼。长期以来，宋代服饰文化研究成果较之宋史

① 陈寅恪.陈寅恪文集之三[M].上海：上海古籍出版社，1980:245.
② 钱穆.中国学术思想史论丛：第六册[M].北京：生活·读书·新知三联书店，2009:233.
③ 邓广铭.宋史十讲[M].北京：中华书局，2015:185.
④ 内藤湖南.东洋文化史研究[M].林晓光，译.上海：复旦大学出版社，2016:104.
⑤ 库恩.儒家统治的时代：宋的转型[M].李文锋，译.北京：中信出版社，2016:2.
⑥ 孟晖.中原历代女子服饰史稿[M].北京：作家出版社，1995:125.
⑦ 包伟民.视角，史料与方法：关于宋代研究中的问题[J].历史研究，2009（6）:21.
⑧ 扬之水.也说"轻解罗裳"[J].文史知识，2010（1）:159.
⑨ 陆溪.宋代女性身体史的国内研究回顾[J].妇女研究论丛，2011（4）:95.
⑩ 杨渭生，等.两宋文化史[M].杭州：浙江大学出版社，2008:16.

其他领域相对较少，且多停留在期刊论文的研究层面，专题性论著十分有限。产生这一问题的根本原因则在于宋服领域“乏善可陈”的预设前提令学者望而却步。宋代服饰文化研究实则缺乏与时俱进、吐旧纳新的学术活力。近年来，考古学、历史学众多学术成果的相继发表，从文物考证、文献研究的视角为我们勾勒出宋代社会思想之活跃、文化之繁荣的盛世图景。“赵宋文化之昌明”与“宋人服饰之保守”愈发凸显出强烈的逻辑悖论。宋代服饰文化的学理认知长期滞后于宋代物质文明评价的总体高度，已成不争之事实。宋代服饰文化研究应以开放的视角，积极吸纳、借鉴考古学界、历史学界的新发现、新成果，勇于冲破壁垒、更新观念，实现新时代的学术理论创新。

二、研究的现状

对宋代服饰文化的专题研究肇始于20世纪80年代，最初以历史学者撰文为主，自21世纪伊始，对宋代服饰专题研究的人数逐年增多，学者的身份构成也渐趋多元。研究成果以期刊论文为多，专著数量较少。以下将从学术研究的视角及动态、存在的问题及拓展空间两个方面给予梳理和阐释。

（一）学术研究的视角及动态

· 宋代服饰风尚研究

对于宋代服饰风尚的文化评判，学界主要分为两极——“变古说”和“保守说”，但以后者人数最多。沈从文最早提出宋代女装的“变古”理论，认定其为“时装”，且“装束变化常得风气之先”。刘复生在《宋代衣服“变古”及其时代特征——兼论“服妖”现象的时代意义》（《中国史研究》1998.2）一文中指出宋代服饰等级制度涣散，出现“衣服无章，上下混淆”的局面，等级制度的松动、民族政权林立等多元背景催生了宋代衣饰的“变古”与“服妖”之风。“变古说”虽早已提出，但至今尚未引起学界的关注，“保守说”仍大行其道。孙阳的《理学对宋代女装的影响》（《装饰》2007.5）认为理学的哲学精神对宋代女装服饰的影响深远，注重理性，注重礼教，用服装掩盖人体，竭力超越人体的局限。徐仂的《论“程朱理学”对宋代服饰的影响》（《美术大观》2008.5），刘晓萍、王国平的《宋代礼制发展变革对服饰文化的影响》（《求索》2013.10）均不同程度地为“保守说”增添新的注脚。

· 宋代服饰实证研究

从服饰文化的形、色、质、纹四个维度展开，其中对服饰纹样的研究多有侧重，而对形制的研究最为薄弱。如王立辉的《浅析宋代服饰纹样的艺术特色》（《中国科技信息》2006.24）、李建亮、温润的《南宋“生色花”丝绸纹样探析》（《丝绸》2014.1）均不同程度地对宋代服饰纹样的文化寓意、形式风格给予探讨，揭示其清淡、典雅、平易的艺术特色。王成礼的硕士论文《中国南宋汉族女子服装结构研究》（2013.6）以出土服饰为侧重，对南宋汉族女装的形制结构及剪裁方式加以讨论，并通过成衣复原来验证其造型风格。因论文体例所限，作者对南宋女装品类的系统性、女装形制风格的传承演变、异质文化的二元比较等关键命题均未有涉及。此外洪招治的《南宋男子合领夹衫的结构浅析》（《群文天地》2013.1）对南宋周瑀墓出土男装结构予以考辨。此类实证研究虽不乏物质层面的技术考证，但立论阐说仍不同程度受到“保守说”的影响。

· 宋代类型服饰研究

专注于某一特定服饰的称谓及特征的研究，具有较强的针对性。如包铭新的《褙子、旋袄、貉袖等宋代服式名称辨》（《装饰》2004.12）是对宋代三种上衣称谓及性质的考辨。古长生的硕士论文《宋代官服述论》（2007.5）是对宋代帝王嫔妃及各级文武官员的服装形制、用料、配饰、颜色等方面文化内涵的考释。谭静静的硕士论文《宋代士大夫服饰研究》（2008.4）和周海生的《宋代民间女子和儿童蹴鞠服饰管窥》（《美术大观》2012.2）分别对宋代官员服饰和女性儿童服饰加以类型化关注，具有一定的理论建设意义。

· 宋代图像服饰研究

多以传世绘画或墓葬美术为依托，关注其中的人物服饰形象，属于图像学研究的范畴。如金耀丽的《谈“清明上河图”中人物服饰》（《开封教育学院学报》2002.12）对《清明上河图》中人物的常服特征加以研究，认为绘画服饰反映了当时社会各阶层人物的真实样态。弋玮玮的《泸县南宋墓葬人物石刻结饰研究》（《四川文物》2011.3）则对宋代墓室人物浮雕中服装的结饰工艺加以探讨；朱海燕的硕士论文《郑州北宋壁画墓人物服饰研究》（2015.3）认为北宋服饰具有清秀、简朴、自然以及儒雅的特点。此类研究虽对图像服饰分析得细致入微，但对宋代服饰文化特征的整体认知尚显不足。

· 宋代服饰消费研究

还有部分学者从经济学、消费学的视角对宋代服饰现象有所关注，提供了宋代服饰研究的新视角。如程民生的《宋代服饰价格考》(《江阴师范学院学报（哲学社会科学版）》2008.3）对宋代服饰物价加以考察，认为宋代人民生活水平提高，服装消费极尽奢华。任欢欢的《宋代女性服装消费》(《商丘师范学院学报》2014.8）认为宋代商品经济发展迅速，宋代女性服装消费能力增强，对于宋代社会时尚化风气的流行、炫耀性消费剧增具有重要推动作用。此类研究成果为宋代衣装的变古发展提供了经济学的阐释基础。

专题研究的著作首推福建省博物馆的《福州南宋黄昇墓》(文物出版社1982年）和周迪人等的《江西德安周氏墓》(文物出版社1990年）两本考古报告，其详细记载了墓葬年代和墓主身份，出土服饰的形制类别、款型特征、材质用料，并给予较为翔实的梳理和阐释，对服装形制研究具有重要的参考价值。此外，个人专著数量极为有限，傅伯星的《图说宋人服饰》(上海古籍出版社2014年）以图示的形式对宋代不同身份等级的服饰加以归类梳理。但并未细分年代，两宋风格融为一体。王雪莉的《宋代服饰制度研究》(杭州出版社2007年）作者通过对宋代冕服、朝服、公服、胡服及奇装异服等方面的研究，提出宋代服饰文化的四种创新模式，并据此说明宋代服饰保守论有失公正。张蓓蓓的《彬彬衣风馨千秋：宋代汉族服饰研究》(北京大学出版社2015年）分析不同时期汉族服饰风格的发展演变，揭示宋代汉族服饰的三大特征：传承性、融合性、多变性。

除专题研究外，关于宋代服饰的论述还出现在服装通史类著作中，如沈从文的《中国古代服饰研究》(上海书店出版社2002年)、周锡保的《中国古代服饰史》(中国戏剧出版社1984年)、袁杰英的《中国历代服饰史》(高等教育出版社2006年)、黄能馥，陈娟娟的《中国服饰通史》(中国纺织出版社2007年)、华梅的《中国服饰史》(天津人民美术出版社1994年)、缪良云的《中国衣经》(上海文化出版社2000年)。此类著作为宋代服饰研究勾勒出大致的学理框架，但并未将两宋服饰文化加以细分比较。此外一些社会生活史、文化史方面的著作对宋代服饰亦有所涉及，如朱瑞熙等的《宋辽西夏金社会生活史》(中国社会科学院出版社1998年)、杨渭生等的《两宋文化史研究》(杭州大学出版社1998年)、(法）谢和耐的《蒙元入侵前夜的中国日常生活》(北京大学出版社1995年)等，这些历史学者的相关论述不乏鲜活的理论创见。

(二)存在的问题及拓展空间

综合目前学界对宋代服饰文化的研究现状，应从研究的视角和研究的深度上进行拓展：

·两宋时间坐标可进一步细化

两宋立国320余年，跨越三个世纪之久，三百余年的服饰变迁应有较大的探讨空间。但目前学界对宋代服饰的研究多为笼统概说，对两宋服饰的分期研究、两宋服饰的文化传承研究、两宋服饰的文化差异研究，均少有涉及，但也不乏可喜之作，徐吉军《南宋时期的服饰制度与服饰风尚》(《浙江学刊》2015.6)一文则在此方面做出了有益的探索。

·区域化地缘特色有待加强

地域的不同，势必带来价值观念、生活方式乃至审美习俗的差异变化，关于宋代服饰区域化特色的研究还亟须加强，随着宋代地方性文献资料的深入挖掘以及文物考古成果的不断丰富，使得宋代服饰的区域化专题研究成为可能。颜劲松的《成都地区宋代墓葬出土陶俑服饰研究》(《四川文物》2006.1)、王雪莉的《南宋服饰文化变迁的移民动因分析——以浙江为例》(《黑河学刊》2011.12)和张晓璞、孙恩乐的《移民文化影响下的宋代广府民系服饰特征》(《史海文艺》2014.1)皆在宋代服饰研究的区域化特色上做出了探索。

·女性服饰文化尚需开拓

受到政治地位、历史书写等多重因素的影响，宋代服饰文化的研究重心多在男性，而对妇女、儿童的关注多有不足。随着历史学研究向社会史、文化史的扩容，与女性生活史、身体史密切相关的女性服饰史的文化研究应为学界所关注。目前宋代服饰研究中，对男性祭服、官服、朝服、常服多有触及，而对女性礼服、常服以及民间女性特色服饰的专题研究尚显薄弱。周海生的《宋代民间女子和儿童蹴鞠服饰管窥》(《美术大观》2012.2)虽文简意赅，却提供了一个很好的研究视角。

· 形制结构研究尤显薄弱

对于宋代服饰艺术特色的考证研究多集中于服饰纹样、织物材质等方面，而对于服装形制风格及结构剪裁的关注明显不足。随着众多宋代纺织文物的发掘出土和相关成果的整理发布，宋代服饰结构的研究成为可能。如王成礼的硕士论文《中国南宋汉族女子服装结构研究》（2013.6）依托南宋黄昇墓出土服饰，对南宋女装结构加以实证研究。该文善于借鉴纺织考古成果的研究意识值得肯定，但正如作者所言，“虽能结合南宋相关文献和实物对汉族服装款式做出简要分析，但缺乏对南宋各款式变化之前的演变研究，以及南宋与金等少数民族服饰融合及对比研究，也缺少对南宋以后各款式继续发展的考证”。此类研究对服装的形制结构虽考据入微，但对宋代服饰文化特征的整体把握尚显不足。

· 对“着装的身体”关注不足

乔安妮·恩特维斯特尔（Joanne Entwistle）指出，包括艺术史在内的有关服饰的社会学研究“都倾向于忽略身体和身体带给衣着的意义”，她强调“没有人的身体，衣装就缺乏它的完整性和动感，它还是尚未完成的”[①]。目前国内学界对包括宋代服饰在内的传统服饰的研究始终止步于“人”“衣”关系的分离状态，仅专注于服饰物质层面的文化考证，而忽略了服装的重要承载者——人，及其与服装的内在关联，着装的季节、场合以及着装方式等文化要素的缺失将使我们无法获得对历史服饰全面而深入的了解。

综上所论，宋代服饰文化研究需在年代的细化、区域文化特色、女性服饰专题、形制结构视角、着装身体观念等方面加强投入。本书以“南宋女装形制风格研究”为题，旨在对长期以来宋代服饰文化研究的症结与不足加以理论清理，拟从服装形制语言的探究入手，开启一个重新审视和评判宋代服饰文化的新视角。

三、题目的界定

· 南宋

自“靖康之难”北宋灭亡，建炎元年（1127）康王赵构重建宋室，至祥兴二年（1279）崖山海战，帝昺蹈海身亡，历时153年，史称“南宋”。定都临安（今

① 恩特维斯特尔.时髦的身体：时尚、衣装和现代社会理论[M].郜元宝，等，译.广西：广西师范大学出版社，2005:5–6.

杭州）的“南宋”不仅仅是一个历史王朝的称谓，更是一个特定的历史时期。本书将以此为时间轴线，作为考察宋代服饰文化的历史坐标。

·女装

即女性服装，是指南宋辖区内汉民族女子的衣装文化[①]。包括上层后妃命妇阶层和下层士庶阶层。服装品类涵盖礼服和常服。

·形制

《辞海》对“形制”一词的释义为“形状制作”[②]；《现代汉语大词典》提供的释义与之相仿：“指物体的形状、款式”[③]，二者均侧重对造型的阐说。《古汉语常用字典》对“形”的释义有“形状”，“制”的释义有“规章、制度”之说[④]。纵观中国古典语境中对“形制”一词的使用，不难发现，“形制”并非单纯指事物外在的感观形式——形状，而且还具有意识形态层面对格式制度的规约，即先秦以来儒家服饰文化所强调的“交绣有恒，制有大小，度有长短；衣服有量，必循其故；冠带有常”的礼制传统[⑤]。而形制规范一旦被打破，则会受到国家政令的干预。先秦时着“异服”会招致杀身之祸[⑥]。后世虽有所缓和，但也会成为主流舆论所诟病的中心。如《宋史·舆服四》所载：“后政和间，始诏：州县冠服，形制诡异，令礼制局造样颁下转运司，转运司制以给州县焉[⑦]”。可见在北宋时期，冠服形制仍受到国家的严密监管，并由政府造“样”颁施，旨在维护国家冠服制度的威严。南宋时期社会环境虽相对宽松，但男服领域对形制的规约仍是士大夫阶层奏疏的政治议题。

“形制”一词的使用源流甚久，如《后汉书·桓帝懿献梁皇后》李贤注有：“然《礼》称以圭，此云用璧，形制虽异，为玉同也[⑧]”。《隋书·东夷传·流球国》载：“其男子用鸟羽为冠，装以珠贝，饰以赤毛，形制不同[⑨]”。“形制”一词在两宋时

① 南宋政权辖区内还包括西南和南方诸族，如大理辖区的望蛮，么些蛮，金齿蛮，裸形蛮、乌蛮等；南方各族如壮族、黎族等。这些民族保持着稳固的文化传统，服饰较为原始单纯，如么些蛮“男女皆披羊皮”。黎女“淳朴俭约”，“不曳罗绮，不施粉黛”。详见：朱瑞熙，等.宋辽西夏金社会生活史[M].北京：中国社会科学出版社，1998.

② 夏征农，等.辞海：彩图本第六版[M].上海：上海辞书出版社，2009:2569.

③ 阮智富，等.现代汉语大词典：上[M].上海：上海辞书出版社，2009:1310.

④ 王力，等.古代汉语常用字字典[M].北京：商务印书馆，2005:426-504.

⑤ 礼记正义卷第十六.月令[M]//李学勤.十三经注疏.北京：北京大学出版社，2000:616.

⑥ 礼记正义卷第十六.月令[M]//李学勤.十三经注疏.北京：北京大学出版社，2000:616.

⑦ 宋史卷一百五十二.志第一百五.舆服四[M].北京：中华书局，1997:3542.

⑧ 后汉书卷十下.皇后纪第十下.桓帝懿献梁皇后[M].北京：中华书局，1997:444.

⑨ 隋书卷八十一.列传第四十六.东夷·流球国[M].北京：中华书局，1997:1823.

期更是普遍应用于服饰及相关领域。如北宋沈括（1031—1095）《梦溪笔谈》载："凡说武人，多云'衣短后衣'，不知短后衣作何形制"[①]。孔平仲（1044—1111）《续世说·伏侈》亦有："宋谢灵运性豪奢，车服鲜丽，衣服多改旧形制"[②]。《宋史·舆服四》载："（建隆四年）今请造袴褶如令文之制，其起梁带形制，检寻未是，望以革带代之[③]"。南宋赵彦卫《云麓漫钞》卷九："今县治之南有数丛冢，形制特大，图经以为许氏墓"[④]。黎廷瑞（1250—1308）《满江红》亦有："形制古，椰樽嫌窄，瓠壶嫌俗"之句。

综上，本书所涉及的"形制"一词，包含两方面内涵：一为服装的形制"式样"，二为服装的形制"尺寸"，两者成为服装形制构成的基础。体会宋人对制衣的理解，亦能得出相似的判断。朱熹与弟子曾论及"朱子深衣"的创制过程，提到实施中不确定的两个因素，一为深衣"制度"不明，"但（濂溪）画像多如此，故效之[⑤]"，朱子仅能仿照传世画像确定深衣的制度式样；二是"尺寸""无稽考处"，"那礼上虽略说，然也说得没理会处"[⑥]，可见服装造型的确立需要紧密依托"式样"和"尺寸"两方面的因素。"式样"一词，不唯今人独有，早为宋人习用，罗大经《鹤林玉露》载："吾不患兵不精，唯患财不赡，有士人教之以依朝廷式样造楮券，全从之，所造不胜计，持过江南市物，人莫能辨"[⑦]。《金史·舆服志》亦有："皇统九年十月二十四日，礼部下太常，画镇圭式样。"[⑧]清人王夫之《夕堂永日绪论外编》载："《考工记》乃制度式样册子，上令士大夫习之，勾考工程，而下可令工匠解了，故删去文词，务求精核。"[⑨]可见"式样"一词古今相通，承续至今。形制"式样"具体指外在款式及内在结构，而形制"尺寸"则指外在量度，二者成为南宋女装形制构成的两个决定因素。

· 风格

《辞海》释义为："风度、格调。"[⑩]《现代汉语大词典》解作："指某种技艺、作

① 沈括.梦溪笔谈全译[M].金良年，胡小静，译.上海：上海古籍出版社，2013:271.
② 孔平仲.续世说[M].吴平，译注.北京：东方出版社，1996:336.
③ 宋史卷一百五十二.志第一百五.舆服四[M].北京：中华书局，1997:3551.
④ 赵彦卫.云麓漫钞卷第九[M].北京：中华书局，1996:155.
⑤ 朱子语类（七）卷第一百七.朱子四[M].北京：中华书局，1986:2674.
⑥ 朱子语类（七）卷第一百七.朱子四[M].北京：中华书局，1986:2674.
⑦ 鹤林玉露（甲编）卷四.制置用武臣[M]//全宋笔记：第八编：三.郑州：大象出版社，2017:190.
⑧ 金史卷四十三.志第二十四.舆服中[M].北京：中华书局，1997:977.
⑨ 王夫之.夕堂永日绪论外编[M]//姜斋诗话笺注.北京：人民大学出版社，1981:213.
⑩ 夏征农，等.辞海（彩图本第六版）[M].上海：上海辞书出版社，2009:615.

品或思想的特点。”[①]可见，“风格”泛指事物的特色、气度和风韵。“风格”一词亦为宋人所习用。北宋欧阳修（1007—1072）《盐角儿》：“增之太长，减之太短，出群风格。”南宋曾协《酹江月》：“阅尽繁华芳意歇，初识倾城风格。”南宋陈三聘《西江月》：“当年风格太妖娆。粉嫩酥柔更好。”南宋李曾伯（1198—1268）《水调歌头》：“素娥风格分明，玉骨水为神”。本书所着力探讨的南宋女装形制风格，即指女装的形制特色，即由形制式样和形制尺寸所建构的文化特征和艺术风貌。

四、研究的方法

· 实证法

注重田野考察，通过对纺织考古提供的服饰标本开展实物观摩、结构测绘，最大限度地获得女装形制研究的第一手资料。将田野调查成果与已出版的考古发掘报告相关信息加以比对勘正，从而增强研究结论的真实可靠性。

· 比较法

马可·布洛赫提出了两种类型的比较法：一类是地域、年代相近的文化之间的比较；另一类是地域、年代相去甚远的文化之间的比较[②]。本书将以此为据，从两宋女装的比较、南宋男女装比较、汉族女装与女真族女装比较、中西女装比较等多角度的文化比较中，凸显南宋女装形制的风格特色。同时，借鉴王国维所使用的“取外来之观念，与固有之材料互相参证”[③]的研究方法，将国外学者的相关学术观点，引入古典语境的文本论证中，通过共性规律的中西比较，以拓展对南宋女装文化的学理认知。

· “三重”证据法

作为古史研究的方法论，王国维1925年提出了“二重证据法”，既要借助“纸上之材料”，又不能忽略“地下之新材料”，以此“据以补正纸上之材料”[④]。陈寅恪将其解释为“取地下之实物与纸上之遗文互相释证”[⑤]。李学勤对“二重证据法”加

① 阮智富，等.现代汉语大词典：下[M].上海：上海辞书出版社，2009:2429.
② 伯克.制造路易十四[M].北京：商务印书馆，2015.
③ 陈寅恪.陈寅恪集：金明馆丛稿二编[M].北京：生活·读书·新知三联书店，2001:247.
④ 王国维.古史新证[M].北京：清华大学出版社，1994:1–3.
⑤ 陈寅恪.陈寅恪集：金明馆丛稿二编[M].北京：生活·读书·新知三联书店，2001:247.

以进一步阐释："地下之材料"应该是泛指种种考古文化遗存，"二重证据法"实际是对古史研究中历史学和考古学关系的表述。古史研究领域中的进步，就是依靠历史学同考古学的结合，传世文献与考古发现的互证[①]。关于二者的关系，沈从文从服饰史研究的视角亦对"二重证据"给出释义："中国服饰研究，文字材料多，和具体问题差距大，纯粹由文字出发而作出的说明和图解，所得知识实难全面"，"采用一个以图像为主结合文献进行比较探索、综合分析的方法"[②]。沈从文强调的是古代服饰研究中"图像"（绘画、壁画、俑像等）证据的重要性，并形成以图像为主，文献为辅的研究范式。

根据彼得·伯克的理论，以图像作为历史证词的"图像证史"，可能存在潜在的陷阱，其中具有诸多"可见中的不可见性"[③]，如文字一样，具有某种程度的历史"虚构性"。因而仅将"图像"作为"可视证据"用于服饰历史真相的探索显然不尽全面。对历史服装标本，即"出土服装"（非图像）的关注与重视尤为重要，它是形成正确历史认知的重要一环。即只有将"文献""图像""标本"三证参照，研究结论才更趋真实。"文献"证据包括古籍和今人论著；"图像"证据包括绘画、壁画、雕塑、俑像以及今人拍摄的古代服饰照片资料；"标本"证据则来源于各地纺织考古发掘的服装实物。此服饰研究的"三证法"在罗兰·巴特的理论中亦可得到印证。他认为服装认知存在三种逻辑结构，即文字的书写服装、肖像的意象服装、技术的真实服装[④]，若从这三方面出发，便可掌握对服装本质认知的"金钥匙"。罗兰·巴特的服装认知理论，对坚持在传统"文献""图像"二重证据基础上，强化技术性"标本"的重视和使用，在服饰研究领域形成"三证兼顾"的史学方法论起到积极的思想启迪作用。本书使用"'三重'证据"这一措辞，旨在突出和强调在"文献""图像"证据之外，"标本"证据的重要价值，三者结合方能达到服饰史研究的全面性。

① 李学勤."二重证据法"与古史研究[J].清华大学学报：哲学社会科学版，2007，22（5）:5-6.
② 沈从文.中国古代服饰研究[M].上海：上海书店出版社，2002:1.
③ 伯克.图像证史[M].杨豫，译.北京：北京大学出版社，2008:3-4.
④ 巴特.流行体系[M].敖军，译.上海：上海人民出版社，2011:3-5.

第一章

南宋女装多元发展的社会语境

靖康二年，金人侵宋，徽、钦二帝被俘，史称“靖康之难”（1127）。宋朝以此为界，前称北宋，后称南宋。北宋从赵匡胤陈桥兵变，黄袍加身，取代后周始，历经太祖、太宗、真宗、仁宗、英宗、神宗、哲宗，徽宗、钦宗九帝，计168年（960—1127）。南宋以赵宋遗绪康王赵构称帝（高宗）始，历经高宗、孝宗、光宗、宁宗、理宗、度宗、恭帝、端宗、帝昺九帝，至蒙古南侵，崖山兵败，南宋灭亡，凡152年（1127—1279）[①]。

一、震古烁今的两宋文明

两宋立国共计320年，是中国历史上继夏商周、两汉之后，存世最长的中华帝国，其寿数甚至超越了疆域辽阔、高度繁荣的大唐帝国（290年）。赵宋王朝在军事上较唐相比多被称为“弱宋”，其与辽、金等少数民族政权的交戈中多居劣势，并常以向异族缴纳“岁币”来换买和平。从民族本位或军事本位的立场出发，赵宋王朝在历史评述中多被诟病为“苟安畏战”“软弱无能”。但如果抛开狭隘的视角，宋廷以“和平外交”的政策，避免了荼毒生灵的战祸，最终换得百姓的安居与乐足。正如李冬君所言，“一纸和约，有时胜过万里长城，一个统治者放下政治虚荣，会给多少人以生命的尊严”，“考量一个时代，量值无论是功利尺度还是非功利尺度，宋代都是一个建设型社会而不是战争型国家，是市场型社会而不是战场型国家，这恐怕才是一个时代的常态”[②]。金石亦对北宋以来践行的“以和为贵”的外交政策加以肯定，其在《重评“澶渊之盟”》一文中写道：“‘澶渊之盟’沟通了宋、辽双方的政治、经济和文化的交流，密切了各族人民之间的友好往来，它对当时的社会发展起到了积极的作用，是应该予以肯定的”[③]。黄仁宇将其比喻为“可以当作是给比较穷困的邻邦的一种援助”“这种为和平付出之代价无疑要比战费来得廉价”[④]。杉山正明将其评价为“是保障国家生存的划时代的‘发明’”“依照国际条约达成和平共处的方式，是亚洲的东方创造出的历史智慧”[⑤]。迪特·库恩亦对这种“柔化”外交颇加赞赏：“宋对威胁自己的邻国实施了和平的双边关系的外交政策，这种针对中国北方边境地区的‘蛮夷’游牧民族中和性的新型务实举措为宋朝赢得了长时间的和平。使得乡村地区和城市的生活水准得到

---

① 刘鄂公.说南宋[M].北京：中国大百科全书出版社，2014:3-5.

② 李冬君.从《清明上河图》看宋代的文艺复兴[EB/OL].（2015-02-11）[2019-04-05]，http://fashion.163.com/15/0211/00/AI4P7TOT00264MK3.html

③ 金石.重评“澶渊之盟”[J].民族研究，1981（2）:34.

④ 黄仁宇.中国大历史[M].北京：生活·读书·新知三联书店，2007:151.

⑤ 杉山正明.疾驰的草原征服者：辽西夏金元[M].乌兰，乌日娜，译.桂林：广西师范大学出版社，2014:253-344.

了提升。”[①]11世纪的北宋哲学家邵雍（1011—1077）在其诗作《闲适吟》中抒发感叹：“为士幸而居盛世，住家况复在中都”，为自己生活的时代而感到自豪。研究与评价南宋，不应仅以王朝政权的强弱为依据，而应当坚持“以人为本”的理念，以人们生存与生活状态的改善作为社会进步的根本标准。[②]

赵宋王朝苦心经营的太平盛世，在三百年间绽放出繁荣的文明之花。其在政治、经济、文化等诸多领域多有建树，在中华文明的发展序列中具有重大的转折意义。社会阶级结构发生巨变，隋唐五代以来社会上流门阀贵族阶层彻底瓦解，不计出身、以“科举入仕”的精英士大夫阶层成为国家权力的中心，实现了“知识改变命运”的转型。城市中市坊制度的革新，带来商业的极大繁荣，两宋商人地位的提升，为历代所未有。由工商手工业者形成的新兴“市民阶层”所构建的消费文化（商业文化）重塑社会生活新面貌[③]。经济的繁荣激发和推动着科技与文化事业的蓬勃发展，宋人在诗词、书画、印刷、纺织印染、陶瓷制造等领域成果斐然。宋代帝王对文化艺术的追崇与痴迷极大影响着士大夫阶层及下层民众，在文人精神的引领下，宋人艺术审美之境界抵达中华文化的巅峰。对宋代所取得的文明成就，中外学者皆给予极高的评价。宋史专家邓广铭认为：“宋代是我国封建社会发展的最高阶段。两宋期间的物质文明和精神文明所达到的高度，在中国整个封建社会历史时期之内，可以说是空前绝后的。”[④]法国著名汉学家谢和耐亦不吝言：“13世纪的中国在近代化方面进展显著，比如其独特货币经济、纸币、流通证券，其高度发达的茶盐企业，……在社会生活、艺术、娱乐、制度和技术诸领域，中国无疑是当时最先进的国家。它具有一切理由把世界上的其他地方仅仅看做蛮夷之邦。”[⑤]

在宋代创造的物质文明之花中，瑰奇秀丽的服饰文化，绽露芬芳。其中，尤以南宋服饰最具特色。纵观两宋文明，绵延三个世纪之久，其文脉相承，又见南北风尚之别异。随着南宋的建立，宋人审美意识的主调逐渐从崇尚壮美或阳刚之气嬗变为追求优美或阴柔之风。南宋时期中国的美学体认深度达到了历史最高水平[⑥]。李泽厚曾对比两宋艺术风格的变迁，认为“北宋以雄浑、辽阔、崇高胜；南

① 库恩.儒家统治的时代：宋的转型[M].李文锋，译.北京：中信出版社，2016:272.
② 徐吉军.南宋临安社会生活[M].杭州：杭州出版社，2011:6.
③ 程民生.略论宋代市民文艺的特点[J].史学月刊，1998（6）:107.
④ 邓广铭.宋史十讲[M].北京：中华书局，2015:3.
⑤ 谢和耐.蒙元入侵前夜的中国日常生活[M].刘东，译，北京：北京大学出版社，2008:6-7.
⑥ 周膺，吴晶.南宋美学思想研究[M].上海：上海古籍出版社，2012:108.

宋以秀丽、工致、优美胜"[①]。南北两宋虽审美趣尚相异，但自北宋而兴的"巧制新妆，竞夸华丽"的风习[②]，至南宋已深入人心。随着商品经济的极大繁荣，服饰成为可以自由买卖的商品，奢靡僭越之风则愈演愈烈。"当象征财富的货币逐渐涌现成为消费者突破礼制约束的媒介时，原本等级分明的礼法制度、尊卑贵贱的服饰制度已经被打破"，"服饰对贵贱堤防的突破几乎波及社会的各个阶层"[③]。南宋女装文化呈现出一种前所未有的上下交济的流动性特征，上层社会的衣装时尚成为大众效仿的楷模，"宫样细腰身。玉带罗衫稳试新"（朱敦儒《南乡子》）；"丝簧俱妙手，珠翠争宫样"（张元干《千秋岁》）。

南宋女装的生成与发展离不开社会生活的现实土壤，政治环境、经济形态、文化格局皆对其文明样态的发生与建构产生实质性影响。南宋女装风尚在社会中得以广泛传播，则得益于着装主体——女性，其权益空间的拓展，促进了身份的社会化转变。女性对时尚的热烈追逐也是推动南宋女装多元发展的内在动力。以下将从南宋社会生活实景、女性权益空间、上下交济的时尚三个方面展开论述。

二、繁盛的社会生活实景

（一）以文治世的政治环境

北宋立国之初，太祖赵匡胤通过"杯酒释兵权"，从制度上规避了唐、五代以来的藩镇割据之祸。旧的以家世背景为主要依据的勋阀贵族被以儒术为其进身之本的职业官僚所取代[④]。国家引入竞争机制，通过大力推行"科举取仕"政策，从平民中选拔文官领导阶层，使国家机器在文官主导的政治格局下有序运行。宋太祖曾有"作相须读书人"之语[⑤]，并立下"不杀大臣及言事官"的规定；又经"宋至神宗以降，锐意稽古，礼文之事，招延儒士，折中同异"[⑥]，形成了"与士大夫共治天下"的政治格局。南宋政权同样继承和保持了这一治国传统，文官集团作为社会精英阶层，继续左右着国家制度与政策的制定及走向。南宋思想家陈亮（1143—1194）对此尤为赞叹："太祖皇帝用天下之士人，以易武臣之任事者，故

① 李泽厚.美的历程[M].合肥：安徽文艺出版社，1999:176.
② 孟元老.东京梦华录卷六：十六日[M].郑州：中州古籍出版社，2010:114.
③ 周膺，吴晶.南宋美学思想研究[M].上海：上海古籍出版社，2012:257.
④ 包伟民.传统国家与社会[M].北京：商务印书馆，2009:278.
⑤ 宋史卷三.本纪第三.太祖三[M].北京：中华书局，1997:50.
⑥ 宋史卷一百四十九.志第一百二.舆服一[M].北京：中华书局，1997:3479.

本朝以儒立国，而儒道之振，独优于前代。”[①] 柳诒徵对宋代政治给予整体评价：“盖宋之政治，士大夫之政治也。政治之纯出于士大夫之手者，唯宋为然。故唯宋无女主、外戚、宗室强藩之祸，宦寺虽为祸而不多[②]”。整个社会的转型趋向于文化，构建起“文质彬彬”的伦理秩序与统治规范。

宋代以儒学为基础的文人型社会对包括胡服在内的胡人文化采取了鲜明的抵制态度，“儒家是强调‘正统’和‘华夷之别’的”[③]，这与唐代对胡人文化的认同与全盘接纳明显不同。受限于辽、金等少数民族政权的压制，宋人民族本位文化意识凸显[④]，“华夷之辨”成为国家政治话语中的关键词，胡服受到严格的禁止，并提升到国家法制规约的高度。北宋时期禁胡令频出：庆历八年（1048）“昭禁士庶效契丹服及乘骑鞍辔、妇人衣铜绿兔褐之类”[⑤]；政和初，“续又有旨：‘一应士庶，于京城内不得辄戴毡笠子’”[⑥]；政和七年（1117）又诏“敢为契丹服若毡笠、钓敦之类者，以违御笔论”[⑦]。至宋廷南渡，对胡服的禁令仍未停止，宋孝宗隆兴元年（1163）八月，朝廷“禁士庶服饰侈异及归正人胡服”[⑧]。宋儒朱熹曾论及宋人服饰制度，直言“而今衣服未得复古，且要辨得华夷”[⑨]，可见，以儒立世的南宋社会无论是在国家制度层面，还是士人心中，华夷有别，追求汉民族文化正统性的精神诉求尤为强烈。

在此种精神的驱使下，宋代男子衣冠制度渐向儒家审美文化靠拢，大有“复古”之势。冕冠礼服制度以三代为典范，考辨勘正。尤其在形制制度上，以儒家标准为依托，增减损益。如帝王冕冠的形制尺寸规格、衮服裳裙的前后分幅数量（前三幅，后四幅）等都成为文官集团关注及拟欲完善的对象[⑩]。其初衷是使宋人的冠服制度更合乎三代圣贤之礼（虽然这些服饰制度的讨论有时仅停留在表面，未有实质改进，但流露出宋代士大夫阶层对儒家经典的敬仰与追索）。在男子的日常服饰系统中，除延续了唐五代以来由胡服演变而成的圆领衫，又多兼顾有汉民族

① 吴功正.宋代美学史[M].南京：江苏教育出版社，2007:25.
② 柳诒徵.中国文化史[M].上海：上海古籍出版社，2001:580.
③ 李希凡.中华艺术通史：元代卷[M].北京：北京师范大学出版社，2006:14.
④ 周膺，吴晶.南宋美学思想研究[M].上海：上海古籍出版社，2012:3.
⑤ 宋史卷一百五十三.志第一百六.舆服五[M].北京：中华书局，1997:3576.
⑥ 吴曾.能改斋漫录：卷一[M].上海：上海古籍出版社，1979:16.
⑦ 宋史卷一百五十三.志第一百六.舆服五[M].北京:1997:3577.
⑧ 宋史全文（七）.卷二十四上.宋孝宗一[M].北京：中华书局，2016:1980.
⑨ 朱子语类卷第九十一.礼八·杂仪[M].北京：中华书局，1986:2328.
⑩ 宋史卷一百五十二.志第一百五.舆服四[M].北京：中华书局，1997:3547.

形制特征的交领右衽衫和直领对襟衫[①]，使汉民族服饰面貌得以凸显。

服装作为民族身份的标识，在国家礼仪制度层面，其象征意义尤为明晰。褒衣博带成为汉民族“以示无虔鸷也”的精神象征。此特征在两宋女性礼仪服饰中亦有所体现。与帝王冕冠服相呼应，南宋后妃命妇礼服亦采用交领右衽、疏阔宽袖的古典范式，尽显端庄典丽之姿。其常服则采用直领对襟式样，兼具宽袖和窄袖两种风格，对应不同的场合需要。宽袖是汉仪古韵在日用常服中的渗透与延伸，具有礼仪化、程式化的造型特点，侧重符号意义及精神价值的传达；而窄袖则从实际生活的需要出发，更注重实用功能的考量，趋于世俗化、生活化。平民的礼服追效上层阶级，亦采取直领对襟的阔袖式样，是华夷之辨的上层意识形态在民间的渗入。而日常便服在形制式样上虽保持汉民族的基因传统，但在尺寸规格上则极具生活化的简约与便捷。

（二）活跃繁荣的经济形态

入宋以来，传统农耕时代“重农轻商”的观念被“工商皆本”的新型理念所取代，工商业的价值得到社会的肯定。以往居于末流的商人的社会地位明显提高，甚至可以通过科举选拔，步入仕途。工商业者作为新兴的市民阶层[②]，推动着城市商品经济的繁荣发展。活跃的经济形态，使10世纪的中国成为世界经济中的领先国家[③]。宋代随着政治中心南迁而引发经济重心的转移（由北及南）[④]，商品经济得到更加长足的发展，南宋社会出现了全民皆商的新风尚[⑤]。以都城临安为中心的江浙地区形成一个大的消费中心，促进了当地商业的发展[⑥]。临安都城内，行业分工日趋细密，达四百四十行之多[⑦]。其中与服饰有关的行业有幞头笼、攀膊儿、洗衣服、织鞋带、领抹、修皮鞋、札熨斗。还有以丝织品为主的纺织手工业以及染色、衣帽缝制业[⑧]。

发达的丝织生产为南宋女装的发展提供了丰富的物质基础。南宋丝织业主要

---

① 交领右衽是汉民族典型的服装领式，如古制祭服、深衣等均为此式。“曲袷如矩以应方”，直领斜直而交下，交领以外左襟内右襟相交，交处如矩，故又曰方领。直领对襟式样早在湖北江陵马山一号楚墓出土的实物“绁衣”和马王堆一号汉墓出土的人物俑像上均有所发现，具有汉民族的服饰基因传统。

② 徐勇.古代市民政治文化的独特性和局限性分析[J].江汉论坛，1991（8）:66.

③ 麦迪森.中国经济的长期表现:公元960–2030年[M].伍晓鹰，等，译.上海:上海人民出版社，2016:1.

④ 麦迪森.中国经济的长期表现:公元960–2030年[M].伍晓鹰，等，译.上海:上海人民出版社，2016:3.

⑤ 徐吉军.南宋临安工商业[M].北京:人民出版社，2009:13.

⑥ 梁庚尧.南宋城市的发展[C]//杭州市社会科学院南宋史研究中心.南宋史研究论丛:上册.杭州:杭州出版社，2008:264.

⑦ 西湖老人.繁胜录:“诸行市”条[M]//全宋笔记:第八编:五.郑州:大象出版社，2017:329.

⑧ 漆侠.宋代经济史:下[M].北京:中华书局，2009:543.

有官营和私营两种[①]。以两浙路为首的东南诸路盛产丝、绫、罗、绢，无论是产量还是质量，都居全国首位。如浙东“奉化丝密而轻如蝉翼”，亳州轻纱“举之若无，裁以为衣，真若烟雾”[②]。其中尤以绞经工艺织造而成的罗最具特色，有结罗、博生罗、暗花罗、金蝉罗等品种[③]。这些精美的花罗织物，具有轻、薄、透的特点。宋人对纱罗的喜好胜过彩锦，纱罗的产量超过彩锦的13倍[④]。南宋虽不乏锦、缂丝类织物的生产，但在服饰上的使用相对有限。罗作为南宋社会的大宗衣料，被广泛应用于社会各阶层中，男装和女装均大量使用[⑤]，体现了宋人对轻薄的纱罗织物的喜爱。

源源不断产出的丝织品，除了供给帝王统治阶层的大宗消耗外，主要通过流通走向市场。南宋时期，丝织品除了远销周边国家、民族及南海诸国外，国内则主要以城市街铺的形式售卖。临安城内有星罗棋布的衣料铺，如各式彩帛铺，此外还有绒线铺、油鞋铺、丝鞋铺、白衣铺、幞头铺、腰带铺等。有直接出售原料的，也有加工后出售成品服装的[⑥]。如女装中的时髦部件——领抹，作为衣领部位极具特色的装饰要素，风靡一时，不分季节，在固定店铺及流动小商贩中均有售卖。南宋笔记小说对此多有记述，《都城纪胜》载：“如官巷之花行，所聚花朵、冠梳、钗环、领抹，极其工巧，古所无也”[⑦]；《梦粱录》亦载：“正月朔日，谓之元旦，……街坊以食物、动使、冠梳、领抹、缎匹、花朵、玩具等物沿门歌叫关扑，无论贫富，游玩琳宫梵宇，竟日不绝”[⑧]。甚至皇家后妃也加入了商品消费的行列，从民间争买新奇，“既而取旨，宣唤市井舞队及市食盘架。……既经进御，妃嫔内人而下，亦争买之，皆数倍得直，金珠磊落，有一夕而至富者”。[⑨]发达的商业在满足城市居民对服饰品需求的同时，又极大促进了奢侈之风的盛行。而皇家后妃服饰在都城的奢侈消费中扮演了急先锋的角色。[⑩]大量珍珠、玉翠、金银等奇珍饰品被消耗在女性服饰之中。

极具商业特质的城市裁缝铺以及服装租赁业的兴盛，也为女装追随潮流、不断出新创造了条件。在销售彩帛的店铺中，附有缝匠，为人缝衣，也有脱离布行，

① 徐吉军.南宋临安工商业[M].北京：人民出版社，2009:59.
② 漆侠.宋代经济史：下[M].北京：中华书局，2009:634–637.
③ 徐吉军.南宋临安工商业[M].北京：人民出版社，2009:61.
④ 库恩.儒家统治的时代：宋的转型[M].李文锋，译.北京：中信出版社，2016:261.
⑤ 笔者对南宋不同墓葬出土的男女服饰进行考察后发现，两性服饰皆表现出以罗、纱为主要材质的特色。
⑥ 徐吉军.南宋临安工商业[M].北京：人民出版社，2009:280.
⑦ 耐得翁.都城纪胜：“诸行”条[M]//全宋笔记：第八编：五.郑州：大象出版社，2017:7.
⑧ 吴自牧.梦粱录卷一：正月[M]//全宋笔记：第八编：五.郑州：大象出版社，2017:92.
⑨ 周密.武林旧事卷二：元夕[M].李小龙，赵锐，评注.北京：中华书局，2007:51.
⑩ 徐吉军.南宋临安社会生活[M].杭州：杭州出版社，2011:75.

独立而设的裁缝铺[①]。朱熹曾论南宋初年某官欲制公服而呼针匠之事[②]，可见在南宋时期不仅市民阶层，官宦男子的服装也在裁缝铺定制。城市中还有专门租赁服饰的店铺，早在北宋时就有婚嫁礼仪用衫帽、衣服的租赁业务[③]，南宋临安租赁业更为发达，甚至有专门出租妓女待客所需的全套服饰器用。《武林旧事》记述，临安歌馆妓女“争妍卖笑，靓装迎门”，而那些“下此虽力不逮者，亦竞鲜华。盖自酒器、首饰、被卧、衣服之属，各有租赁。故凡佳客之至，则供具为之一新”[④]。无孔不入的商业形态，推动了南宋女性衣装生活的丰富化发展。

（三）交融并济的文化格局

宋代的文化领域建设，既非“焚书坑儒”，也非“独崇儒术”，而是秉持思想自由的开放理念。对儒道释三家无所轻重于其间，对思想、学术、艺术领域的各个流派，也一概采取兼容并包的态度[⑤]。信仰多元、思想开放的文化格局造就了宋人勇于创新、不拘传统、勤于探索的治事品格。正如迪特·库恩所言：“中国历史上很少有朝代像宋朝那样愿意去重塑和改革整个社会。”[⑥]如前所述的“科举取仕”与“工商皆本”，作为宋代在政治和经济领域发生的重大变革，其无一不脱胎于意识形态领域的“变古”精神[⑦]。

区别于以往社会单一的贵族文化，宋代士大夫阶层代表的雅文化与工商市民阶层代表的俗文化，构成了南宋社会活跃的二元文化形态。城市士庶雅俗文化之间，存在着相互渗透、相互影响的复杂关系[⑧]。士人文化与市民文化，彼此关联，雅中带俗，俗中见雅。学者内藤湖南认为，正是宋代新兴市民阶层的崛起，才迎来了与以往贵族时代决然不同的平民时代的来临，“宋代以后，无论是政治也好，学问也好，艺术也好，工艺也好，所有一切都渗透了平民精神”[⑨]。代表平民精神的市民文化至南宋社会尤为发达，自下而上影响着社会风气的走向，城市生活日

① 漆侠.宋代经济史：下[M].北京：中华书局，2009:733.

② 朱子语类卷第九十一.礼八·杂仪[M].北京：中华书局，1986:2327.

③ 孟元老.东京梦华录卷四：皇后出乘舆[M].郑州：中州古籍出版社，2010:77.

④ 周密.武林旧事卷六：歌馆[M].李小龙，赵锐，评注.北京：中华书局，2007:162.

⑤ 邓广铭.宋史十讲[M].北京：中华书局，2015:181.

⑥ 库恩.儒家统治的时代：宋的转型[M].李文锋，译，绍君安，校.北京：中信出版社，2016:2.

⑦ 宋人的“变古”精神可从诸多方面得到印证。如朱熹认为北宋晚期徽宗朝制定的国家法典《政和五礼新仪》较前朝而言是从实用出发对古礼的变易，“今‘五礼新仪’亦简，唐人祭礼极详”。朱熹在论述南宋丧服制度时有言“今人吉服皆已变古，独丧服必欲从古，恐不相衬”，可见南宋社会在国家礼仪制度的构建上已经对古礼有所变通，使之更适合时代特征，体现了与时俱进的思想。这种“变古”精神亦渗入到国家政治、经济的建设中来。

⑧ 包伟民.宋代城市研究[M].北京：中华书局，2014:344.

⑨ 内藤湖南.东洋文化史研究[M].林晓光，译.上海：复旦大学出版社，2016:119.

趋世俗化。同时上层精英文化也吸引和影响着下层民众僭入上流文化的实践中来。含蓄内敛与大胆直露，精英传统与市井俚俗，主流文化的约束机制与俗文化的放纵机制杂糅并蓄，形塑了南宋社会生活的多元面貌。

南宋服饰文化也受到雅俗两种文化力量的影响。女装系统中后妃命妇阶层的礼服作为国家舆服制度的体现，属于雅文化之列，而生活化的常服则日趋世俗化，甚至在求新尚异的观念驱动下直接效仿民间服饰，体现了俗文化向雅文化的渗透。例如南宋上层社会使用的“旋裙”，为开胯形制，便于骑驴，“其风始于都下妓女”，士大夫家竞追慕效仿[①]。为了追新慕异，上层女子已全然抛开了服饰的等级意识，与下层合流。庶民着装按着国家舆服制度的规定具有身份的规约，但随着商品经济的繁荣，个人财富的积聚，对上层衣饰的追求为潮流所驱，“逾制”被认为是理所当然的事情。传统社会中“贵贱有级、服位有等”[②]“虽有贤才美体，无其爵，不敢服其服”[③]的尊卑秩序被彻底颠覆。皇家“宫样”为民众所追慕，奢靡之风日盛，“首饰衣装，相矜侈靡，珠翠锦绮，炫耀华丽”[④]。士庶男子也“不体旧规，裹奇巾异服，三五成群，斗美夸丽”[⑤]。官方的法律和礼制规约，在发达的商品经济大潮的强力冲击下，直接或间接地遭到了破坏[⑥]。对民众而言，服饰逾制，本意并非在于僭越，而是为了炫富，以及更为重要的——追随上层阶级的时尚[⑦]。而上层阶层，为了捍卫自己的权力，在被效仿的同时，又不断地创造出新的式样，而这别样的新奇很快会再次成为庶民大众模仿的新时尚。南宋女装即在雅俗文化的二元互动中不断得以丰富和发展。

三、女性权益空间的拓展

南宋女性在服饰选择上的自由也得益于宋代社会对女性的尊重以及法律所规约的女性社会地位的提高。同时女性活动场域的拓展，也为女装时尚的推广与传播提供了开放的社交场域。

---

① 江休复.江邻几杂志[M]//全宋笔记:第一编:五.郑州:大象出版社，2003:150.
② 贾谊.新书校注[M].阎振益，等，校注.北京:中华书局，2000:53.
③ 春秋繁露义证卷七.服制[M].北京:中华书局，1992:223.
④ 周密.武林旧事卷二:舞队[M].李小龙，赵锐，评注.北京:中华书局，2007:57.
⑤ 吴自牧.梦粱录卷十八:民俗[M]//全宋笔记:第八编:五.郑州:大象出版社，2017:269.
⑥ 徐吉军.南宋临安社会生活[M].杭州:杭州出版社，2011:70.
⑦ 包伟民.宋代城市研究[M].北京:中华书局，2014:346.

（一）女性社会地位的提高

经济基础决定上层建筑。宋代女性社会地位的提高，表现为女性财产继承权在国家法律中得到进一步确认。女性在婚前、婚后都具有某种程度的经济上的主控权。女子婚前同男子一样，可继承属于自己的那份财产。婚后从娘家带来的那部分财产，被视为“妻家所得之财”，不属于大家庭共有，而属于小家庭私有。此财产与丈夫共有时，妻子的支配权更大。而一旦离异，妻子可以带走属于自己的那部分奁产；若为寡妇，可以有继承丈夫财产的权利[①]。《宋刑统》卷十二《户婚律·户绝资产》还规定了出嫁女享有户绝资产的分配权，“今后户绝者，所有店宅、畜产、资财，营葬功德之外，有出嫁女者，三分给与一分，其余并入官。如有庄田，均与近亲承佃，如有出嫁亲女被出，及夫亡无子，并不曾分割得夫家财产入己，还归父母家，后户绝者，并同在室女例，余准令敕处分”[②]。可以看出女性在社会生活中具有比以往更多的经济权益。供个人自由支配的富余资金的存在，为女性在商品经济中消费时尚的衣装、新奇的饰品提供了充足的物质条件。

除了财产继承权，宋代在法律上也赋予妇女离婚改嫁的权利。《宋刑统》卷十四《户婚律·和娶人妻》规定：“若夫妻不相安谐而和离者，不坐”；“彼此情不相得。两愿离者，不坐。”[③]直至南宋社会，法律仍然肯定：“已成婚移乡编管，其妻愿离者听；夫出外三年不归，亦听改嫁”[④]。以往的研究中程朱理学对女性生活的影响被无端放大，“饿死事极小，失节事极大”似成为束缚女性精神的咒语。其实，社会舆论并非理学一统天下。南宋时期理学所倡导的贞节观念，对当时社会的影响尚小[⑤]。两宋时期，妇女离婚改嫁者颇多。范仲淹母亲谢氏、王安石儿媳庞氏、岳飞前妻刘氏、赵明诚遗孀李清照等改嫁另适，便是人所熟知的实例[⑥]。事实证明，理学对宋代女性的婚姻家庭生活并没有太大的影响[⑦]。两宋社会从国家法律制度层面肯定了女性婚姻中的自主地位，体现了将女性视为独立社会个体的尊重意识，女子并非为男子的附属品，而是具有选择婚姻幸福的权利。国家对女性权益的维护极大促进了女性的思想解放和权利意识，激发了女性群体在社会生活中勇于超越、不拘传统的精神品格。可以想象，这些经济独立，意志自由的南宋女

① 朱瑞熙，等.宋辽西夏金社会生活史[M].北京：中国社会科学出版社，1998:112–113.
② 宋刑统卷十二.户婚律·户绝资产[M].北京：中华书局，1984:198.
③ 宋刑统卷十四.户婚律·和娶人妻[M].北京：中华书局，1984:224.
④ 朱瑞熙，等.宋辽西夏金社会生活史[M].北京：中国社会科学出版社，1998:111.
⑤ 陈东原.中国妇女生活史[M].北京：商务印书馆，2015:109.
⑥ 朱瑞熙，等.宋辽西夏金社会生活史[M].北京：中国社会科学出版社，1998:110.
⑦ 王扬.宋代女性法律地位研究[M].北京：法律出版社，2015:289.

性，受到传统宗法观念的约束较少，自然在服饰选择上可以最大限度地听任自身的喜好去追新逐异，以达到“女为悦己者容”[①]的目的。

此外，已婚女性也享有家事管理权。包括子女的教育、监护乃至惩罚，其中还包括执掌家庭财产权[②]。由于肩负子女的教育使命，宋代女子受教育的权利受到尊重，士大夫阶层普遍认为女子应当读书，“古之贤女，无不好学，左图右史，以自儆戒”[③]。朝廷允许女子参与童子科考试，在南宋时期的淳熙和嘉定年间，就有女童参加考试入选。宋代在中国文化史上形成新高峰，妇女是个推动力。当时中上层妇女大多具有较高的文化素养[④]。士人阶层女性的阅读与重文教的社会风气、书籍的普遍流通以及士人的提倡密切相关[⑤]。女性所具有的文化品格使其在子女教育和家庭财产管理等方面拥有绝对的话语权，其聪明才智甚至对丈夫的仕途升迁给予帮助。不仅如此，宋代后妃阶层也凭借自身的聪慧才智普遍参与到国家政务的管理中。如北宋真宗的刘皇后、仁宗曹皇后、英宗高皇后、神宗向皇后、哲宗刘皇后，以及南宋光宗李皇后、宁宗杨皇后、理宗谢皇后，都曾积极参与朝政，甚至英宗高皇后被士大夫阶层称颂为“女中尧舜”[⑥]。宋代女性文化素养的普遍提升，使其拥有较高的审美品位，这必然有助于女性着装品位的提升，对女性衣装风尚的构建产生积极的影响。

下层妇女的社会地位也有所提高。妓女亦能吟诗作赋[⑦]，与文人雅士对歌弹唱，极尽风雅，正可谓“娉婷秀媚，桃脸樱唇，玉指纤纤，秋波滴溜，歌喉婉转，道得字真韵正，令人侧耳听之不厌”[⑧]。社会对官私妓女并非抱有歧视的态度，酒肆开张[⑨]、婚迎嫁娶[⑩]，均邀约妓女广泛捧场参与。富家女使的地位也有所改善，并非终身依附，而是雇佣期满，即可归家。妓女群体作为公众视野中一支不可忽视的时尚力量，在服饰文化的传播中扮演着积极的角色，其着装好尚甚至影响着上层女性的服饰审美观念。富家女使也不乏光鲜靓丽的衣饰，甚至一件女仆的全套服装价格可达100贯[⑪]，其作为主人财势地位的炫耀与彰显而存在。

① 战国策（上）卷十八.赵策一[M].上海：上海古籍出版社，1985:597.
② 朱瑞熙，等.宋辽西夏金社会生活史[M].北京：中国社会科学出版社，1998:113.
③ 家范卷六.女[M]//文渊阁四库全书本：第696册.台北：台湾商务印书馆，1986:691.
④ 朱瑞熙，等.宋辽西夏金社会生活史[M].北京：中国社会科学出版社，1998:118.
⑤ 铁爱花.宋代士人阶层女性研究[M].北京：人民出版社，2011:349.
⑥ 刘广丰.心态史视角下宋代的女主政治：以北宋刘太后为中心[J].中原文化研究，2018（2）:111.
⑦ 周密.齐东野语卷二十：台妓严蕊[M].黄益元，校点.上海：上海古籍出版社，2012:215.
⑧ 吴自牧.梦粱录卷二十：妓乐[M]//全宋笔记：第八编：五.郑州：大象出版社，2017:304.
⑨ 吴自牧.梦粱录卷二：诸库迎煮[M]//全宋笔记：第八编：五.郑州：大象出版社，2017:105.
⑩ 吴自牧.梦粱录卷二十：嫁娶[M]//全宋笔记：第八编第：五.郑州：大象出版社，2017:299.
⑪ 程民生.宋代物价研究[M].北京：人民出版社，2008:259.

（二）女性生活场域的开放

南宋女性参与社会活动之频繁为服饰的流行传播提供了一个开放交流的场域。皇家的礼仪活动、法定的时令节日，民众均可观瞻或参与。同时女性也有参与私人约会的自由。如士人阶层的女性休闲生活丰富多彩，有走出户外的揽胜游逛、离开家乡的旅途游赏、以参神拜佛为由的集会游乐、与士人群体交友唱和①。相对广阔的社交空间，为女性与外部沟通、个人形象的展示提供了良好的契机。

早在北宋时期，贵家女子就有早晚畅行的自由。“有贵家士女，小轿插花，不垂帘幕”“间列舞场歌馆，车马交驰。向晚，贵家妇女纵赏观赌，入场观看，入市店饮宴，惯习成风，不相笑讶”②。南宋皇家祭祀宗庙，值四孟驾出，令“男子衫带，妇女裙背”，以整装观看③。南郊祭天大礼亦“许都人观瞻”④。皇家公主下降（结婚）仪式也并无禁闭⑤。公主得旨携驸马泛舟西湖，都人为之“倾城纵观”⑥。一年中各式节令，更是民众的狂欢日，“元夕节物，妇人皆戴珠翠、闹蛾、玉梅、雪柳、菩提叶、灯球、销金合、蝉貂袖、项帕，而衣多尚白，盖月下所宜也”，“终夕天街鼓吹不绝，都民士女，罗绮如云，盖无夕不然也”，“间设雅戏、烟火、花边水际，灯烛灿然，游人士女纵观”⑦。清明时节，“都人无论贫富，倾城而出，笙歌鼎沸，鼓吹喧天……殢酒贪欢，不觉日晚。男跨雕鞍，女乘花轿，次第入城”⑧。“是日都人士女，骈集炷香，已而登舟泛湖，为避暑之游”⑨。夏日女子出游，宋词更有佳句：“明眸皓齿，看江头、有女如云。折花归去，绮罗陌上芳尘”（辛弃疾《新荷叶》）。公众的集会也会成为女性斗美夸富之所，“有善女人，皆府室宅舍内司之府第娘子夫人等，建庚申会，诵《圆觉经》，俱带珠翠珍宝首饰赴会，人呼曰斗宝会”⑩。

男女聚会邀游也是女性社交生活不可或缺的内容。都城临安（今杭州）作为享有富丽、奢华、雅致格调的优雅风习的中心⑪，成为女性户外交游的欢乐场。“公子王孙，五陵少年，更以纱笼喝道，将带佳人美女，遍地游赏。人都道玉漏催频，

① 铁爱花.宋代士人阶层女性研究[M].北京：人民出版社，2011:349.
② 孟元老.东京梦华录[M].郑州：中州古籍出版社，2010:101.142.
③ 周密.武林旧事卷一：四孟驾出[M].李小龙，赵锐，评注.北京：中华书局，2007:8.
④ 周密.武林旧事卷一：大礼[M].李小龙，赵锐，评注.北京：中华书局，2007:13.
⑤ 周密.武林旧事卷二：公主下降[M].李小龙，赵锐，评注.北京：中华书局，2007:40.
⑥ 周密.武林旧事卷三：西湖游幸[M].李小龙，赵锐，评注.北京：中华书局，2007:73.
⑦ 周密.武林旧事卷二：元夕[M].李小龙，赵锐，评注.北京：中华书局，2007:52–55.
⑧ 吴自牧.梦梁录卷二：清明节[M]//全宋笔记：第八编：五.郑州：大象出版社，2017:104.
⑨ 周密.武林旧事卷三：都人避暑[M].李小龙，赵锐，评注.北京：中华书局，2007:83.
⑩ 吴自牧.梦粱录卷十九：社会[M]//全宋笔记：第八编：五.郑州：大象出版社，2017:292.
⑪ 谢和耐.蒙元入侵前夜的中国日常生活[M].刘东，译.北京：北京大学出版社，2008:121.

金鸡屡唱，兴犹未已。以致饮酒醺醺，倩人扶著，堕翠遗簪，难以枚举。”① “杭人亦无时而不游，而春游特盛焉。……大贾豪民，买笑千金，呼卢百万，以至痴儿骏子，密约幽期，无不在焉。日糜金钱，靡有纪极” ②。“紫陌嬉游，不似少年怀抱。珠帘十里，听笙箫声香。幽期密约，暗想浅颦轻笑。良时莫负，玉山频倒”（曾觌《传言玉女》）。而透过南宋女性词人的情感流露亦能体味到男女私会时的自由与纵情，李清照《浣溪沙》有“绣面芙蓉一笑开。斜飞宝鸭衬香腮。眼波才动被人猜。一面风情深有韵，半笺娇恨寄幽怀。月移花影约重来”；朱淑真《清平乐》亦有：“恼烟撩露，留我须臾住。携手藕花湖上路。一霎黄梅细雨。娇痴不怕人猜，和衣睡倒人怀。最是分携时候，归来懒傍妆台”。南宋女子于公众视野中频繁闪现的俏丽身姿为男性所眷恋，辛弃疾《青玉案》为此留下亘古不衰的词句：“蛾儿雪柳黄金缕。笑语盈盈暗香去。众里寻他千百度，蓦然回首，那人却在，灯火阑珊处”。

南宋女性所拥有的广泛的社交自由，使其身份高度地社会化。营造时尚靓丽的形象，成为他者眼中的风光，成为女性强烈的内在诉求。“著一套、时样不肯红，甚打扮、诸馀济。回头一笑千娇媚”（杨无咎《探春令》）；“冠儿时样都相称，花插楝双枝。倩俏精神，风流情态，惟有粉郎知”（卢炳《少年游》）。“衣着或饰物是将身体社会化并赋予其意义与身份的一种手段”③，靓丽缤纷的服饰无疑成为女性的一种独特的社交技巧，通过其形制的新奇、材质的华美、装饰的靓丽而赢得观者的倾慕和羡赏。

四、上下交济的时尚推动

经济地位的独立，社会地位的提升，交际空间的开拓，自我精神的确立，使女性具备了以服饰彰显自我，突出个性的内在动力。在日常生活领域女性崇尚特异、追求新奇成为着装实践的显著特征。南宋学者周煇在《清波杂志》中有所论及，“煇自孩提，见妇女装束数岁即一变，况乎数十百年前，样制自应不同。如高冠长梳，犹及见之，当时名大梳裹，非盛礼不用。若施于今日，未必不令为新奇” ④。

① 吴自牧.梦梁录卷一:元宵[M]//全宋笔记:第八编:五.郑州:大象出版社，2017:95.
② 周密.武林旧事卷三:西湖游幸[M].李小龙，赵锐，评注.北京:中华书局，2007:71.
③ 恩特维斯特尔.时髦的身体:时尚、衣着和现代社会理论[M].郜元宝，等，译.广西师范大学出版社，2005:2.
④ 周煇.清波杂志卷八:垂肩冠[M].上海:上海古籍出版社，2012:121.

南宋女装的新奇之变，即为“时尚”之变[①]。时尚的一个重要特征是求新、尚异[②]。发轫于14世纪中叶的西方宫廷时尚，被归入“古典时尚”之列[③]，南宋女装的慕新之变，当属于东方古典时尚的范畴。而在宋人语境中，对流行样式多冠以“时样”一词，涉及妆容、发型、衣饰各个方面。北宋词即有“相并细腰身。时样宫妆一样新”（张先《南乡子》）；“重重叠叠。娜嫋裙千襵。时样宫黄香百叶”（陈师道《清平乐》）；南宋词亦有“红杏白梨肌理。时样新妆淡伫”（史浩《如梦令》）；“粲一行珠玑时样妆”（黄机《沁园春》）。南宋社会的“时样”女装，既有下层对“宫样”的追慕仿效，也有上层对俚俗的尝新涉猎。

（一）“上行下效”的大众崇尚

在神圣的舆服制度之外，统治者试图创造出一种既愉悦自身又与庶民阶层有所分别的新样制，但这份新奇因其远离政治神圣性而高度生活化的特质在等级制度松动的历史时期极易为富庶的下层民众所模仿。伊丽莎白·赫洛克犀利地指出了上下阶层之间“超越”与“反超越”的时尚较量，“所有的服饰都表明民众有一种仿效领袖的天性”“而一旦人们发觉这样冒犯了他们的尊严、侵犯了他们的‘专利’时，他们会雷厉风行地破旧立新，最终又与下层人们泾渭分明”[④]。爱德华·傅克斯也提供了相似的看法，“新时装都是统治阶级创造出来的。统治阶级竭力用各种办法把自己同下层阶级隔离，在表面上也是如此”[⑤]。但事与愿违，作为公众人物的特权阶层，“他们的形象往往会受到人们的瞩目而被模仿，这种形象因此就得以传播。”[⑥]南宋女装的时尚发生恰好契合了这一理论。上行下效的时尚追崇自北宋以来就不乏其例，仁宗皇祐初，“宫中尚白角冠，人争效之，号‘内样冠’，名曰‘垂肩’‘等肩’，至有长三尺者，登车檐皆侧首而入，梳长亦逾尺”[⑦]。其播及之深远，甚至到了南宋乾道年间，在较为闭塞的夔州地区尚能见“后插大象牙梳，如手大”之遗风[⑧]。南宋社会更是如此，孝宗朝大臣龚茂良溯源社会奢靡之风，“由近贵之家仿效宫禁，以致流传民间，鬻簪珥者必言内样”，点明了市井时尚的缘起，即宫

① 陈宝良考证，“时尚”一词正式出现于明代，并引袾宏《竹窗二笔》：“今一衣一帽，一器一物，一字一语，种种所作所为，凡唱自一人，群起而随之，谓之时尚”。详见：陈宝良．“服妖”与“时世妆”：古代中国服饰的伦理世界与时尚世界[J]. 艺术设计研究，2013（4）:36.
② 杨道圣．时尚的历程[M]. 北京：北京大学出版社，2013:1–2.
③ 同上．2013:7.
④ 赫洛克．服饰心理学：兼析赶时髦及其动机[M]. 孔凡军，等，译．北京：中国人民大学出版社，1990:35.
⑤ 傅克斯．欧洲风化史：风流世纪[M]. 沈阳：辽宁教育出版社，2002:113–114.
⑥ 杨道圣．时尚的历程[M]. 北京：北京大学出版社，2013:5.
⑦ 周輝．清波杂志卷八：垂肩冠[M]. 上海：上海古籍出版社，2012:121.
⑧ 顾宏义，李文，整理标校．宋代日记丛编[M]. 上海：上海书店出版社，2013:789.

禁——贵近之家——民间这样的流传路径[①]。士大夫之家在时尚传播的链条中起到承上启下的中介作用。南宋晚期理宗朝女性装束的新式样更是层出不穷，“宫妃系前后掩裙而长窣地，名‘赶上裙’；梳高髻于顶曰‘不走落’；束足纤直名‘快上马’[②]，这些近乎服妖的装束亦为民众所仿效。时尚影响之广泛，甚至会波及乡村，南宋词人陆游的《岳池农家》有“谁言农家不入时，小姑画得城中眉”之句，当为此现象的生动写照。

对奢华装饰趣味的追逐也是民众模仿宫廷时尚的重要方面。在服饰上“销金铺翠”的奢靡之风自北宋吹入南宋，此消彼长，屡禁不绝[③]。对愈演愈烈的奢靡现象，宋朝皇帝表面上倡导节俭消费观，但是奢侈消费的观念已经在宫廷和民间表现出强大的生命力[④]。服饰用金工艺繁多，据《宋史》记载有销金、贴金、间金、戭金、圈金、解金、剔金、陷金、明金、泥金、楞金、背影金、盘金、织金、金线撚丝等多种形式[⑤]，可谓耀目璀璨。南宋皇家公主下降（出嫁）用金也极尽铺张，“真珠翠领四时衣，累珠嵌宝金器，贴金器，出从贴金银装檐等，锦绣销金帐幔”[⑥]。南宋时民间婚嫁亦毫不逊色，“更言士宦，亦送销金大袖，黄罗销金裙，段红长裙，或红素罗大袖段亦得”[⑦]。妓女装束也非金不用，“库妓之琤琤者，皆珠翠盛饰、销金红背，乘绣鞯宝勒骏骑”[⑧]。除销金外，以翠鸟羽毛装饰服饰的“铺翠”现象，自北宋晚期而兴，至南宋更为普遍。南宋初年高宗为遏制此风，甚至将交阯国进贡的翠羽百只于大街当众销毁[⑨]，民间铺翠程度之甚可见一斑。服饰奢侈之风日盛，一个精致的领抹高达1贯钱[⑩]，而一件高档的服装价格可达1万贯之巨[⑪]。“妇人饰簪之征至当十万之直，不惟巨室为之，而中产亦强仿之矣”[⑫]。南宋一代，上自宫掖，下至民间，奢靡之风攀效比附，蔚为壮观。

---

① 包伟民.宋代城市研究[M].北京：中华书局，2014:347.
② 宋史卷六十五.志第十八.五行三[M].北京：中华书局，1997:1430.
③ 徐吉军.南宋全史（八）[M].上海：上海古籍出版社，2016:229-235.
④ 何辉.宋代消费史[M].北京：九州出版社，2016:220.
⑤ 宋史卷一百五十三.志第一百六.舆服五[M].北京：中华书局，1997:3574.3575.
⑥ 周密.武林旧事卷二：公主下降[M].李小龙，赵锐，评注.北京：中华书局，2007:40.
⑦ 吴自牧.梦粱录卷二十：嫁娶[M]//全宋笔记：第八编：五.郑州：大象出版社，2017:298.
⑧ 周密.武林旧事卷三：迎新[M].李小龙，赵锐，评注.北京：中华书局，2007:80.
⑨ 宋史卷六十五.志第十八.五行三[M].北京：中华书局，1997:1430.
⑩ 1贯=1千钱，一件普通的衣服需要500文钱。一个销金铺翠的衣领装饰物——领抹的价钱是购买一件普通衣服的2倍，而一件铺金销翠的高档衣服价格竟是一件普通衣服的2万倍。
⑪ 程民生.宋代物价研究[M].北京：人民出版社，2008:259.
⑫ 王迈.臞轩集卷一：丁丑廷对策[M]//文渊阁四库全书：第1178册.台北：台湾商务印书馆，1986:450.

（二）下层时尚的逆行侵袭

下层市井文化亦影响着士大夫阶层，乃至深入宫掖。这表现为世俗文化对士人雅文化的影响[①]。《江邻几杂志》载：司马光言“妇人不服宽裤与襜制旋裙，必前后开胯，以便乘驴。其风闻于都下妓女，而士人家反慕效之，曾不知耻”[②]。可见早在北宋时期就已存在上层妇女为新奇所驱而仿慕下层的做法。服饰等级观念在追新逐异的时尚大潮冲击下日渐瓦解，南宋社会更是有过之而无不及。晚期理宗朝时嫔妃中流行的“以粉点眼角的‘泪妆’”[③]，早在南宋孝宗朝即为民间妇女所用，是清明祭扫时的所谓“泪妆素衣”[④]。不限服饰衣装，甚至市井俗乐、艳词皆堂而皇之地步入宫廷禁内[⑤]，大胆直露的俗文化对高雅文化呈渗透、侵蚀之势，从而使服饰文化呈现出雅俗共济的多元面貌。

自民间而兴的另类时尚在南宋社会颇为风行，即效仿外国服饰——胡服[⑥]，朝廷对此屡禁不止。在统治者看来这是“华夷混淆”的文化乱象，甚至有“以夷变夏”之危。而在民众眼中则是追逐新奇的时尚之举。南宋乾道四年，中书门下省言：“临安风俗，自十数年来服饰乱常，习为胡装，声音乱雅，好为胡乐，……伤风败俗，不可不惩”[⑦]。淳熙时风气仍有增无减，大臣袁说友上奏曰：“今来都下衣冠服制习为虏俗，姑且以最甚者言之，紫袍紫衫必欲为红赤紫色，谓之顺圣紫。靴鞋常履必欲前尖后高，用皂革，谓之不到头。巾制则辫发低髻，为短统塌顶巾。棹篦则虽武夫力士皆插巾侧。兼身披虏服，而敢执事禁庭。识者见之，不胜羞恨”[⑧]。“今之茶褐、墨绿等服，皆出塞外，自开燕山始有至东都者，深叹习俗之变也”[⑨]。朝臣诟病之词频发，足见胡俗风尚之普及。南宋词中亦见胡装之流行，“茸茸狸帽遮梅额，金蝉罗翦胡衫窄”（吴文英《玉楼春·京市舞女》）。此风流行于市井，难免不为上层所效习，经上下交济，而风行四方。

无论是本土创新还是异域仿效，抑或是宫廷雅样还是市井俚俗，南宋女性在服饰上的追新逐异自然成为“服妖”现象的肇始者。关于服妖，《汉书·五行志》

① 宋雪莉.宋代服饰制度研究[M].杭州：杭州出版社，2007:119.
② 江休复.江邻几杂志[M].北京：中华书局，1991:10.
③ 宋史卷六十五.志第十八.五行三[M].北京：中华书局，1997:1430.
④ 周密.武林旧事卷三：祭扫[M].李小龙，赵锐，评注.北京：中华书局，2007:78.
⑤ 包伟民.宋代城市研究[M].北京：中华书局，2014:344-345.
⑥ 与南宋政权并立的少数民族政权主要有金国、西夏，大理，后期有元。南宋人语境中的胡服，主要指涉金国女真人服饰。
⑦ 潜说友.咸淳临安志卷四七：秩官五[M]//宋元方志丛刊：第四册.北京：中华书局，1900:3775-3776.
⑧ 杨士奇，等.历代名臣奏议卷一百二十：礼乐[M].明永乐内府刻本:25.
⑨ 楼钥.攻媿集卷八五：亡妣安康郡太夫人行状[M]//文渊阁四库全书本：第1153册.台北：台湾商务印书馆，1986:325.

有言“风俗狂慢，变节易度，则为剽轻奇怪之服，故有服妖”[1]。所谓服妖，即为古人眼中离经叛道的奇装异服。在先秦时代，作“淫声”“异服”，“以疑众者”，会招致杀身之祸[2]。而后世服妖之举虽未关乎性命，但也为主流意识形态所不容。如晋末，皆冠小而衣裳博大，“上小而下大，此禅代之象也”，谓之服妖[3]。唐初太平公主着“紫衫”男装，武后谓之“女子不可为武官”，近服妖也[4]。中唐杨贵妃“常以假鬓为首饰，而好服黄裙。近服妖也”[5]。两宋之际，金人南下，世风突变，服妖之说尤甚[6]。早在北宋淳化时妇人就以“黑光纸”“鱼媚子”饰面为尚[7]；北宋末叶宣和间又以“不制衿”便服[8]、“错到底”弓鞋而风靡一时[9]；南宋时期更是“怪样”频出，早期绍兴时，士庶竞以鹿胎皮制妇人冠；而妇人服饰竞集翠羽而为之；中期绍熙间里巷妇女尚以琉璃为首饰；后期理宗朝又以交掩“赶上裙”、高髻“不走落”、束足“快上马”推动“宫样”变幻翻新[10]。这些诸多为士大夫阶层所指涉的服妖之举，恰好印证了南宋女装所具有的活跃的时尚流变特征。在被商品经济所驱动的追新逐异的浪潮中，南宋女装的“变古”便再难以为传统道德所约束，而表现出极大的超越性和自由度。

（三）形制风格与时尚异变

服装风格的异变通过形制、色彩、材质、纹饰多个方面得到展现。“形制”一词正如本书绪论中已讨论的那样，包含服装的“式样”和“尺寸”两个维度特征。较之色彩等构成要素，形制之变，对服装的风格建构影响显著，有时甚至具有明显的文化标尺意义。布罗代尔认为14世纪中叶欧洲时尚的出现肇始于“服装形式开始从悬垂型向裁剪型转化，服装的功能也因此从对身体的遮蔽转为对身体的表现”[11]，毋庸置疑，正是由于服装形制结构、剪裁方式的根本变革，推动了欧洲服饰文化由早期的“二维平面”向“三维立体”转型。与之相比，色彩、材质、纹饰似乎都难以具备撼动本质的力量。虽然欧洲男装的“现代化”转型离不开羊毛

---

① 班固．汉书卷二十七中之上．五行志[M].北京：中华书局，1997:1353.
② 礼记正义卷第十三．王制[M]//李学勤．十三经注疏．北京：北京大学出版社，2000:482.
③ 晋书卷二十七．志第十七．五行上[M].北京：中华书局，1997:826.
④ 新唐书卷三十四．志第二十四．五行一[M].北京：中华书局，1997:878.
⑤ 同上，1997:879.
⑥ 刘复生．宋代“衣服变古”及其时代特征：兼论“服妖”现象的社会意义[J].中国史研究，1998（2）:90.
⑦ 宋史卷六十五．志第十八．五行三[M].北京：中华书局，1997:1429.
⑧ 岳柯．桯史：卷第五：宣和服妖[M].北京：中华书局，1981:54.
⑨ 陆游．老学庵笔记：卷三[M].北京：中华书局，1979:40.
⑩ 宋史卷六十五．志第十八．五行三[M].北京：中华书局，1997:1430.
⑪ 杨道圣．时尚的历程[M].北京：北京大学出版社，2013:5.

织物的贡献①，但革命性因素还在于其款型风格的去繁就简——成熟理性的西服套装的逐步定型。而在中国传统服饰文化语境中，形制式样的不同甚至代表了一种决然的文化立场。《论语·宪问》有曰："微管仲，吾其被发左衽矣"②，孔子强调"右衽"襟式的主导地位③，申明了儒家学派对华夷之辨的态度。《后汉书·西羌传·滇良》亦有"羌胡被发左衽，而与汉人杂处"之句④。宋儒朱熹曾言："今上领衫与靴皆胡服"⑤，可见服装领式虽微，却成为不同民族之间文化区隔的显著标志。袖式同样被视为华夷之辨的标签，且关乎尺寸。沈括尝言："中国衣冠，自北齐以来乃全用胡服。窄袖绯绿短衣，长靿靴，有蹀躞带，皆胡服也。"⑥不仅是外在款式，甚至内在结构也被赋予了道德教化之意，成为一种"有意味的形式"。如帝王冕服中的裳裙，需前三幅、后四幅的裁配机制，以契合"前尊后卑（奇尊偶卑）"的礼制规范。宋代男子公服下裳"加襕"结构，则是对古制"上衣下裳"制度的摹写与回归，暗示了"天地乾坤"的伦理秩序⑦。因此，形制语言对服装整体文化风格的建构具有重要的决定意义。

南宋女装的时尚异变，以形制之变最为凸显，并从式样和尺寸两个维度得到展现。式样涉及外在款式和内在结构，是服装风格确立的基础。而一旦式样确定后，由于规格尺寸的改变，也会引发着装风格的变迁。无论是式样的翻新，还是尺寸的改变，都会对服装风格的建构产生决定性影响。而南宋女装的时尚之变，在很大程度上是通过形制风格的改变而被赋予了深刻的文化寓意。

五、小结

宋代是中华文明发展的高峰，在物质文明和精神文明领域皆创造出举世瞩目的斐然成就。大宋是一个充满创新精神的建设型国家，其在政治、经济、文化诸多领域多有创见，呈现出蓬勃发展的崭新面貌。但由于身处少数民族政权林立的历史语境，在与异族交戈中常以签订和约来换买和平，从民族主义的立场出发，大宋因在军事上的"软弱"避战而饱受诟病，甚至遮蔽了其在诸多领域所取得的旷世成果。随着史学研究的进步，宋代的历史地位得到应有的肯定，中外学者从

① 霍兰德.性别与服饰[M].魏如明，等，译.北京：东方出版社，2000:100.
② 论语卷十四.宪问[M]//李学勤.十三经注疏.北京：北京大学出版社，2000:218.
③ "右衽"襟式为中原汉民族服式的典型特征。为交领结构，衣服左襟压右襟，形成右衽式样。
④ 后汉书卷八十七.西羌传第七十七.滇良[M].北京：中华书局，1997:2878.
⑤ 朱子语类卷第九十一.礼八·杂仪[M].北京：中华书局，1986:2328.
⑥ 沈括.梦溪笔谈全译[M].金良年，胡小静，译.上海：上海古籍出版社，2013:4.
⑦《易·系辞下》载"黄帝、尧、舜垂衣裳而天下治，盖取诸乾、坤"，郑注："垂衣裳以辨贵贱，乾尊坤卑之意也"。参见：周易正义卷第八.系辞下[M]//李学勤.十三经注疏.北京：北京大学出版社，2000:353-354.

不同视角赋予其积极的评价，对其取得的文明成就冠以“东方的文艺复兴”，并对其开创的国际间和平的外交政策给予积极的赞许。有宋一代不以强争好战的宏伟霸业来满足帝王的一己虚荣，而是倾力于营造一个百姓安居乐业的太平盛景，其社会文明程度显著提高，人文精神得到极大的弘扬。

两宋文明长达三个世纪之久（960—1279），北宋政权（开封）绵延一个半世纪。虽为女真人所截断，但赵宋遗绪衣冠南渡，在临安（今杭州）又建立起一个更为繁华绮丽的太平乐土。北宋业已取得的文明成果悉为南宋所继承，而南宋又创造出属于自己的文化特色。由北宋时的雄浑、辽阔、崇高向着南宋风调的秀丽、工致、优美转型发展。南宋女装文化即在这样的历史语境中诞生。以文治世的政治环境、活跃繁荣的经济形态、交融并济的文化格局皆对其文化面貌产生基础性影响。宋代以儒立国，由之而引发的树立汉文化的正统性、强调“华夷之辨”的民族意识尤为强烈。男装礼服、常服系统承担起政治符号的职能。而女装在礼服上有所回应，但常服系统则更趋世俗化、生活化，体现出时尚便捷的特点。“工商皆本”的新型理念带来了商品经济的极大繁荣。社会分工日益细密，纺织、印染、缝纫、服饰销售与租赁行业异常活跃，为女装式样的传播与推广提供了有利的流通环境。在意识形态领域，儒道释三者兼容并包，人文思想异常活跃。宫廷内闱所代表的雅文化与歌馆柳巷所代表的俗文化交融并济，在常服领域彼此渗透借鉴。雅俗文化二元互动，不断创造出新的流行，推动了女装文化的丰富化发展。

南宋女装风尚在社会生活中得以流行和传播，得益于着装主体——女性权益空间的拓展，使其身份带有更强的社会化色彩。女性社会地位显著提高，拥有一定的财产分配权、婚姻自主权以及家庭受教育权，从而使女性在衣装消费中的经济实力、审美品位、消费欲求等方面都有所增强。女性生活场域更加开放，皇家盛典、节日遨游、私人聚会，广阔的社交空间，为女性与外部沟通、个人形象的展示提供了良好的契机。靓丽的衣装成为女性独特的社交技巧，并为女装的时尚翻新注入了内在的精神动力。

女性对时尚的热烈追逐是推动女装多元发展的另一个显著因素。南宋社会的“时样”女装既有下层对“宫样”的倾力追捧，也有上层对俚俗的尝新涉猎。宫样中既具新奇的样式又不乏奢靡的工艺（销金铺翠），而俚俗所及既有市井女妓的奇装异服也有对外域胡服的新奇仿效。上下之间雅俗交济、互鉴发展。在多元的时尚变幻中，服装形制之变具有显在的文化标尺意义，其对服装整体文化风格的建构产生了重要影响，南宋女装的形制之变亦从形制式样和形制尺寸两个维度得到展现。而南宋女装的时尚异变，以形制之变最为深刻入微，亦最能凸显南宋女装文化的独特艺术魅力。

第二章

南宋女装形制类别及组合秩序

从阶级结构看，南宋社会的女性群体可大致划分为上、中、下三个等级，上层为后妃命妇，属于贵妇阶层；中层为士庶阶层，下层为身份等级低微的娼妓、婢女等。上层女性包括皇后和内外命妇。内命妇在皇后之下，有妃嫔和女官两等；外命妇主要有两类：一类是皇室的女性亲属，如公主、长公主等；另一类为高中级官员的母亲和妻子，按级别高低分别受封为夫人、淑人、硕人、令人、恭人、宜人、安人、孺人①。上层妇女在服饰资料的占有上享受优渥的待遇，为其他阶层所不能比拟，往往成为服饰风尚的引领者。中层妇女隶属于士、农、工、商阶层②，随着两宋社会科举取士制度的完善以及商人社会地位的提高，这一阶层的女性中尤以士、商两类对服饰的选择空间较大，是女性时尚潮流的模仿和拥趸者。娼妓与婢女居于社会底层，娼妓虽身份低微，但因特殊的职业性质，资财丰厚者亦能优享华美的衣饰，娼妓一族也是时尚的重要推动者。

以下将从不同身份等级出发，以后妃命妇冠服、上下交济的日常女装为考察序列，对南宋女装的形制类别予以梳理比对，考其称谓，探其样貌，在前人研究成果基础上寻遗补缺，使其内涵更加完备。

一、"稳中求变"的后妃命妇冠服

后妃命妇阶层的冠服在特定的国家礼仪活动中发挥着重要的政治符号功能，这部分礼制色彩浓厚的衣装，以其远离世俗的程式化特色而成为"礼"的重要载体，具有严格的等级性和秩序性。承北宋之制，南宋后妃命妇冠服制度表现出极大的稳定性和继承性。这种程式化的礼仪之目的，若用彼得·伯克的观点诠释即是，"礼仪尤其要被看作是必须上演的一种戏剧，其目的在于激起民众的顺从心"③，以彰显皇权至上的神圣性，此可谓"文物煌煌、仪品穆穆。分别礼数，莫过舆服"④。

① 朱瑞熙，等.宋辽西夏金社会生活史[M].北京:中国社会科学出版社，1998:105-106.

② 此处"士"，特指以治学为业、尚未授官取仕的读书人，有别于士大夫阶层。详见：铁爱花.宋代士人阶层女性研究[M].北京:人民出版社，2011:4.

③ 伯克.制造路易十四[M].北京:商务印书馆，2015:11.

④ 南齐书卷十七.志第九.舆服[M].北京:中华书局，1997:343.

（一）“循袭有序”的礼服

1. 稳固承传的制度书写

北宋自立国以来，锐意稽古，参效隋唐制定了一整套较为完备的章服制度。北宋皇后礼服的“四等制度”是仁宗时期在继承唐代袆衣、鞠衣、礼衣三等制度的基础上增补隋制的“朱衣”而成，并补充了礼衣用于乘舆、宴见；朱衣用于见客、视事等内容[①]。考察北宋皇后的礼服制度，首先依托以下三种宋史文本：北宋徽宗朝（政和三年）编纂的礼典《政和五礼新仪》、南宋遗民马端临所撰《文献通考》以及元代的官修史书《宋史》。《政和五礼新仪》作为北宋时期较为成熟的国家礼典[②]，规定了皇后礼服制度的基本内容，如“皇后冠服”一节载：

袆之衣，深青织成，翟文，赤质，五色十二等。青纱中单，黼领，罗縠褾襈，蔽膝随裳色。以緅为领缘，用翟为章，三等。大带随衣色，朱里，纰其外，上以朱锦，下以绿锦，纽约用青组。以青衣带革，白玉双佩，黑组，双大绶，小绶三，间施玉环三，青韈、赤舄，加金饰，受册、朝谒景灵宫服之。鞠衣，以黄罗为之，蔽膝、大带、革带、舄随衣色，余同袆衣，唯无翟文，亲蚕服之[③]。

《政和五礼新仪》也对内外命妇的礼服制度做出规定：

妃……褕翟，青罗绣为摇翟之形，编次于衣，青质，五色九等。青纱中单，黼领，罗縠褾襈，蔽膝随裳色，以緅为领缘，以摇翟为章，二等。大带随衣色，不朱里，纰其外。余仿皇后冠服之制，受册服之。

皇太子妃……褕翟，青织为文摇翟之形，青质，五色九等。素纱中单，黼领，罗縠褾襈，皆以朱色。蔽膝随裳色，以緅为领缘，以摇翟为章，二等。大带随衣色，不朱里，纰其外，上以朱锦，下以绿锦，纽约用青组。以青衣革带，白玉双佩，纯朱双大绶，章采尺寸与皇太子同。受册、朝会服之。鞠衣，黄罗为之，蔽膝、大带、革带随衣色，余与褕翟同，唯无翟，从蚕服之。

命妇……翟衣，皆青质罗为衣，绣为翟，编次于衣及裳。第一品……翟九等；第二品……翟八等；第三品……翟七等；第四品……翟六等；第五品……翟五等。

---

① 宋会要辑稿卷一万九千七百八十五.舆服四・皇后服[M].北京:中华书局，1957:1795.
② 吴羽.〈政和五礼新仪〉编撰考论[J].学术研究，2013（6）:119.
③ 郑居中.政和五礼新仪卷十二:皇后冠服[M]//文渊阁四库全书:第647册.台北:台湾商务印书馆，1986:173.

并素纱中单，黼领，朱褾、襈，亦通用罗縠，蔽膝随裳色，以緅为领缘，加文绣重雉，为章二等。大带，以青衣革带，青韈，舄，佩，绶。受册、从蚕服之[①]。

以上文本提供了北宋皇后礼服制度的基本信息，亦揭示出内外命妇礼服以皇后之服为蓝本，运用“数列手段”体现尊卑秩序的特点[②]。皇后作为妃嫔之首，通过精密的服饰等级建构起独有的权力标识。袆衣居于皇后礼服之首位，作为最高等级的大礼服，是各级礼服制式的标尺，具有文化研究的典型意义。以下将以袆衣制度为重心，考察上层女性礼仪服饰的文化特征。关于皇后袆衣制度的文本规定，另一史料《文献通考》与《政和五礼新仪》的内容基本一致，唯《文献通考》中皇后袆衣翟纹为“素质”[③]，而非“赤质”。与宋人典籍相比，元人编修的《宋史·舆服志》有行文上的混乱、脱漏之谬[④]，皇后“袆衣”制度记载草略，尚不如妃之“褕翟”详尽，上衣、中单、蔽膝等服制信息皆有所失。关于北宋皇后袆衣翟纹为“赤质”还是“素质”的问题，王欢指出唐代礼典及成书于五代的《旧唐书》均将唐代皇后袆衣翟纹写为“素色”，唯宋人所撰的《新唐书》记为“赤色”，足见北宋袆衣制度的烙印及影响[⑤]。北宋国家礼典《政和五礼新仪》所书翟纹正为“赤质”，应较真实地反映了北宋特色。

通过以上宋史文献对比，北宋皇后袆衣制度逐渐清晰，但仍有一些关键信息尚未明确，如皇后袆衣系统中的重要品类“裳”，其色彩，材质、装饰特征均未可知。再如“蔽膝随裳色”，因裳制不明，从而蔽膝色彩亦无从得知。检索《隋书》《唐六典》《旧唐书》《新唐书》所载皇后礼服制度，裳裙信息同样阙失，此问题的破解，最终得益于《大金集礼》及《金史》的文本启示。《大金集礼·皇后车服》载：

袆衣，深青罗织成翚翟之形，素质，十二等，领、褾、襈并红罗织成龙云。青纱中单，素青纱制造，领织成黼形十二，褾、袖、襈织成云龙，并织红縠造。裳，八幅，深青罗织成翟文六等，褾、襈织成红罗云龙，明金带腰。蔽膝，深青罗织成翟文三等，领缘，緅色罗织成云龙，明金带绶一副，大绶一，长五尺，阔一尺，黄白赤黑缥绿六彩织成，小绶三，色同大绶，间七宝钿窠，施三玉环。上碾云龙，拈金线织成大小绶头，红罗花衬。大带，青罗朱里，纰其外，上以朱锦，下以绿锦，

① 郑居中.政和五礼新仪卷十二:皇后冠服[M]//文渊阁四库全书:第647册.台北:台湾商务印书馆，1986:173-174.
② 阎步克.服周之冕:〈周礼〉六冕礼制的兴衰变异[M].北京:中华书局，2009:7.
③ 文献通考卷一百十四.王礼九[M].北京:中华书局，1986:1032.
④ 沈从文.中国古代服饰研究[M].上海:上海书店出版社，2002:469.高冰清.〈宋史·舆服志三〉订误二则[J].中华文史论丛，2012（4）:222.
⑤ 王欢.唐代大礼服袆衣复考[J].人民论坛，2015（33）:224.

纽约用青组，拈金线织成带头。玉佩二朵，每朵上中下璜各一，半月坠子，各二，并玉砾，缕金打钑兽面、篦钩佩子各一，水叶子真珠穿缀。青衣革带，用缕金青罗裹造，上用金打钑水地龙，鹅眼铊尾，共八事，玳瑁衬金钉脚造。龙口□□子全。抹带二条，并明金造，各长一丈五寸，红罗一条，青罗一条。青罗舄一两，白绫里，如意头，明金黄罗，准上用玉鼻仁真珠装缀，繁带全。韈一两，青罗表里造，系带全[①]。

元人撰修的《金史》所记皇后袆衣制度与《大金集礼》高度吻合[②]。大金服制记述极为翔实，除增补皇后裳裙材质、色彩、装饰特征外，剪裁用幅均予以说明。袆衣、中单、蔽膝、大带、革带、绶、佩、舄、韈的工艺细节更为明晰，弥补了宋人制度记载语焉不详之弊，如宋史仅书“青纱中单，黼领，罗縠褾襈”，而金史记为“青纱中单，素青纱制造，领织成黼形十二，褾、袖、襈织成云龙，并织红縠造”。宋人文献所缺失的制度信息却在金人典籍中悉加呈现，其缘由或如傅斯年论述史料类别时指出的：“本国每每忽略最习见同时却是最要紧的事，而外国人则可以少此错误”[③]。《大金集礼》所记皇后袆衣翟纹为“素质”而非“赤质”，与北宋制度不同，“素质”或为大金服制的特点（继承唐制）。

南宋（1127—1279）之初，后妃冠服制度承袭北宋传统，“高宗中兴后，皇后之服，首饰，袆衣，佩绶，袜，舄，依政和新仪”[④]。乾道七年，本着“务从省约”的原则[⑤]，裁削掉北宋的鞠衣和朱衣，“其服，后惟袆衣、礼衣，妃备褕翟，凡三等”[⑥]。公主及品官命妇礼服均未言及，但从南宋理宗之女出嫁所服为“九翚四凤冠，褕翟纁袖”[⑦]，可知公主礼服仍为褕翟，而品官外命妇的礼服大致可推断应继续沿用北宋时的翟衣。

一个值得注意的问题是，隋唐礼服系统中女装向男装的“借用”传统在宋代得到很好的继承[⑧]。宋代皇后袆衣承隋唐之制[⑨]，采用男性礼服惯式——上衣下裳

① 大金集礼卷二十九．皇后车服[M]//王云五．丛书集成初编：二．北京：商务印书馆，1936:251.252.

② 金史卷四十三．志第二十四．舆服中[M].北京：中华书局，1997:978.

③ 傅斯年．傅斯年全集：第2卷[M].长沙：湖南教育出版社，2003:338.

④ 文献通考卷一百十四．王礼九[M].北京：中华书局，1986:1032.

⑤ 宋史卷一百四十九．志第一百二．舆服一[M].北京：中华书局，1997:3478.

⑥ 宋史卷一百五十一．志第一百四．舆服三[M].北京：中华书局，1997:3535.

⑦ 周密．武林旧事卷二：公主下降[M].北京：中华书局，2007:41.

⑧ 本处“借用”一词采纳美国安妮·霍兰德的观点，她认为“西方主流女性时装在表面上曾如此频繁地、有选择地借用男性的设计”，详见：霍兰德．性别与服饰：现代服装的演变[M].北京：东方出版社，2000:8.

⑨ 隋书卷十二．志第七．礼仪七[M].北京：中华书局，1997:260. 新唐书卷二十四．车服志[M].北京：中华书局，1997:516-517.

“二部制”，即上衣与裳裙独立存在。有学者认为唐宋皇后袆衣仍沿用周代的“深衣制”①，恐误。追溯古礼，周代王后包含袆衣在内的六服皆为“袍制”，即是“连衣裳”的“深衣制”②。汉承周制③，直至晋仍有所承续④，历经南北朝，到隋唐，皇后礼服制度发生显著改变，仿效男子服制，将衣、裳分离，遵从男装“大带随衣色，蔽膝随裳色”的传统，“裳”作为独立服饰品类的地位得以凸显。从《大金集礼》对皇后袆衣裳裙的表述便可窥见一斑：“裳，八幅，深青罗织成翟文六等，褾、襈织成红罗云龙，明金带腰”。八幅青罗拼缝而成的裳裙，所织翟纹六行，与翟纹十二行之袆衣明显不同，且缝有“明金带腰”，更显裳裙独立使用的特点。唐宋皇后袆衣虽为“上衣下裳”二部制，但色调统一，均为深青色，在外观上仍呈现“不异色”的和谐之美。

以宋代皇后袆衣制度为参照，也可大致推测皇妃、太子妃、命妇礼服的相关信息。由于品级、身份地位的不同，上自皇后下至内外命妇，礼服在形制、材质、纹饰等方面都体现出严格的等级界限。后妃命妇阶层的等级区分主要通过以下方式获得：

① 通过纹样造型、工艺、数量的不同，区分等级。如皇后袆衣取翚；妃、太子妃褕翟取摇翟；外命妇翟衣取翟。皇后袆衣与太子妃褕翟用青罗“织”成翚翟纹，而妃褕翟及外命妇翟衣以“绣”为翟纹。“织”较“绣”的工艺难度大，体现尊卑秩序。皇后袆衣用翚十二行；妃、太子妃用摇翟九行；品官命妇依品级用五行到九行不等。

② 通过服装色彩的差异，区分等级。唯皇后袆衣为深青色，其余嫔妃命妇均为青色。皇后中单为素纱青色，妃命妇则为素纱白色。

③ 通过装饰要素的多寡，区分等级。如皇后袆衣大带上有朱锦和绿锦装饰；外命妇大带无此装饰结构。皇后礼鞋（舄）有金饰，而命妇礼鞋则无金饰。

宋代后妃命妇大礼服制度一览表见表2-1。

① 张林森．宋代皇后服饰研究[D].北京：北京服装学院，2018:56.
② 周礼注疏卷第八．内司服[M]//李学勤．十三经注疏．北京：北京大学出版社，2000:239.
③ 续汉书．志第三十．舆服下[M]//后汉书．北京：中华书局，1997:3676.
④ 晋书卷二十五．志第十五．舆服[M].北京：中华书局，1997:774.

表 2-1　宋代后妃命妇大礼服制度一览表

等级	衣						中单			
	礼服	材质	色彩	纹样			材质	色彩	领	褾襈
				构成	工艺	等级				
皇后	袆衣	罗	深青	翟文	织	赤质、五色、十二等	纱	青色	黼	朱罗
妃	褕翟	罗	青	摇翟	绣	青质、五色、九等	纱	青色	黼	朱罗
太子妃	褕翟	罗	青	摇翟	织	青质、五色、九等	纱	白色	黼	朱罗
品官命妇	翟衣	罗	青	翟	绣	一品九等 ~ 五品五等	纱	白色	黼	朱罗

等级	蔽膝				大带			革带	袜	舄
	色彩	缘边	纹样		色彩	里色	装饰	色彩	色彩	装饰
			构成	等级						
皇后	随裳	緅	翟	三等	深青	朱	纰其外 朱锦 / 绿锦	青	青色	青，加金饰
妃	随裳	緅	摇翟	二等	青	非朱	纰其外 朱锦 / 绿锦	青	青色	青，加金饰
太子妃	随裳	緅	摇翟	二等	青	非朱	纰其外 朱锦 / 绿锦	青	青色	青，加金饰
品官命妇	随裳	緅	重雉	二等	青	非朱	无	青	青色	青，无金饰

裳（八幅）								
裙身					缘饰			
材质	色彩	纹样			褾、襈			
		构成	工艺	等级	材质	色彩	纹样	
							构成	工艺
罗	深青	翟	织	六等	罗	红	云龙	织

承袭有序的后妃冠服制度是否得到有效的施行呢？沈从文曾提出历代舆服制度“记载虽十分详尽，其实多辗转沿袭，未必见于实用”的论断①。阎步克亦曾假定历代帝王冕服制度或许仅存在于虚拟的书写想象中，未必付诸现实②。但反观宋代皇后礼服系统，却显示出实际发生的种种迹象。《宋史》记载南宋孝宗倡导节俭，令中宫袆衣勿再破费，“珠玉就用禁中旧物，所费不及五万”③。宋人周密在《武林旧事》中记述了册封皇后的隆重场面，“皇后首饰、袆衣，内侍引司言……”④。无论是官方正史还是民间笔记，都证明着袆衣现实存在的可能。

① 沈从文.中国古代服饰研究[M].上海:上海书店出版社，2002:1.
② 阎步克.服周之冕:〈周礼〉六冕礼制的兴衰变异[M].北京:中华书局，2009:22.
③ 宋史卷一百五十三.志第一百六.舆服五[M].北京:中华书局，1997:3579.
④ 周密.武林旧事卷八:册皇后仪[M].北京:中华书局，2007:220.

2. 图像所见皇后礼服制度

（1）袆衣

宋代皇后礼服袆衣尚未有考古实物出土，但故宫南薰殿旧藏宋代帝后画像资料提供了难得的形象参考。其中有北宋皇后坐像六幅（图2-1），南宋皇后坐像三幅（图2-2），时间跨度从北宋前期真宗朝到南宋中晚期的宁宗朝，历时近二百年。画像所绘九位皇后皆正襟垂坐，头戴龙凤花衩冠，身着深青大袖衣，周身装饰翚翟纹。上衣式样为：交领右衽，疏阔宽袖，领、袖、襟处皆施以云龙纹装饰，腰间束带，尽显雍容之姿。对照宋代皇后袆衣制度规定，再结合图像所示，可以确定诸后所服即是隆重的大礼服袆衣①。这些被尊为"神御"、工笔精湛的帝后肖像画，为两宋宫廷画师所作，供景灵宫、天章阁，诸寺观崇奉之用②。不难想象，出于朝廷的需要，诸位帝后的容貌或许被美化③，但所绘衣冠形象当与制度规定相去不远，能体现该时期服制的基本特征。

庄严的皇后容像不仅提供了袆衣的形象参考，亦可从中探见宋代袆衣制度在实际施行中的动态迭变特征。依图2-1和图2-2所见，皇后袆衣系统在色彩、纹饰上与舆服制度基本契合，但在配饰细节上又具有明显的时代特色。

① 两宋皇后袆衣系统色彩、纹饰与舆服制度基本契合

两宋皇后袆衣依制度皆采用深青色系，但存在不同程度的色差。北宋六位皇后衣色趋同，唯深浅有别。而南宋三位皇后服色虽为深青，但具有各自的色彩倾向，如高宗后袆衣偏蓝、光宗后偏绿、宁宗后偏紫（可能包含画像的印刷显色因素）。诸后内衬中单皆为袆衣所掩，唯北宋真宗后所服中单红色领缘微露。裳裙亦为袆衣所遮蔽，仅于脚面露出红色缘边，这与"褾、襈织成红罗云龙"的规制似应吻合。袆衣纹样皆为双翟加小轮花，繁密如重行十二行。从南薰殿旧藏所存另一批宋代皇后半身容像来看，北宋六位皇后、南宋三位皇后袆衣翟纹皆为红腹五彩特征，可见翟纹"赤质，五色十二等"制度贯穿两宋。袆衣领、袖、襟均施以宽阔的红色缘边，上有精美云龙纹样，符合"领、褾、襈并红罗织成龙云"的制度规定。云龙纹配色南宋较北宋更显柔和，似体现南北两宋审美风格的细腻转变。容像所绘革带为青色，契合"用青罗裹造"的特点，革带上施圆片装饰，似与

---

① 沈从文在《中国古代服饰研究》"宋皇后和宫女"一节中将南薰殿旧藏宋神宗皇后像图注为"交领大袖花锦袍服皇后"，宋制袆衣，材料为罗，非锦；形制为衣，而非袍，故图注改称"交领大袖花罗袆衣皇后"较为准确。

② 胡敬.胡氏书画考三种[M].刘英，点校.杭州：浙江人民美术出版社，2015:3，43.

③ 伯克.制造路易十四[M].郝名玮，译.北京：商务印书馆，2015:7.

1　宋真宗刘皇后坐像　2. 宋仁宗曹皇后坐像　3. 宋英宗高皇后坐像
4. 宋神宗向皇后坐像　5. 宋徽宗郑皇后坐像　6. 宋钦宗朱皇后坐像

2-1　北宋皇后坐像轴（故宫南薰殿旧藏）（台北故宫博物院藏）

图片来源：http://blog.sina.com.cn/s/blog_70711ecc0102uxum.html

“上用金打钑水地龙”吻合。鞋（舄）为青色，“如意头”，鞋头有“玉鼻仁真珠装缀”。南薰殿旧藏皇后容像较为真实地反映了宋代袆衣制度的基本面貌。

②　袆衣配饰（蔽膝、大带）自北宋晚期趋于完善，南宋因之

宋代皇后蔽膝的使用具有时间上的节点。至钦宗皇后画像始有蔽膝出现（蔽膝与袆衣的缘边色彩明显不同），并延续至南宋高宗、光宗、宁宗皇后。蔽膝为深

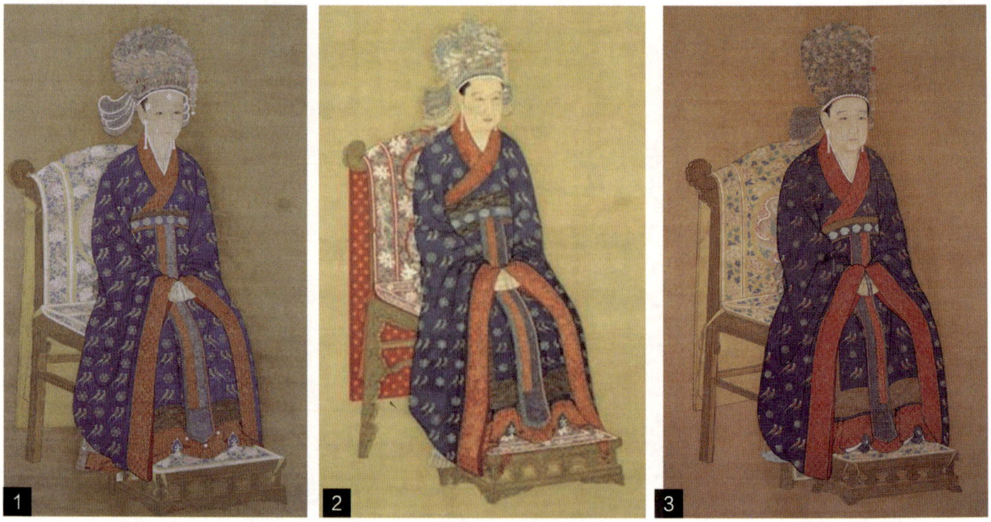

1. 宋高宗邢皇后坐像　2. 宋光宗李皇后坐像　3. 宋宁宗杨皇后坐像

图2-2　南宋皇后坐像轴（故宫南薰殿旧藏）（台北故宫博物院藏）

图片来源：http://blog.sina.com.cn/s/blog_70711ecc0102uxum.html

青色，与制度“深青罗织成”吻合，翟纹并非“三等”，而是更显繁密。依现存图像所示，徽宗皇后大带始增补垂“绅”细节[①]，由原初的“一”字形演变为“T”字形。《宋史・舆服志》及相关典籍皆对此未有表述。但参酌《宋史・舆服志》帝王衮冕制度，“（大带）其束处以组为纽约，长三尺”的规定，可以大略推测皇后大带垂绅的长度约为三尺[②]。再考察大带的细节特征，北宋真宗皇后到神宗皇后，大带无绅，带色为赤或青，青色更符合制度规定。从徽宗皇后始，大带垂“绅”分别以朱锦（右侧）和绿锦（左侧）镶边，钦宗皇后时，青色的垂“绅”上又增加了与袆衣缘边同色的带饰，使大带形制更趋精致。系于大带之上的革带，为青色，符合“青衣革带”的制度规定。

蔽膝与“T”形大带的程式化组合，在北宋初年太常博士聂崇义参效周礼所绘《新定三礼图》中有所显现（图2-3）。作为宋代舆服制度的式样范本，它在宋人心中的权威性无可置疑[③]。依图可见周代王后的礼服揄翟、阙翟均配有蔽膝和大带，唯大礼服袆衣仅存大带，未见蔽膝。由此看来北宋前中期皇后容像中袆衣未配蔽

①《礼记・玉藻》载“（天子）而素带。终辟。大夫素带。辟垂”，规定除天子外，大夫素带要有垂“绅”，郑注：“绅，带之垂者也”，表示臣下对君的恭顺之意，“凡侍于君，绅垂”。

②《礼记・玉藻》载，大带垂绅与纽约等长，帝王大带虽不设“垂绅”，但可依纽约长度，推算若存在垂绅，当与此尺寸相同，皇后即为此种情况。

③ 宋史卷一百五十一.志第一百四.舆服三[M].北京：中华书局，1997:3526.

膝之阙倒是与《三礼图》规定契合，而非绘者的疏漏。从北宋晚期徽宗朝始见大带"垂绅"，到钦宗朝再添蔽膝，这些改变显然与北宋徽宗朝礼制的强化及《政和五礼新仪》的颁施密切相关。大带垂绅与蔽膝制度亦为南宋所承袭。蔽膝"随裳色"，与衣裳浑然一体，仅以"緅"色缘边加以区隔。蔽膝上的翟纹，繁密度与袆衣相似，而非"三等"之数。大带发展至南宋更趋精致，如高宗后垂"绅"尾端皆有圆润亮泽的珍珠装饰，甚为美观。

袆衣形象在南宋具有道德教化意义的插图绘本《女孝经图》中得以复见①（图2-4）。这幅传为南宋初年宫廷画院待诏马和之所绘的《女孝经图》，其中《后妃章》人物头戴危耸的龙凤花钗冠，身着深青色袆衣，拱手垂坐，神态恬静。其冠式、衣着与南薰殿旧藏南宋宁宗皇后画像极为相似。图中袆衣，蔽膝、大带（垂绅）、革带一应俱全，据此推测，该画作反映了北宋晚期钦宗朝以后皇后礼服袆衣的制度特点。

（2）礼衣

南宋后妃礼服制度较北宋简略，皇后除袆衣外，仅设等级略低的"礼衣"。宋承唐制，唐代皇后礼服有袆衣、鞠衣和钿钗礼衣三等，钿钗礼衣为"十二钿，服通用杂色，制与上同，唯无雉及珮绶，去舄加履，宴见宾客服之"②。《宋会要辑稿》中亦有对礼衣的记述，北宋仁宗明道年间"皇太妃、皇后乘重翟车，服钗钿礼衣（以绯罗为之），蔽膝、革带、佩绶、履。其冠用十二株花钗"③。南宋皇后的礼衣应为何种样态？藏于北京故宫博物院的另一幅南宋院体绘画《女孝经图》可对其形象提供适当参考④。画面以连幅长卷组成，图文相辅，同样诠释了各阶层尽孝忠君的本意。此画在题为《贤明章》与《后妃章》两段中，分别绘有身着交领大袖衣的后妃形象（图2-5），其形制构成与袆衣基本相同，色彩与袆衣不同，并非青质，而略近于褐黄色⑤，从头上所戴博鬓垂肩的莲花冠来看⑥，非一般常服，或许可视为南宋皇后的第二等礼服——"礼衣"。如图所见，皇后面对帝王拱手而立，神态娴

① 冯鸣阳．"帝国映射"与"崇儒教化"：南宋画院人物画政治功能的两种类型[J].民族艺术，2015（4）:155.

② 旧唐书卷四十五.志第二十五.舆服[M].北京：中华书局，1997:1955.

③ 宋会要辑稿卷一万九千七百八十五.舆服四·皇后服[M].北京：中华书局，1957:1795.

④ 此画藏于台北故宫博物院，原题《宋高宗书孝经马和之绘画》，以连幅长卷组成，图文相辅，诠释各阶层尽孝忠君的双重意涵。有学者推测，书画风格虽与高宗相似，但应出自御书院书手的代笔。画幅风格与马和之全然不同，部分山石皴法反到与李唐、萧照较近。且本册后附曳页之宋人题跋均真，故本册宜更名为《宋人书画孝经》，或更符合事实。从画面人物服饰整体形象来看（包括男装），符合南宋时期特点，故将此图作为南宋后妃服饰的研究参考，应具有一定的可靠性。

⑤ 此处当排除为黄罗鞠衣的可能，鞠衣为通体一色的后妃亲蚕之服，与图画所绘环境场合不符。

⑥ 周锡保先生在《中国古代服饰史》一书的宋代服饰部分，亦引用此图，图注为：宋人作《女孝经图》，并认为皇后所戴头冠为莲花冠或团冠，有两博鬓。

图2-3　周天子及王后礼服图（聂崇义《新定三礼图》所绘）

图片来源：（宋）聂崇义著：《新定三礼图》，卷第二《后服图》，通志堂藏版。

左：南宋《女孝经图》所绘后妃形象　　右：南宋宁宗皇后

图2-4　南宋后（妃）礼服袆衣形象

图片来源：左图：台北故宫博物院官方网站：典藏精选·南宋绘画 https://theme.npm.edu.tw/selection/Article.aspx?sNo=04009145。

右图：图片来源：http://blog.sina.com.cn/s/blog_70711ecc0102uxum.html

左：画卷《贤明章》局部　　　　　　　　　　　　　　右：画卷《后妃章》局部

图2-5　南宋《女孝经图》中帝后形象（故宫博物院藏）

图片来源：中国画经典丛书编辑组：《中国人物画经典·南宋卷·1》
文物出版社2006年版，第68、73页。

雅。图中所绘帝王身穿朝服，戴通天冠、着绛纱袍①，在众班侍从的簇拥下，安然伫立。皇后所着应与之对等，袆衣对应衮冕，礼衣当与帝王朝服相配。皇后礼衣为交领右衽，疏阔大袖，衣色为杂色，无饰，红色领缘，腰系红白相间大带，红色革带，红色蔽膝，身后系白色组绶，头冠危峭高耸，四周有莲花环绕装饰。礼衣形制式样与袆衣十分相似，只是用色及装饰细节有所殊异。皇后礼衣虽素朴无华，但蔽膝、大带（革带）、佩绶、花冠等配饰的存在又使之具有明显的礼仪特色。依此而论，南宋皇后礼衣系统应较唐代“无佩绶”的礼衣更趋完备。

除皇后礼服外，南宋诸妃的褕翟、命妇的翟衣形象虽未见于实物或画作，但参酌皇后礼服制度的相关规定可大致推测其貌。交领右衽、疏阔大袖、衣长垂地、蔽膝、大带（革带）、着舄的主体形制特征与袆衣保持一致，而以纹饰、色彩等因素加以等级区隔、明辨上下。南宋百余年间，从高宗朝到末帝，后妃命妇上衣下裳“二部制”礼服系统得以绵延循续、稳固发展。

与高度程式化的礼服相对，世俗化的常服在南宋社会上层女性生活中地位日渐凸显，成为独具时代特色，为中、下阶层所竞相仿效的时尚范本。

①《宋史·舆服志》载，中兴仍旧制，南宋帝王衮冕之下的礼服有，通天冠、绛纱袍，具体搭配为，戴通天冠，服绛纱袍，配白色的方心曲领，蔽膝如袍饰，白袜、黑舄，佩绶如衮，大祭祀致斋、正旦冬至五月朔大朝会、大册命、亲耕籍田皆服之。此画卷中裳裙及鞋子的颜色似与制度不符。但整体还是反映了南宋时期帝王次等礼服的形制格局。

（二）“世俗化”的常服

常服为礼仪活动（受册、助祭、朝谒、亲蚕）之外的日常生活用服，如燕见宾客、燕居之服。《宋史·舆服三》载南宋初乾道七年（1171）所定“其常服，后妃大袖，生色领，长裙，霞帔，玉坠子；背子，生色领皆用绛罗，盖与臣下不异”①。从服式规定不难看出常服大袖、背子适用之广，为上层妇女所通服。这种上下同一的着装现象，在孝宗朝后期有所改易，《宋史·舆服五》载：“淳熙中，朱熹又定祭祀、冠婚之服，特颁行之。凡士大夫家祭祀、冠婚，则具盛服……妇人则假髻、大衣、长裙。女子在室者冠子、背子。众妾则假紒、背子”②，“大袖”不再作为品官命妇的常服，而被提升为祭祀、冠婚之礼服，使之与后妃阶层相区别。而背子则仍作为上层女性普遍通行的衣装，流行甚广。

1.“汉儒遗韵”之大袖

后妃常服“大袖”级别高于“背子”，成为与正式礼服相衔接的过渡之服——常礼服。《武林旧事》翔实记述了南宋时“册皇后仪”的隆重场面，“是日，穆清殿设乐架，黄麾仗，皇后常服，乘金龙肩舆……皇后首饰、袆衣，……受贺毕，皇后更常服升坐”③，可见，能与册封大典所服袆衣衔接的常服只能是造型雍容的大袖，而非背子。从大袖（仪式前）——袆衣（仪式中）——大袖（仪式后）的使用次序来看，大袖具有与袆衣相辅相成的转场过渡功能，是可与最高礼服匹配的较为正式的生活常服。《建炎以来朝野杂记》亦记述了孝宗朝成恭皇后御衣中有常服“真红罗大袖（真红罗生色领子）、真红罗长裙、真红罗霞帔（药玉坠子）”的事实④。

大袖并非南宋所独创，其源于唐代襦裙大袖礼衣⑤。北宋早期大袖式样较为简约素朴，这从南薰殿旧藏宋宣祖后坐像图中可窥见一斑⑥：宋宣祖后头戴“龙凤珠翠冠”⑦，身着对襟广袖大衣，后身沿背缝开叉，下摆呈掩裾式散开；袖口广博，近

---

① 宋史卷一百五十一.志第一百四.舆服三[M].北京：中华书局，1997:3535.
② 宋史卷一百五十三.志第一百六.舆服五[M].北京：中华书局，1997:3577–3578.
③ 周密.武林旧事卷八：册皇后仪[M].李小龙，赵锐，评注.北京：中华书局，2007:220.
④ 陶宗仪.说郛：卷4[M].涵芬楼影印版.北京：中国书店，1986:28.
⑤ 高承.事物纪原[M].北京：中华书局，1989:149.
⑥ 周锡保先生在《中国古代服饰研究》一书中，也用到此图，但图注中将宋宣祖后所着大衣称为鞠衣，图注所言：“戴龙凤冠，簪风衩。服鞠衣，加霞帔，大带（双绶，玉佩）。此衣与《宋史·舆服志》及《文献通考》等所载：‘鞠衣，黄罗为之，惟无翟衣’符合。但有霞帔，冠无两博鬓，下束长裙，与宋制鞠衣似有不符处，似应为常服。但因未见其色泽，较难确定”，可见，先生所疑虑处，恰好契合了此衣当为常服“大袖”的确定性。
⑦ 宋会要辑稿卷一万九千七百八十五.舆服四·皇后服[M].北京：中华书局，1957:1795.

乎垂地。长裙异常宽大，亦成铺陈之势。经脖颈两侧用以压衬大衣的凤鸟花卉云纹霞帔格外华美，其下雕镂精美的“药玉帔坠”，彰显出服用者优渥的身份地位[①]（图2-6）。大袖形制与礼服相仿，疏阔宽袖、衣裾飘垂，唯领式有所不同，采用开放的直领而非封闭的交领式样，更显松适自然。宋宣祖后所服大袖，另有一显著的特征即衣身后裾拖垂，长于前身。这种裾式并非宋人独有，在大英博物馆藏五代绢本立轴画《引路菩萨图》中即有所呈现[②]。贵妇外着蓝底团花纹对襟宽袖衫，衣襟亦前短后长，下配曳地长裙（图2-7）。五代后蜀赵廷隐墓出土多个彩绘女伎乐陶俑，所着衫裙均为前后错裾式样，造型奇巧（图2-8）。可见，“错裾式”应为五代服饰一个显著的造型特色。

图2-6　宋宣祖后坐像轴［故宫南薰殿旧藏（台北故宫博物院藏）］
图片来源：http://blog.sina.com.cn/s/blog_70711ecc0102uxum.htm

大袖历经百年不衰，为南宋所承袭，其保留了直领阔袖这一主体特征，进一步在结构细节上有所变通。现存世的南宋女装实物为探究大袖的形制特色提供了直接的证据。这些衣饰来自福州茶园村宋墓、福州南宋黄昇墓、江西德安周氏墓、南京高淳花山墓（南宋后期），其墓主身份主要为品官命妇及宗室贵戚。如南宋端平二年福州抗元将军妻子的大袖衣，雍容典雅，宽袖舒垂，衣襟错裾，且后襟下摆呈奇巧的尖形结构（图2-9）。南京高淳花山墓所出大袖造型与前者趋同，唯下摆为平直结构（图2-10）。至淳祐三年（1243），福州宗室连姻贵妇黄昇所服大袖则表现为利落的等裾式样（图2-11）。时隔30年，此裾式在江西德安一位封号为“安人”的命妇大袖中仍得以延续（图2-12）。不仅后襟缩短，在背后还增设了存放霞帔的三角状兜袋，造型更趋细腻。从北宋历经南宋，至南宋后期大袖在造型风格上表现出日趋便捷的特点。在装饰风格上，亦较北宋有所发展，华丽的花边被大量使用。其中尤以淳祐三年（1243）黄昇墓所出大袖装饰最具特色。王成礼

① 依身份等级不同，宋代霞帔坠子材质依次为玉、金、镀金、银，玉坠子为皇后、一品命妇服用。
② 常沙娜.中国织绣服饰全集：历代服饰卷：上[M].天津：天津人民美术出版社，2004:371.

图2-7　引路菩萨图（局部）（大英博物馆藏）
图片来源：常沙娜主编：《中国织绣服饰全集（3）·历代服饰卷（上）》，天津人民美术出版社2004年版，第370页。

图2-8　后蜀赵廷隐墓陶彩绘伎乐俑（四川省博物馆藏）
图片来源：作者拍摄于成都博物馆

图2-9　错裾式大袖（福州茶园村宋墓）
图片来源：福州市文物管理局编：《福州文物集粹》，福建人民出版社1999年版，第80页。

图2-10　错裾式大袖（南京高淳花山墓）
图片来源：南京市博物馆编：《古都神韵：南京市博物馆文物精华》，文物出版社2013年版，第142页。

图2-11　等裾式大袖（福州南宋黄昇墓）
图片来源：福建省博物馆：《福州南宋黄昇墓》，文物出版社1982年版，彩图版一。

图2-12　等裾式大袖（德安南宋周氏墓）
图片来源：周迪人等：《德安南宋周氏墓》江西人民出版社1999版，彩图版二。

认为“（大袖）面料用料最佳，个别款式绣有区分等级的图案”[①]，从实物标本的考证来看，此结论恐误。如福州南宋黄昇墓（1243）所出大袖九件，其中八件皆为素罗或素纱，未见织纹，更无刺绣，仅有一件为暗花罗材质。同样，福州茶园村宋墓所出大袖也为素罗材质，除门襟处一条极窄的花边外，再无其他装饰。可见南宋女性通行的礼服大袖，其面料更多表现为“天道尚质”的特点（仅通过装饰花边加以调和）。

大袖并非独立穿着，而是与长裙、霞帔程式化组合，构成一套完整的服饰系统。帔为狭长的窄带，其形制为双带的一端相连成“V”形，并在底端系挂佩坠。南京高淳花山墓出土一件长250厘米、宽10厘米的“卍字菱纹格罗绶带”，为霞帔无疑，其钩挂在大袖的领侧部，帔带上的两个带绊与衣领上左右两个纽结扣系固定[②]。福州黄昇墓出土帔2件，均素罗地单面绣花，其中一件长213厘米，宽6.2厘米，尖端系挂扁圆形浮雕双凤金帔坠，与墓主身穿的“褐色罗镶花边广袖袍”搭配组合，呈现出大袖与霞帔完整的组合状态[③]。江西德安周氏墓出土霞帔一件，金褐色罗制成，一端平齐，一端尖斜，长220厘米，宽7.5厘米，尖端系挂心形鎏金寿字花卉纹佩坠（图2-13）[④]，此霞帔与黄褐色罗袍搭配组成墓主人周氏的礼服系统。除霞帔外，还有凤冠与大袖相配，更添雍容气度。为后世所艳称的“凤冠霞帔”，便始于宋代[⑤]，蔚为大观。

图2-13 金褐色素罗佩绶（江西德安周氏墓）

图片来源：周迪人等：《德安南宋周氏墓》，江西人民出版社1999年版，彩图版五。

在宋代官方意识形态中，霞帔只有后妃及命妇方可使用。《繁胜录》载：“皇后、贵妃、淑妃、美人、才人、婉容、婕妤、国夫人、郡夫人。紫霞帔、红霞帔[⑥]。据《事物纪原》记述：“今代帔有二等，霞帔非恩赐不得服用，为妇人之命

① 王成礼.中国南宋汉族女子服装结构研究[D].福州：福建师范大学，2013:22.

② 南京市博物馆.学耕文获集：南京市博物馆论文选[C].南京：江苏人民出版社，2008:52.

③ 福建省博物馆.福州南宋黄昇墓[M].北京：文物出版社，1982（3）:16.

④ 周迪人，等.德安南宋周氏墓[M].南昌：江西人民出版社.1999:4，11.

⑤ 扬之水.奢华之色：宋元明金银器研究：第一卷[M]，北京：中华书局，2010:6.

⑥ 西湖老人.繁胜录[M]//全宋笔记：第八编：五.郑州：大象出版社，2017:325.

服；而直帔通用于民间也”[①]。《朱子语类》引《苍梧杂志》曰“命妇只有横帔、直帔之异别”[②]，据此推测，南宋命妇的霞帔亦可为世人称为横帔，命妇可使用横帔或直帔，但士庶女子只能使用较次等的直帔（直帔形象在泸州合江县所出宋墓石雕中有所发现，类似唐代的披帛，亦无帔坠）。但在现实生活中，这种官方的服饰限定多被打破。《淳熙三山志》记闽地三十年前的风俗，“妇人非命妇不敢用霞帔，非大姓不敢戴冠用背子”，而“三十年后渐失等威，近岁尤甚。农贩、细民至用道服、背子、紫衫者；其妇女至用背子、霞帔”[③]。霞帔被泛滥使用，大袖想必亦在所难免。这种在南宋早期孝宗朝就大量存在的服饰僭越行为，客观上推动了上层服饰向社会底层的渗透与传播，亦促进了大袖的社会化普及度。

南宋社会中，作为后妃命妇的常服、品官外命妇的礼服，大袖构成上层女性礼服应用场域之外的有益补充。对于内外命妇而言，除了助祭、受册、朝会等场合服用礼服外，其在燕居时以大袖为常服，体现了儒家宽衣文化从礼仪空间向日常空间的渗入。品官外命妇祭祀、冠婚则以大袖为礼服，具有端庄典雅的礼仪风范。无论是后妃还是命妇，着大袖衣的时间还是相对有限的，轻便、实用的窄袖背子成为日常生活的主导。

2.“生活化”的背子

背子，或作褙子，又名绰子，宋代男女皆服，但形制有别。男装背子最初仅为便服或衬服，而女性的背子，可列入冠服之列[④]。历来对背子的起源，众说纷纭，《朱子语类》论及服制之变有曰，“前辈无着背子者，虽妇人亦无之。士大夫常居，常服纱帽、皂衫、革带，无此则不敢出。背子起殊未久”，其书又引胡德辉杂志云：“背子本婢妾之服。以其行直主母之背，故名背子。后来习俗相承，遂为男女辨贵贱之服。”[⑤]朱子所言背子之起源权作一种参考，但有一点可以肯定，即背子早期应具有明尊卑、辨等差的社会符号职能。依前文所论，舆服制度将背子定为后妃命妇生活常服，在国家意志层面，背子仍具有等级性，欲将士庶阶层排除在使用之外。

① 高承.事物纪原[M].北京:中华书局，1989:150.
② 朱子语类卷第九十一.礼八[M].北京:中华书局，1986:2325.
③ 淳熙三山志卷第四十.岁时·序拜[M]//宋元方志丛册:第八册.北京:中华书局，1990:8247.
④ 周锡保.中国古代服饰史[M].北京:中国戏剧出版社，1984:309-311.
⑤ 朱子语类卷第九十一.礼八[M].北京:中华书局，1986:2327.

北宋晚期，服饰等级制度仍较为严格[①]，背子的使用尚能集中于上层女性中[②]，成为后妃宫廷生活中的流行服饰。北宋李廌（1059—1109）所撰《师友谈记》记述宫中御宴情形："皇太后、皇后皆白角团冠，前后惟白玉龙簪而已，衣黄背子衣，无华彩。太妃、中宫皆缕金云月冠，前后亦白玉龙簪，而饰以北珠。珠甚大，衣红背子，皆用珠为饰[③]。可见，北宋中后期，背子便是皇家后妃御宴时的常用装束（未用大袖），且皆以名贵珠绣为饰，奢华至极（唯独皇后、太后背子无饰，发式简略，此躬身倡俭之举，恐为博圣心所好）。

在南宋后妃的日常生活中，背子仍畅行不衰，比之大袖，这种峭窄之服更趋生活化、轻便化[④]。《武林旧事》载："庆圣节……三盏后，官家换背儿，免拜；皇后换团冠背儿"，"次本阁官奏请皇后服团冠、背儿，乘小车入，诣家庙，西街降车"[⑤]，分别记述了孝宗朝（南宋中期）、度宗朝（南宋后期）皇后家宴、省亲之事，酒过三巡，皇后便以背子更易大袖（皇帝也易以便服），足见"便身利事"已成为后妃阶层非正式场合的着装标准。至于回乡省亲，路途奔波，轻便的背子自然是最佳之选。《武林旧事》还记述了理宗朝（南宋后期）周汉国公主隆重的陪嫁（房奁）中有褕翟衣、真珠大衣、背子等服饰[⑥]，可见背子也是公主的重要陪嫁之一。着装的便捷性日益为宋人所看重，正如南宋李心传（1166—1243）所言："盖自渡江以来，人情日趋简便，不可复故矣"[⑦]。

品官命妇、无品级的宗室贵戚除礼服大袖外，在室常服亦有背子，可想而知其使用应更趋频繁。此类背子的形象有出土实物可供参考。上文提到的四座南宋墓葬中有三座均出土有背子[⑧]，这些背子皆直领对襟、修身窄袖，衣长及膝下，腋下开长衩。除具有以上特征外，江西德安周氏墓所出背子在门襟上还有印花衿带装饰，显得格外独特。论及装饰繁复者尤以福州南宋黄昇墓为最，装饰手段表现为以印金彩绘花边镶嵌于缘边或衣缝中（图2-14）。福州茶园村宋墓所出背子也有类似窄花边的装饰。此外，一个值得注意的现象是，南宋女装背子的材质一般

① 孟元老.东京梦华录卷四:民俗[M].郑州:中州古籍出版社，2010:87.
② 据《东京梦华录》记载，在北宋晚期徽宗朝，背子为媒人所穿着，如"其媒人有数等，上等戴盖头，着紫背子，中等戴冠子，黄包髻，背子，或只系裙"，就整体而言，背子在民间的使用还十分有限。
③ 李廌.师友谈记[M]//唐宋史料笔记丛刊.北京:中华书局，2002:17.
④ "峭窄"一词见于宋词，如曹组《醉花阴・九陌寒轻春尚早》"薄薄香罗，峭窄春衫小"。赵佶《宫词・纤眉丹脸小腰肢》"纤眉丹脸小腰肢，宜着时新峭窄衣。"本文用指南宋女装适体、窄袖的秀美风格。
⑤ 周密.武林旧事卷七:乾淳奉亲[M].李小龙，等，评注.北京:中华书局，2007:200，222.
⑥ 周密.武林旧事卷二:公主下降[M].李小龙，等，评注.北京:中华书局，2007:40."周汉国公主"是宋理宗赵昀的独生女，宋代公主特见爱重者多封两国，此即封周、汉二国，故称"周汉国公主"。
⑦ 李心传.建炎以来朝野杂记[M].徐规，点校.北京:中华书局，2000:189.
⑧ 这些背子在相关的发掘报告或研究资料中均被冠以"袍"或"衫"。

为素纱或素罗，与大袖趋同，体现出高等级服饰的材质趋于“尚质”的特点。女性着背子的形象在宋人所绘《瑶台步月图》中有所显现[①]，图中三名贵家女子身材婀娜，着直领修身长背子（领口有花边装饰），立于瑶台之中，或捧供品，或托茶盘，或手执茶杯作恬淡观赏状，神态闲雅自在（图2-15）。背子也应用于南宋侍女阶层（地位较高者），泸州地区宋墓所出石雕女像，或持注碗或启门执镜，所着背子的长短稍有差异（图2-16、图2-17）。

与女装背子并行发展的为地位上升的男装背子。男装背子较女装式样复杂，有交领、盘领、直领三种形式（女性仅有直领），一般用作便服或衬服[②]。依文献资料来看，至迟到南宋第二位孝宗皇帝，背子已上升为帝王阶层体面的生活常服。北宋晚期徽宗下朝，还要“将龙袍卸却，把一领皂背穿着，上面着一领道袍”，而到了孝宗朝，“孝宗简便，平时着背，常朝引见臣下，也只是凉衫（去公服不用）”[③]，背子已无须遮掩，直接穿着于外。上文酒过三巡后，孝宗与皇后同换背子的事实进一步表明，南宋以降于帝王之家背子使用地位得到提升，它已成为男女日常高频使用的时兴衣装。

在南宋上层社会，背子作为后妃命妇阶层的常服，其修身窄袖的造型特征，代表了一种有别于传统汉民族宽衣文化的另类服式风尚——一种倾向于少数民族功能至上的衣装模式。如果说女装礼服、大袖形制语言的设定是统治阶层对华夷之辨的政治坚守，那么以高频方式对窄身背子的穿着实践，则是超越传统、对世俗生活的积极追求与回应。生活化的背子已不再囿于以形制的疏阔来明辨尊卑内外，而是将其视为一种穿着时尚，竞相仿效。

在后妃命妇常服系统中，除大袖长裙、背子外，还有与其搭配的衫、裤、裙等品类。自南宋以降，上层女性的常服系统成开放化格局，不再具有特定阶级的独占性。后妃命妇除了大袖和背子外，常服还有衫子、衬衣、裙子、裆裤、抹胸、裹肚。因这部分服饰与中下层女性多有交叉，故而在下面一节中将其融入士庶阶层的服饰进行讨论。

① 沈从文先生《中国古代服饰研究》一书中称此图中贵妇所着服饰为“对襟小袖旋袄”，包铭新先生撰文《背子、旋袄与貉袖等宋代服饰名称辨》，考证其当为宋代女性流行的背子。笔者根据对南宋服饰的考察认为妇人所服确为背子，且从造型式样看，已为南宋后期的流行风格。自此对画作传为两宋之交的刘宗古所作存疑，当为南宋晚期作品。

② 周锡保.中国古代服饰史[M].北京：中国戏剧出版社，1984:310.

③ 朱子语类卷第九十二.礼八[M].北京：中华书局，1986:2325.

图2-14　紫灰色绉纱镶花边窄袖袍（福州南宋黄昇墓）

图片来源：福建省博物馆：《福州南宋黄昇墓》，文物出版社，1982年版，彩图版图版二。

图2-15　刘宗古《瑶台步月图》中“背子”形象（故宫博物院藏扇面，绢本设色）

图片来源：中国画经典丛书编辑组编：《中国人物画经典·南宋卷·2》文物出版社2006年版，第67页。

图2-16　执注子的侍女（泸州市博物馆藏）

图片来源：作者拍摄于泸州市博物馆

图2-17　执镜的侍女（泸州石刻艺术博物馆藏）

图片来源：作者拍摄于泸州石刻艺术博物馆

二、"相矜侈靡"的女性日常服饰

南宋士人笔下"首饰衣装，相矜侈靡，珠翠锦绮，眩耀华丽"[①]"服饰华炫、往来如云"[②]，成为都城临安女子夸美逐丽的生动写照。在民间，奢华之风以两股力量为主导：一类是商人群体（中层），殷实的财力使这一阶层成为高端生活资料的天然占有者，"大贾豪民，笑买千金、呼卢百万……日糜金钱，靡有纪极"[③]。另一类是娼妓群体（下层），特殊的职业性质使其拥有足够的经济实力，"皆以色艺冠一时，家甚华奢"[④]；"每处各有私名妓数十辈，皆时妆袨服，巧笑争妍"[⑤]，其衣饰之华奢尽现。而在豪商与娼妓之外，普通士庶女子亦为时尚裹挟，不甘示弱，"又有深坊小巷，绣额珠帘，巧制新装，竞夸华丽"[⑥]，"细民男女亦皆鲜衣往来拜节"[⑦]。可以看出，南宋以降这种"竞夸华丽"的风习，已渗入民众日常衣装生活之中。

（一）华炫雅逸的外衣

南宋女性日常衣装，包括后妃命妇阶层、士庶阶层的外衣有衫、裙、裤，在实际应用中可以形成衫裙、衫裤的秩序组合，前者的服用规格一般要高于后者。

1."时兴"的衫（子）

两宋时期，衫的使用极为普及，是男女的日常生活服装。尤其在南宋，女衫为高频使用之选，通服上下，并无明显的等级差异。"衫"与"袍"不同，为上下通裁式样，较之袍的剪裁，是更为简省方便的新品类。

宋代女"衫"，由于地位不如大袖、背子那样显赫，学界对其形制特征并未给予明确界定（其在外观上与背子极易混淆）。周锡保先生认为宋代女衫，"是单的，且袖了较短，以轻薄质料和浅淡色为主，是妇人通常的上衣"[⑧]；黄能馥先生称其为"宋代妇女的一般上衣，质地常用罗"[⑨]。"衫"，宋人又称"衫子"，可以作为上层女性除大袖、背子之外的常服。如上文提到南宋中宫常服有"黄纱衫子""粉红纱衫子""粉红纱短衫子"，《武林旧事》中还提到公主出嫁除大衣、背子外，还配

① 周密.武林旧事卷二:舞队[M].李小龙，等，评注.北京:中华书局，2007:57.
② 周密.武林旧事卷三:冬至[M].李小龙，等，评注.北京:中华书局，2007:92.
③ 周密.武林旧事卷三:西湖游幸[M].李小龙，等，评注.北京:中华书局，2007:71.
④ 周密.武林旧事卷六:歌馆[M].李小龙，等，评注.北京:中华书局，2007:162.
⑤ 周密.武林旧事卷六:酒楼[M].李小龙，等，评注.北京:中华书局，2007:160.
⑥ 吴自牧.梦粱录卷一:元宵[M]//全宋笔记:第八编:五.郑州:大象出版社，2017:95.
⑦ 吴自牧.梦粱录卷一:正月[M]//全宋笔记:第八编:五.郑州:大象出版社，2017:92.
⑧ 周锡保.中国古代服饰史[M].北京:中国戏剧出版社，1984:290.
⑨ 黄能馥，陈娟娟.中国服装史[M].北京:中国旅游出版社，2001:206.

有“真珠翠领四时衣物”[1]，可以推测，其中必包含有四季通行的衫。衫也是两宋时期士庶阶层妇女普遍穿着的日常服饰，在宋词中可探见其俏丽流播的身影。这些意境隽永的词作，其作者既有浪迹柳巷的市井文人，也不乏身居高位的官宦权贵，歌咏对象有都人士女，更有楼馆歌伎，再现了宋人“朝歌暮嬉、酣玩岁月”的市井生活[2]。

以“衫”为关键词对全宋词进行检索，收获词条450余条，其中对女衫信息进行有效提取，按“形制”“色彩”“材质”“纹饰”四个方面予以分类，提取关键词，并以作者生活的年代为序，分北宋、两宋之交、南宋三个时段，具体信息详见表2-2至表2-5。

表2-2　两宋词中女衫“形制”特征

名称	北　宋		作　者	词牌名	时间
形制	窄	水沈香熨窄衫轻	王齐愈（不详）	《虞美人》	中后
	峭窄	薄薄香罗，峭窄春衫小	曹组（不详）	《醉花阴》	后期
形制	两宋之交		作者	词牌名	时间
	细	宫样细腰身。玉带罗衫稳试新	朱敦儒（1081—1159）	《南乡子》	两宋
	窄	藕丝衫剪轻红窄	王之道（1093—1169）	《菩萨蛮》	两宋
	峭窄	峭窄春衫试嫩寒	曹勋（1098—1174）	《武陵春》	两宋
形制	袖窄	雾縠衫儿袖窄	袁去华（不详）	《金蕉叶》	两宋
	袖窄	春衫袖窄。烛底横波溢	袁去华（不详）	《清平乐》	两宋
形制	南　宋		作　者	词牌名	时间
	窄	墨绿衫儿窄窄裁	黄机（不详）	《浣溪沙》	前期
	贴休	衫儿贴体绉轻红	卢炳（不详）	《鹧鸪天》	前期
	短襟	短襟衫子新来棹	张孝祥（1132—1170）	《鹧鸪天》	前中
	窄	东风寒浅，绛罗衫窄	李处全（1134—1189）	《忆秦娥》	前中
	袖短	欲舞还怜衫袖短	辛弃疾（1140—1207）	《玉楼春》	前中
	瘦	春衫瘦、东风翦翦	史达祖（1163—1220）	《杏花天》	中期
	窄	金蝉罗翦胡衫窄。乘肩争看小腰身	吴文英（1200—1260）	《玉楼春》	中后

① 周密.武林旧事卷二:公主下降[M].李小龙，等，评注.北京:中华书局，2007:40.
② 周密.武林旧事卷:序[M].李小龙，等，评注.北京:中华书局，2007:1.

表 2-3 两宋词中女衫“色彩”特征

名称	北宋		作 者	词牌名	时间
色彩	淡黄	淡黄衫子杏黄裙	柳永（984—1053）	《少年游》	中期
	浅黄	簟纹衫色娇黄浅	张先（990—1078）	《菩萨蛮》	中期
	淡黄	淡黄衫子浓妆了	张先（990—1078）	《贺圣朝》	中期
	蜀红	蜀红衫，双蝶绣	张先（990—1078）	《于飞乐》	中期
	莺黄	莺黄衫子退红裙	张先（990—1078）	《定风波》	中期
	猩红	藕丝衫翦猩红窄	张先（990—1078）	《菩萨蛮》	中期
	红	红衫侍女频倾酒	晏殊（991—1055）	《木兰花》	中期
	蜀红	蜀红衫，双绣蝶、裙缕鹈鹕	欧阳修（1007—1072）	《于飞乐》	中期
	青	青衫透玉肌	欧阳修（1007—1072）	《阮郎归》	中期
	郁金	藕丝衫袖郁金香	晏幾道（1030—1106）	《浪淘沙》	中后
	碧	轻衫罩体香罗碧	苏轼（1037—1101）	《菩萨蛮》	中后
	退红	退红衫子乱蜂儿	黄庭坚（1045—1105）	《阮郎归》	中后
	揉蓝	揉蓝衫子杏黄裙	秦观（1049—1100）	《南歌子》	中后
	鹅黄	鹅黄衫子茜罗裙	毛滂（1056—约 1124）	《踏莎行》	后期
	烟色	钿晕罗衫烟色	毛滂（1056—约 1124）	《调笑令》	后期
	粉红	轻衫淡粉红	周邦彦（1057—1121）	《南歌子》	后期
	揉蓝	揉蓝衫子闹蜂儿	谢逸（1068—1113）	《浣溪沙》	后期
	退黄	一拂退黄衫子	王庭珪（1079—1171）	《西江月》	两宋
	揉蓝	揉蓝衫子休无赖	陈克（1081—1137）	《鹧鸪天》	两宋
	青	青纱衫子淡梳妆	蔡伸（1088—1156）	《浣溪沙》	两宋
	浅褐	浅褐衫儿寿带藤	蔡伸（1088—1156）	《浣溪沙》	两宋
色彩	两宋之交		作 者	词牌名	时间
	翡翠	翡翠蒙金衫子	蔡伸（1088—1156）	《西江月》	两宋
	淡黄	淡黄衫子衬冰肌	王之道（1093—1169）	《浣溪沙》	两宋
	碧	晚妆新试碧衫凉	吕渭老（不详）	《豆叶黄》	两宋
	红	春衫更、轻染香红	史浩（1106—1194）	《满庭芳》	两宋
	肉红	肉红衫子半窥墙	侯置（不详）	《浣溪沙》	两宋
	莺黄	冠儿轻替枕，衫子染莺黄	赵长卿（不详）	《临江仙》	两宋
	揉蓝	衫子揉蓝初著了	赵长卿（不详）	《夜行船》	两宋
	淡黄	淡黄衫子轻香透	赵长卿（不详）	《点绛唇》	两宋

续表

	南宋		作者	词牌名	时间
色彩	墨绿	墨绿衫儿窄窄裁	黄机（不详）	《浣溪沙》	前期
	红	衫儿贴体绉轻红	卢炳（不详）	《鹧鸪天》	前期
	翠	翠袖舞衫何日了	赵彦端（1121—1275）	《浣溪沙》	前中
	碧	约腕半笼衫草碧	赵彦端（1121—1275）	《浣溪沙》	前中
	绉红	绉红衫子映丰肌	张孝祥（1132—1170）	《浣溪沙》	前中
	明黄	明黄衫子御西风	李处全（1134—1189）	《临江仙》	前中
	绛	东风寒浅，绛罗衫窄	李处全（1134—1189）	《忆秦娥》	前中
	碧	衫裁新碧	辛弃疾（1140—1207）	《满江红》	前中
	红	来看红衫百子图	辛弃疾（1140—1207）	《鹧鸪天》	前中
	翠	翠罗衫底寒犹在	严仁（不详）	《鹧鸪天》	前中
	翠	翦翠衫儿稳四停	高观国（不详）	《思佳客》	中期
	生紫	生紫衫儿。影金领子	杨炎正（1145—？）	《柳梢轻》	中期
	淡黄	宜著淡黄衫子	刘过（1154—1206）	《清平乐》	中期
	红	银烛印红衫	郭应祥（1158—？）	《生查子》	中期
	碧	似佳人、素罗裙在，碧罗衫底	葛长庚（1194—1290）	《贺新郎》	中后
	碧	碧罗衫子唾花微	陈允平（不详）	《丹凤吟》	后期
	红	天香国色辞脂粉。肯爱红衫嫩	刘辰翁（1233—1297）	《虞美人》	后期
	翠	泪点染衫双袖翠	蒋捷（1245—1305）	《贺新郎》	晚期

表 2-4　两宋词中女衫“材质”特征

名称	北宋		作者	词牌名	时间
材质	罗	罗衫满袖，尽是忆伊泪	欧阳修（1007—1072）	《千秋岁》	中期
	纱	薄纱衫子裙腰匝。步轻轻，小罗靸	欧阳修（1007—1072）	《迎春乐》	中期
	罗	绣罗衫、与拂红尘	苏轼（1037—1101）	《行香子》	中后
	罗	轻衫罩体香罗碧	苏轼（1037—1101）	《菩萨蛮》	中后
	罗	薄薄香罗，峭窄春衫小	曹组（不详）	《醉花阴》	后期
	两宋之交		作者	词牌名	时间
材质	罗	玉带罗衫稳试新	朱敦儒（1081—1159）	《南乡子》	两宋
	纱	青纱衫子淡梳妆	蔡伸（1088—1156）	《浣溪沙》	两宋
	罗	春衫绣罗香薄	康与之（？—1158）	《汉宫春》	两宋
	纱	薄纱衫子轻笼玉	赵长卿（不详）	《鹧鸪天》	两宋

续表

	南宋		作者	词牌名	时间
材质	罗	越罗衫薄峭寒轻	石孝友（不详）	《西江月》	前中
	罗	罗衫一任涴尘泥	石孝友（不详）	《西江月》	前中
	罗	春衫初换曲尘罗	陆游（1125—1210）	《鹧鸪天》	前中
	罗	罗衫乍试寒犹怯	程垓（不详）	《菩萨蛮》	前中
	罗	翠罗衫底寒犹在	严仁（不详）	《鹧鸪天》	前中
	罗	薄罗衫子仙衣练	赵长卿（不详）	《蝶恋花》	中期
	罗	柳腰纤弱，春衫试着香罗薄	彭止（不详）	《留春令》	中期
	罗	春衫初试薄香罗	韩淲（1159—1224）	《浣溪沙》	中期
	罗	罗衫暗摺，兰痕粉迹都销	孙惟信（1179—1243）	《夜合花》	中后
	罗	似佳人、素罗裙在，碧罗衫底	葛长庚（1194—1290）	《贺新郎》	中后
	罗	袜步尘轻，衫裁罗薄	陈允平（不详）	《丹凤吟》	后期
	罗	薄罗衫子正宜春	洪瑹（不详）	《浪淘沙》	后期

表 2-5　两宋词中女衫“纹饰”特征

名称	北宋		作者	词牌名	时间
纹饰	簟纹	簟纹衫色娇黄浅	张先（990—1078）	《菩萨蛮》	中期
	双蝶	蜀红衫，双绣蝶、裙缕鹣鹣	欧阳修（1007—1072）	《于飞乐》	中期
	鸳鸯	鸳鸯绣字春衫好	晏幾道（1030—1106）	《蝶恋花》	中后
纹饰	两宋之交		作者	词牌名	时间
	芙蓉	金翡翠，绣芙蓉。揉蓝衫子休无赖	陈克（1081—1137）	《鹧鸪天》	两宋
纹饰	南宋		作者	词牌名	时间
	百子图	来看红衫百子图	辛弃疾（1140—1207）	《鹧鸪天》	前中

如表2-2至2-5所见，宋词对女衫的艺术呈现多以色彩为重，对材质的表现，位居第二；对形制风格的描述位居第三；对纹饰特征则较少提及。如在汇总的88条论及女衫的宋词中，描述女衫色彩的有47条，占比53.4%；描述女衫材质的有21条，占比23.9%；描述女衫形制风格的有15条，占比17%；描述女衫纹饰特征的有5条，占比5.7%。综之，宋代女衫的艺术特色可概括为：

（1）形制上，自北宋晚期以来渐向峭窄化发展。至两宋之交描写衫式峭窄的词句增多，“罗縠衫儿袖窄”“藕丝衫剪轻红窄”，衣袖及腰身皆趋向窄小。进入南宋，这种以瘦为美的服饰风尚呈愈演愈烈之势。不仅衫窄袖短，“墨绿衫儿窄窄裁”“欲舞还怜衫袖短”，连衣襟也渐趋短小，“短襟衫子新来棹”。

（2）色彩上，浅淡与浓郁多元并存。早在北宋时期，衫色就有淡黄、莺黄、鹅黄、金黄、淡红、蜀红、猩红、粉红、退红、青、碧、揉蓝，且以娇艳柔媚的暖色为尚。两宋之交，衫色又增添了浅褐与肉红色。南宋时衫色更趋多元，墨绿、绉红、明黄、生紫等浓郁的颜色亦为女性所喜爱。

（3）材质上，轻盈的纱罗织物贯穿两宋，蔚然成风。轻透的纱、罗广为流行，不仅轻，“衫儿轻罩雾”“轻衫如雾”；而且透，“青衫透玉肌”“淡黄衫子轻香透”，轻薄程度达到苏轼所言“裁之以衣，举之若无”的程度。

（4）纹饰上，画龙点睛，装饰得体。女衫的领抹处施以精工巧绣，使之增添一抹奢华之色，“鸳鸯绣字春衫好”“翔鸾妆样，粲花衫绣”。虽宋词中对服饰装饰工艺的表述并不为多，但从福州南宋黄昇墓、福州茶园村宋墓所出女衫，领子部位有大量的刺绣、印金等华美的装饰，表明南宋女衫也以装饰见长。

南宋女衫剪裁狭峭、材质轻盈的艺术特色在传世绘画、墓葬俑像乃至出土实物中皆得到印证。南宋小品画《蕉荫击球图》描绘了贵家庭院内的婴戏小景[①]，湖石蕉荫下一位窈窕的少妇正专注于园中嬉戏的儿童，其身着色调柔和的窄袖对襟衫，醒目的红色领抹有精致的彩绣装饰（图2-18）。同样的衫式风格也出现在南宋小品画《荷亭儿戏图》中[②]，夏日庭院中数名孩童忘我嬉戏，凉亭中一位看护幼儿的贵家少妇着修身的直领对襟长衫，窄身紧袖，长侧开衩，后襟自然敞开，领抹上同样有精致的花卉装饰（图2-19）。南宋女衫这种纤丽之风，也波及贵家侍从，华蓥安丙家族墓（M4）（咸淳元年1265）所出侍女俑的服式风格与此相仿（图2-20）。

南宋女衫的纤雅之风亦可从出土实物得到印证。南京高淳花山墓（南宋后期）所出“卍字菱格纹罗衫”，直领对襟，窄腰小袖，腋下开衩，胸宽仅为47厘米，袖口宽约13厘米，与现代紧身型女装尺寸极为相似（图2-21）。高淳花山墓未出土墓志铭，从出土衣物的品类及数量看，应为普通士庶家庭的女子。福州茶园村宋墓（1235）、福州南宋黄昇墓（1243）、江西德安周氏墓（1274）亦有大量女衫出土，这

①《蕉荫击球图》，南宋工笔画小品，原作尺寸25cm×24.5cm，馆藏中国北京故宫博物院。原题签作者为苏汉臣（1094~1172）。此画虽在题材、笔法上与苏汉臣的画风较为接近，但在艺术表现的造诣上却远不及苏汉臣，此画当为与苏汉臣同时代的佚名画家之作，应为南宋作品。

②《荷亭儿戏图》，南宋工笔画小品，原作尺寸23.9cm×25.8cm，馆藏美国波士顿艺术博物馆。旧传为五代王齐翰所作，但从所绘人物着装风格看，应为南宋风格无疑。

图2-18 南宋《蕉荫击球图》中“衫子”形象（故宫博物院藏）

图片来源：中国画经典丛书编辑组：《中国人物画经典·南宋卷·1》，文物出版社2006年版，第42页。

图2-19 南宋《荷亭儿戏图》中衫子形象（美国波士顿艺术博物馆藏）

图片来源：美国波士顿博物馆官网：http://www.mfa.org/collections/asia/tour/chinese-master-paintings

些女衫多以轻薄的纱罗制成，具有直领对襟，窄身小袖，衣长不过膝的特点，与同墓出土的衣长过膝的背子在形制上形成长度的比对。这三座墓葬的女性墓主人虽等级地位较高，但所出女衫与高淳花山墓女衫形制风格趋同。其中福州茶园村宋墓所出女衫形制更为偏狭，袖口仅为9厘米，达到可穿着的极限。这件“镶花边窄袖纱罗衫”，典型的直领对襟式样，领缘以精美的刺绣领抹装饰，洒脱的腋下长开衩设计，整件女衫融轻薄通透、狭峭修身于一体，极具现代感（图2-22）。

论及至此，我们可以对南宋女装之品类——“衫（子）”，从形制造型出发，给出一个较为明确的界定：衫作为南宋女性衣装生活中的高频服饰，上下通服，使用场合较为随意。以纱、罗为之，直领对襟，窄身小袖（略收、或微放），衣长不过膝，长度短于背子，长于短襦，双侧开长衩，可单可夹。衫子的装饰重在领子，以精美华丽的“领抹”（销金或刺绣）见长。与女装大袖、背子多采用素纱、素罗的传统不同，衫子多为绮丽的花罗材质，构成女衫的另一审美特色。

图2-20 持奁女侍俑（M4:13）（华蓥安丙墓）

图片来源：四川省文物考古研究所等：《华蓥安丙墓》，文物出版社2008年版，图版一一五。

图2-21　卍字菱格纹对襟罗衫[南京高淳花山墓（南京市博物馆藏）]
图片来源：南京市博物馆《故都神韵：南京市博物馆文物精华》，文物出版社2013年版，第140页。

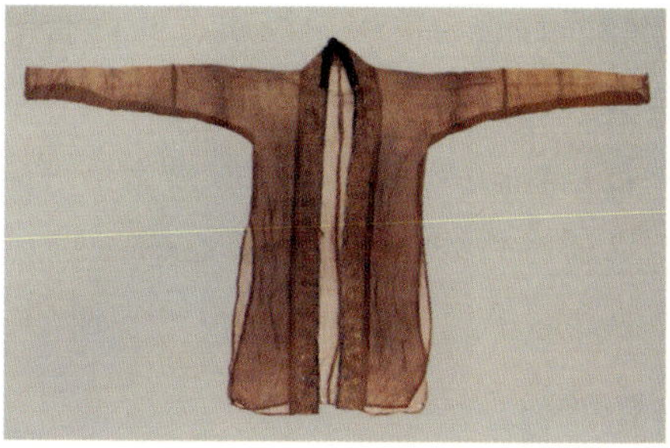

图2-22　镶花边窄袖纱罗衫[福州茶园村宋墓（福州市博物馆藏）]
图片来源：福州市文物管理局《福州文物集粹》，福建人民出版社1999年版，第80页。

2. 纤巧的背心

半臂缺袖即为背心，宋代杭州人又称其为背搭。背心短的成为裲裆，男女均穿[①]。南宋后妃阶层的常服中即有“真红罗背心”[②]，背心也是士庶阶层的日用服装。《繁胜录》便有都城临安街市上民众着背心的记载，“街市扑蒲合、生绢背心、黄草布衫、苧布背心、扑黑伞、花手巾、凉伞、凉簟、凉枕、紫纱裙、凉鞋”[③]。吴自牧《梦粱录》亦记载有南宋临安城夜市售卖“挑纱荷花满池娇背心儿”及“背心段”[④]，可见从成品到布料一应俱全，皆有销售。

背心为直领对襟，门襟敞开，两侧开衩，自由洒脱。一般穿着在衫子之外，形成内外层叠的效果。劳动妇女为劳作之便，有时会用布帛将背心加以拦腰系束。女性穿着背心的形象在中国国家博物馆藏南宋《耕织图》中有所呈现。此画是宋代挂于各州县衙壁间鼓励民间男耕女织、各司其职的风俗画本，具有“崇儒教化”的政治功用[⑤]。画面中参天古树遮蔽下的屋室内外是繁忙耕织的劳动场景。左屋内三位梳高髻着对襟小袖衣、长裙长裤的女子在缫丝劳作，居中一位女子红色短衫外罩皂色背心，两侧开衩，以腰带系束。右屋一妇女专心机织，一女孩在旁助理，其窄袖衫外加罩一件红色背心，与旁边着红裙的女子相映成趣（图2-23）。

背心实物在南宋墓葬中大量出土。福州茶园村宋墓（1235）、福州南宋黄昇墓（1243）均出土有不同数量的背心。其造型简约纯粹，轻盈飘逸。材质有纱、罗和

① 黄能馥，陈娟娟.中国服饰史[M].北京：中国旅游出版社，2001:206.
② 陶宗仪.说郛：卷四[M].涵芬楼影印版.北京：中国书店，198:28.
③ 西湖老人.繁胜录[M]//全宋笔记：第八编：五.郑州：大象出版社，2017:322.
④ 吴自牧.梦粱录卷十三：夜市[M]//全宋笔记：第八编：五.郑州：大象出版社，2017:222.
⑤ 冯鸣阳.“帝国隐射”与“崇儒教化”：南宋画院人物画政治功能的两种类型[J].民族艺术，2015（4）:157.

绢，纱罗背心为单层，绢质背心则有单夹之别。福州茶园村宋墓出土有提花、印金罗长背心，在前门襟处左右各装饰有细花边一道，此外还有素朴的绢质背心。纱罗背心长约70厘米，素绢背心长约55厘米，此款似为贴身内穿之用。福州南宋黄昇墓所出背心同样显示了这种迹象。所出8件背心中，罗质6件，纱质1件，绢质1件，纱罗背心长67厘米—78厘米，而绢夹背心长度仅有55厘米。两墓葬所出背心腰宽均在42厘米左右浮动。可见，福州地区的女性背心表现出大致相同的造型规律（图2-24、图2-25）。南京高淳花山墓（南宋后期）和德安南宋周氏墓（1274）均未见出土，或可说明背心的使用具有地缘因素，并非各地皆用。

图2-23 着背心的南宋女子[《耕织图》轴（中国国家博物馆藏）]
图片来源：中国画经典丛书编辑组:《中国人物画经典·南宋卷·1》，文物出版社2006年版，第51页。

图2-24 印花罗背心[福州茶园村宋墓（福州市博物馆藏）]
图片来源：福州市文物管理局：《福州文物集粹》，福建人民出版社1999年版，第83页。

图2-25 深褐黄色绉纱镶花边背心[福州南宋黄昇墓（福建博物院藏）]
图片来源：常沙娜主编：《中国织绣服饰全集（3）历代服饰卷（上）》，天津人民美术出版社2004年版，第479页。

背心为夏季衣装，女子将其罩于衫外（绢质背心或衬于内），增加别致之美。男子也着背心，在北宋张择端所绘《清明上河图》中绘有诸多赤身着背心的男性形象[①]。上述南宋《耕织图》所绘田间劳作插秧、运秧的男子亦着利落的背心[②]。可见背心在南宋社会上自后妃命妇，下迄士庶民众皆有服用，是生活中的便服。

3.“多元化”的裙

宋代妇女的裙子，大多以纱罗为主，且有刺绣，或用罨画，或用销金，贵妇人甚至在裙上缀以珍珠为装饰[③]。大袖、背子、衫子均可与之搭配组合。北宋承五代之制，流行繁密的碎褶裙，随后又兴起一种便于骑乘的旋裙。南宋则在北宋基础上，不仅对已有款式加以变通发展，且多有时代新创，表现出女裙文化多元的艺术风貌。

（1）宋词中关于“裙”的意象指涉

两宋词中含有大量关于“裙”的意象描述，提供了对宋代女裙整体形象的认知，涉及形制、色彩、材质、纹饰各个方面，其中指涉色彩及造型的审美体验最为凸显，现对两宋词中核心信息分门别类予以筛选归类，见表2-7至表2-10。

表2-7　两宋词中女裙“形制”特征

名称		北宋	作者	词牌名	时间
形制	褶皱	几摺湘裙烟缕细	晏幾道（1030—1106）	《浣溪沙》	中后
	褶皱	绛裙金缕褶	贺铸（1052—1125）	《菩萨蛮》	中后
	裙长	舞腰轻怯绛裙长	贺铸（1052—1125）	《木兰花》	中后
	千褶	重重叠叠。娜娜裙千襵	陈师道（1053—1102）	《清平乐》	中后
形制		两宋之交	作者	词牌名	时间
	六幅	六幅双裙染郁金	周紫芝（1082—1155）	《鹧鸪天》	两宋
	六幅	六幅裙窣轻风	张元幹（1091—1161）	《春光好》	两宋
	褶皱	裙褶绛纱还半皱	王之道（1093—1169）	《江城子》	两宋
	细裥	裙儿细裥如肩皱	吕渭老（不详）	《千秋岁》	两宋
	裙幅	新来又宽裙幅	杨无咎（1097—1171）	《阳春》	两宋

① 中国画经典丛书编辑组.中国人物画经典:北宋卷[M].北京:文物出版社，2005:42.
② 中国画经典丛书编辑组.中国人物画经典:南宋卷:1[M].北京:文物出版社，2006:51.
③ 周锡保.中国古代服饰史[M].北京:中国戏剧出版社，1984:290.

续表

名称	南宋		作者	词牌名	时间
形制	六幅	妖娆六幅过腰裙	钟将之（不详）	《浣溪沙》	前期
	短	珊珊环佩，短短裙襦	石孝友（不详）	《眼儿媚》	前中
	六幅	六幅舞罗裙	刘光祖（1142—1222）	《临江仙》	前中
	打褶	裙摺绿罗芳草	史达祖（1163—1220）	《西江月》	中期
	六幅	裙儿六幅，谁染秋波绿	华岳（不详）	《霜天晓角》	中后
	六幅	六幅香裙拖细縠	陈允平（不详）	《望江南》	后期
	六幅	六幅罗裙香凝处	何梦桂（不详）	《满江红》	后期
	四尺	江南女，裙四尺，合秋千	刘辰翁（1233—1297）	《乌夜啼》	后期
	打褶	翠松裙褶，红腻鞋帮	蒋捷（1245—1305）	《柳梢轻》	后期
	褶裥	银红裙裥皱宫纱	蒋捷（1245—1305）	《小重山》	后期
	裙长度	裙低略露弓鞋	仇远（1247—1326）	《河满子》	后期
	褶皱	被何人、拈住皱裙	张炎（1248—1320）	《念绣衾》	后期
	褶皱	谩皱留仙裙摺	张炎（1248—1320）	《绿意》	后期
	打褶	翠松裙褶，红腻鞋帮	蒋捷（1245—1305）	《柳梢轻》	后期

表 2-8 两宋词中女裙“色彩”特征

名称	北宋		作者	词牌名	时间
色彩	红	可惜石榴裙，兰麝香销半	陈亚（不详）	《生查子》	前期
	金黄	淡黄衫子郁金裙	柳永（984—1053）	《少年游》	中期
	红	红裙空引烟娥聚	张先（990—1078）	《木兰花》	中期
	红	石榴花映石榴裙	张先（990—1078）	《浣溪沙》	中期
	血色	血色轻罗碎摺裙	张先（990—1078）	《南乡子》	中期
	退红	莺黄衫子退红裙	张先（990—1078）	《定风波》	中期
	血色	血色新裙羞莫近	杜安世（不详）	《玉楼春》	中期
	碧	嫩曲罗裙胜碧草	晏幾道（1030—1106）	《蝶恋花》	中后
	绿	长因蕙草记罗裙。绿腰沈水熏	晏幾道（1030—1106）	《诉衷情》	中后
	石榴红	御纱新制石榴裙	晏幾道（1030—1106）	《诉衷情》	中后
	红	水湿红裙酒初消	晏幾道（1030—1106）	《留春令》	中后
	石榴红	裙带石榴红	苏轼（1037—1101）	《南乡子》	中后

续表

名称	北宋		作者	词牌名	时间
色彩	揉蓝	揉蓝衫子杏黄裙	秦观（1049—1100）	《南歌子》	中后
	金黄	越纱裙染郁金黄	贺铸（1052—1125）	《浣溪沙》	中后
	绛	舞裙金斗熨。绛襭鸳鸯密	贺铸（1052—1125）	《菩萨蛮》	中后
	绛	绛裙金缕褶	贺铸（1052—1125）	《菩萨蛮》	中后
	金黄	尊前为舞郁金裙	贺铸（1052—1125）	《花幕暗》	中后
	红	几醉红裙。凄怨临分	贺铸（1052—1125）	《罗敷歌》	中后
	绛	舞腰轻怯绛裙长	贺铸（1052—1125）	《木兰花》	中后
	茜	鹅黄衫子茜罗裙	毛滂（1056—约1124）	《踏莎行》	后期
	退红	退红裙，云碧袖	毛滂（1056—约1124）	《于飞乐》	后期
	红	玻璃潋滟，聊共醉红裙	廖刚（1070—1143）	《蓦山溪》	后期
	绿	愁损绿罗裙	孔夷（1085—1100）	《南浦》	后期
	两宋之交		作者	词牌名	时间
色彩	石榴红	石榴裙束纤腰袅	卢炳（不详）	《菩萨蛮》	两宋
	嫩蓝	嫩蓝裙子窣湘波	陈克（1081—1137）	《浣溪沙》	两宋
	金黄	六幅双裙染郁金	周紫芝（1082—1155）	《鹧鸪天》	两宋
	翠	翠裙轻皱	蔡伸（1088—1156）	《临江仙》	两宋
	红	榴花不似舞裙红	陈与义（1090—1138）	《临江仙》	两宋
	绛	裙褶绛纱还半皱	王之道（1093—1169）	《江城子》	两宋
	红	金尊照坐红裙绕	王之道（1093—1169）	《青玉案》	两宋
	红	红裙痴笑雪如须	王之道（1093—1169）	《浣溪沙》	两宋
	石榴红	一枝红皱石榴裙	王之道（1093—1169）	《好事近》	两宋
	金黄	翡翠帡深，郁金裙蔌	侯置（不详）	《瑞鹤仙》	两宋
	石榴红	裙染石榴红	赵长卿（不详）	《临江仙》	两宋
	翠	见弄青梅初著、翠罗裙	朱敦儒（1081—1159）	《南歌子》	两宋
	绿	纤腰减半绿罗裙	朱敦儒（1081—1159）	《浣溪沙》	两宋
	南宋		作者	词牌名	时间
色彩	碧	碧染罗裙湘水浅	黄机（不详）	《谒金门》	前期
	白	缟裙香袂俨春容	管鉴（不详）	《浣溪沙》	前中
	金黄	雕玉佩，郁金裙	李吕（1122—1198）	《鹧鸪天》	前中

续表

名称	南宋		作者	词牌名	时间
色彩	翠	玉减翠裙交	朱淑真（1135—1086）	《生查子》	前中
	银红	银红裙裥皱宫纱	蒋捷（1245—1305）	《小重山》	晚期
	石榴红	石榴裙衩为谁红	方千里（不详）	《浣溪沙》	前中
	红	不须歌舞倩红裙	李仲光（不详）	《鹊桥仙》	前中
	绿	粉绡轻试，绿裙微褪	高观国（不详）	《留春令》	前中
	绿	绿裙青袂南邻伴	高观国（不详）	《花心动》	中期
	红	有人水溅红裙	高观国（不详）	《祝英台近·荷花》	中期
	翠	裙翠传情，玉纤轻掬	高观国（不详）	《解连环》	中期
	红	歌唤红裙，酒招青旆	高观国（不详）	《踏莎行》	中期
	茜红	犹系茜罗裙	刘过（1154—1206）	《江城子》	中期
	石榴红	石榴裙子正芬菲	刘过（1154—1206）	《西江月》	中期
	茜红	东风冷、香远茜裙归	姜夔（1154—1221）	《小重山令》	中期
	绿	裙摺绿罗芳草	史达祖（1163—1220）	《西江月》	中期
	红	引红裙、钗宝钿翠	吴潜（1195—1262）	《宝鼎现》	中后
	石榴红	榴裙翻酒，杏帘吹粉	李彭老（不详）	《青玉案》	中后
	翠	柳腰空舞翠裙烟	吴文英（1200—1260）	《诉衷情》	中后
	褪蓝	灞桥舞色褪蓝裙	吴文英（1200—1260）	《浣溪沙》	中后
	浅绿	裙曳湘罗浮浅绿	陈允平（不详）	《玉楼春》	后期
	茜	藓佩萧疏，茜裙零乱	王沂孙（不详）	《一萼红》	后期
	翠	翠松裙褶，红腻鞋帮	蒋捷（1245—1305）	《柳梢轻》	晚期

表 2-9　两宋词中女裙“材质”特征

名称	北宋		作者	词牌名	时间
材质	纱	缕金裙窣轻纱	欧阳修（1007—1072）	《古笛慢》	中期
	罗	嫩曲罗裙胜碧草	晏幾道（1030—1106）	《蝶恋花》	中后
	罗	昨夜罗裙皱	晏幾道（1030—1106）	《生查子》	中后
	罗	罗裙香露玉钗风	晏幾道（1030—1106）	《临江仙》	中后
	罗	更罗裙、满把珍珠结	苏轼（1037—1101）	《皂罗特髻》	中后

续表

材质	罗	秦筝轻衬砑罗裙	晁端礼（1046—1113）	《满庭芳》	中后
	纱	越纱裙染郁金黄	贺铸（1052—1125）	《浣溪沙》	中后
	罗	簇蝶罗裙休将施	晁补之（1053—1110）	《青玉案》	中后
材质	两宋之交		作者	词牌名	时间
	皱纱	裙褶绛纱还半皱	王之道（1093—1169）	《江城子》	两宋

表 2-10　两宋词中女裙“纹饰”特征

名称	北宋		作　者	词牌名	时间
纹饰	珠绣	珠裙摺摺轻垂地	张先（990—1078）	《踏莎行》	中期
	双蝶	双蝶绣罗裙	张先（990—1078）	《醉垂鞭》	中期
	缕金	缕金裙窣轻纱	欧阳修（1007—1072）	《古笛慢》	中期
	鸳鸯	舞裙金斗熨。绛襭鸳鸯密	贺铸（1052—1125）	《菩萨蛮》	中后
纹饰	南宋		作者	词牌名	时间
	双鸾	绣罗裙上双鸳带	赵彦端（1121—1175）	《菩萨蛮》	前中
	珠饰	柳阴深锁，翠袂珠裙	韩淲（1159—1224）	《朝中措》	中期
	金缕饰	裙拖金缕细，衫唾碧花香	陈允平（不详）	《意难忘》	后期

依列表所见，从文学视角看，宋代女裙的艺术特色表现为：

款式上，褶裙风尚贯穿两宋，且长度渐短。两宋流行的女裙以褶皱裙最具特色。北宋时期便有“几摺湘裙烟缕细”“绛裙金缕褶”的生动描述；两宋过渡时期，细密的褶皱裙依然流行，“裙儿细裥如肩皱”“裙褶绛纱还半皱”；衣冠南渡后的南宋社会，传统褶裙得以延续，“裙褶绿罗芳草”“银红裙裥皱宫纱”。北宋时期女裙长度尚能“珠裙摺摺轻垂地”，而到南宋时，女裙长度渐收，露出金莲弓足，“裙低略露弓鞋”“翠松裙褶，红腻鞋帮”，裙长短缩，从而引发了新的审美关注。

色彩上，两宋女裙以“石榴红”“茜红”“郁金黄”“揉蓝”等最为流行。女性衣裙的配色亦十分考究，既有柔和的同色系，“淡黄衫子郁金裙（黄—黄）”；也有艳丽的对比色，“莺黄衫子退红裙（黄—红）”“揉蓝衫子杏黄裙（蓝—黄）”“鹅黄衫子茜罗裙（黄—红）”。宋词所反映的女裙色彩缤纷绚丽，有红、黄、蓝、绿、绛、白等多彩色系。

材质上，北宋女裙皆以轻透的纱、罗裁制，清新飘逸。“罗裙香露玉衩凤”“越纱裙染郁金黄”，整体营造出“溅水裙儿香雾皱”般的艺术效果。南宋女裙材质特色虽在宋词中少见，但从出土服饰等方面的补充材料来看，仍显示出南宋人对纱、罗材质的持续喜爱。

纹饰上，珠绣、刺绣、缕金装饰畅行于南北两宋，在清新飘逸的主体意境中增添一丝奢华之韵。通过精湛的技艺，创造出鸳鸯、蝴蝶、鸾鸟等栩栩如生的吉祥纹样，透露出生活的气息，雅中见俗，俗中透雅。

（2）裙的主要品类

宋代女裙的命名，多以色彩见著，如“郁金裙”“石榴裙”，而石榴裙又有不同的式样：有褶裙，“一枝红皱石榴裙”；亦有衩裙（旋裙），“石榴裙衩为谁红”。也有以款式命名的，如“褶裙”“旋裙”。本书侧重形制研究，故而以后者为要加以深入考察。

① 褶裙：变通发展

自五代以来褶裙颇为盛行，以“百叠”“千褶”为尚，在两宋时期褶裙仍十分流行。褶裙的形象多见于墓葬壁画及人物俑像，其真实反映出两宋时期褶裙的流行状况。从图像资料来看，北宋时期的褶裙褶式更趋明显，褶痕细密、拖曳及地，体量较大（图2-26）。而南宋时期的褶裙，褶痕相对较浅，裙长缩短，体量较小。南宋出土的女裙标本提供了更为直观的证据。福州茶园村宋墓、福州南宋黄昇墓、南京高淳花山墓均有不同数量的褶裙出土。其裙式呈扇形，腰部收褶，褶皱自腰顺势而下，至底摆处渐行消失。裙式玲珑小巧，轻便通透（图2-27、图2-28）。江西德安周氏墓所出褶裙较为特殊，仅有三个暗褶裥设计，整体廓形为H型。从出土实物来看，南宋褶裙一般由四幅布料拼缝而成。而两宋词多以六幅为咏，“六幅双裙染郁金”“六

图2-26　捧奁女俑像（河南方城北宋墓）

图片来源：方城县文化馆：《河南方城县出土宋代石俑》，《文物》，1983年第8期，图版7。

图2-27　轻盈的素纱裙［南京高淳花山墓（南京市博物馆藏）］

图片来源：南京市博物馆编：《“云裳簪影”——宋明服饰展》画册，2010年，第2页。

图2-28　褐色罗印花褶裥裙（41）［福州南宋黄昇墓（福建省博物馆藏）］

图片来源：福建省博物馆编：《福州南宋黄昇墓》，文物出版社1982年版，彩色图版6。

幅舞罗裙”，可见六幅之宽度足以应对舞蹈之需，而南宋女子日常生活的裙幅，则多以四幅为尚，更趋轻盈利落。

与女装“大袖”搭配的“长裙”，也属褶裙范畴。女子婚嫁时亦需陪送红长裙段，“士宦亦送销金大袖黄罗销金裙段、红长裙或红素罗大袖段①”。褶皱长裙形象从南薰殿旧藏宋宣祖后坐像轴中可以看到，其为百褶式样，裙幅较大，裙长及地，呈拖曳之势。此服式继承了五代时期的宽博特色，流行于北宋。至南宋，不但裙长缩短，褶量也有所减少，这在福州南宋黄昇墓所出服饰上可得到印证。墓主人黄昇所穿着的一件“褐色罗镶花边广袖袍（254）”（实为大袖）就搭配一条“烟色罗洒金双凤穿牡丹褶裥裙（263）”②。可见，这条美丽的提花罗褶裙即为宋人所说的长裙，是专门与大袖相搭配的程式化礼裙。其由四幅裙料拼接而成，近腰处有若干褶裥收拢腰身。无论是造型尺寸还是褶裥特征，南宋“长裙”一扫北宋时冗长拖沓之风，清新利落，富于新的时代气息。

② 旋裙：自宋而兴

除褶裙外，宋代女裙中还有一种前后开胯的裙式，称为旋裙③。与传承于前代的褶裙不同，旋裙兴起于北宋。《江邻几杂志》有言“妇人不服宽裤与襜，制旋裙必前后开胯，以便乘驴。其风闻于都下妓女，而士人家反慕效之，曾不知耻如此”④。这种前后开衩的裙式兴起于都城妓女的出行之便，遂为大众仿效。南宋词又有“石榴裙衩为谁红”之句，“衩”所点明的形制特征或许暗示了旋裙的流行。旋裙有别于传统的整片裙式，对于女子出行而言，这种前后开胯式样更显无拘无束、

① 吴自牧．梦粱录卷二十：嫁娶[M]//全宋笔记：第八编：五．郑州：大象出版社，2017:298.
② 福建省博物馆．福州南宋黄昇墓[M]．北京：文物出版社，1982:7.
③ 黄能馥，陈娟娟．中国服装史[M]．北京：中国旅游出版社，2001:206.
④ 江休復．江邻几杂志[M]//全宋笔记：第一编：五．郑州：大象出版社，2003:150.

方便自由。学者孟晖认为，带有开衩的旋裙在宋代的产生与出现，是为了适应缠足之需。开衩使得裙摆得以随着穿裙人的行走微微开合，就更多地避免了裙裾下端与缠足发生接触的可能，防止羁绊。也许正是这个原因使得宋代的“开胯”裙自兴起后就受到女性的持久青睐，逐渐演变成后世的“马面裙”[①]。

旋裙实物在南宋墓葬中出土较多，仅福州黄昇墓就出土19件之多（褶裙仅有2件），可见其流行程度之甚（图2-29）。江西德安周氏墓也有旋裙出土，与黄昇墓裙形制相同：矩形结构，两片裙片上下交叠，可自由离合，交叠部分宽于两侧。额外独立拼缝腰头和裙带。有些旋裙还会在侧边及底边缝缀彩绘或印金填彩的花边，起到画龙点睛的装饰效果。旋裙服用后，随人体的运动，交掩部分启合自如，方便灵活。旋裙的穿着效果可以在南宋《蚕织图》中得以窥见：辛勤劳作的女工，分担着丝织生产链条的各个环节，便利的旋裙多有所见，裙片交叠处微微卷起或明显分开，裙式更为清晰可辨（图2-30）。

图2-29　黄褐色牡丹花绫镶花边裙（264）[福州南宋黄昇墓（福建省博物馆藏）]

图片来源：常沙娜主编：《中国织绣服饰全集（3）·历代服饰卷（上）》，天津人民美术出版社2004年版，第483页。

图2-30　南宋《蚕织图》中“旋裙”形象[左：“第二眠”右：“体餧”（黑龙江省博物馆藏）]

图片来源：中国人物画经典丛书编辑组：《中国人物画经典·南宋卷·1》，文物出版社2006年版，第56、57页。

旋裙之尚虽自北宋中期由都下妓女兴起，但因其轻盈便捷而为南宋社会所继承，在南宋后期仍出土大量旋裙的事实，足以证明其“利身便事”的特点已为南宋世人（上下阶层）所普遍接受。旋裙由北宋初兴时士大夫阶层“不知羞耻”的道德诟病，到南宋后期在女性中大规模地使用（甚至超过传统褶裙），可以看出便于生活的功能化着装受到追捧。以旋裙为载体，也可看出南宋社会整体着装环境的宽松胜于北宋。

除褶裙、旋裙外，南京高淳花山墓还出土有一件奇巧别致的A形裙，当为南

① 孟晖.中原历代女子服饰史稿[M].北京：作家出版社，1995:134.

宋时期创制的“新样”。由三片裁片缝缀而成，居中者较长，两侧者较短，极具艺术特色。这种错裾式裙在五代时期较为流行，南宋则在此基础上有所借鉴和创新。该裙形制特色将在第三章给予专门论述。

4. 裆裤：时代新创

裆裤称谓见诸南宋文献记录中，上下阶层皆有所用。《建炎以来朝野杂记》载南宋中宫常服“白纱裆裤”；《都城纪胜》及《梦粱录》皆论及南宋三等妓女出行以“衫子裆裤”为常。裆裤被穿着于外，显然在形制构成上应为合裆结构。释惠洪《冷斋夜话》载：“……穷袴，汉时语也，今裆袴也”[①]，穷袴为汉时的有裆之袴[②]，显然宋人语境中的裆裤与此类同。这种合裆裤并非像一般习俗那样仅作为贴身内裤，而是作为“时装化”外裤，套穿在作为内裤的合裆裤上，显露于外[③]。

女性外穿裆裤的形象多见于南宋绘画、雕塑中，而北宋则鲜见。两宋时期的画院待诏刘宗古（生卒不详）所绘《瑶台步月图》（图2-31），画面中树梢婆娑掩映，台上玉栏萦绕。三位富家女子立于台上，或捧供品，或捧茶盘，或端茶杯，作饮茶玩赏状，气氛恬淡闲适。诸女子着窄身对襟长背子，下着白色阔腿裆裤[④]，两侧开衩清晰可辨，裤腿的分界线绘者也做了精细描画。旁边执壶而立的侍女也着相同形制的裤式（虽有围栏遮挡，亦隐约可见）。裆裤形象也出现在南宋画院待诏李嵩（1166—1243）所绘的《骷髅幻戏图》中，这是一幅以“生

图2-31　刘宗古《瑶台步月图》中“裆裤”形象

扇面，绢本设色，纵25.6cm，横26.7cm，故宫博物院藏

图片来源：中国画经典丛书编辑组编：《中国人物画经典·南宋卷·2》文物出版社2006年版，第67页。

---

① 冷斋夜话卷二[M]// 文渊阁四库全书：第863册. 台北：台湾商务印书馆，1986:245.

② 服虔曰：“穷绔，有前后当，不得交通也。”师古曰：“穷绔，古袴字也。穷绔即今之绲裆袴也。”汉书：卷六十七上：外戚传[M]. 北京：中华书局，1964:3960. 周锡保. 中国古代服饰史[M]. 北京：中国戏剧出版社，1984:104.

③ 孟晖. 中原历代女子服饰史稿[M]. 北京：作家出版社，1995:134.

④ 沈从文先生在《中国古代服饰研究》一书中引用了这幅《瑶台步月图》，沈先生在图注中认为女子所着为长裙。学者孟晖在《中原历代女子服饰史稿》一书中图注女子所着为裤。此图中，每一位女子所着下装均在前后中心线处有明显的左右分界线，勾勒出独立的裤筒形态，身体左右两侧都显示有明显的“开衩”特征。另外，从画中女子头戴冠式偏后的特征来看，属于南宋后期流行的样式，而纺织考古发掘的南宋后期女裤标本中开衩裆裤也甚为流行，几点综合而论，图中女子所着为裤，而非裙。

死转化、人生如戏”为深刻寓意的画作[1]，一骷髅状男子席地而坐，操纵悬丝傀儡，气氛阴魅；一幼童为人偶吸引，追扑于前，后一少妇紧随拦阻。骷髅男子身后绘一哺乳的女子。画面中两女性均着紧身窄袖式直领对襟短衫，具有南宋女装的典型特色。其中尤为值得注意的是，做拦阻状女子下穿一条喇叭形的阔腿裤，侧缝处亦为开衩细节，自上而下，脚口呈自然散开状，红色的金莲弓鞋若隐若现（图2-32）。裆裤的形象在前文所述《荷亭儿戏图》和《蕉荫击球图》中所绘贵家少妇身上皆有所见。周锡保先生和黄能馥先生认为宋代女性（包括上层）裤子不独立穿着于外，外面要用长裙遮掩[2]，如此看来在裆裤盛行的南宋时期则不尽然。无论是家中休憩的贵家女眷还是偕童游玩的市井少妇，皆外着裆裤，可见其适用之广泛。且搭配形式自如，与背子或衫子皆可组合。此外，贵家女侍及伶人乐伎也普遍穿着裆裤，此形象在泸州地区南宋中后期石室墓所出石刻雕像中多有所见（图2-33、图2-34）。从图像资料来看，裆裤作为外用之服，在南宋已形成与多种上衣（背子、衫子、男衫）搭配的组合方式。

图2-32　李嵩《骷髅幻戏图》中“裆裤”形象（故宫博物院藏）

图片来源：中国画经典丛书编辑组编：《中国人物画经典·南宋卷·2》文物出版社2006年版，第13页。

图2-33　二侍女雕像（泸州石刻艺术博物馆藏）

图片来源：作者拍摄于博物馆

裆裤的实物标本在福州南宋黄昇墓（1243）、福州茶园村宋墓（1235）以及南京高淳花山墓（南宋后期）中皆有发现。这些裆裤除了具有绘画、俑像中所显示

① 邵晓峰.中华图像文化史:宋卷下[M].北京:中国摄影出版社，2016:642.
② 周锡保.中国古代服饰史[M].北京:中国戏剧出版社，1984:291.黄能馥，陈娟娟.中国服装史[M].北京:中国旅游出版社，2001:206.

的侧缝开衩的主体特征外，还在开衩处自上而下有活动褶裥的设计（褶量约12厘米—16厘米），正是此结构的存在，当褶裥展开时，裆裤才形成明显的喇叭样态。裤腰头独立拼接，侧边开口，有腰带以供结系。为突出时装化的外穿效果，裆裤会以彩绘或印金花边装饰，多缝缀于裤缝、脚口等处，十分精致美观。裆裤以轻薄的素色或提花罗料裁制，穿着于外，极为轻透飘逸（图2-35）。

图2-34　女乐伎雕像（泸州市博物馆藏）

图片来源：作者拍摄于博物馆展厅

图2-35　印金花罗镶花边裆裤[福州茶园村宋墓（福州市博物馆藏）]

图片来源：福州市文物管理局：《福州文物集粹》，福建人民出版社1999年版，第82页。

此裆裤可独立穿着，也可于外罩一条掩裙①。掩裙较为窄小，从身后围拢于前，形成“人”字形交叉式样。多以纱、罗裁制，极其轻透，披覆于裆裤之外，增添朦胧的层次感。这种小巧的掩裙在福州黄昇墓有所发现，名为“褐色罗印花褶裥裙（41）”，裙长78厘米，腰围仅有69厘米，围在身前刚好形成“人”字开放的格局。掩裙与裆裤的组合形象在四川泸县石室墓葬（南宋中后期）所出的石雕像中有大量发现（图2-36至图2-38）。无论是启门女侍、摘阮乐伎，抑或是持物女侍，皆在阔腿裆裤之外，围系一条褶裥式掩裙，弓鞋弯翘，上身配窄身背子或衫，颇具韵致。裤外衬掩裙的着装方式在北宋时期的图像资料中即有发现。在宋人眼中，这种外罩之裙称为“襜”②，襜，“取蔽意，引申之，凡所用蔽，谓之襜”③，北宋女子在宽裤外着掩裙“襜”，而裙内所服并非为时髦的裆裤，而是传统式样的满裆裤。

裆裤图像和实物资料的出现都大量集中在南宋，北宋所见女性形象（绘画、雕

① 孟晖.中原历代女子服饰史稿[M].北京：作家出版社，1995:132.
② 江休复.江邻几杂志[M].北京：中华书局，1991:10.
③ 段玉裁.说文解字注[M].北京：中华书局，2013:396.

图2-36　启门女侍像
（泸县古代石刻博物馆藏）
图片来源：作者拍摄于博物馆展厅

图2-37　摘阮女伎像
（泸州市博物馆藏）
图片来源：作者拍摄于博物馆展厅

图2-38　持物女侍像
（泸州石刻艺术博物馆藏）
图片来源：作者拍摄于博物馆展厅

塑）并未有独立穿着裆裤（双侧开长衩）的实例，由此可以推测，双侧开衩的裆裤为南宋时期才出现并流行的一种特色裤式，通行于上下阶层，具有时装化的意味。

（二）简洁实用的内衣

“亵，私服。论语曰：红紫不以为亵服”[①]，宋代内衣亦属于私服之列。从南宋墓葬纺织考古成果来看，南宋时期的女性内衣包含襦（衣），袄、开裆裤、裈裤、抹胸、裹肚、袜诸多品类。除开裆裤多用纱罗外，其余的内衣多以绢或绫为材质（襦也有用罗为材质的情况）。内衣用料一般织造紧密，柔软细腻，适合贴身穿用，体现出高度的实用性。

1.“俭素”的襦（衣）与袄

“襦，短衣也。《释名》有反闭襦、有单襦、有要襦”[②]。襦的长度仅至腰间，故有腰襦之称。襦有单、夹之别[③]。襦的服用历史悠久，以纱罗制成的短襦常作为外衣，在唐代较为流行，受外来文化的影响，领式有交领、圆领、方领、翻领等[④]。襦在宋代常作贴身内衣使用，且衣领简化为直领对襟式样。北宋词有“不辞泥雨

① 段玉裁.说文解字注[M].北京:中华书局，2013:399.
② 段玉裁.说文解字注[M].北京:中华书局，2013:398.
③ 高春明.中国服饰名物考[M].上海:上海文化出版社，2001:551.
④ 黄能馥，陈娟娟编.中国服装史[M].北京:中国旅游出版社，2001:161.

溅罗襦”［周邦彦（1057—1127）《浣溪沙》］，南宋词有“龙脑浓熏小绣襦”［葛立方（？—1164）《瑞鹧鸪》］，“暖透罗襦芍药风”［赵长卿（生卒不详）《鹧鸪天》］，“罗襦襟解，微闻芗泽”［辛弃疾（1140—1207）《水龙吟》］，“罗襦香未灭”［吴文英（约1200—1260）《六丑》］，“罗襦飘带腰围小”［张炎（1248—1320）《斗婵娟》］等词句，南宋时期的短襦衣式狭峭、简约利落。

除“罗襦”常入宋词语境外，还发现大量对“罗衣”的描述，且所指均与闺房卧榻等环境相映衬。不难推论，宋人所言之“罗衣”，亦为贴身穿着的内衣或衬衣，与襦的功能大致相同。如北宋词有“自解罗衣衬枕檀”［晏幾道（1038—1110）《南乡子》］，“起来娇眼未惺忪。强整罗衣抬皓腕”［周邦彦（1057—1121）《浣溪沙》］，“褪罗衣、楚腰一捻”［毛滂（1056—约1124）《粉蝶儿》］。南宋词亦有“起解罗衣、聊问夜何其”［李清照（1084—1155）《南歌子》］，“罗衣香汗轻”［王之道（1093—1169）《菩萨蛮》］，“强整罗衣临镜、学宫妆”［王之道（1093—1169）《南歌子》］，“罗衣宽莫裁，云鬓松还整”［杨无咎（1097—1171）《生查子》］，“十月温汤，赐浴卸罗衣”［刘将孙（1257—？）《江城子》］等句。罗衣与女性的闺阁生活紧密相连，“褪”“解”“整”“卸”等动词的巧妙运用，对罗衣所影射的私密空间起到很好的渲染作用，点明了罗衣的服用属性。

南宋时期的襦（衣）实物见于福州南宋黄昇墓，风格较为俭素，未见刺绣、印花等装饰。衣长小于60厘米的短襦有6件，其中单、夹各3件，与数十件外用衫子相比，短襦数量较少，这也暗示了其作为内衣在数量上的限定性。襦（衣）的形制特征为：直领对襟，窄身直袖，两侧开衩，衣长短小。材质有绢、绫及罗。黄昇墓所出襦（衣）另一个显著的特征是衣长前短后长，差值在4.7厘米—8厘米之间，富于错落变化。衣襟处并未见南宋词所言的“罗襦飘带”，穿着后呈自由敞开状。南京高淳花山墓（南宋后期）出土单襦3件，形制式样与黄昇墓相同，唯衣长前后等长。2件为绢料，1件为素纱料，衣长最长者仅为60厘米（图2-39）。此纱衣轻薄通透，峭窄合身，不事装饰，体现了作为贴身内衣的实用特点。以素纱做内衣的传统可追溯到汉代（或更早），长沙马王堆1号汉墓所出素纱单衣（直裾和曲裾两件）展现了汉代女性内衣的艺术特色[①]。南宋的短襦（衣）因穿着于内，较为私密的特点，对其加以完整展示的图像资料较为鲜见，所见者多为背子及衫。

宋代的襦和袄是相近似的衣着，形式比较短小[②]。袄是在襦的基础上衍变而来的

① 湖南省博物馆，等.长沙马王堆一号汉墓：上[M].北京：文物出版社，1973:68.
② 周锡保.中国古代服饰史[M].北京：中国戏剧出版社，198:289.

一种服式，起初常与短襦混称，或合二为一，叫做“襦袄”。后袄的含义日益明确：凡长及腰际的短衣，仍称为“襦”；比襦长，比袍短的，则为“袄”[①]。宋代女性的袄子多冬季穿着，有夹有绵，作为内衣衬服之用，所谓燕服也[②]。唐人白居易（772—846）诗《新制绫袄成，感而有咏》云：“水波文袄造新成，绫软绵匀温复轻。晨兴好拥向阳坐，晚出宜披踏雪行”，生动描绘出以绵为絮制袄，温暖度冬日的情境。北宋时期，锦袄可作为官员御寒之衣，“十月一日，宰臣已下受衣着锦袄”[③]，南宋时期，九月亦授予臣僚锦袄子、夹公服以备过冬，“是日，御前供进夹罗御服，臣僚服锦袄子夹公服，“授衣”之意也”[④]，锦袄子似应与公服相仿，为夹制。

南宋女性的袄多以绢为之，夹纳或内絮丝绵。福州南宋黄昇墓出土绵袄2件，夹纳袄1件，三件衣长53厘米—60厘米，胸宽为44.5厘米—46厘米，极其贴身窄小。袄的形制特征与襦（衣）相同，直领对襟，窄身直袖，两侧开衩，衣身前短后长（图2-40）。南京高淳花山墓（南宋后期）出土绢质绵袄1件，衣长65厘米，形制与黄昇墓相同。江西德安周氏墓所出绵袄形制亦同，唯衣长较长，为80厘米。从绵袄表里皆以素绢为之的事实，可以看出其作为内穿的衬垫之服所秉持的俭省之意。袄在南宋女性生活中的使用数量不多，仅作为御寒的实用功能而存在，用料素朴，并无特别的装饰。

图2-39　直领纱衣（0001）[南京高淳花山墓（南京市博物馆藏）]

图片来源：南京市博物馆编：《“云裳簪影”——宋明服饰展》画册，2010年印，第1页。

图2-40　烟色绢丝绵袄（18）[福州南宋黄昇墓（福建省博物院藏）]

图片来源：福建省博物馆：《福州南宋黄昇墓》，文物出版社1982年版，第28页，图版三七。

---

① 高春明.中国服饰名物考[M].上海：上海文化出版社，2001:554.

② 周锡保.中国古代服饰史[M].北京：中国戏剧出版社，1984:290.

③ 孟元老.东京梦华录卷九：十月一日[M].郑州：中州古籍出版社，2010:161.

④ 周密.武林旧事卷三：开炉[M].北京：中华书局，2007:91.

2.“套着”之开裆裤

裤，古时写作“袴”或“绔”，早在商周时期，人们已着裤。彼时的裤子仅为两只裤管，其形制与后世的套裤相似，上达于膝，下及于踝，套在胫上，以绳带系缚，故又称为“胫衣”。汉族开始穿长裤时，仅是将裤管加长，使之与裤腰相连，裤裆部分则不相连，以便私溺。因为在裤的外面还着有裳裙，所以无需担心暴露下体[①]。最早的开裆裤实物在湖北江陵马山一号楚墓中有所发现[②]，这件丝绵裤穿着于裙内，其作为御寒之用的内衣性质明显。

唐代仍称开裆之裤为“袴”，而至宋代则称为“裤”。这在唐诗宋词的比较中多有所辨。如唐诗有“娇儿好眉眼，袴脚冻两骭”［韩愈（768—824）《崔十六少府摄伊阳，以诗及书见投，因酬三十韵》］，“纰软钿头裙，玲珑合欢袴［元稹（779—831）《梦游春七十韵》］，“带襭紫蒲萄，袴花红石竹”［白居易（772—846）《和梦游春诗一百韵》］之句。宋词对于裤的描述可见“热来脱却娘生裤［惠洪（1070—1128）《渔父词》］，“东陂脱裤插青秧”［陆游（1125—1210）《闻鸟声有感》］，“自晒绵裘并衲裤［杨万里（1127—1206）《冬至霜晴》］，“不时脱却布裤渡溪水”［丘葵（1244—1333）《禽言》］，其中从“炎热脱裤”“插秧脱裤”“涉水脱裤”的举动可以推测宋人所言之裤，应为穿脱自由的开裆套裤（内还有短裈）。除了开裆长裤，宋人所着还有膝裤，一种长度仅及膝上的胫衣，《朱子语类》记述南宋高宗皇帝对秦桧防用兼施的复杂心态，“秦太师死，高宗告杨郡王云：‘朕今日始免得这膝裤中带匕首！’，乃知高宗平日常防秦之为逆”[③]。无论长裤还是膝裤，显然单独的“裤”字在宋人语境中为开裆之意。如前文女性外裤，称之为“裆裤”，则意为在“裤”（开裆）上施以合“裆”之结构，故名裆裤。

这种穿脱自如、以御寒为用的传统套裤在南宋时期仍在男女中广泛使用。福州南宋黄昇墓（1243年）出土有开裆裤15件之多，其中单裤8件（绢或罗），夹裤4件（绫或绢），绵裤3件（绢）。开裆裤均由两个裤筒和一个裤腰构成，裆部为敞开式，左右各缝缀一个三角形裆衩。裤腰前面封闭，后面敞开，两端有绢带以供系扎（图2-41）。整体造型较为纤细，裤长为78厘米—89厘米，腰围66厘米—79厘米，脚口23厘米—28厘米。此外，福州茶园村宋墓（1235）、江西德安周氏墓（1274）年、南京高淳花山墓（南宋后期）皆有不同数量的开裆裤出土，其形制与福州黄

① 高春明.中国服饰名物考[M].上海：上海文化出版社，2001:618，620.
② 湖北省荆州地区博物馆.江陵马山一号楚墓[M].北京：文物出版社，1985:23-24.
③ 朱子语类卷第一百三十一.本朝五[M].北京：中华书局，1986:3162.

图2-41　烟色牡丹花罗开裆裤（38⑥）[福州南宋黄昇墓（福建省博物院藏）]

图片来源：福建省博物馆编：《福州南宋黄昇墓》，文物出版社1982年版，第6页，图版七。

图2-42　缠枝并蒂荷纹开裆罗裤（8883）[南京高淳花山墓（南京市博物馆藏）]

图片来源：南京市博物馆编：《古都神韵：南京市博物馆文物精华》，文物出版社2013年版，第138页。

昇墓相同，亦有单、夹、绵三种形式，材质有素罗、提花罗或绢（图2-42）。不难看出，南宋女性开裆裤随季节变化区分薄厚，单裤又因搭配需要而有材质的殊异（绢、素罗、花罗），而夹裤和绵裤则多选用素绢料，突出作为秋冬季内衣的实用功能（绢织造，结构紧密）。开裆裤男女同式，唯形制尺寸不同，南宋江苏金坛周瑀墓（1261）和浙江黄岩赵伯澐墓（1216）所出男性开裆裤，均证明了这一结论。

3.“近身”之“裈”裤

“今之套裤，古之绔也，今之满裆裤，古之裈也”①，汉民族的满裆之裤称为“裈”，与开裆之“袴（绔）”有所区别。《急就篇》中列有裈名，颜师古注：“合裆谓之裈”。汉晋时将长至膝的满裆裤称为“犊鼻（裈）”，北齐时因其与“袴”等长，而省去犊鼻这个名称②，只言裈。裈裆被缝合后具有了遮羞功能，因此在其外也不必加罩裳裙。但凡下体直接穿裈者，多为军人或地位低卑的劳动人民③。

内着之裈，在唐诗中亦有体现。刘言史（约742—813）《葛巾歌》：“空留棁仗犊鼻裈”，杜牧（803—约852）《嘲妓》：“一车白土将泥项，十面红旗补破裈”，可

① 段玉裁.说文解字注[M].北京：中华书局，2013:362.
② 陈元靓.事林广记[M].耿纪朋，译.南京：江苏人民出版社，2011:458.
③ 高春明.中国服饰名物考[M].上海：上海文化出版社，2001:622.

图2-43 南宋合裆裈裤[江苏金坛周瑀墓（镇江博物馆馆藏）]

图片来源：常沙娜主编：《中国织绣服饰全集（3）·历代服饰卷（上）》，天津人民美术出版社2004年版，第485页，图五十六–22。

见裈并未远离唐人的生活。宋人亦将满裆裤称为“裈”，宋代庄绰《鸡肋编》在记述衣物洁净法时，有言“凡故衣皆煮于釜中，虽裈袴亦然①，虱皆浮于水上”②。在南宋时期裈作为内衣，男女形制相同。这从南宋墓葬所出的男女裈裤中可以窥见。福州南宋黄昇墓（1243）所出合裆单裤2件，夹裤1件③。福州茶园村宋墓（1235）出土素绢合裆单裤1件，南京高淳花山墓（南宋后期）出土合裆绢裤2件④。以上所出裈裤都具有相同的形制特征，两幅布料拼合形成单侧裤筒（内外裤缝缝合，靠近外侧缝前后均有贯通上下的活褶设计），两裤筒以“人”字形交叠，上接裤腰固定。三角形裆片构成满裆结构。裈裤于侧边开口穿脱，以绢带系扎固定。所出裈裤均以素绢为材料，体现内穿亵衣务实素俭的品质特征。“从黄昇尸殓穿着情况看，也可证明这种合裆裤是穿在里面的。”⑤女性裈裤标本未见问世照片，此处借用江苏金坛周瑀墓所出裈裤图片（图2-43），加以示意。南宋男女裈裤形制结构完全相同（女性裤筒尺寸偏窄，造型较为纤细）。“裈”与女性“裆裤”均为满裆裤，二者最大区别在于裆部结构的不同，裈裤单面可见为三角形裆片，裆裤为矩形裆片。宋人基于内外的不同使用目的，巧妙地将裆部结构加以区分，从而强化了各自的服用功能。裈裤在南宋上层女性中穿着于内，但对底层民众而言，则多见单独着裈的情况。上海龙美术馆藏南宋十二段本《瑞应图》中“显仁梦神”卷则别有趣味地显露出皇后的裈裤样貌。图中显仁皇后于卧榻上安然酣睡，有宫女静侍于侧。皇后一身浅素，上着小衫，下着窄裤，显然为合裆裈裤（衬裤）无疑（图2-44）。细软的绢质裈裤成为舒适的“睡裤”，外出时或罩裙，或外着时髦裆裤，自由随性。劳动人民外穿裈裤的情况由北宋王居正所绘《纺车图》可见，它展现了社会底层劳动妇女的生活实景（图2-45）。图中所绘村妇为短襦、裈裤打扮，脚着布鞋，朴实无华。

① 此处“裈袴”包含两层意思，即满裆的“裈”和开裆的“袴”。
② 庄绰.鸡肋编[M].上海：上海古籍出版社，2012:13.
③ 福建省博物馆.福州南宋黄昇墓[M].北京：文物出版社，1982:62.
④ 南京市博物馆.学耕文获集：南京市博物馆论文选[C].南京：江苏人民出版社，2008:54.
⑤ 福建省博物馆.福州南宋黄昇墓[M].北京：文物出版社，1982年3月版，第141.

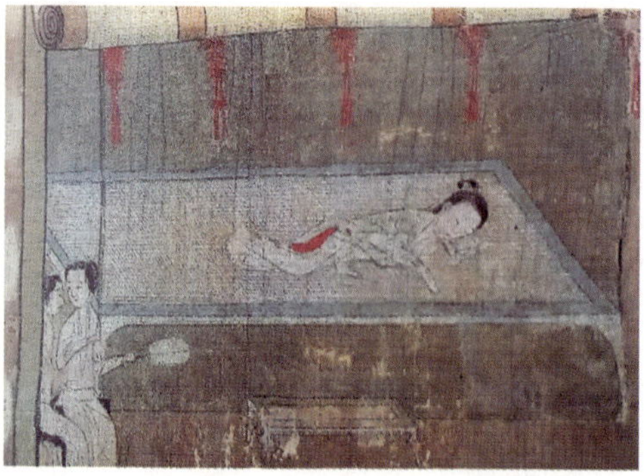

图2-44 “显仁梦神”卷中“裈裤”形象[南宋萧照《中兴瑞应图》十二段本（上海龙美术馆藏）]

图片来源：上海龙美术馆编：《敏行与迪哲：宋元书画私藏集萃》，上海书画出版社2016年版，第140页。

图2-45 北宋王居正《纺车图》中“裈裤”形象[绢本设色（26.1×69.2cm）（故宫博物院藏）]

图片来源：中国画经典丛书编辑组编：《中国人物画经典·北宋卷》，文物出版社2005年版，第23页。

4. “外显”之抹胸

抹胸是宋代女性的贴身内衣①，可与大袖、背子、衫子、短襦（衣）普遍搭配，具有内衣外显的特点。内衣即古代的亵衣，为最近身之服。周代妇女所穿亵衣为“衵服”，魏晋南北朝时妇女所穿亵衣又有“袙腹”之称，从南朝到隋唐，妇女的亵衣又称“宝袜”，唐代以后妇女的亵衣始称“抹胸”②。

五代毛熙震（生卒不详）《浣溪沙》词有“静眠珍簟起来慵，绣罗红嫩抹酥胸”之句，南宋词人王平子（生卒不详）《谒金门》亦有“怕落傍人眼底，握向抹胸儿里”，生动描绘了收到情郎来信的南宋女子细腻的情态，以抹胸入诗，别有韵致。南宋词人陈克（1081—1137）曾作诗《谢曹中甫惠著色山水抹胸》一首，感谢友人曹中甫为妻子绘制了一件山水图画的抹胸，“曹郎富天巧，发思绮纨间。规模宝月团，浅淡分眉山。丹青缀锦树，金碧罗烟鬟。炉峰香自涌，楚云杳难攀”，从这件惟妙惟肖的水墨画抹胸可探见宋人对男女交往豁达的心态，女性内衣成为传递友情的媒介，抹胸被男性视为风雅时尚之物。抹胸与女性身体的审美意象相关联，其精神性已超越了物质本身，北宋词有“懒系酥胸罗带，羞见绣鸳鸯”[黄庭坚（1045—1105）《好女儿》]、“强出娇羞都不语，绛绡频掩酥胸素”[赵崇嶓（1198—？）《南柯子》]。《建炎以来朝野杂记》记述中宫常服亦有“粉红纱抹胸”，显然，在南宋人眼中抹胸已不再是隐匿的亵衣，而成为生活化的常服。上自后妃，下自民间，抹胸成为具有现代“百搭”意义的“外衣”，即内衣外衣化。

① 周锡保.中国古代服饰史[M].北京：中国戏剧出版社，1984:290.黄能馥、陈娟娟.中国服装史[M].北京：中国旅游出版社，2001:206.

② 高春明.中国服饰名物考[M].上海：上海文化出版社，2001:570-575.

南宋各阶层女子穿着抹胸的形象多有所见。南宋佚名绘画《杂剧人物图》中两位杂剧女伶扠手示敬，所着对襟衫子内衬抹胸，其横向围裹，形成“一”字，抹胸紧束，乳沟微露（图2-46）。南宋画师刘松年（1155—1218）所绘《铭园赌市图》，图中一位卖茶欲归的妇女手托茶盘，回眸浅笑，其所着襦裙（为劳作方便将裙子提起，内露裈裤），直领对襟的外衣下依然可见“一”字抹胸（图2-47）。南宋佚名《歌乐图卷》，描绘了9位手持乐器（锣鼓、拍板，排箫、笛、琵琶等），身披背子，头梳高髻的女伎形象。红色背子纤长垂地，内衬以素色抹胸（图2-48）。四川泸县南宋石室墓青龙镇三号墓所出石雕执扇女侍俑亦身着直领衫子，内束抹胸清晰可辨（图2-49）。

图2-46　南宋《杂剧打花鼓图》中“抹胸”（故宫博物院藏）

图片来源：中国画经典丛书编辑组编：《中国人物画经典·南宋卷2》，文物出版社2006年版，第18页。

图2-47　南宋刘松年《铭园赌市图》局部（台北故宫博物院藏）

图片来源：http://blog.sina.com.cn/s/blog_5f6091220100ck5z.html

南宋女性的抹胸实物出土众多，多为单纯的矩形结构，材质有绢、罗。福州南宋黄昇墓，出土抹胸3件，2件夹质、1件绵质，形制有所不同。夹质抹胸为长方形[①]，一件面里均为浅烟色绢（273），长133厘米，宽48厘米，罗带长58厘米，宽2.5厘米。另一件以印花素纱为面（348），素纱为里，长119厘米，宽46厘米，带残缺。褐色绢抹胸（38②），表里均为绢，絮以绵絮。长55厘米，宽39厘米—40厘米，上端和腰间缀带，上端带长34厘米—35厘米，腰间带长35厘米—36

① 在《福州南宋黄昇墓》发掘报告中将其称之为“围件”，从长度和宽度尺寸来看，应为女性的抹胸。

图2-48　南宋《歌乐图》中“抹胸”[25.5×158.7cm（上海博物馆藏）]

图片来源：中国画经典丛书编辑组编：《中国人物画经典·南宋卷2》文物出版社2006年版，第56页。

图2-49　执扇侍女石雕像[四川泸县青龙镇三号墓（泸县博物馆藏）]

图片来源：四川省文物考古研究所等编著：《泸县宋墓》，文物出版社2004年版，彩版一五。

厘米①，为冬季时使用（图2-50）。福州茶园村宋墓所能获知的抹胸有2件，均为长方形，单层绢料制成。一件在上口线的中央有一活褶设计，并且抹胸上印银花装饰②（图2-51）；另一件调研所见在上口线偏向左侧处有省道一个，显然活褶与省道的设计都是为了契合女性胸部隆起的造型需要，从这些细微的结构处理手段可以看出其潜在的用途指向。南京高淳花山墓（南宋后期）也出土抹胸4件，有素纱、印花绢、提花罗多种材质，均为单层，长方形结构，两边有系带，上口中央同样有活褶设计③。在抹胸上印花、印金、印银，珠绣、彩绘是宋人习用的装饰技巧，强化其外显的艺术审美价值。

① 福建省博物馆.福州南宋黄昇墓[M].北京：文物出版社，1982:14-16.

② 此件抹胸资料参见《福州文物集萃》一书，在该书中将其命名为“印银花围裙”，显然与其作为抹胸之用的中央处活褶设计相矛盾，应更正为“印银花抹胸”。

③ 南京市博物馆.学耕文获集：南京市博物馆论文选[C].南京：江苏人民出版社，2008:56.

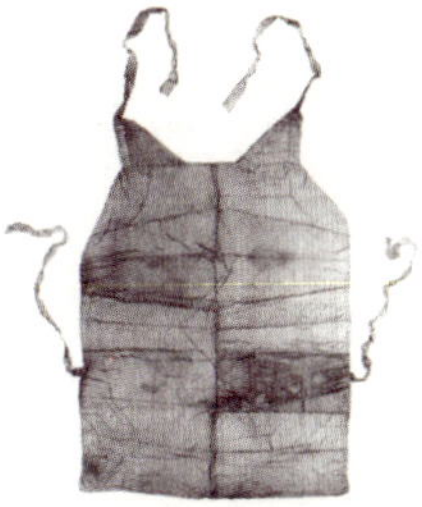

图2-50　褐色绢抹胸（38②）
[福州南宋黄昇墓（福建省博物院藏）]
图片来源：福建省博物馆编:《福州南宋黄昇墓》，文物出版社1982年版，第40页，图版五四。

图2-51　印银花抹胸[福州茶园村宋墓（福州市博物馆藏）]
图片来源：福州市文物管理局:《福州文物集粹》，福建人民出版社1999年版，第86页。

5.“挡护”之裹肚

裹肚，也是一种贴身的内衣。《格致镜原·引胡侍墅谈》载：“建炎以来，临安府浙漕司所进成恭后御衣，有粉红抹胸，真红罗裹肚”，则知当时抹胸与裹肚为二物[①]。南宋皇后的内衣中也有裹肚，且以艳丽的罗料裁制。《释名·释衣服》载：“抱腹，上下有带，抱裹其腹上，无裆者也”[②]，此虽为汉代“抱腹”形制，但于宋或可参照。与宋代裹肚挡护部位相当的还有一种外用的“围腰”，缠系于长衫之外。一般宋代等级地位较低的侍从、仆伎类人群多有使用。其色尚黄，因谓之“腰上黄”。《烬余录》中《宫中即事长短句》云：“漆冠并用桃色，围腰尚鹅黄”即是。亦有腰间系以青花布巾者[③]。外用围腰在宋画《杂剧打花鼓图》《瑶台步月图》及《荷亭儿戏图》中的女伎或侍女形象中可探其概貌。

裹肚虽未见于图像资料，南宋墓葬中却多有实物发现。但前期考古发掘或研究性报告对其称谓及用途皆未加以明确。《福州南宋黄昇墓》一书中提到有5件长方形的“围件”，此“围件”中的3件，与其他2件虽造型相似（均长方形结构，两侧系长带）[④]，但在长宽尺寸上则明显小于后者，这三件长度为62厘米—69厘米，宽度为25厘米—26厘米，比上文论及的抹胸长宽尺寸均缩小近一半。即便是69厘米的长度，也不够满足围绕胸围一周的尺寸要求（成年女性胸围至少应在80厘米以上），而26厘米宽度的掩胸量也稍显狭小局促。据此可以初步判断尺寸较小的3

① 周锡保.中国古代服饰史[M].北京:中国戏剧出版社，1984:290.
② 刘熙撰.释名卷五:释衣服[M].北京:中华书局，1985:80.
③ 周锡保.中国古代服饰史[M].北京:中国戏剧出版社，1984:290.
④ 学者孟晖在《中原历代女子服饰史稿》一书中，依据成品尺寸将五件“围件”中较大的两件推测为“抹胸”，但对其余尺寸较小的三件的用途并未加以进深说明。

图2-52　素纱裹肚（专8906）[南京高淳花山宋墓（南京市博物馆藏）]

图片来源：南京市博物馆编：《故都神韵：南京市博物馆文物精华》，文物出版社2013年版，第136页。

件并非抹胸[1]。此外，福州黄昇墓发掘报告中提及的一点信息对于判定其性质至关重要，一件被命名为“围兜”的围件，系于墓主人的腹部，为褐色牡丹花绫材料，长度63厘米，宽度28厘米[2]，此款“围兜”形制式样及尺寸规格与同墓三款“围件”基本一致，从而进一步明确了此“围件”应同样具有包覆墓主人腹部的功能，当为“裹肚”无疑。

裹肚与抹胸造型大致相同，极易混淆。《高淳花山宋墓出土丝绸服饰的初步认识》一文将发掘的5件长方形围件统称为“抹胸”。其中提及2件“抹胸”，其长40厘米—42厘米，宽80厘米—90厘米，长宽尺寸明显小于其他3件“抹胸”（长46厘米—50厘米，宽112厘米—120厘米），且前2件两侧系带宽度为14厘米—16厘米，尺寸明显大于另外3件的带宽（3.5厘米）。宽阔的带子更有利于裹肚的扎系稳固。此外，尺寸较小的这组围件，也不具有上口收活褶的结构特征。前后两组围件形制构成上的关键性差异，必然暗示了其功能用途的分野。综上所论，《高淳花山宋墓出土丝绸服饰的初步认识》一文所言及的5件“抹胸”中，应将尺寸较小的2件更名为“裹肚”，即素绢“裹肚”（图2-52）。裹肚与抹胸，均属近身之服，其穿着的内外秩序，可从福州南宋黄昇墓墓主人身上服饰的穿搭层次获得启示。据该墓发掘报告显示，“褐色牡丹花绫围兜（271）”（裹肚）在外，“黄褐色绢围件（273）”（抹胸）在内，紧贴于身。裹肚上口将抹胸下部压叠固定，对腰腹起到缠绕挡护的作用。

6.“功能”之袜

《释名·释衣服》：“袜，末也，在脚末也”[3]，《说文解字注》：“袜，足衣也。”[4]以上释义点明了袜子的用途。《中华古今注》：“袜，三代及周着角袜。以带系于踝。至魏文帝吴妃，乃改样以罗为之。后加以綵绣画，至今不易。至隋炀帝宫人，

① 李梦薇在其硕士论文《宋代女子“抹胸”研究》中根据尺寸和形制推测，将此三款围件与抹胸区分开来，认为“有很大可能也会是此裹肚”，但并未进一步说明原因。

② 福建省博物馆.福州南宋黄昇墓[M].北京：文物出版社，1982:16.

③ 刘熙.释名卷五：释衣服[M].北京：中华书局，1985:82.

④ 段玉裁.说文解字注：第五篇下[M].北京：中华书局，2013:238.

织成五色立凤朱锦袜靿”[①]。罗袜始于魏，隋唐五代的妇女，也喜穿罗袜，奢侈者还以锦制袜。袜子在宋代因为女性缠足的缘故，多将袜子做成尖头，向上弯曲，形成弓形。元、明、清三代女袜仍以绫罗制成者为多[②]。作为足衣的袜早在马王堆一号汉墓即有出土。形制为齐头，靿后开口，开口处并附袜带。袜缝在脚面和后侧，袜底无缝，为双层绢质[③]。汉代女袜造型较为立体，体现足面自然的宽扁特征，与歧头丝履两相契合。新疆吐鲁番出土有唐代女式锦袜，由袜底、袜帮、袜靿三部分组成，精致华美。唐袜与汉袜一致，均为平头结构，体现汉、唐女性自然的天足特征。

宋代女袜则有所不同，形制为前端上翘，这与宋代兴起的缠足风尚有关。缠足始于五代，然而直到北宋神宗以前，缠的人并不多。南宋时，缠足在贵族妇女中已相当普遍[④]。到了南宋末年，小脚已成为妇女的通称[⑤]。金莲成为女性小脚的隐喻。罗袜与金莲所构筑的感观意象成为男性视野下女性身体美学的一大表征。两宋词中涌现出大量关于罗袜、金莲的文本描绘：北宋有“涂香莫惜莲承步。长愁罗袜凌波去”［苏轼（1037—1101）《菩萨蛮》］，“弓弓样、罗袜生尘”［黄庭坚（1045—1105）《两同心》］,“罗袜步承莲”［周紫芝（1082—1155）《水调歌头》］,“苔痕绿印金莲步”［蔡伸（1088—1156）《渔家傲》］；南宋有“娇额涂黄牢就，金莲衬步齐芳”［杨冠卿（1139—？）《西江月》］，“玉钩裁，罗袜浅”［卢祖皋（约1147—1224）《更漏子》］，“萼绿华轻罗袜小”［刘克庄（1187—1269）《贺新郎》］。罗袜与金莲如影随形，其“弓”“小”等特征呼之欲出。南宋政治家、词人史浩（1106—1194）《如梦令》更是道出了南宋士大夫阶层对女性金莲文化所持有的心态，“罗袜半钩新月。更把凤鞋珠结。步步著金莲，行得轻轻瞥瞥。难说，难说。真是世间奇绝”。与最先歌咏缠足的知名人物苏东坡（1037—1101）[⑥]词句“纤妙应说难，须从掌上看”，可谓一脉相和。对于宋代的金莲文化，孙机先生认为，“对于一种要付出如此痛苦的代价的化妆术来说，当其萌动之初，假如没有名家热力追捧，很难形成气候”[⑦]。确实，由于社会主流意识的推动，由南宋而盛的女性缠足

① 马缟.中华古今注[M]//唐宋史料笔记丛刊.北京:中华书局，2012:105.
② 高春明.中国服饰名物考[M].上海:上海文化出版社，2001:795-796.
③ 湖南省博物馆，等.长沙马王堆一号汉墓:上册[M].北京:文物出版社，1973:69.
④ 孙机.中国古代物质文化[M].北京:中华书局，2014:109-110.另:2017年发掘的南宋早期高克明家族墓，及早期发掘的南宋晚期福州黄昇墓、福州茶园村墓、江西德安周氏墓所出女性骨骼信息显示女性为缠足体征.这些女性均为南宋上层社会女子，孙机先生的结论无误。
⑤ 高洪兴.缠足史（中国社会民俗史丛书）[M].上海:上海文艺出版社，1995:17.
⑥ 孙机.中国古代物质文化[M].北京:中华书局，2014:109.
⑦ 孙机.中国古代物质文化[M].北京:中华书局，2014:148.

文化至元明清三代仍绵延不息。

南宋女袜实物有所发现，主要表现为两种形制：一种为矮靿式，一种为高靿式，以前者为多，质料有罗、绢，厚度有单、夹。福州南宋黄昇墓（1243）出土16双罗袜，皆为矮靿式夹袜。形制为前头翘突，袜筒分上下两段，上段用细绢，下段用粗绢。高16厘米，长16.4厘米，袜面宽6厘米①。南京高淳花山墓（南宋后期）出土矮靿折枝花卉纹罗袜1双，翘头，由袜帮和袜筒两部分组成，袜帮高7.5厘米，袜筒高9.3厘米，袜长16.2厘米，袜筒宽11.5厘米②（图2-53）。德安南宋周氏墓（1274）所出矮靿罗袜4双，其形制与前两座墓葬大致相同。高靿罗袜2双，分三段缝制，翘头，袜高40厘米，长17厘米，筒宽12厘米—13.5厘米，袜带长22厘米（图2-54）。此高靿袜穿着后，高度至膝盖部位，以袜带系扎固定。由于袜筒较长，对小腿部起到保护作用，用于秋冬季御寒之需。长靿袜借鉴于契丹少数民族服饰吊敦，而成为汉民族女性习用的长筒裤袜③。矮靿袜则多用于春夏季穿着。两种制式的女袜都有功能性褶裥设计，长靿袜后面还设有开口，以适应穿脱的实际需要。褶裥是现代成衣设计常用的造型手段，是服装获得松量的方法。宋人在直线剪裁的造物观念下已具备了较成熟的立体造型意识，通过褶裥设定、开口预留，以解决服饰在穿脱时所需要的松量空间。

南宋女性的缠足方式与清代有所不同，“脚拇指既不是朝下，也不是往前，而是人为地向上翘而独具一格”④，足形强调窄而细，同时拇趾上翘，其余四趾下弯⑤。南宋理宗朝时，宫妃束足纤直，称为“快上马”⑥，应与此形态吻合。南宋女鞋亦为翘头式样，与足、袜相得益彰。两宋词中不乏对弓鞋的描述：“从伊便、窄袜弓鞋”［黄庭坚（1045—1105）《满庭芳》］，“稳小弓鞋三寸罗”［赵令畤（1051—1134）《浣溪沙》］，“弓靴三寸坐中倾，惊叹小如许”［王之望（？—1170）《好事近》］，“金莲稳衬弓靴窄”［卢炳南宋初期《菩萨蛮》］，可见在北宋后期、南宋早期已出现以弓鞋三寸为美的倾向。“弓靴窄。花压帽，云垂额”［吕胜己（南宋前期）《满江红》］，“怕立损、弓鞋红窄”［姚勉（1216—1262）《贺新郎》］，“髻滑频扶堕珥，裙低略露弓鞋”［仇远（1247—1326）《河满子》］，至南宋，女

① 福建省博物馆.福州南宋黄昇墓[M].北京：文物出版社，1982:19.

② 顾苏宁.高淳花山宋墓出土丝绸服饰的初步认识[C]//学耕文获集－南京市博物馆论文选.南京：江苏人民出版社，2008:57.

③ 张玲.禁绝与超越－浅析宋辽历史语境下的胡服“吊敦”[J].时尚设计与工程，2016（12）:13-20.

④ 周迪人，等.德安南宋周氏墓[M].南昌：江西人民出版社，1999:70.

⑤ 作者在江西德安县博物馆考察馆藏南宋孺人周氏足型；在福州市博物馆考察茶园村女性墓主人足型，均发现为窄长型，拇指上翘，与足面垂直，长度较三寸金莲为大，印证了周迪人先生的观点。

⑥ 宋史卷六十五.志第十八.五行三[M].北京：中华书局，1997:1430.

性靴履文化则继续保持以“窄”为尚的传统。弓靴与弓鞋的形态见于宋代绘画及画像砖中，如前所述南宋《杂剧打花鼓图》中的杂剧女伶、华蓥南宋安丙墓所出女侍俑皆着翘窄弓鞋。

弓鞋实物在南宋墓葬有所发现，从出土情况来看，虽满足窄而上弓的特征，但却较三寸金莲为大。福州南宋黄昇墓出土6双花罗鞋，形制相同，为小脚式翘头弓鞋。尖头外缝缀丝带，挽成蝴蝶结。后跟系丝带，以绑结固定。鞋面为花罗，鞋底为麻布。鞋长13.3厘米—14厘米，宽4.5厘米—5厘米，高4.5厘米—4.8厘米[①]。江西德安周氏墓所出罗鞋7双，形制与前者趋同，鞋长略长，为18厘米—22厘米，宽5厘米—6厘米，高3.5厘米—4.5厘米[②]（图2-55）。南京高淳花山墓亦出土两双罗鞋，形制如船形，均为翘头，鞋帮有系带（图2-56），鞋长为14.2厘米—16厘米，与黄昇鞋大小相仿[③]。诸多弓鞋虽长度稍异，但宽度几乎一致，符合南宋时期崇尚峭窄狭长的造型特点。朱子曾言：“綦，鞋口带也，古人皆旋系，今人只从简易，缀之于上，如假带然”[④]，朱子所言为南宋中期社会风尚，而南宋后期女鞋上仍有施假带现象，可见“从简易”的观念贯穿南宋社会始终。

图2-53　矮靿罗袜（0774）[江西德安周氏墓（德安县博物馆藏）]

图片来源：标本照片由德安县博物馆提供

图2-54　高靿罗袜（0773）[江西德安周氏墓（德安县博物馆藏）]

图片来源：标本照片由德安县博物馆提供

① 福建省博物馆.福州南宋黄昇墓[M].北京:文物出版社，1982:19.

② 周迪人，等.德安南宋周氏墓[M].南昌:江西人民出版社，1999:10-11.

③ 顾苏宁.高淳花山宋墓出土丝绸服饰的初步认识[C]//学耕文获集——南京市博物馆论文选.南京:江苏人民出版社，2008:57.

④ 朱子语类卷第八十七.内则[M].北京:中华书局，1986:2245.

图2-55　褐色罗翘头弓鞋[德安南宋周氏墓（德安县博物馆藏）]

图片来源：周迪人等：《德安南宋周氏墓》江西人民出版社1999年版，彩图版四。

图2-56　柿蒂纹罗鞋[南京高淳花山墓（南京市博物馆藏）]

图片来源：南京市博物馆编：《“云裳簪影”——宋明服饰展》图册，2010年1月，第7页。

三、女装组合与搭配秩序

综上所论，南宋女装品类丰富，数量繁多，即便同一类型的服装尚存在单、夹、绵之别，这些服饰单品在实际使用中是如何被有机组合、按秩序搭配的呢？除了历史文献、图像资料所显示的服饰搭配秩序外（上下或内外），考古发掘中墓主人所着服饰的完整信息也为我们考证宋人衣装的服用秩序提供了宝贵的参考。目前符合这一研究条件的仅有福州南宋黄昇墓（1243）。以下将以《福州南宋黄昇墓》发掘报告中提供的墓主人着装秩序为研究范本，以探讨南宋女装搭配组合的一般规律。

（一）出土服装的性质

为了使后续以出土服装为样本对宋人日用衣装样貌的考察更趋严谨，在此独辟篇幅对纺织考古所获得的宋代服装的文化属性予以扼要探讨，以确认所用证据的真实可靠。宋代丧礼文化既有对历史传统的继承，也有因时风影响的灵活变通。丧礼文化中涉及服装的有亡者的“殓服”和亲属的“成服”。“殓服”即指入葬时亡人穿着或陪葬之服，皆为生活中的实用装束。“成服”则为吊丧的时服，按血缘亲疏分为“斩衰”“齐衰”“大功”“小功”“缌麻”五等，称为“五服”[①]。这些从南宋时期朱子《家礼》“丧礼”中可得到印证。其中对亡人的“殓服”有明确规定，“执事者陈小殓衣衾，……据死者所有之衣，随宜用之，若多，则不必尽用也”；

① 家礼.卷第四.丧礼[M]//朱杰人，等.朱子全书.上海：上海古籍出版社，2002:908-912.

“深衣一。履二。袍袄、汗衫、袴袜、勒帛、裹肚之类，随所用之多”[1]，此中虽言及男子，但女子亦可等量齐观。再看《家礼》“丧礼”中为“亡者招魂”细节，侍者需执上服，呼某人从生之号。上服，对男女而言，“谓有官则公服，无官则襕衫、皂衫、深衣；妇人大袖背子”[2]。可见在丧葬礼仪用服上男女是对等的，据此推断，女子的殓服当为大袖、背子、衫、袄、抹胸等（与出土实物吻合）。此外，宋代墓志铭提供的文字信息也可为之佐证。宋代一些女佛教徒临终之际会要求殓具薄俭，以便于超度转世。如北宋时赵士竞妻江氏“及疾，家人出珠玑锦绣之服将为殓具，君却之，易以常服乃受”；南宋时赵汝译妻楼氏“病革，索浴洗，换新衣提青背子”，并言:“奴死，罪不该着此见先舅。然去路别，人间浮侈无为也。[3]”这些衣服虽尽去华奢，但却皆是生活中的实用衣装。

殓服为实用衣装，并非宋人首创，而是周代即已确立的礼仪传统。周代贵族阶层厚葬之风盛行，“事死如事生”的观念深入社会生活之中[4]。《仪礼·士丧礼》载小殓之衣，“祭服次、散衣次，凡有十九称，陈衣继之，不必尽用”；大殓之衣“绞、衿、衾二，君襚，祭服、散衣、庶襚凡三十称”[5]，最高祭祀礼服和生活常服悉数为周人丧礼所用。《后汉书·梁统传》载梁商遗命丧事从俭，要求“气绝之后，载至冢舍，即时殡殓。殓以时服，皆以故衣，无更裁制”[6]；《后汉书·独行传·范冉》也有类似记述：“气绝便殓，殓以时服，衣足蔽形，棺足周身，殓毕便穿，穿毕便埋”[7]，文中“时服”“故衣”皆为亡者生前所服之衣。周代所形成的丧礼文化一脉相传，亦为宋人所继承，但随着日常生活世俗化的日益加重，随葬衣饰并无数量上的严格限定，而是依据各自的地位、财力以及好尚等实际情况加以确定，即《家礼》中所言的“随所用之多”。从宋代墓葬中陪葬的女装品类数量及装饰特色，可以看到上述因素所产生的影响。

（一）着装的搭配原则

福州南宋黄昇墓出土纺织服饰数量惊人，随葬的服饰及丝织品共计354件，其中服饰共计201件。这些保存完好、工艺精良的服饰品为研究南宋上层妇女的衣

① 家礼卷第四.丧礼[M]//朱杰人，等.朱子全书.上海：上海古籍出版社，2002:903-906.
② 家礼卷第四.丧礼[M]//朱杰人，等.朱子全书.上海：上海古籍出版社，2002:902.
③ 邵育欣.宋代妇女的佛教信仰与生活空间[M].北京：中国社会科学出版社，2015:144-145.
④ 礼记正义卷第五十二.中庸第三十一[M]//李学勤.十三经注疏.北京：北京大学出版社，2000:1681.
⑤ 仪礼注疏卷第三十六.士丧礼[M]//李学勤.十三经注疏.北京：北京大学出版社，2000:792.793.
⑥ 后汉书卷三十四.梁统列传第二十四[M].北京：中华书局，1997:1177.
⑦ 后汉书卷八十一.独行列传第七十一[M].北京：中华书局，1997:2690.

装生活提供了真实的实物佐证。据墓志铭记载，墓主人黄昇16岁联姻宋太祖赵匡胤第九世孙赵师恕之孙赵与骏，次年即夭亡。在201件服饰品中，有袍9件，衣46件，背心8件，裤24件，裙21件，抹胸1件，围兜1件，围件5件，卫生带1件，裹脚带1件，巾14件，佩绶2件，香囊1件，荷包1件，鞋6双，袜16双……[①]不难看出，如此品类丰富的陪葬品几乎囊括了这位贵妇奢华生活的所有用度，可视为南宋上层女性服饰文化的典型代表。

黄昇外衣类服饰主要有礼用大袖衫、背子、裙、裆裤、背心；内衣类服饰包括襦（衣）、袄、裈裤、开裆裤、抹胸、裹肚。这些服饰所占比重各不相同，其中以衫、袄、裤、裙数量居多，分别占到衣装总量的21.7%、18.2%、20.9%、18.3%，可见这四类服饰在女性生活中用量较大。大袖衫、背子、背心、抹胸、裹肚分别占到衣装总量的4.3%、3.5%、7.0%、2.6%、3.5%，较高级别的礼服和贴身之服数量相对较少。

墓主黄昇全身穿戴完好。胸前系心形的鎏金镂孔银香薰，佩绣花霞帔，上缀圆形凤纹金饰。黄昇穿着多层服饰，上身9件，下体11件。由外及内、由表及里的穿戴顺序见表2-10。

表2-10 墓主黄昇衣装穿戴顺序

墓主黄昇所着衣装（由外及内）			
上身（9件）		下体（11件）	
第一层	褐色罗镶花边广袖袍（254）	第一层	烟色罗洒金双凤穿牡丹褶裥裙（263）
第二层	褐色暗花罗镶花边窄袖袍（255）	第二层	褐色牡丹花绫镶花边裙（264）
第三层	褐色罗镶花边夹衣（256）	第三层	黄褐色花绮两外侧开中缝合裆裤（265）
第四层	褐色花绫镶花边夹衣（257）	第四层	褐色牡丹花绫开裆裤（266）
第五层	褐色花绫镶花边夹衣（258）	第五层	褐色绢丝绵开裆裤（267）
第六层	黄褐色绢丝绵袄（259）	第六层	褐色绢开裆夹裤（268）
第七层	黄褐色花绫夹衣（260）	第七层	褐色绢开裆夹裤（269）
第八层	黄褐色绢夹纳衣（261）	第八层	褐色绢合裆裤（270）
第九层	黄色色绢单衣（262）	第九层	褐色花绫围兜（271）
		第十层	浅褐色牡丹花罗无腰无裆裤（272）
		第十一层	黄灰色绢围件（273）

从墓主黄昇的穿戴情况看，上身最外层为雍容华贵的礼服大袖“褐色罗镶花

① 福建省博物馆.福州南宋黄昇墓[M].北京：文物出版社，1982:9.

边广袖袍（254）”，搭配华美的“烟色罗洒金双凤穿牡丹褶裥裙（263）”，两者风格浑然天成、雍容富丽，当为“大袖长裙”组合，肩胸部佩戴的金缀子绣花霞帔刚好为之佐证。上身“褐色暗花罗镶花边窄袖袍（255）”（第二层）与下身“褐色牡丹花绫镶花边裙（264）”（第二层）风格协调，二者搭配成“裙背”组合。《礼记·丧大记》载“衣必有裳，谓之一称”[①]，《仪礼·士丧礼》“乃袭，三称，明衣不在筭”[②]，明确规定要为亡“士”穿戴三套衣服（礼服爵弁服、常服皮弁服、褖衣）的事实。可见逝者随身衣物的穿着必然以“称”为单位，上下成套顺次穿搭。黄昇的大袖长裙和裙背组合刚好印证了这一点。

大袖长裙和裙背之下是多重襦裤的搭配形式。南宋词亦有“带缓裘轻，足远人襦裤”[洪适（1117—1184）《醉蓬莱》]，“拥襦裤、千里歌谣，都入太平弦管”[杨无咎（1109—1171）《倾杯乐》]的描述。黄昇上身自背子以下穿着多层夹襦衣，分别为“褐色罗镶花边夹衣（256）”（第三层）、“褐色花绫镶花边夹衣（257）”（第四层）、“褐色花绫镶花边夹衣（258）”（第五层）可与下身“黄褐色花绮两外侧开中缝合裆裤（265）”（第三层）、“褐色牡丹花绫开裆裤（266）”（第四层）、“褐色绢开裆夹裤（268）”（第六层）分别构成襦（衣）与裤的对位组合。考虑到气候变化因素，黄昇上身“黄褐色绢丝绵袄（259）”（第六层）刚好与下身“褐色绢丝绵开裆裤（267）”（第五层）质地厚薄风格统一，构成冬季套装。此外，上身“黄褐色花绫夹衣（260）”（第七层）可与下身“褐色绢开裆夹裤（269）”（第七层）组合，二者皆为稍厚的双层衣物，较适宜春秋气候的变化。而上身轻薄的“黄褐色绢单衣（262）”（第九层）配搭同质地的“褐色绢合裆裤（270）”（第八层）。第八层上衣为黄褐色绢夹纳衣（261），为春秋实用的御寒之服，外罩时服。下身第九层“褐色花绫围兜（271）”和第十一层“黄灰色绢围件（273）”为肚兜（外）和抹胸（内）的组合。第十层“浅褐色牡丹花罗无腰无裆裤（272）”为穿在最里层的护腿，类似胫衣。

黄昇的衣装以上下对应的多“称”面貌呈现，实际穿着虽不至尽用，但足以证明贵妇生活的奢华与富足。在上下对位关系中既遵循服装级别的高低差异又考虑到春夏秋冬四季的应时变化（单、夹、绵），基本贯彻了“奢俭相当、轻薄有序”的搭配原则。以下将对黄昇的礼服、常服系列的具体内容及搭配秩序加以逐一讨论。

① 礼记正义卷第四十五.丧大记[M]//李学勤.十三经注疏.北京:北京大学出版社，2000:1473.
② 仪礼注疏卷第三十六.士丧礼[M]//李学勤.十三经注疏.北京:北京大学出版社，2000:787-788.

（三）着装的搭配秩序

1. 着装层次

古人对服装的穿着层次尤为看重，以其多寡与社会等级地位相映射。《韩非子·喻老》曾有对商纣王“锦衣九重”的奢华记述。《释名·释衣服》载：“中衣言在小衣之外，大衣之中也”[①]。三层谓“小重之衣”，二层谓“微重之衣”，此外还有“中重之衣”（四层）、“大重之衣”（五层）、“大集之衣”（六层）之别[②]，依身份等级逐一递增。但在宋代，由于等级秩序的松动，穿着层次的多寡不再作为等级地位的符号，仅为应对季节变化的调配方式。《宋史·舆服三》载，皇后及命妇的大礼服内仅需衬着中单[③]。如前所见在南薰殿旧藏宋代皇后画像中，两宋皇后所着大礼服袆衣内皆衬青纱中单，穿搭秩序简略。礼服尚且如此，日用常服则更显轻便。

2. 季节因素

随着季节变化，服装穿着层次和厚度逐步递增，由单、夹至绵，上下薄厚相称，切实考虑到保暖的需要。其中，抹胸、裹肚、裈裤为一年四季的基础内衣，贴身穿用。单衫（25件）、开裆单裤（8件）出土数量较大，为横跨四季的频繁使用提供了数量上的支撑。夹袄（19件）、夹裤（4件）为春、秋、冬气温转凉之用。北宋人黄庭坚（1045—1105）在《宜州乙酉家乘》中记录了农历一月至二月间于宜州的着装情况，如“（正月）十八日丁亥，晴。大热，不可夹衣”；“（正月）十九日戊子，又阴，小冷。可重夹衣”；“（正月）二十日己丑，阴，大寒，可重茧”；“（二月）二十九日戊辰，昼晴骤温，可单衣”；“（闰二月）二十二日庚寅，晴，大热，不可夹衣”[④]，可以看出宋人是就天气变化，在单、夹、绵之间适时转换。李清照（1084—约1155）《菩萨蛮》：“风柔日薄春犹早。夹衫乍著心情好”，爱美的女性早春便穿试轻薄的夹衫（与现代女性开春即脱去冬装颇有类似，未合“春捂”之意）；杜安世《鹤冲天》有“清明天气，……单夹衣裳，半栊软玉肌体”，农历三月宋人仍可单夹混穿。赵长卿《浣溪沙》：“柳老抛绵春已深。夹衣初试晓寒轻”，也有人值晚春才换上轻薄的夹衣。在南宋临安城，二月“挑菜节”是

① 释名卷第五.释衣服第十六[M].北京：中华书局，1985:79.
② 太平经卷一百二.神人自序出书图服色诀第一百六十五[M].明正统道藏本.
③ 宋史卷一百五十一.志第一百四.舆服三[M].北京：中华书局，1997:3535-3536.
④ 黄庭坚.宜州乙酉家乘[M]//顾宏义，李文，整理校对.宋代日记丛编：二.上海：上海书店出版社，2013:583，586，587.

皇帝和百官的换衣日，“二月一日，……及进单罗御服，百官服单罗公裳而已”[①]。夏季则普遍着单衣，李流谦《小重山》：“轻暑单衣四月天。重来间屈指，惜流年”。秋季又需增添夹衫以御寒，赵师侠《鹧鸪天》：“榕叶阴阴未著霜，浅寒犹试夹衣裳”；毛滂（1056—约1124）《西江月》：“雨后夹衣初冷，霜前细菊浑斑”；赵彦端（1121—1175）《画堂春》：“满城风雨近重阳。夹衫清润生香”，农历八月、九月时夹衣已然在身。南宋周密所撰《武林旧事》记述在“授衣节”（农历十月初一）当日，“御前供进夹罗御服、臣僚服锦袄子夹公服”以御寒[②]，可知宋人冬装中也会包含夹衣。黄昇墓所出绵袄（2件）、绵裤（2件）为深冬御寒之服，因其质地相对纯俭（素绢），故将罗质“夹袄”“夹裤”分别穿于“绵袄”“绵裤”之外，则出于美观考量，这从墓葬中黄昇所着服饰的穿搭次序中便可得到印证。黄昇的众多衫、袄、裤在用料质地、装饰程度上皆存在差异，想必是出于大袖长裙、裙背、衫裤（裙）三种不同级别服饰的组合而有意配备。

3. 组合秩序

以下参照黄昇墓服饰出土时的穿戴顺序，大致可推测出贵妇黄昇所着大袖长裙、裙背、衫裙（裤）三大主要品类，随四季的气温流转，服装由内及外，逐层递增的组合秩序，由此可以探见其日常生活中衣装服饰的基本搭配秩序及组合规律。同时也可为南宋女性衣装实践的细节破译提供一个大致的参考样本。

大袖长裙组合在南宋女性生活中使用频度不大，仅作为士庶阶层的礼服。在祭祀、婚冠等礼仪场合使用。搭配秩序可概括为三个层级：内层、中层和外层。内层，包括抹胸、裹肚、裈裤，是贯穿四季的贴身内衣；外层，大袖与长裙是礼用的标志性组合。中层的服装层数为季节变量，根据时令转换，逐一增添襦、袄及开裆裤（单、夹、绵）等。如端午节服纱质单衣、授衣节服夹衣等。大袖长裙组合夏季大致为二层（基底除外），大袖内衬单衫，长裙内衬合裆裈裤。春秋季大致为三层，夏季在此基础上添加衬衣襦、夹衫、单夹开裆裤。冬季大致为四层，在春秋基础上再添加绵袄和绵裤，单衫不再使用（具体组合秩序详见表2-11）。裙背、衫裙（裤）组合的构成思路与大袖长裙组合类似，搭配秩序详见表2-12、表2-13。

① 周密.武林旧事卷二:挑菜[M].李小龙，赵锐，评注.北京:中华书局，2007:61.
② 周密.武林旧事卷三:开炉[M].李小龙，赵锐，评注.北京:中华书局，2007:91.

表 2-11　大袖长裙组合秩序

名称		大袖长裙组合秩序（礼服）					
季节		夏季（农历 4—6 月）		春季（农历 1—3 月） 秋季（农历 7—9 月）		冬季（农历 10—12 月）	
层次		上	下	上	下	上	下
由内及外	基层	抹胸	裹肚	抹胸	裹肚	抹胸	裹肚
	一层	单衫	裈裤	襦衣	裈裤	襦衣	裈裤
	二层	大袖衫配霞帔	长裙	单（夹）衫	开裆单（夹）裤	绵衣	开裆绵裤
	三层			大袖衫配霞帔	长裙	夹衫	开裆夹裤
	四层					大袖衫披霞帔	长裙

表 2-12　裙背组合秩序

名称		裙背组合秩序（常服）					
季节		夏季（农历 4—6 月）		春季（农历 1—3 月） 秋季（农历 7—9 月）		冬季（农历 10—12 月）	
层次		上	下	上	下	上	下
由内及外	基层	抹胸	裹肚	抹胸	裹肚	抹胸	裹肚
	一层	单衫	裈裤	襦衣	裈裤	襦衣	裈裤

续表

名称		裙背组合秩序（常服）					
由内及外	二层	背子 	旋裙或裆裤 	单（夹）衫 	开裆单（夹）裤 	绵袄 	开裆绵裤 
	三层			背子 	旋裙或裆裤 	夹衫 	开裆夹裤 
	四层					背子 	旋裙 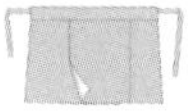

表 2-13　衫裤（裙）组合秩序

名称		衫裤（裙）组合秩序（常服）					
季节		夏季（农历 4—6 月）		春季（农历 1—3 月） 秋季（农历 7—9 月）		冬季（农历 10—12 月）	
层次		上	下	上	下	上	下
由内及外	基底	抹胸 	裹肚和裈裤 	抹胸 	裹肚 	抹胸 	裹肚 
	一层	单衫 	旋裙或裆裤 	襦衣 	裈裤 	襦衣 	裈裤 
由内及外	二层	背心 		单（夹）衫 	开裆单（夹）裤 	绵袄 	开裆绵裤 
	三层			单（夹）衫 	旋裙或裆裤 	夹衫 	旋裙 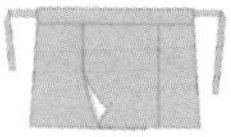

由列表所见，黄昇夏季穿搭层次因用途殊异，从一层到二层不等；春秋季穿搭层次一般为三层；冬季穿搭层次多至三到四层，甚至更多。以春秋季为例，因

黄昇所着服饰皆为轻薄通透的纱、罗及绢料，所以即便层次再多，仍不失清新飘逸之感。前文所述宋词中大量关于雅态轻盈般女性服饰的审美描写可兹为证。

与常服类以季节为首要因素的着装秩序不同，后妃命妇礼服类则受制于国家舆服制度的规定。后妃命妇外着各自等级的礼服（袆衣、褕翟、翟衣），下着裳裙，外束蔽膝大带。内着青（素）纱单衣（中单），贴身穿着抹胸、裹肚、裈裤，体现出礼制规约下的程式化的着装秩序。

四、小结

南宋女装品类丰富、式样多元，既有前代范式的承袭发展，也有独具匠心的时代创变。后妃命妇阶层的礼服（袆衣、褕翟、翟衣）秉承传统，凸显礼仪制度统摄下的神圣性。交领右衽、疏阔大袖，严整庄重。制度形式，各有等差。高度程式化的造型语言体现了儒家文化“郁郁乎文哉”的审美追求，构成国家政治制度中“舆服制度”的重要内容，自北宋而入南宋，承袭不衰。虽然上层女性礼服制度主体框架保持恒定，但也不乏细节处的时代递变。如徽宗朝大带垂绅、钦宗朝蔽膝制度的出现，皆折射出在帝王（宋徽宗）政治思想影响下的国家礼服制度的修整与完善[①]。

南宋社会，后妃命妇阶层的常服系统（大袖、背子、衫、襦、袄、裙、裤等）走向高度的世俗化、生活化，与士庶阶层混淆合流，上下通服，成为超越等级界限、彰显时代风尚的流行衣式。与北宋社会权力等级决定论不同，经济实力是决定南宋女性常服面貌的主要因素，豪富与娼妓群体成为与后妃比肩的鲜衣靓饰的分享者，“倡优被后服”的现象已成社会通式。受“便身利事”观念的影响，雍容典雅的大袖在日常生活中的使用频度减弱，而窄身小袖的背子、衫的服用地位日益凸显，成为南宋女装的代表品类。背子服用级别高于衫，二者在成品尺寸、装饰手段、材质选择上存在显著差异。背子长度过膝，以素质纱罗裁制，多以窄花边缘边装饰为艺术特色。而衫则长度掩腰但不过膝，以提花纱罗为尚，多习用精致的领抹装饰。襦（衣）与袄为实用的内衣，较衫的长度为短，一般以素朴的绢料制作。南宋女性的常服上衣均为敞开的直领对襟式样，造型简洁明快，追求窄身利落的穿着效果（大袖除外），注重日常的实用功能。丝

① 宋徽宗具有礼制文化的复古意识，着力恢复汉民族的礼制传统。如从大处看，在其倡导下制订了国家礼典《政和五礼新仪》，从小处看，独徽宗朝将公主称谓改为崇尚周礼的“帝姬”；在官服制度中，将被少数民族影响下的革靴替换成汉式履。诸多细节表明了宋徽宗着力恢复周礼秩序的政治诉求，从另一个方面来看，也影射出北宋晚期社会礼制的涣散与松动，恰如宋徽宗在《政和五礼新仪》序文中所言的“倡优被后服”的混乱局面。

质（绢或罗）抹胸虽为内衣，却高频外显，与各式常服上衣搭配，成为凸显女性特质的性感隐喻物。较之上衣系统，南宋女性的裙与裤，形制式样超越传统，多有新变。如褶裙继承北宋形制特征，但叠褶数量及程度有所减弱，褶裥形式亦有所变通（顺裥变暗裥），改变了原初的传统样貌。便于活动的旋裙虽兴于北宋，但在南宋却达到使用的高峰，这与南宋社会追求“便身利事”的着装观念息息相关。女裤兼顾传统又多具创新，如开裆裤在传统三角形裆衩之外又衍变出矩形裆衩结构，合裆内裤（裈）于裤管外侧追加活褶设计等。无论是贴身的裈裤还是套着的开裆裤皆属于内衣品类，一般隐形于内。而第三种裤式，两侧开长衩的裆裤则作为时装化外衣新生于南宋，其在合裆内裤（裈）结构基础上改变裆式而成，即以矩形裆片替换菱形裆片，使之裤筒增阔，成为洒脱的时尚外裤。

南宋女性常服品类丰富、数量繁多，即便同一类型的服装尚存在单、夹、绵之分，这些服饰单品在实际使用中以“奢俭相当、轻薄有序”为搭配原则，进行秩序组合。大袖长裙、裙背、衫裙（裤）三大日常主要品类，随四季流转，服装由内及外，逐层递增。无论哪一类着装组合，搭配秩序可归结为内、中、外三个层级。内层，包括贯穿四季的贴身内衣（抹胸、裹肚、裈裤）；外层，大袖长裙或裙背或衫裙（裤）组合；中层的服装层数依季节、时令而变，逐一增添襦、袄及开裆裤（单、夹、绵）等。与常服类不同，后妃命妇礼服的穿着秩序受制于国家舆服制度的规约，体现出传统礼制对服饰文化的塑造力。南宋女装礼服、常服的衣料皆采用轻薄细软的纱罗，因此即便穿着数层衣饰，仍不失轻盈飘逸之韵味。

第三章

南宋女装形制结构及工艺特征

邓小南在论及考古资料对于史学研究的重要意义时曾言："在我们探索唐宋女性实际生活状态的努力中，考古资料显然具有不可替代的重要功用。墓葬形制、装饰、随葬品以及其他出土资料，更因其内容之丰富而受到特别的重视"[①]。同样，对于南宋女装实际样态的考证自然离不开纺织考古成果。从不同学科研究的需要出发，尤其是针对服装形制风格的研究，则更需要依托实物标本方能切实开展。所以，对分散于各地的宋代女装标本进行考察和梳理尤显重要。本书通过与出土服装近距离接触，对其剪裁方式、工艺特色予以详察，立足于"真实服装"，以构建对南宋女装形制风格及内在构成规律的总体认知。

一、标本资料的收集与调研

目前有南宋女装出土的墓葬主要有四座：福州茶园村宋墓（端平二年，1235）、福州南宋黄昇墓（淳祐三年，1243）、德安南宋周氏墓（咸淳十年，1274）、南京高淳花山墓（南宋后期）。已公布于世的考古报告及文博期刊是开展南宋女装标本研究的参考资料。这些考古学界的前期成果，提供了墓主人生卒年代、服装剥离顺序、标本实物照片、服装品种类别、尺寸数据以及服装用料等相关信息，为服饰断代、类型划分、结构分析、剪裁探讨等诸多议题的释证提供了重要的理论支撑。现对四座南宋墓葬出土服饰的基本情况概要说明于后。

（一）女装标本的文本资料

1. 福州茶园村宋墓（端平二年，1235）

该墓于1986年发掘于福州市北郊茶园村，是一位武将的夫妻合葬墓。男女200余件丝织品完好程度高。女性服饰有大袖、背子、衫、襦（衣）、绵袄、裤、裙等。质地有罗、纱、绫、绢等，以透明提花罗最具特色，用量最大。织物纹样主要有牡丹、芍药、月季、芙蓉、菊花，同时还使用了大量描金、印金、贴金等

① 邓小南.宋代历史探究：邓小南自选集[M].北京：首都师范大学出版社，2015:445.

装饰技巧[①]。该墓反映了南宋后期东南地区上层女性衣装的真实风貌[②]。此墓的考古资料仅见于《福州文物集萃》(福建人民出版社1999年版)，该书对墓葬中21件服饰（女装18件，男装3件）提供了彩色照片和简略的形制数据。

2. 福州南宋黄昇墓（淳祐三年，1243）

该墓于1975年发掘于福州市浮仓山，墓主人黄昇是宋太祖第九世孙赵师恕的孙媳。出土成件服饰及丝织品共354件，计有袍9件（大袖5件和背子4件）、衣46件（衫38件，襦衣6件，绵袄2件）、背心8件、裤23件（合裆裤8件，开裆裤15件）、裙21件、抹胸1件，围件5件等，质地有罗、绫、绮、绢、纱、绉纱、缎等，以透明纱罗最为普遍。织物纹样除平素外，多为大小提花的折枝花卉纹[③]。该墓同样反映了南宋东南部经济文化发达地区上层女性的衣装面貌。《福州南宋黄昇墓》（文物出版社1982年版）公布了该墓的全部考古资料，对出土服饰品类、款式、材质、装饰工艺等特征有较为详备的研究。

3. 德安南宋周氏墓（咸淳十年，1274）

该墓于1988年发掘于江西德安县桃源山，墓主人周氏为南宋新太平州通判吴畴之妻，受封安人，为正六品命妇。墓中随葬成品服饰和丝织品共329件，计有袍45件、上衣1件、丝绵袄3件、裤6件、裙15件，裹脚带1件，袜7件，鞋7件等。质地有罗、绮、绫、绢、纱、绉纱等。织物纹样有提花牡丹、芙蓉、朵梅、山茶、菊花等[④]。该墓反映了南宋晚期东南部地区（江西路）品官命妇的衣装实貌。《德安南宋周氏墓》（江西人民出版社1999年版）一书，对出土服饰的形制、材质、纹饰有较为翔实的阐述。

4. 南京高淳花山墓（南宋后期）

该墓于2003年发掘于南京高淳县花山地区，出土了珍贵的丝绸服装52件（套），保存完好，有大袖1件、衫9件、裤9件、裙3件、抹胸6件、袜1件，鞋2

① 福州市文物管理局.福州文物集萃[M].福州：福建人民出版社，1999:2.

② 学者程民生在《宋代地域文化史》一书中将宋代南方地域文化大体划分为三个地区，一是东南的两浙、福建、江东、江西；二是以成都府路为主的四川地区；三是淮南、湖北、湖南、广东、广西。东南地区和四川地区文化较为发达，可作为宋代南方文化的代表。南宋政治中心南迁，定都临安（杭州），其文化发展延续了北宋以来形成的南方地域文化的基本格局。本文将借鉴以上地域文化的分区方法。南宋东南部地区出土丰厚的丝绸陪葬物以及四川地区石室墓中出土大量雕刻精美的石雕俑像，都印证了这一点。

③ 福建省博物馆.福州南宋黄昇墓[M].北京：文物出版社，1982:9.

④ 周迪人，等.德安南宋周氏墓[M].南昌：江西人民出版社，1999:5.

件，裹脚纱1件，卫生带1件。质地有罗、纱、绢。服饰花纹皆为提花工艺，有芙蓉、牡丹、山茶、梅花、卍字纹等。所出服饰相对俭素，未有绣花、印金等奢华装饰[①]。该墓反映了南宋后期东南地区庶民阶层女性的服饰样态。《故都神韵：南京市博物馆文物精华》（文物出版社2013年版）提供了该墓8件衣服的彩色照片，并附有简要的款式说明[②]。顾苏宁发表《高淳花山宋墓出土丝绸服饰的初步认识》一文，对出土服饰进行了大致梳理，归纳出其基本形制特征。

此外，浙江兰溪南宋墓[③]、江苏武进村前南宋墓[④]所涉及的有效标本资料也为以四座墓葬为中心开展的形制研究增添了辅证。而北宋安徽南陵铁拐墓[⑤]所出女装标本则为南宋女装形制研究提供了文化比较的依据。

（二）女装标本的实地调研

实地考察是获得南宋女装标本研究一手资料的重要途径。通过对典型标本实施观摩与测绘，可以有效补充或修正考古报告中相关的标本信息，提高研究的精准度。本章涉及作者实地调查的成果主要有：福州茶园村宋墓标本测绘17件、展厅观摩4件；江西德安周氏墓标本测绘5件；南京高淳花山墓标本测绘3件、展厅观摩9件；福州南宋黄昇墓展厅观摩9件。所调研的服饰品类包括女性礼服和常服两大类，有大袖、背子、衫、襦（衣）、袄、背心、抹胸、裙、裤、袜、鞋等。通过近距离地观摩与测绘这些跨越数百年而得以幸存的珍贵衣物，可以真切感受到南宋女装构成风格之简约、工艺技巧之精湛，以及文化造极时代所凝聚的清新雅逸的审美趣味。

二、南宋女装结构剪裁技要

本节研究将紧密依托上述纺织考古材料，内容涉及服装结构类型细分、服饰款式分析及剪裁技术的探讨。纵观四座墓葬所出女装品类，因年代、地域不同，其形制结构也多有差异。需对其加以系统的梳理和归类，以构建出清晰的学理框架。

南宋女装的分类将借鉴考古类型学的研究方法。考古类型学是对收集到的实

① 顾苏宁．高淳花山宋墓出土丝绸服饰的初步认识[C]//学耕文获集——南京市博物馆论文选．南京：江苏人民出版社，2008:52–68.
② 南京市博物馆．故都神韵——南京市博物馆文物精华[M].北京：文物出版社，2013:134–142.
③ 汪济英．兰溪南宋墓出土的棉毯及其他[J].文物，1975（6）:55–56.
④ 陈晶，陈丽华．江苏武进村前南宋墓清理纪要[J].考古，1986（3）:248，259.
⑤ 安徽省文物考古研究所．安徽南陵铁拐宋墓发掘简报[J].文物，2016（12）:41，46.

物资料进行科学的归纳和分类分析、比较研究的方法论，是考古学研究中整理分析资料的一个重要方法[①]。它通过对考古遗存形态的排比来探求其变化规律、逻辑发展序列和相互关系，凡是具有一定的形态并且延续了一定时间的考古遗存，都可以进行类型学研究[②]。本书借鉴考古类型学的研究方法对南宋女装的形制结构加以归类梳理、甄别比较，从而生成"型与式"的类别划分体系。并以此为基础，继而考察同种类型下不同式样的服饰之间可能存在的形态演化规律[③]。

参照第二章中已完成辨析的南宋女装类别，本章依据各自门类下形制式样的结构差异，进行"型与式"的细化分类。将以大袖、背子、衫、襦（衣）、袄、背心、抹胸、裹肚、裤、裙、袜为考察顺序，逐一展开，对其剪裁方式、构成技巧给予深入的探讨研究。

在正式进入女装形制结构的讨论之前，有必要对涉及服装结构的度量术语加以说明。上衣类有衣长、通袖宽、胸宽、袖宽、袖口宽、下摆宽，具体见图3-1所示。其中需要说明的是，图中"腰宽"是沿用考古学界一直以来对服装左右腋下之间距离的命名方法。这一称谓的由来是因为传统古典服装袖宽取值都较大，以至于两腋下水平位置几乎与人体腰线平齐，故而以腰宽来命名袖笼腋下左右跨度的距离。《福州南宋黄昇墓》（文物出版社1982年版）、《德安南宋周氏墓》（江西人民出版社1999年版）等书均将墓中出土的女装腋下水平距离称为"腰宽"。但从南宋女装实物标本来看，其袖宽尺寸均较小，两腋下水平距离刚好居于人体胸线部位，而成为名副其实的"胸宽"距离，即现代成衣产业中的"半胸围"。

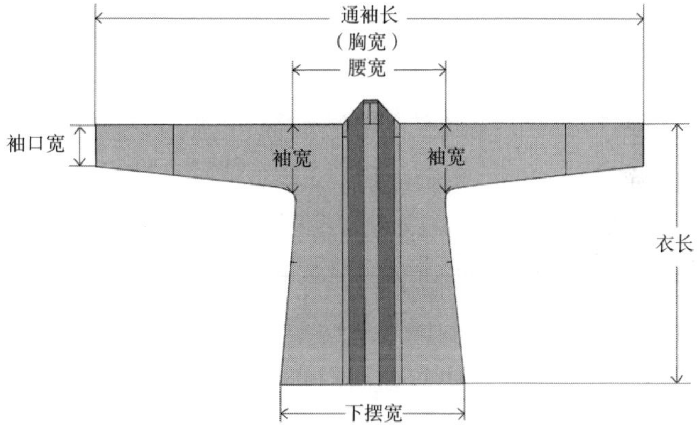

图3-1　南宋上衣部位尺寸示意图（自绘）

裤类有裤长、腰宽、腰高、裆深、脚口、裆衩，具体见图3-2所示。

裙类有裙长、腰宽、腰高、下摆宽，具体见图3-3所示。

① 孙长初.中国艺术考古学初探[M].北京：文物出版社，2004:185.
② 俞伟超.考古类型学的理论与实践[M].北京：文物出版社，1987:6.
③ 这其中既有时间维度的纵向演变，也有空间维度的横向共存。

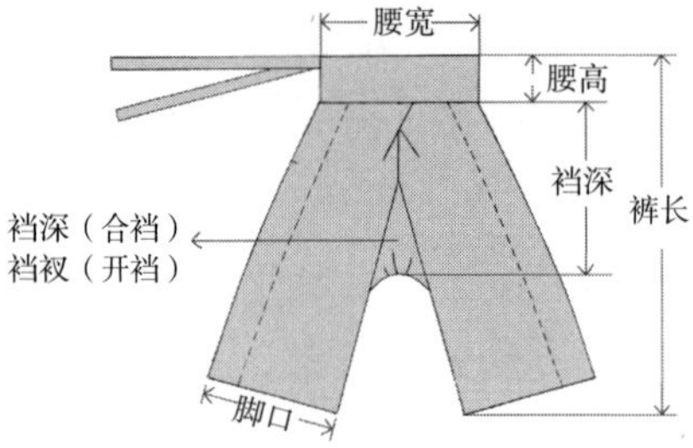

图3-2　南宋女裤部位尺寸示意图（自绘）

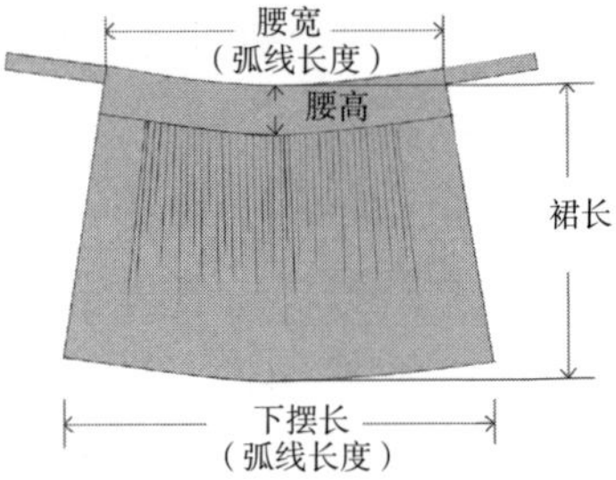

图3-3　南宋女裙部位尺寸示意图（自绘）

（一）上衣类

1. 大袖——裾式多变

考察四座墓葬出土的服装实物，可以归入“大袖”的有9件，分别为福州茶园村宋墓1件，福州南宋黄昇墓5件，德安南宋周氏墓2件，南京高淳花山墓1件。依据这9件大袖的形制结构特征，可将其划分为A型错裾式和B型等裾式两种类型。而A型错裾式又可依据下摆细节造型划分为I式和II式两种。福州茶园村宋墓和南京高淳花山墓所出均为A型错裾式样，且前者为尖角，后者为平直。福州南宋黄昇墓和德安南宋周氏墓所出大袖均为等裾式，具体分类情况详见表3-1（下表中服装名称均沿用原发掘报告或研究资料所提供的原始称谓，虽名为“袍”或“衫”，但实际上均为“大袖”）。

表3-1　南宋女装大袖形制类型（9件）

墓葬名称	A型（错裾式）		B型（等裾式）
	I式（尖角下摆）	II式（平直下摆）	
福州茶园村宋墓（1）件	金黄色平纹广袖袍		
福州南宋黄昇墓（5）件			褐黄色罗镶花边广袖袍（11）
			黄褐色罗镶花边广袖袍（15）
			浅褐色罗镶花边广袖袍(65⑤)
			烟色罗广袖袍（38⑨）
			褐色罗镶花边广袖袍（254）
江西德安周氏墓（2）件			广袖罗袍1
			广袖罗袍2
南京高淳花山墓（1）件		牡丹芙蓉纹罗大袖衫（8908）	

四座墓葬所出大袖虽形制结构有所差异，但在尺寸规格上表现出某种程式化的稳定性。作为品官命妇及士庶阶层的礼服，大袖在衣长、袖宽、袖口宽的取值上变动不大，衣长均在110厘米以上，袖宽在37厘米之内，而袖口宽度均在66厘米以上，保证了大袖雍容典雅的仪式感。而通袖宽、腰宽、下摆宽取值波动较大。通袖长均不小于145厘米，腰宽最大不超过61厘米，体现出南宋大袖的时代特色。以南宋女性身高估算（黄昇身高160厘米，周氏身高152厘米），大袖立体着装后，衣长均呈过膝之势[①]。袖短者仅露手指，长者掩手垂袖。腰宽即为胸宽，窄者修身、宽者松适。南宋9件大袖形制尺寸取值情况详见表3-2。以下将选取其中典型性服饰对其微观技术剪裁特征加以考察。

表3-2　南宋女装大袖形制尺寸特征（单位：厘米）[②]

墓葬名称	品类	数量	主要部位尺寸					
			衣长	通袖长	腰宽	袖宽	袖口宽	下摆宽
福州茶园村宋墓	大袖	1	前110 后180	148	46	31	76	前54 后54
福州南宋黄昇墓	大袖	5	115—122 （119）	146—182 （161）	49—55 （51.4）	32—37 （35）	68—75 （70.4）	前59—60（58.6） 后57—61（60.6）
德安南宋周氏墓	大袖	2	120—122 （121）	160—170 （165）	61	33—35 （34）	66—70 （68）	前84 后84
南京高淳花山墓	大袖	1	前115 后168	220	54	36	73	前58 后63
平均值		9	前116.3 后147	173.5	53.1	34	71.9	前63.6/后65.4

（1）A型（错裾式）

A型大袖为衣身前长后短的错裾式，较为新颖别致，类似现代设计中的不对称式风格。目前可供掌握的错裾式大袖有2件，其中A型Ⅰ式是错裾式大袖中造型较为新奇的一例。这件出自福州茶园村宋墓，被命名为“金黄色平纹广袖袍”的大袖，其下摆回转兜缝，呈尖状，考古人员将其称为带“帽”的大袖袍，其实不然。另一件与其造型极为相似的大袖出自南京高淳花山墓，名为“芙蓉牡丹纹罗大袖

① 笔者身高168厘米，身着衣长110厘米的大袖已呈过膝10厘米的状态。况且110厘米衣长，是所有大袖中最短的尺寸，其他大袖穿着后衣长会过膝更多。

② 本表格数据来源有二，一为笔者博物馆调研测绘所得，二为发掘报告或文博图刊，有《福州南宋黄昇墓》、《德安南宋周氏墓》、《福州文物集萃》、《故都神韵——南京市博物馆文物精华》等，后续统计表格数据来源皆与此相同，不再一一赘述。

衫”，二者区别在于后者下摆平直。两款大袖在材料使用上皆为罗，前者为素罗，后者为花卉提花罗。

①A型I式（尖角下摆）

研究范例：

名称：金黄色素罗镶金边大袖 / 原名：金黄色平纹广袖袍

来源：福州茶园村宋墓 / 馆藏：福州市博物馆

a. 款式特征

整体造型雍容华贵，洒脱飘逸。为直领对襟，疏阔宽袖，腋下至底摆两侧开长衩，前门襟无纽襻无系带。前衣长及膝下，后衣长拖曳及地，前后襟落差十分明显。后身下摆呈尖角状，经标本观测发现，其造型方法为在后衣襟下摆中点处将左右底边对折缝纫，再扣熨平整，后衣襟立体角形兜状结构即应运而生。在尖角顶端缝缀一枚直径约为0.6厘米的丝质纽扣，于大袖右腋下1.5厘米处亦夹缝一“麻花状”纽袢，两者应为扣系关系。大袖后领口左右两侧亦有两个“麻花状”纽袢，此纽袢的设定为固定霞帔所备，这在南京高淳花山墓所出大袖上也有体现[①]。大袖前门襟止口处镶有一道约1厘米宽的印金花边，领口处缝缀2厘米宽的护领一条。大袖袖口上端仅留有约20厘米的开口，其余部分缝缉固定。此外袖子表面还缝缉一道使“宽袖”变“窄袖”的横向辅助线，从腋下至袖口。大袖实物照片、款式图如图3-4、图3-5。

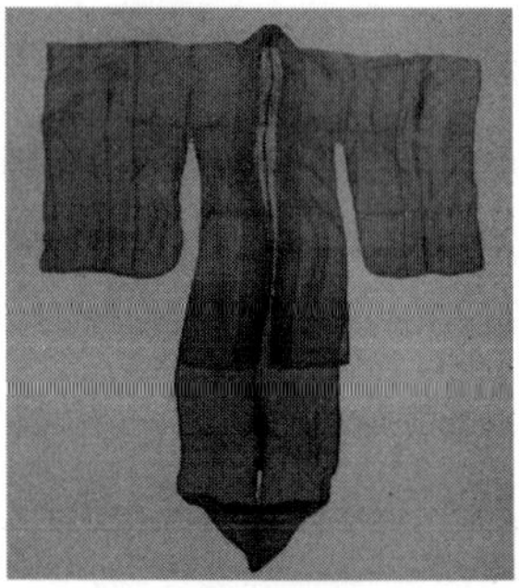

图3-4 金黄色素罗镶金边大袖［福州南宋茶园村宋墓（福州市博物馆藏）］

图片来源：福州市文物管理局：《福州文物集粹》，福建人民出版社1999年版，第80页。

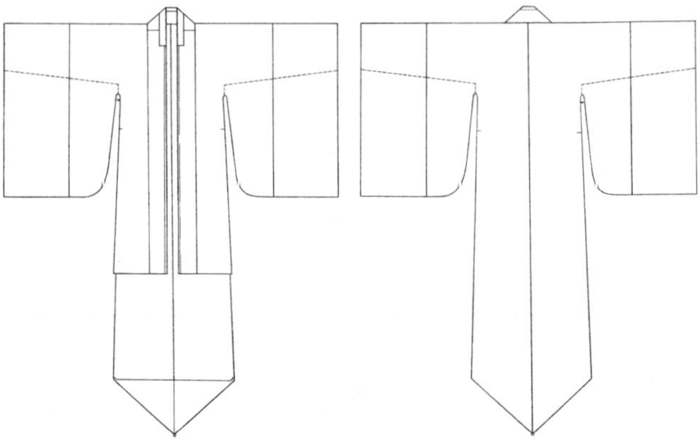

图3-5　款式图－金黄色素罗镶金边大袖（作者自绘线稿）

① 顾苏宁.高淳花山宋墓出土丝绸服饰的初步认识[C]//学耕文获集——南京市博物馆论文选.南京:江苏人民出版社，2008:52.

b. 规格尺寸（见表3-3）

表3-3　金黄色素罗镶金边大袖规格尺寸表（单位：厘米）[①]

名称	金黄色素罗镶金边大袖									
部位	前衣长	后衣长	通袖长	腰宽	袖宽	袖口宽	下摆宽	领缘宽	拼袖	衩高
尺寸	110	180	148	46	31	76	54	8	29	52

c. 剪裁结构

经标本观测，金黄色素罗镶金边大袖为通裁结构[②]，全身由四幅布料拼缝而成，主体衣身两幅，拼袖两幅，肩袖线处为完整连折结构。领缘为同质罗料构成，且在距离领上口2厘米处左右各有拼缝线一道。里襟贴边为素绢。笔者结合形制尺寸数据，绘制出该款大袖的剪裁结构图（图3-6）。（注：本节所绘制的所有结构剪裁图均为净样尺寸，不含缝份量）

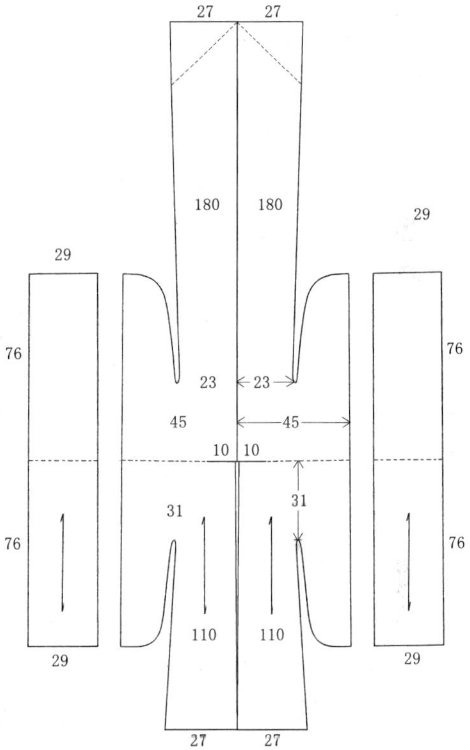

图3-6　剪裁结构图—金黄色素罗镶金边大袖（自绘）

大袖衣身结构完全展开，呈现规整的“十字型”平面结构特征。它继承了中华古典服饰的造型传统，两个横置的“T”形裁片构成正身，两个矩形裁片构成拼袖，这是中华十字型结构“最纯粹”的时期[③]。其背缝中正、大袖垂胡，符合儒家文化所推崇的“负绳应直、袂圆应规”的伦理法则[④]，造型严整对称，简约

① 服装结构尺寸数据来源于作者在福州市博物馆开展的标本调研。

② 通裁是指服装剪裁自上而下贯通一体，在中腰处不分割断缝。与古制“深衣”上衣、下裳独立剪裁后再于中腰处合二为一的拼缝结构有所不同。

③ 刘瑞璞，陈静洁.中华民族服饰结构图考（汉族编）[M].北京：中国纺织出版社，2013:56-57.

④《礼记·深衣》载古制深衣之所以受到圣人推崇，是因符合“规、矩、绳、权、衡”五种法度，以衣比德，预示对人性品德的规戒与期许。如“袂圆以应规。曲袷如矩以应方。负绳及踝以应直。下齐如权、衡以应平。”领如方矩、袂如圆规，象征公正无私；背缝如墨绳，象征正直；下摆平齐如称锤和称杆，象征公平。此款南宋女装大袖在造型上符合五法之“规”、“绳”准则，即袖圆，背直。但其下摆错落呈尖状及非交领式样，并不符合“矩”“权”“衡”三法。

纯粹。大袖在稳健的左右对称布局中，又融入了非对称性的活跃因素——错裾式衣摆，衣襟后片明显长于前片，拖曳式后摆设计增添了大袖的雍容华贵之感。

大袖为正裁式样[①]，正身和拼袖皆为正裁，同样契合儒家文化所倡导的“衣无隅差之削”的审美传统[②]。古人认为如果衣服裁剪不用全幅，而是裁出斜角，则被视为是一种奢侈的行为。大袖正身恰用一个全幅布料[③]，仅根据造型需要腋下略有削剪。拼袖均为矩形，未做任何斜裁处理。正身两片各宽45厘米，拼袖两片各宽29厘米。正身用幅宽为46厘米的整幅罗料剪裁完成。拼袖宽度为29厘米，不足一幅宽度。用同一罗料（幅宽46厘米）裁制，但并非占尽全幅，而需适当垂直削幅处理。考虑到此大袖为素罗剪裁，而非特定花纹织物，为达到布料的最大利用率，或可选用幅宽约为60厘米的素罗料一裁为二，用于左右拼袖。

中华传统服装的裁制与现代制衣工艺不同，其剪裁无须制版，而是直接在布料上完成。结合服装造型左右对称的特点，一般通过上下“摞裁”，达到简易便捷的效果。此款大袖的剪裁是将幅宽46厘米、长294厘米（含缝份各2厘米）的双层罗料在距底边112厘米处横向对折，四层布料摞叠，同步剪出大袖衫侧缝及垂胡袖的结构造型。将折叠的罗料展开，即获得左右对称的正身结构。拼袖剪裁更为简易，由一幅宽46厘米、长154厘米（含缝份各1厘米）的双层罗料沿长度二等分处横向对折，纵向裁切下拼袖所需宽度（30厘米）即可（图3-7），所需耗费罗料计896厘米。由于宋代衣料幅宽最宽者一般不超过60厘米[④]，所以除了背心外，其他类上衣都需有拼袖结构，只是由于通袖尺寸不同，所拼接的布料宽窄有别。福州南宋黄昇墓出土木尺一把，尺长28.3厘米，较宋代官尺30.72厘米为短，是

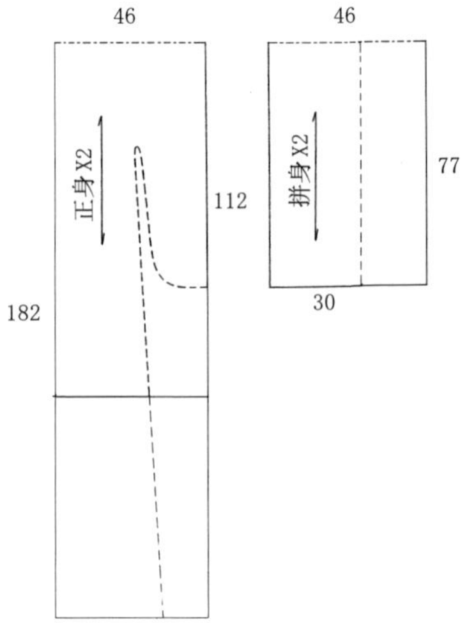

图3-7 大袖“摞裁法”示意图（自绘）（金黄色素罗镶金边大袖）

① 言正裁者，即裁片的长度方向与布料的经纱方向保持一致。

② 刘安.淮南子[M].北京：中华书局，2012:409.

③ 经标本测绘发现，大袖的正身所用衣料在背中缝处为幅边，在拼袖缝处亦为衣料的幅边。据此可以判断，正身耗用一个整幅衣料，未做任何削幅。

④ 结合《福州南宋黄昇墓》发掘报告所记述的南宋罗类匹料的幅宽情况，可知罗的幅宽并不统一，最窄的40.5厘米，最宽者61厘米，均值为54.5厘米。一般二经绞罗较窄，三经、四经绞罗较宽。茶园村宋墓与黄昇墓同属福州，且年代相去不远，大袖所用罗料幅宽恰好在这个范围内。南宋女装多为罗料，这种幅宽大小不一的多元特征，可以为服装的造型剪裁提供较大的选择空间。

福建地区通行的一种尺子[①]。若以此尺为量度（1寸为2.83厘米），则裁制此大袖所需幅宽为1.6尺的素罗约为31.7尺，不足一匹[②]。

该款大袖正身的用料率较高，充分利用了一个整幅布料。但拼袖部位将裁削掉宽16厘米，长154厘米的长方形布料两片。若不用于其他裁剪（配领无需此料），会有奢费之嫌。关于裁剪剩料的情况，据考古报告记述，德安周氏墓均随葬有大量裁制服饰的余料或零料，有罗、纱、绫、绢等各种材质[③]。如一块“深酱色素罗”料，裁剪后幅宽剩11.5厘米，长度为119厘米，所剩宽度与茶园村墓大袖衫的拼袖剩料较为接近。还有诸如“褐色素纱”零料（长117厘米/宽19厘米）、“香色杂宝暗花绮”零料（长68厘米/宽22厘米）等若干[④]。可见女装实际剪裁中还是存在相当比重的零料未被尽用的情况。这似乎暗示了经济繁盛、丝织产量丰富的南宋社会在丝绸消耗上的从容自度，并非完全践行少数民族服饰中常见的“克俭致用”的造物理念。从这一视角或可探见南宋社会生活的奢靡与富足。

从服装结构细节特征上，亦可以窥见宋人顺应时代潮流的着装观念。如前所述茶园村宋墓女装大袖奇巧的结构特点，即将后襟下摆折缝成尖角。其上所缀丝质球状纽扣（如蒜头疙瘩）与大袖右腋下的“麻花状”纽袢[⑤]，两者形成必然的配置关系。这一结构细节揭示了宋人出于“简便”之需，在正式礼仪活动前后，将拖曳的后襟提起系挂于腋下，以减少羁绊的心态。不仅如此，大袖的袖宽也被功能化改造。从腋下至袖口斜向缝辑明线一道，变“阔袖”（76厘米）为“窄袖”（20厘米），此工艺方法在福州黄昇墓和德安周氏墓所出的大袖中皆有所见。这印证了宋人“求简从便”的世俗化的着装观念已渗入礼仪生活中，传统礼服的庄严与神圣逐渐被瓦解。

②A型II式（平直下摆）

研究范例：

名称：牡丹芙蓉纹罗大袖（专8908）

来源：南京高淳花山墓/馆藏：南京市博物馆

A型I式和II式大袖均为错裾式结构，外观上的主要区别在于衣襟下摆形状的不同，前者为尖角，后者为平直。I式大袖时间序列为南宋后期端平二年（1235），

① 福建省博物馆.福州南宋黄昇墓[M].北京:文物出版社，1982:80.

②《宋史·食货志》载，宋代令官私织造布帛，每匹需广二尺五分，长四十二尺。若按官尺计算，一匹约1290厘米，大袖所耗罗料不足官定一匹。

③ 周迪人，等:德安南宋周氏墓[M].南昌:江西人民出版社，1999:12，33-38.

④ 周迪人，等:德安南宋周氏墓[M].南昌:江西人民出版社，1999:33-38.

⑤ 此“麻花状”纽袢在江西德安周氏墓的对襟女衫中也有所见，其位于胸部前门襟部位，用于衣襟的扣结。

II式大袖与I式大袖造型主体风格较为相似，但II式上未见任何简易化工艺改造的迹象，且袖展较另外三座墓葬所出大袖为阔，故其年代应在南宋后期早段，甚至可达中期晚段，体现了南宋女装大袖尚未被世俗化改造的原初样态。因A型II式与A型I式大袖，造型相似度极高，结构处理方法趋同，故对II式大袖的关键性技术信息给予简化列表展示，见表3-4。

（2）B型（等裾式）

B型（等裾式）大袖在福州南宋黄昇墓和德安南宋周氏墓皆有出土，前者5件，后者2件。这7件大袖形制风格基本相同，唯黄昇墓的大袖装饰性较强，更趋雍容华贵。B型大袖虽因前后等裾，在造型上失之平淡，但其后襟处却较A型大袖增设了一个三角形的“兜状”结构，颇具新意。后者比前者出现的时间较晚，二者具有时间轴线上的流变性特征①。A型大袖拖裾式下摆被简化裁削，使前后衣襟等长，向B型大袖转化。这是南宋后期女装向“轻盈化”发展的产物。与B型大袖相配套，黄昇墓出土有2件礼用霞帔，周氏墓亦有1件出土。以下将以黄昇墓所出褐黄色罗镶花边大袖（11）为例，对B型等裾式大袖的形制结构予以考察。

研究范例：

名称：褐黄色罗镶花边大袖（11）/ 原名：褐黄色罗镶花边广袖袍（11）

来源：福州南宋黄昇墓 / 馆藏：福建博物院

①款式特征

此款大袖异常华美。直领对襟，疏阔宽袖，衣长过膝，前后衣襟等长，自腋下即开长衩。与A型大袖趋同，前门襟亦无纽袢或系带。大袖后身下端有近似三角形的兜状结构，用以收纳霞帔的尾端。袖口处留有约30厘米的开口，其余处缝合，工艺方法同A型大袖。为获得最大的装饰效果，大袖在领缘、襟、袖缘、侧缝、袖缝线、背中缝等处均镶缝一条宽2厘米的印金彩绘花边，极尽奢华富丽。黄昇另外的4件大袖除1件为素色无纹饰外，其余3件皆有相似的装饰花边。而周氏的2件大袖均为素色，不见装饰。褐黄色罗镶花边大袖（11）实物照片、款式图如图3-11、图3-12所示。

图3-11　褐黄色罗镶花边大袖（11）［福州南宋黄昇墓（福建博物院藏）］

图片来源：福建省博物馆：《福州南宋黄昇墓》，文物出版社，1982年版，彩图版一。

① 张玲.南宋女装大袖形制特征及符号价值考[J].艺术设计研究，2017（夏）:48.

表 3-4　A 型Ⅱ式大袖（平直下摆）剪裁结构信息

<table>
<tr><th>A 型 II 式大袖（平直下摆）</th><th colspan="9">款式特征</th></tr>
<tr><td>牡丹芙蓉纹罗大袖（专 8908）</td><td colspan="9">直领对襟，疏阔宽袖，两侧开衩，无纽袢和系带。前衣襟短于后襟，衣领、前衣襟各有两枚纽扣。</td></tr>
<tr><td rowspan="11">
图 3-8　牡丹芙蓉纹罗大袖（专 8908）（南京高淳花山墓）
图片来源：南京市博物馆编：《故都神韵：南京市博物馆文物精华》，文物出版社 2013 年版，第 142 页。
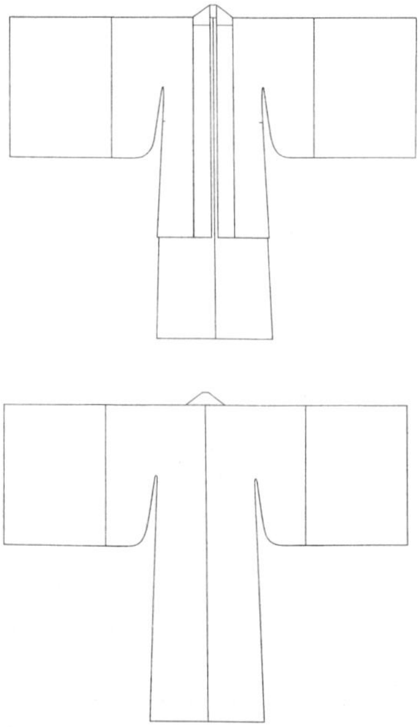
图 3-9　款式图（自绘）</td><td colspan="9">服装材质</td></tr>
<tr><td colspan="9">二经绞罗，以提花工艺织出牡丹、芙蓉、桃花纹饰的折枝朵花。领缘镶边采用卍字菱纹格罗。</td></tr>
<tr><td colspan="9">佩绶装饰</td></tr>
<tr><td colspan="9">卍字菱纹格霞帔（专 8908），带长 250 厘米，宽 10 厘米。</td></tr>
<tr><td colspan="9">规格尺寸</td></tr>
<tr><td>衣长前（后）</td><td>通袖</td><td>腰宽</td><td>袖宽</td><td>袖口</td><td>下摆前（后）</td><td>领缘</td><td>拼袖</td><td>衩高</td></tr>
<tr><td>115（168）</td><td>220</td><td>54</td><td>36</td><td>73</td><td>58（63）</td><td>7</td><td>55</td><td>70</td></tr>
<tr><td colspan="9">剪裁方式</td></tr>
<tr><td colspan="9">为通裁式样，同样由四幅料构成，正身两幅，拼袖两幅。采用幅宽为 56 厘米（含缝头 1 厘米）的四个全幅衣料，未削幅。采用“摞裁法”，所需用料量 870 厘米（衣身耗料 289 厘米，拼袖耗料 148 厘米）。</td></tr>
<tr><td colspan="9">剪裁结构图</td></tr>
<tr><td colspan="9">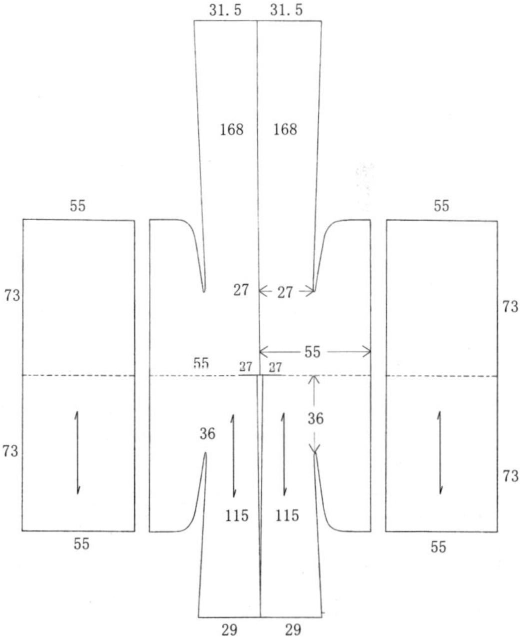

图 3-10　剪裁结构图（自绘）</td></tr>
</table>

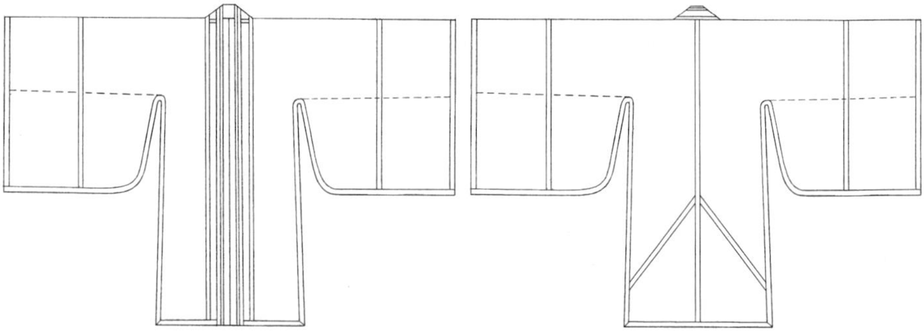

3-12　款式图—褐黄色罗镶花边大袖（11）（自绘）

②规格尺寸（见表3-5）

表 3-5 褐黄色罗镶花边大袖（11）规格尺寸表（单位：厘米）①

名称	褐黄色罗镶花边大袖（11）									
部位	前衣长	后衣长	通袖长	腰宽	袖宽	袖口宽	下摆宽	领缘宽	拼袖	衩高
尺寸	120	120	182	55	33	68	60/61	7	30	87

③剪裁结构

此B型大袖与A型大袖同为通裁结构，亦由四幅衣料构成，正身两幅，拼袖两幅，均正裁。同样承袭了“负绳应直、袂圆应规”的儒家文化审美传统，且因裁掉了突出的下摆，似乎在“规、矩、绳、权、衡”五种法度中，又增添了“下齐权衡以应平”的造型之法。笔者依据现有尺寸数据，绘制出该款大袖的剪裁结构图（如图3-13所示）。

此大袖为正裁式样，正身两片，拼袖两片，宽度分别为61厘米、30厘米。三角形缀片一个。结合A型大袖的研究结果，此款大袖正身当采用两个幅宽为62（含缝份）厘米的全幅罗料，拼袖用同幅面料一分为二，除去缝份，刚好为30厘米。后襟处三角状贴袋用料相同。此款大袖仍采用“摞裁法”裁制，将双层宽度62厘米（缝份1厘米）、长度246厘米（含折边量6厘米）的提花罗料距底边123厘米（含折边量3厘米）处水平折叠，同步剪出大袖侧缝及垂胡袖的下轮廓线。拼袖则由一幅宽62厘米、长138（缝份2厘米）厘米的罗料横向对折中分剪裁。三角形缀片用幅宽62厘米、长约55厘米的罗料裁制完成。大袖所耗用料共计约685厘米，剪裁示意图如图3-14。

① 福建省博物馆.福州南宋黄昇墓[M].北京：文物出版社，1982:30.

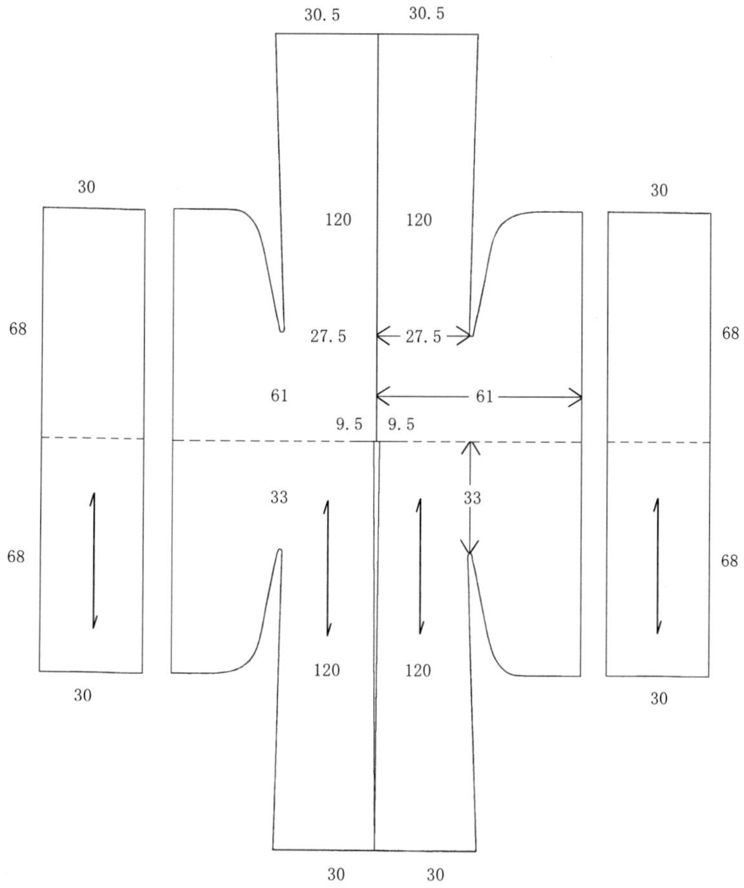

图3-13　剪裁结构图-褐黄色罗镶花边大袖（11）（自绘）

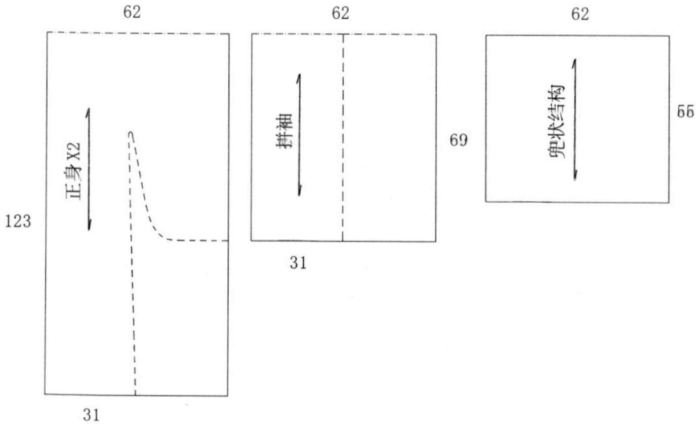

图3-14　大袖“摞裁法”示意图（自绘）—褐黄色罗镶花边大袖（11）

考察墓主黄昇的另外3件大袖，其剪裁方式一致，均采用两个全幅构成正身、一个全幅二分后构成拼袖的裁配方法。其中所选罗料幅宽分别为54厘米和50厘米。可见墓主人黄昇的礼服大袖袖长存在差异的根本原因在于所选衣料幅宽的不同，通袖长由三个等宽的全幅衣料控制，即通袖长=3×（料幅宽-缝份1）。假定设幅宽为X，设通袖长为Y，则两者的关系式为Y=3X-3，若所用料为幅宽45厘米，套用公式，则大袖通袖长为132厘米；若幅宽为42厘米，则通袖长123厘米。可见，用此裁剪法，所选用料幅宽每增加1厘米，大袖通袖长度则增加3厘米。此“三幅剪裁”发挥了衣料的最大使用效率。黄昇墓服饰的剪裁结构十分规整有序，内在逻辑秩序较强，这一点在黄昇裙、裤的剪裁设计上也有所体现。它们较其他墓葬出土服饰形制构成更加严整、规范，似体现皇室姻亲地位的特殊性。

2. 背子——袖式多变

背子为较为正式的常服，服用等级高于衫，日常生活中的使用数量较衫为小。形制特征为直领对襟、窄袖式，长度过膝。对四座南宋墓葬相关服饰资料进行汇总统计，依形制特征可归入背子的有：福州茶园村宋墓3件、福州南宋黄昇墓4件；德安南宋周氏墓3件。南京高淳花山墓所出上衣衣长均不超过90厘米，不符合南宋时期背子衣长过膝的形制特征，故未见背子品类。对以上10件背子的外观式样加以审视，可根据袖式造型将其划分为两大类，即A型内收式和B型外放式。内收式袖为袖口尺寸小于袖宽尺寸；外放式袖为袖口尺寸大于袖宽尺寸。福州茶园村宋墓以及德安南宋周氏墓所出背子袖式皆为内收式，而福州黄昇墓出土的4件背子袖式皆为外放式。A型背子又可以根据前衣襟有无飘带，划分为I式（有衿带）和II式（无衿带）两种，具体分类情况如表3-6所示。

表3-6　南宋女装背子形制类型（10件）

墓葬名称	A型（内收式袖）		B型（外放式袖）
	I式（无衿带）	II式（有衿带）	
福州茶园村宋墓（3件）	紫褐色梅花罗镶花边背子		
	烟色素纱镶花边背子		
	烟色素纱镶花边背子		

续表

墓葬名称	A型（内收式袖）		B型（外放式袖）
	I式（无衿带）	II式（有衿带）	
南宋福州黄昇墓（4件）			紫灰色绉纱镶花边窄袖袍（5）
			黄褐色罗镶花边窄袖袍（38①）
			褐黄色罗镶花边窄袖袍（63）
			褐色暗花罗镶花边窄袖袍（255）
江西德安周氏墓（3件）	印金罗襟香色杂宝纹绮袍（0958）	印金罗襟褐色如意纹纱衫（0976）	
		梅兰如意纹罗襟褐色夹袍（0979）	
南京高淳花山墓（0件）	无背子		

三座墓葬所出背子虽存在袖式造型的变化，但在某些尺寸上表现出程式化的恒定特征。作为通行上下的时服，背子在衣长、袖宽的取值上变动不大，衣长在111厘米—131厘米之间变化，均值115厘米，与礼服大袖总体衣长趋同，均呈过膝之势。袖宽取值在21厘米—25厘米之间，均值22.4厘米，袖宽风格较窄，表现出同一性特点。而背子的通袖长、腰宽、袖口宽、下摆宽取值波动较为明显，福州地区两座墓葬服饰取值较为接近，而江西德安周氏的背子数据与前者差异较大，通袖、腰宽、下摆宽取值为10件中最大。衣长和袖宽数据对背子的品类定性具有决定意义，袖口宽和下摆宽具有造型风格的异变特征。A型背子和B型背子的造型差异并未表现为时间的流变性，而是与地域和审美习惯等因素息息相关。南宋10件背子形制尺寸的取值情况见表3-7。以下将选择其中典型性服饰对其微观的技术剪裁特征加以考证。

表3-7　南宋女装背子形制尺寸特征（单位：厘米）

墓葬名称	品类	数量	主要部位尺寸					
			衣长	通袖长	腰宽	袖宽	袖口宽	下摆宽
福州茶园村宋墓	背子	3	111—112（111.7）	134—136（134.7）	42.5—43（42.8）	22—24（22.7）	17—23（19.7）	前52—57（54.3） 后55—58（56）

续表

墓葬名称	品类	数量	主要部位尺寸					
			衣长	通袖长	腰宽	袖宽	袖口宽	下摆宽
福州南宋黄昇墓	背子	4	112—131（122.3）	130—147（139）	48—54（52.3）	21—25（22.8）	23—28（25.5）	前54—57(55.8) 后58—61(59.3)
德安南宋周氏墓	背子	3	111—113（111）	160—173（165.3）	49.2—53.9（50.8）	21—23（21.7）	11—16（14）	66—72（69.3）
平均值		10	115	146.3	48.6	22.4	19.7	前59.8/后61.5

（1）A型Ⅰ式（内收式袖－无衿带）

研究范例：

名称：紫褐色梅花纹罗镶花边背子

来源：福州茶园村宋墓/ 馆藏：福州市博物馆

① 款式特征

“紫褐色梅花纹罗镶花边背子”是目前所知福州茶园村宋墓所出3件背子中的1件。在标本测绘中发现，同墓出土的3件背子，其形制式样、规格尺寸、装饰特征十分相似，唯所用织物有所殊异（罗或纱），表现为相同品类下造型风格的恒定性。该款背子形制特征为直领对襟，窄身小袖，身长过膝，为内收袖式，衣摆两侧开长衩。在前门襟领缘、侧缝线、拼袖线以及背中缝处皆装饰有宽度为1.5厘米的印金花边，异常精致华美，与绮丽的梅花纹罗衣料相映成趣。领口处有宽度为2厘米的实用护领一条。领缘材质与衣身相同，均为梅花纹罗，靠近护领处左右各有横向领缘拼缝线一条。服装整体艺术风格轻透飘逸。因条件所限，未附彩色照片，现将款式图描绘如下（如图3-15所示）。

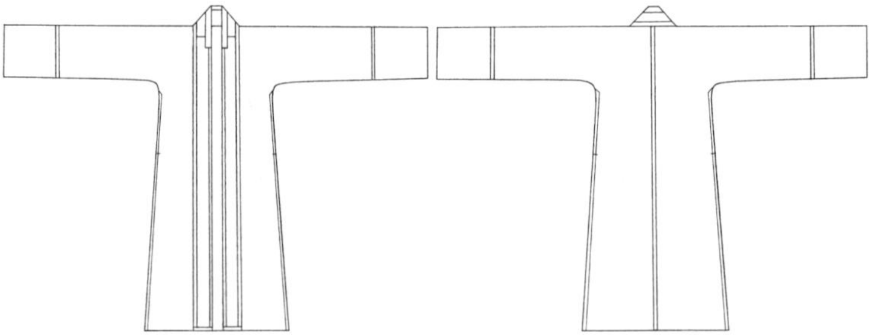

图3-15 款式图—紫褐色梅花纹罗镶花边背子（作者自绘线稿）

②规格尺寸（见表3-8）

表3-8　紫褐色梅花纹罗镶花边背子规格尺寸表（单位：厘米）[①]

名称	紫褐色梅花纹罗镶花边背子									
部位	前衣长	后衣长	通袖长	腰宽	袖宽	袖口宽	下摆宽	领缘宽	拼袖	衩高
尺寸	112	112	136	42.5	22	19	54/55	7	20	65

③剪裁结构

紫褐色梅花纹罗镶花边背子的剪裁方式为“十字型”通裁结构，由四幅罗料构成，正身两幅，拼袖两幅。依据以上尺寸数据，绘制出A型I式背子剪裁结构图（如图3-16）。

该款背子与大袖裁剪相似，衣身及袖片均采用正裁，衣片展开后整体呈现“十字型”结构，同样具有规整、简约的造型特色。采用“摞裁法”裁制，将双层宽度49厘米（含缝份1厘米）、长度230厘米（含折边6厘米）的提花罗料重叠后，再于纵向长度的中点处水平对折，剪出背子腋下侧缝及袖下缝轮廓线。拼袖部分因长宽较窄，可从正身裁剪后腋下所剩余料中裁配获得，无须再耗费整幅罗料。拼袖两片，宽度为21厘米（含缝份1厘米），长度为40厘米（含缝份2厘米），剪裁示范图如图3-17。制作此款背子所需罗料共计460厘米。

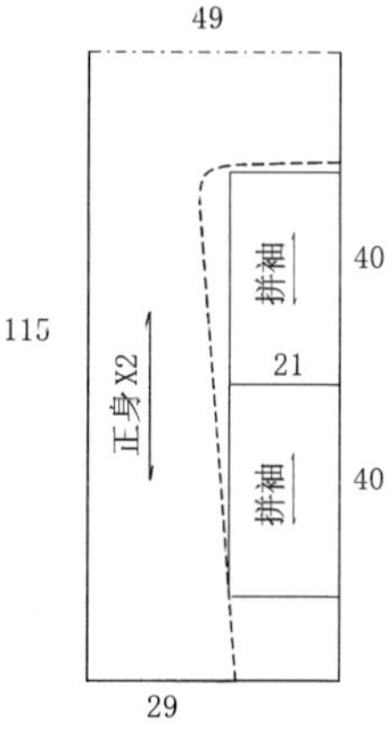

图3-17　背子“摞裁法”示意图（自绘）—紫褐色梅花纹罗镶花边背子

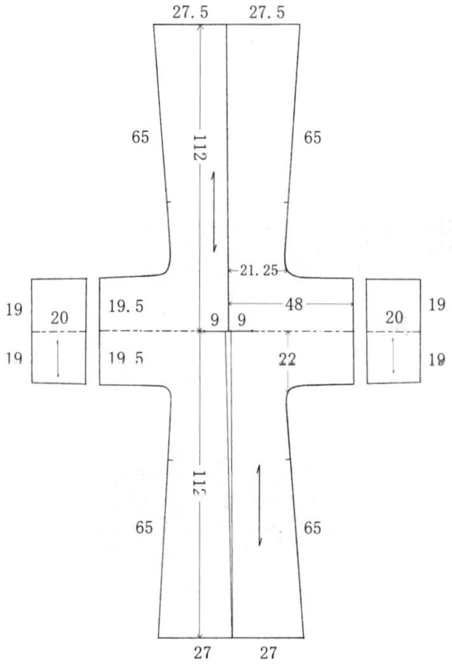

图3-16　剪裁结构图—紫褐色梅花纹罗镶花边背子（自绘）

① 服装结构尺寸数据来源于作者在福州市博物馆开展的标本调研。

(2)A型II式(内收式袖-有衿带)

A型II式(内收式袖-有衿带)背子结构式样与A型I式(内收式袖-无衿带)趋同,唯下摆稍宽且前门襟多了一对装饰性飘带,故对其剪裁结构不再予以讨论,其造型风格及款型式样如图3-18所示。

(3)B型(外放式袖)

研究范例:

名称:紫灰色绉纱镶花边背子(5)/原名:紫灰色绉纱镶花边窄袖袍(5)

来源:福州南宋黄昇墓/馆藏:福建博物院

①款式特征

"紫灰色绉纱镶花边背子(5)"是福州南宋黄昇墓所出4件背子中的一件,属于B型外放袖式。整体造型秀丽典雅,为直领对襟,衣长过膝,腋下开长衩。背子领缘、下摆缘、侧缝、袖口均镶滚4厘米宽的彩绘菊花及几何纹花边,前门襟止口处则装饰一条1.2厘米宽的金粉印菊花纹小花边。领口处有深色护领一条。面料为强捻的平纹绉纱,里料为经纬无捻的平纹纱,花边底料为二经绞罗[①]。背子照片、线描款式图如图3-19、图3-20所示。

图3-18 印金罗襟褐色如意纹纱衫(0976)

图片来源:标本照片由江西德安县博物馆提供

图3-19 紫灰色绉纱镶花边窄袖背子(5)[福州南宋黄昇墓(福建博物院藏)]

图片来源:福建省博物馆:《福州南宋黄昇墓》,文物出版社1982年版,彩图版二。

① 福建省博物馆.福州南宋黄昇墓[M].北京:文物出版社,1982:9.

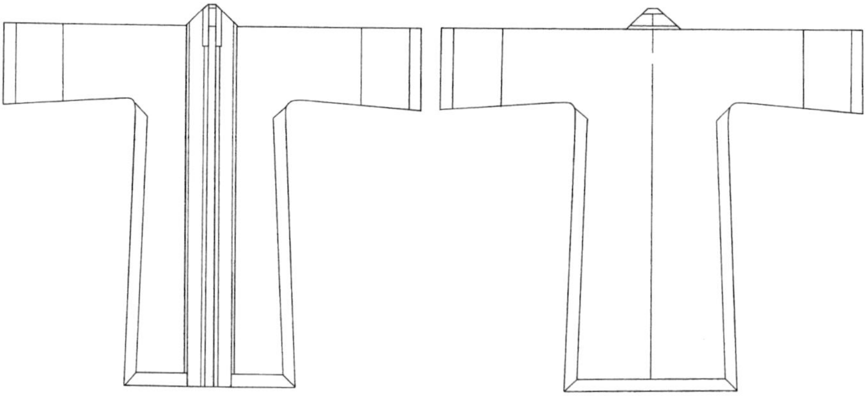

图3-20　款式图—紫灰色绉纱镶花边窄袖背子（5）（自绘）

②规格尺寸（见表3-9）

表3-9　紫灰色绉纱镶花边窄袖背子（5）规格尺寸表（单位：厘米）[①]

名称	紫灰色绉纱镶花边窄袖背子（5）								
部位	前衣长	后衣长	通袖长	腰宽	袖宽	袖口宽	下摆宽	领缘宽	拼袖	衩高
尺寸	123	125	147	53	25	28	57/59	7	20	95

③剪裁结构

B型背子亦为连身通裁式样，衣身展开为“十字型”平面结构。由四幅纱料构成，正身两幅，拼袖两幅，均正裁。依据以上尺寸数据，绘制出紫灰色绉纱镶花边窄袖背子（5）的剪裁结构图（净样）（如图3-21所示）。

此款背子正身采用两个宽为55（含缝份1.5厘米）厘米的全幅绉纱织物裁制，仍采用“摞裁法”，将宽度55厘米、长度252厘米（上下缝份各2厘米）的双层绉纱料重叠，距底边127厘米（缝份2厘米）处水平折叠，剪出大袖侧缝及垂胡袖的下轮廓线。拼袖部分裁片可利用正身裁剪后腋下所剩零料，最大限度地节省了材料。拼袖裁片需两片，长58厘米，宽22厘米。“摞裁法”裁剪示意见图3-22。此款背子所耗绉纱料共计约506厘米。

通过对A型和B型两款背子形制剪裁结构的研究发现，背子的剪裁体现了“材尽其用”的原则。背子“拼袖”的宽窄尺寸并非任意设定，而是紧密依托正身剪裁后腋下所剩余料的幅宽大小。背子能够利用余料的前提是因为窄袖的造型特点，

① 福建省博物馆.福州南宋黄昇墓[M].北京：文物出版社，1982:30–31.

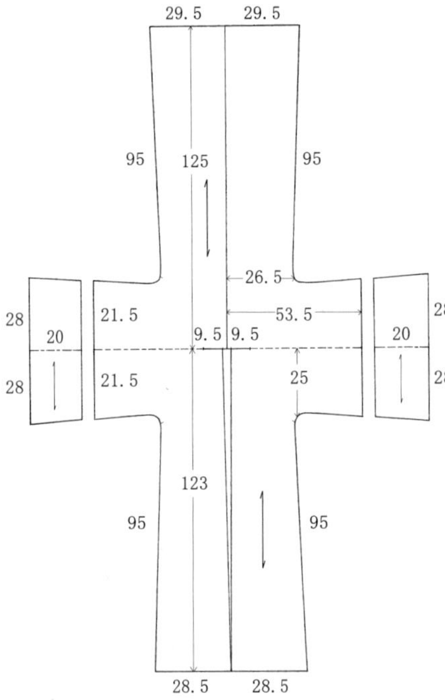

图3-21　剪裁结构图—紫灰色绉纱镶花边窄袖背子（5）（自绘）

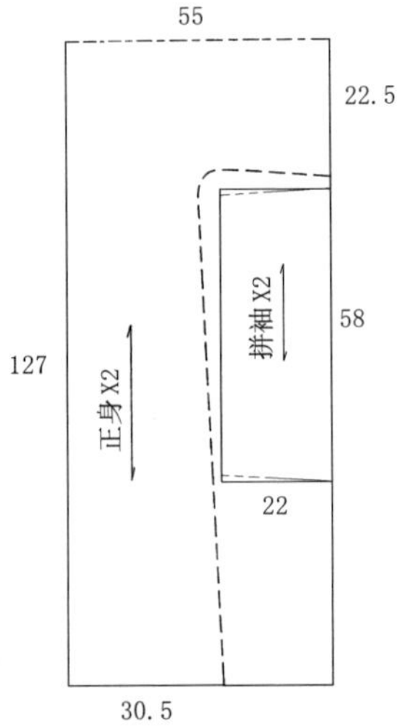

图3-22　背子“摞裁法”示意图（自绘）紫灰色绉纱镶花边窄袖背子（5）

而大袖则不具备这种条件，因袖子过于宽肥，正身裁剪后腋下所剩余料的长度不足，无法提供袖子阔度的造型需要。裁制一件背子衣身所耗用料大致为四个衣长的全幅衣料（另加缝份），而大袖则需要在四个衣长的全幅衣料外，另加一个或两个全幅衣料用于拼袖结构。可见，布料的耗费率与衣装的服用等级一一对应，等级越高，所耗费的衣料量自然越高。

3. 衫（子）——长短错落

如前章所论，衫是除了礼服及常服背子外被南宋女性普遍使用的生活服装。其与背子的形制式样大致相同，唯衣长较短，过臀而不及膝。南宋福州黄昇墓所出服饰有衫38件，与同墓出土的大袖5件、背子4件相比，可谓数量众多。其他三座墓葬所出衫子的数量也不在少数。南京高淳花山墓墓主人为庶民女性，在其所出10件上衣中衫子占了5件，占上衣总量的50%。可见，衫在南宋女性生活中的使用量是相当可观的，且材质涵盖罗、纱、绫等，种类丰富。衫虽有单夹之别，但形制式样大致相同。对南宋四座墓葬出土的服饰加以梳理考辨，确认衫类数量，福州茶园村宋墓有衫13件；福州南宋黄昇墓有衫38件；德安南宋周氏墓有衫23件；南京高淳花山墓有衫5件。这些女衫均为直领对襟，窄身式样，门襟处无系带。南宋前期的浙江兰溪高氏墓所出夹衣，也属于衫子品类[①]。依据形制特点可将衫子分为两类：A型长款和B型短款。长衫衣长一般在81厘米—100厘米之间，短衫衣长在60厘米—80厘米之间，女衫形制分类见表3-10所示。

表3-10 南宋女衫形制类型（79件）

名称	A型（长款）	B型（短款）
福州茶园村宋墓（13件）	镶绣边纱罗窄袖上衣 镶边绉纱窄袖上衣	纱罗对襟上衣
		提花对襟上衣
		镶绣金银边对襟绢上衣
		烟色镶金边绉纱上衣
		绣金边细纱罗上衣
		褐色提花镶金边罗上衣
		烟色对襟罗上衣
		浅黄色牡丹花卉纹罗衫
		浅黄色素绢衫
		烟色绉纱衫
		茶色对襟提花罗衫
南宋福州黄昇墓（38件）		黄褐色花罗镶花边单衣（7）
		烟色梅花罗镶花边单衣（9）
		黑灰色绉纱镶花边单衣（39①）
		浅赭色绉纱镶花边单衣（39②）
		紫褐色罗镶花边单衣（39③）
		褐色绉纱镶花边单衣（39④）
		深褐色牡丹花罗镶花边单衣（43）
		褐色花罗镶花边单衣（47）
		褐色花罗镶花边单衣（52）

① 汪济英.兰溪南宋墓出土的棉毯及其他[J].文物，1975（6）：55.

续表

名称	A型（长款）	B型（短款）
南宋福州黄昇墓（38件）		褐色花罗镶花边单衣（57）
		褐色罗镶花边单衣（59）
		深褐色罗镶花边单衣（60）
		褐色梅花罗镶花边单衣（61）
		浅褐色罗镶花边单衣（69）
		浅赭色花罗镶花边单衣（91）
		褐色花罗镶花边单衣（133）
		褐黑色花罗镶花边单衣（135）
		黄褐色罗镶花边单衣（136）
		深褐色罗单衣（138）
		褐色罗镶花边单衣（141）
		褐色罗镶花边单衣（147）
		褐色牡丹花罗单衣（148）
		黄褐色梅花罗镶花边夹衣（4）
		褐色花罗镶花边夹衣（17）
		黄棕色菱纹绫镶花边夹衣（46）
		褐色山茶花罗镶花边夹衣（49）
		褐色芙蓉花罗镶花边夹衣（54）
		棕黄色松竹梅花缎夹衣（62）
		褐色山茶花罗镶花边夹衣（68）
		黄褐色罗镶花边夹衣（76）
		褐色牡丹花罗镶花边夹衣（134）
		褐色牡丹花罗镶花边夹衣（137）
		褐色芙蓉花罗镶花边夹衣（139）
		褐色牡丹花罗镶花边夹衣（142）
		褐黑色罗镶花边夹衣（149）
		褐色罗镶花边夹衣（256）
		褐色花绫镶花边夹衣（257）
		褐色花绫镶花边夹衣（258）

续表

<table>
<tr><th>名称</th><th>A 型（长款）</th><th>B 型（短款）</th></tr>
<tr><td rowspan="23">江西德安周氏墓（23 件）</td><td>印花罗襟菱纹罗衫（C5）</td><td rowspan="23">注：带＊号的衫子有襟前飘带
CX 编号为出土顺序号，四位编号为器物号</td></tr>
<tr><td>印花罗襟宝花纹罗衫（C7）＊</td></tr>
<tr><td>罗襟绢衫（C11）</td></tr>
<tr><td>黄褐绢衫（C13）</td></tr>
<tr><td>罗襟绉纱衫（C14）＊</td></tr>
<tr><td>罗襟长安竹纹纱衫（C16）</td></tr>
<tr><td>罗襟如意花纹纱衫（C17）</td></tr>
<tr><td>褐色罗衫（C18）</td></tr>
<tr><td>绿色罗衫（C20）</td></tr>
<tr><td>罗地单衣（C22）</td></tr>
<tr><td>印金罗襟折枝花纹罗衫（C1）</td></tr>
<tr><td>印花襟驼色罗衫（C9）</td></tr>
<tr><td>绫襟杂宝折枝花纹罗衫（C12）</td></tr>
<tr><td>棕色罗衫（C21）</td></tr>
<tr><td>黄褐色提花袍（0957）</td></tr>
<tr><td>褐色素罗袍（0959）</td></tr>
<tr><td>褐色素夹袍（0962）</td></tr>
<tr><td>褐色印金夹衫（0966）</td></tr>
<tr><td>褐色彩绘衣边袍（0967）</td></tr>
<tr><td>深褐色素夹袍（0968）</td></tr>
<tr><td>褐色素夹袍（0970）</td></tr>
<tr><td>褐色袍（0971）</td></tr>
<tr><td>褐色提花纱袍（0974）</td></tr>
<tr><td rowspan="4">南京高淳花山墓（5 件）</td><td rowspan="4">八瓣小花纹罗衫（8898）</td><td>卍字菱纹格罗衫（8886）</td></tr>
<tr><td>灵芝卷草火焰纹罗衫（8892）</td></tr>
<tr><td>卍字菱格纹格罗衫（8890）</td></tr>
<tr><td>素纱衫（8895）</td></tr>
</table>

依列表可见，福州茶园村宋墓和南京高淳花山墓均有长、短衫同时出土，而福州南宋黄昇墓仅出土短衫，德安南宋周氏墓仅出土长衫。据南宋乾道时中宫皇后常服同时存在长衫和短衫的事实可知，在南宋时A型长衫和B型短衫是并行发展的两种款式，因地域不同各有侧重。这四座墓葬出土的女衫除衣长存在长、短显

著差异外，在袖式上也稍有不同，有的袖口内收，有的袖口外放，在福州两座墓葬中均存在内收与外放并存的情况，而德安周氏墓和高淳花山墓均袖式内收。这种差异表现为地域特色和地方习尚的不同，不存在前后流变的兴替关系。

在衫子的取值上，腰宽和袖宽为决定衫子狭阔风格的关键数据，袖口宽存在活跃的时尚变化。衣长最小者65.5厘米，最大者109厘米，均值为78厘米，较背子更显轻盈利落。通袖尺寸浮动较大，最小者136厘米，最大者174厘米，短者可露手指，而长者掩手。腰宽、袖宽取值较为接近，体现了衫子品类在主体造型控制尺寸上的恒定性。袖口尺寸富于变化，最小者仅为8厘米，最大者为27.5厘米，反映了时尚潮流的多元异变性。下摆尺寸福州地区两座墓葬趋同，均值小于51厘米，而周氏墓和花山墓女衫下摆取值偏大，均值超过63厘米。可见衫子下摆的狭阔更多表现为横向地域习尚的差异。女衫形制尺寸特征详见表3-11。

表3-11　南宋女衫形制尺寸特征（单位：厘米）

墓葬	品类	数量	主要部位尺寸					
			衣长	通袖长	腰宽	袖宽	袖口宽	下摆宽
福州茶园村宋墓	衫子	13	69—85（75.1）	136—160（143.2）	43—48.5（45.8）	18—25（21.7）	8—27.5（19.5）	前44—46（45） 后45—54（49.5）
福州南宋黄昇墓	衫子	38	65.5—80（71.4）	126—140.5（133.8）	42—48（45.2）	13—26（22.4）	14—27.5（24.7）	前33—55.5（47.3） 后34.5—58.5（50.9）
德安南宋周氏墓	衫子	23	83—109（98.4）	152—174（160.6）	42.5—55（50）	20—33（23.8）	13—20（15.3）	前50—69.5（63.7） 后51.5—70（64）
南京高淳花山墓	衫子	5	76.5—90（80.9）	145—179（165.6）	47—58（52）	19—22（20.7）	13—14（13.3）	前58—73（64.3） 后58—73（64.3）
平均值		79	81.5	150.8	48.3	22.2	18.2	前55.1/后57.2

（1）A型（长款）

研究范例：

名称：罗襟长安竹纹纱衫（C16）

来源：德安南宋周氏墓 / 馆藏：江西德安县博物馆

①款式特征

罗襟长安竹纹纱衫（C16）是德安南宋周氏墓出土众多女衫中的一件，属于A型长款女衫。近距离观测此衫，纱料质地极其轻透，缥缈如云雾，衣身内部破损较为严重，但形制框架保存完好。为直领对襟式样，窄身小袖、下摆呈小“A”造型，双侧开长衩，前襟处有宽4厘米、长63厘米的罗质衿带一对（与A型II式有衿带背子形制相仿）。在衿带顶端的前门襟下有一对较为隐匿的丝质纽扣，起到固定开襟之作用。主体衣料为亮地纬浮纹纱，领缘、袖口缘及系带料均为三经绞平纹罗，前门襟止口处镶有宽1厘米的印金花边。护领宽度2厘米，向内折进1厘米。实物照片、款式图如图3-23、3-24所示。

图3-23　罗襟长安竹纹纱衫（C16）
图片来源：标本照片由江西德安县博物馆提供

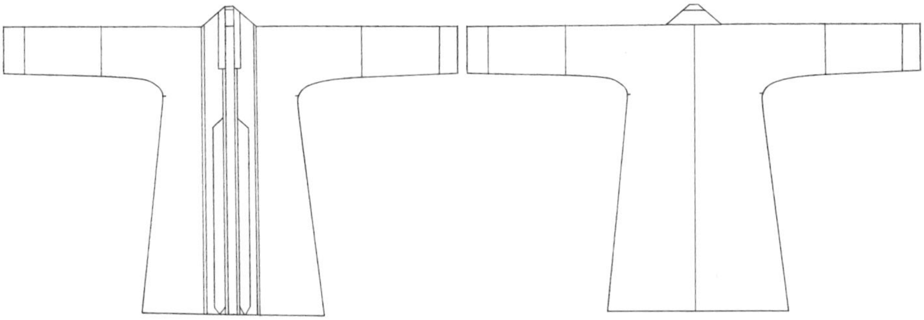

图3-24　款式图—罗襟长安竹纹纱衫（C16）（作者自绘线稿）

②规格尺寸（见表3-12）

表3-12　罗襟长安竹纹纱衫规格尺寸表（单位：厘米）[①]

名称	罗襟长安竹纹纱衫（C16）								
部位	前衣长	后衣长	通袖长	腰宽	袖宽	袖口宽	下摆宽	领（袖）缘宽	拼袖	衩高
尺寸	93	93	150	44	22	15	60	7/5	32	73

① 此女衫结构尺寸数据来源于作者在江西德安县博物馆开展的标本调研。

③剪裁结构

A型女衫的剪裁方式亦为上下通裁，由四幅布料构成，正身两幅，拼袖两幅，均为正裁，整体呈现“十字型”平面结构。依据以上尺寸数据，绘制出罗襟长安竹纹纱衫的剪裁结构图（图3-25）。本款女衫所选为纱料，幅宽45厘米。正身为两个全幅用料，左右两个拼袖也各需一幅，同样用“摞裁法”裁配完成。与背子拼袖可利用正身裁剪后腋下所剩零料不同，本款女衫正身裁剪后（由于所用材料为素纱，幅宽较窄），腋下所剩余料不足以提供拼袖所需尺寸，故只能额外再占用两块整幅布料裁制。综合而论，裁制此款女衫所需用料为衣身376厘米，拼袖72厘米，合计448厘米（图3-26）。前门襟衿带的工艺细节将在本章第二节中集中讨论。

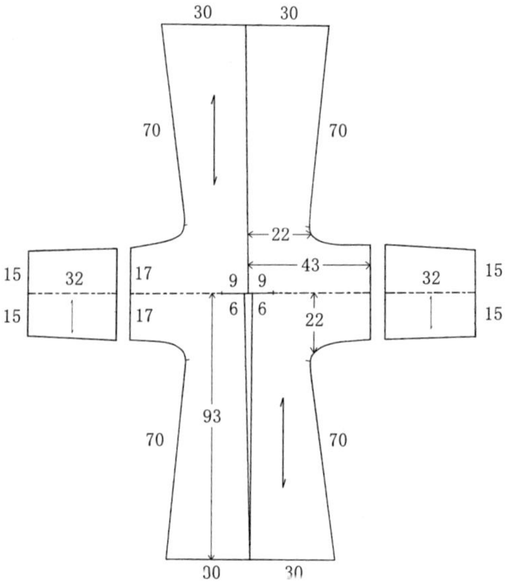

图3-25　剪裁结构图—罗襟长安竹纹纱衫（C16）（自绘）

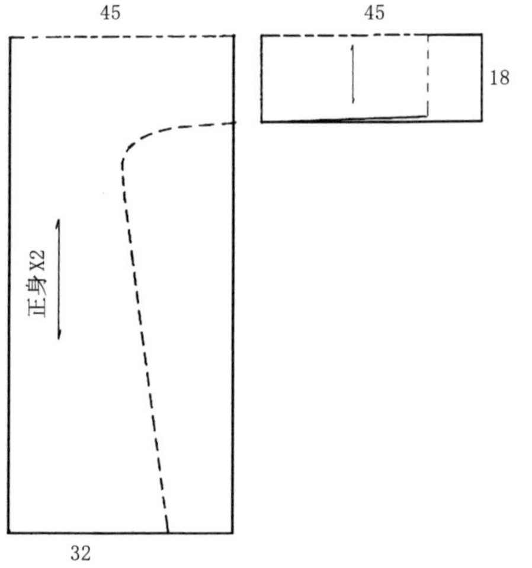

图3-26　长衫“摞裁法”示意图（自绘）—罗襟长安竹纹纱衫（C16）

（2）B型（短款）

研究范例：

名称：浅褐色绉纱镶花边单衫（39②）/原名：浅褐色绉纱镶花边单衣（39②）

来源：福州南宋黄昇墓 / 馆藏：福建博物院

① 款式特征

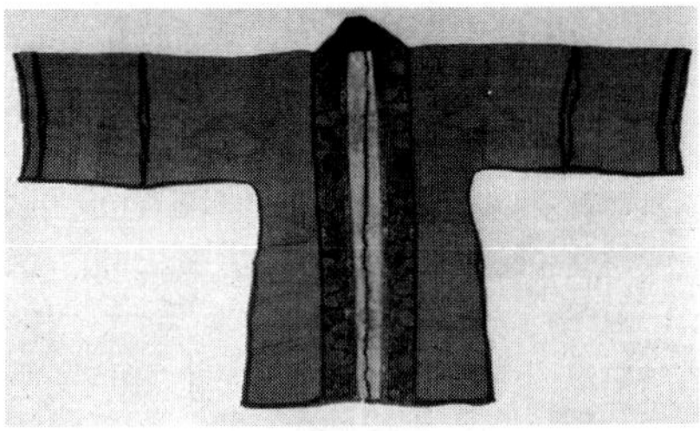

图3-27　浅褐色绉纱镶花边单衫（39②）[福州南宋黄昇墓（福建博物院藏）]

图片来源：福建省博物馆：《福州南宋黄昇墓》，文物出版社，1982年版，彩图版四。

浅褐色绉纱镶花边单衫（39②）是南宋福州黄昇墓出土众多女衫中的一件，属于B型短衫。与A型长衫相比，此类短衫袖式稍肥，袖口内收或外放呈八字形，别具特色，以黄昇墓服饰最为显著。此款短衫轻盈通透，造型端庄秀丽，直领对襟，窄身直袖，袖身有四道接缝，两侧缝开长衩。衣身材质为平纹绉纱，领缘镶嵌宽度为5.2厘米的彩绘花边（领抹），为二经绞罗，彩绘芙蓉、童子攀折枝花及人物楼阁等图案，异常精美华丽。前门襟止口处镶缝宽度为1.5厘米二经绞罗质地印金菖蒲、浮莲图案的窄花边一道，格外精致典雅。为保护装饰领抹免受污损，在靠近脖颈部位加护领一条，宽度约为2厘米。实物照片、款式图如图3-27、图3-28所示。

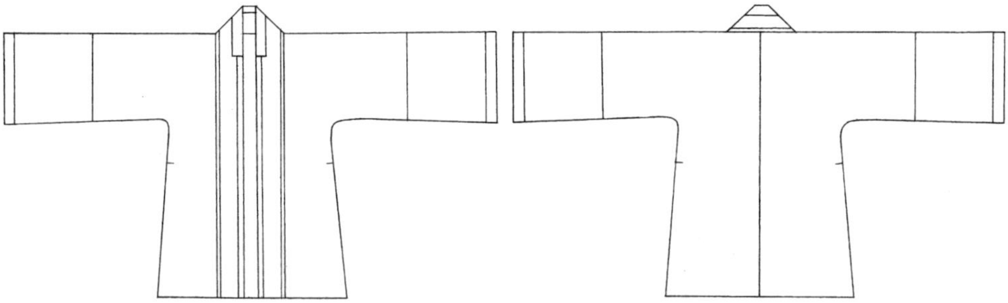

图3-28　款式图—浅褐色绉纱镶花边单衫（39②）（自绘）

②规格尺寸（见表3-13）

表3-13　浅褐色绉纱镶花边单衫（39②）规格尺寸表（单位：厘米）①

名称	浅褐色绉纱镶花边单衫（39②）								
部位	前衣长	后衣长	通袖长	腰宽	袖宽	袖口宽	下摆宽	领缘宽	拼袖	衩高
尺寸	71	71	135	45	24.2	24	48/52	7	21.5	36

① 福建省博物馆编.福州南宋黄昇墓[M].北京：文物出版社，1982:40–41。

③剪裁结构

此款短衫的剪裁方式亦为上下通裁，但与前述所有上衣类均由四幅纱料构成不同，该款女装由正身两幅，拼袖四幅构成，靠近袖口处的拼袖片极其狭窄，仅为3厘米。依据以上尺寸数据，绘制出浅褐色绉纱镶花边单衫（39②）的剪裁结构图，如图3-29所示。

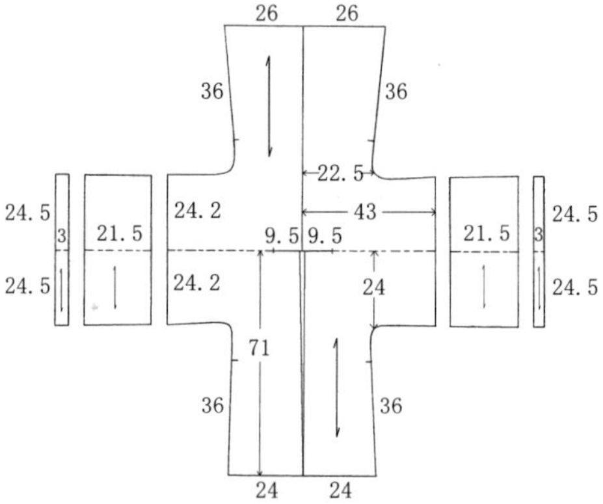

图3-29　剪裁结构图—浅褐色绉纱镶花边单衫（39②）（自绘）

六幅裁片均正裁，构成均衡、严整的十字型平面结构。本款所需绉纱料的幅宽约为45厘米（缝份1厘米），正身需两个全幅纱料构成，长度均为145厘米，合计290厘米。居中的拼袖片需一个长度为50.5厘米的全幅布料（45厘米）一分为二。边侧的拼袖片为弥补袖长尺寸所追加，其可利用正身裁剪后腋下所剩零料裁配完成，规格为长51厘米，宽5厘米的绉纱料两条。此款女绉纱单衫主体衣身所需用料总量约为340.5厘米。“摞裁法”示意图如图3-30。

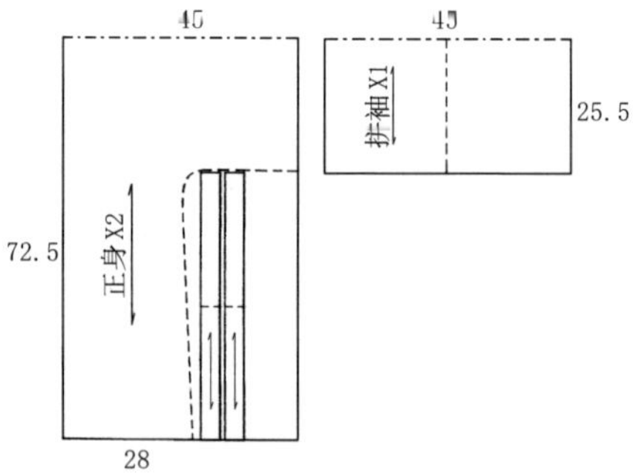

图3-30　短衫“摞裁法”示意图（自绘）—浅褐色绉纱镶花边单衫（39②）

4．襦（衣）——错裾构成

襦（衣）的衣长为上衣中最短者，一般小于60厘米，以错裾式样为多，即衣长前短后长。衣长最短者前45厘米（后55厘米），最长者60厘米。衣长前后差值最小者为4.7厘米，最大者为10厘米。福州南宋黄昇墓出土错裾式襦（衣）6件，其中单衣3件（2件罗、1件绢），夹衣3件（2件绫、1件绢）；南京高淳花山墓出土等裾式单衣2件（1件纱，1件绢），皆属襦（衣）类。据德安南宋周氏墓、福州茶园村宋墓公布的资料来看，尚未见有襦（衣）存在。时间为南宋中期早段的浙江兰溪南宋墓所出1件单衣同样具有错裾式特征，为直领对襟，前衣长45厘米，后衣长55厘米[①]，可见错裾式由来已久。襦（衣）按裾式分为A型错裾式和B型等裾式两类，具体分类情况见表3-14。错裾式襦（衣）出土数量较多，应为主流款式。

表3-14　南宋女装襦（衣）形制类型（9件）

名称	A型（错裾式）	B型（等裾式）
南宋福州黄昇墓（6件）	烟色罗单衣（65④）	
	烟色罗单衣（140）	
	黄褐色绢单衣（262）	
	深烟色花绫夹衣（56）	
	黄褐色花绫夹衣（260）	
	黄褐色绢夹纳衣（261）	
南京高淳花山墓（2件）		直领绢衣（8903）
		直领纱衣（8881）
浙江兰溪南宋墓（1件）	直领对襟单衣	

除衣长外，以上墓葬所出襦（衣）腰宽、袖宽取值趋于统一，十分窄峭，腰宽均值45.6厘米，袖宽均值21.5厘米。而袖口宽取值相差较大，狭阔有致，与衫相仿，同样是因审美取向不同产生的影响。通袖长度南宋早期的高氏墓和高淳花山墓取值较大，着装后仅微露手指，而黄昇的襦（衣）则手掌显露较多，体现出更为利落的特色。衣长、腰宽和袖宽具有时代的标尺意义，一般在相近的年代中其取值会趋于统一。襦（衣）形制尺寸特征见表3-15。以下将选择典型性女装标本对其剪裁结构给予探讨。

① 汪济英.兰溪南宋墓出土的棉毯及其他[J].文物，1975（6）:55.

表3-15　南宋女装襦（衣）形制尺寸特征（单位：厘米）

墓葬	品类	数量	主要部位尺寸					
			衣长	通袖	腰宽	袖宽	袖口宽	下摆宽
福州南宋黄昇墓	襦衣	6	前48—55.3（51.9）后53.5—62（57.7）	128—140（133.7）	41—47.3（44.6）	20—24（21.9）	22—25.5（24）	前40—45.6（43）后44—47（45.7）
南京高淳花山墓	襦衣	2	55—60（57.5）	148—168（158）	46.5	21	13	46.5
浙江兰溪高氏墓	襦衣	1	前45 后55	149	/	/	/	60
平均值		9	前51.5 后56.7	146.9	45.6	21.5	18.5	前49.8 后50.7

（1）A型（错裾式）

研究范例：

名称：深烟色花绫夹衣（56）

来源：福州南宋黄昇墓/馆藏：福建博物院

①款式特征

“深烟色花绫夹衣（56）”是福州南宋黄昇墓出土6件襦（衣）中的一件，属于A型错裾式。此款夹衣造型端正，直领对襟，袖式平直，袖身有接缝，两侧缝开衩，前衣长明显短于后衣长。衣身材质为芙蓉牡丹纹四枚异向绫，领缘与衣身为同一绫料，领缘宽6厘米，领缘上有4厘米宽的素料镶边，袖口镶边也为4厘米。夹衣的衬里为平纹绢[①]。实物照片、款式图如图3-31、图3-32所示。

图3-31　深烟色花绫夹衣（56）
[福州南宋黄昇墓（福建博物院藏）]
图片来源：福建省博物馆：《福州南宋黄昇墓》，文物出版社，1982年版，图版三四。

① 福建省博物馆.福州南宋黄昇墓[M].北京：文物出版社，1982:56.

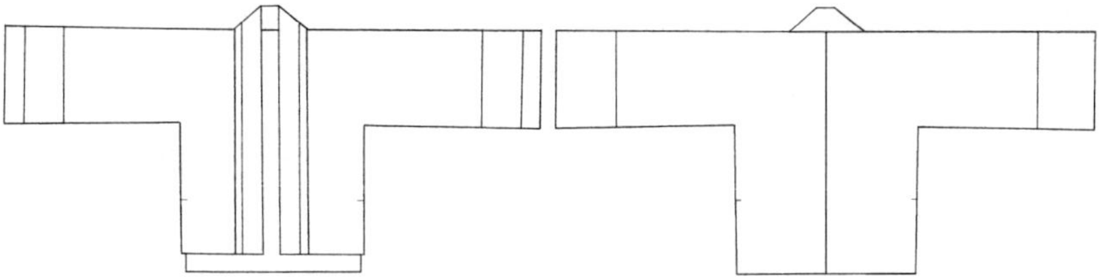

图3-32　款式图—深烟色花绫夹衣（56）（自绘）

②规格尺寸（见表3-16）

表3-16　深烟色花绫夹衣（56）规格尺寸表（单位：厘米）[①]

名称	深烟色花绫夹衣（56）								
部位	前衣长	后衣长	通袖长	腰宽	袖宽	袖口宽	下摆宽	领缘宽	拼袖	衩高
尺寸	55.3	60	137	47.3	23.5	24	43/45.5	6	15	14.5

③剪裁结构

A型错裾式深烟色花绫夹衣（56）的剪裁方式亦为上下通裁，由四幅布料构成，正身两幅，拼袖两幅。依据以上尺寸数据，绘制出深烟色花绫夹衣（56）的剪裁结构图，如图3-33所示。

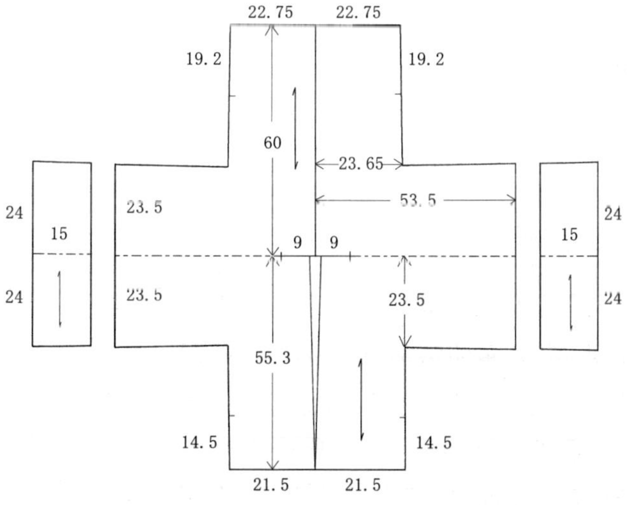

图3-33　剪裁结构图—深烟色花绫夹衣（56）（自绘）

① 福建省博物馆.福州南宋黄昇墓[M].北京：文物出版社，1982:52-53.

四幅均为正裁，构成“十字型”平面剪裁结构。正身由两幅幅宽55厘米，长117厘米的花绫重叠后，距底边56厘米横向对折后同样用“摞裁法”简易裁制。由于襦（衣）类衣长较短，正身裁剪后腋下所剩零料的长度不足以提供拼袖的尺寸，拼袖则由一幅宽55厘米，长50厘米的花绫料横向等分对折后独立裁制。此款短衣所耗绫料总计284厘米，为上衣中用料最少者。里料的裁配方式与面料相同，内外一致，里料为平纹绢裁制。“摞裁法”示意图如图3-34。

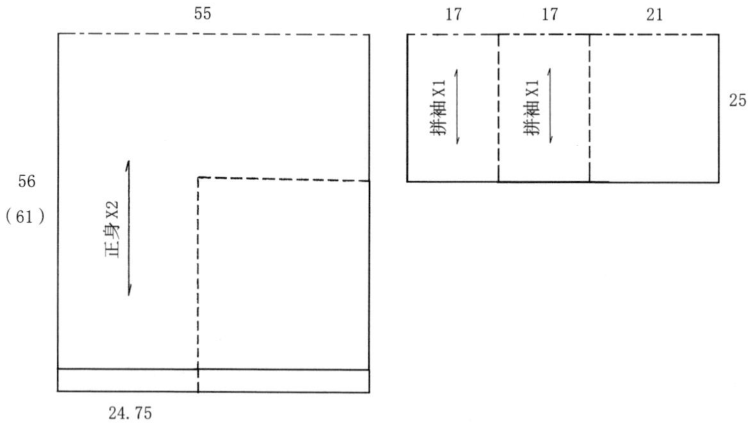

图3-34　襦（衣）“摞裁法”示意图（自绘）—深烟色花绫夹衣（56）

（2）B型（等裾式）

此类等裾式襦（衣）的形制构成与短款女衫趋同，唯衣长短小，其形制结构剪裁图可参考短款女衫，在此将不再赘述。

5. 袄——制与襦同

袄为夹绵类上衣，长度一般长于襦（衣）或与襦（衣）相当。对目前已知的南宋绵袄加以梳理统计，福州南宋黄昇墓出土丝绵袄2件，长度在53厘米—60厘米；南京高淳花山墓出土丝绵袄1件，长度为65厘米；德安南宋周氏墓出土丝绵袄3件，衣长在73厘米—82厘米，较前两座墓葬衣长略长。从形制结构来看，黄昇墓出土的丝棉袄衣长均前短后长，而后两座墓葬出土的丝绵袄衣长均前后等长。这种现象可以解释为地域流行的差异化特征。袄同样可以划分为A型错裾式和B型等裾式两类，见表3-17。

表 3-17　南宋女袄形制类型（6 件）

名称	A 型（错裾式）	B 型（等裾式）
福州南宋黄昇墓（2 件）	烟色绢丝绵衣（18）	
	黄褐色绢丝绵衣（259）	
南京高淳花山墓（1 件）		绢绵衣（8903）
德安南宋周氏墓（3 件）		褐色素罗镶花边丝绵袄 黄褐色折枝花卉纹罗丝绵袄（0980） 另一件信息未公布
福州茶园村宋墓	有绵袄出土，但信息尚未公布	

绵袄的形制尺寸，袖宽取值趋于统一，由 18 厘米至 25 厘米，均值为 22.8 厘米，比襦（衣）的袖宽（21.5 厘米）略宽一些。袖口宽在 15 厘米—26 厘米之间，随造型而变化。腰宽取值在 45 厘米—58 厘米之间，均值 49.9 厘米，较襦（衣）腰宽（45.6 厘米）稍大，尚属于适体造型。下摆宽度与习尚和地域影响有关，相差较为显著。德安周氏墓女袄整体下摆取值偏大，其他品类也是如此，体现出地域特色。绵袄形制尺寸特征见表 3-18。以下将择取典型服饰标本，对南宋女性绵袄形制结构及剪裁方式给予讨论。

表 3-18　南宋女袄形制尺寸特征（单位：厘米）

墓葬	品类	数量	主要部位尺寸					
			衣长	通袖	腰宽	袖宽	袖口宽	下摆宽
福州南宋黄昇墓	绵袄	2	前 53—60 （56.5） 后 59—62 （60.5）	135	45—46.5 （45.8）	24	23—26 （24.5）	前 42（42） 后 46—46.5 （46.3）
南京高淳花山墓	绵袄	1	65	180	/	/	15	/
德安南宋周氏墓	绵袄	3	73—82 （77.5）	150—155 （152.5）	50—58 （54）	18—25 （21.5）	20	66
平均值		6	前 66.3 后 67.7	155.8	49.9	22.8	19.8	前 54 后 56.2

（1）A型（错裾式）

A型错裾式女袄与前论A型错裾式襦（衣）同为黄昇墓出土，其形制剪裁风格完全一致，只是夹绵之别，以及在具体尺寸数据上稍有差异，故此处不再加以赘述，仅对B型等裾式丝绵袄加以讨论。

（2）B型（等裾式）

研究范例：

名称：褐色素罗镶花边丝绵袄

来源：德安南宋周氏墓/馆藏：江西德安县博物馆

①款式特征

“褐色素罗镶花边丝绵袄”是江西德安周氏墓出土3件绵袄中的一件，下摆部分残破。绵袄造型端正，直领对襟，袖口渐收，袖身有接缝，两侧缝开衩较衫类为短，衣长前后等长。衣料为褐色素罗，以本色罗料做领缘，再以提织山茶花罗装饰领缘，增加层次感，袖口处无装饰缘边[①]。在测绘中发现，在靠近领口部位，本色罗领缘处有左右横向拼缝一道。这一结构细节，在宋墓诸多服饰中皆有所见。丝绵袄衬里为素色绢，内絮丝绵。实物照片、款式图如图3-35、图3-36所示。

图3-35　褐色素罗镶花边丝绵袄
[德安南宋周氏墓（德安县博物馆藏）]
图片来源：标本照片由江西德安县博物馆提供

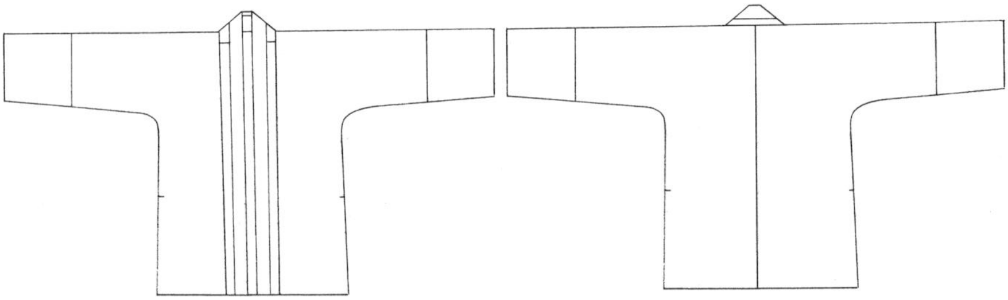

图3-36　款式图—褐色素罗镶花边丝绵袄（作者白绘线稿）

① 周迪人，等.德安南宋周氏墓[M].南昌：江西人民出版社，1999:6.

②规格尺寸（见表3-19）

表3-19　褐色素罗镶花边丝绵袄规格尺寸表（单位：厘米）[①]

名称	褐色素罗镶花边丝绵袄									
部位	前衣长	后衣长	通袖长	腰宽	袖宽	袖口宽	下摆宽	领缘宽	拼袖	衩高
尺寸	80	80	154	58	27	20	66	6/4	21	30

③剪裁结构

B型等裾式褐色素罗镶花边丝绵袄同样采用“十字型”平面结构。主体衣身由四个裁片构成，正身两片，拼袖两片。四个裁片全部为正裁，严整、对称。依据以上尺寸数据，绘制出该丝绵袄的剪裁结构图，如图3-37所示。

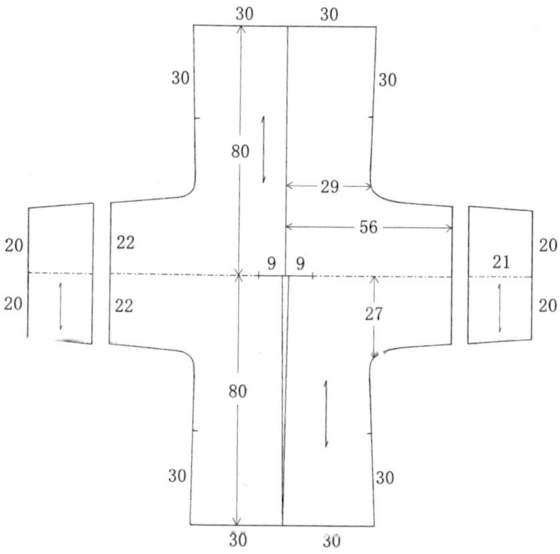

图3-37　剪裁结构图—褐色素罗镶花边丝绵袄（自绘）

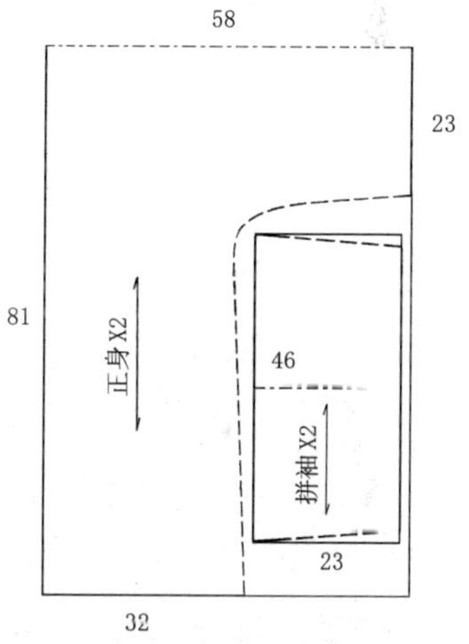

图3-38　绵袄“摞裁法”示意图（自绘）—褐色素罗镶花边丝绵袄

本款丝绵袄选配幅宽约为58厘米的素罗制作，正身需要长度为162厘米的两个全幅罗料裁制。双层面料重叠后沿长度方向二分对折，一剪剪出腋下和腰身造型。正身裁剪后，腋下所剩零料可以提供拼袖裁片所需要的尺寸宽度（长46厘米，宽23厘米）。该款丝绵袄所需面料为324厘米。绵袄所用里料为素绢，裁制方法与面料相同。“摞裁法”示意图见图3-38。

① 此绵袄结构数据来源于作者在江西德安县博物馆的标本测绘调研。

6. 背心——极简构成

背心是南宋女装上衣中的极简款，造型简洁纯粹，清新自然。福州南宋黄昇墓出土背心8件（罗6件，纱1件，绢1件）；福州茶园村墓可知的背心有4件（罗3件，绢1件）；南京高淳花山墓和德安周氏墓未见背心出土。这12件背心的形制构成基本相同，唯尺寸有所差异，可见这是南宋时期一种程式化的剪裁方式。现以黄昇墓出土的一件背心为研究范例，对其结构加以考察。

研究范例：

名称：深烟色牡丹花罗背心（38⑭）

来源：福州南宋黄昇墓/馆藏：福建博物院

（1）款式特征

“深烟色牡丹花罗背心（38⑭）”是福州黄昇墓出土的8件背心中的1件。此款背心轻盈通透，造型方整，直领对襟，无袖，侧缝开衩，衣长前后等长。襟上无纽袢或系带。衣料为深烟色牡丹花罗，以本色罗料做领缘，简洁明快，在靠近领口处左右各有一横向拼缝线[①]。款式图如图3-39、图3-40所示。

图3-39 深烟色牡丹花罗背心（38⑭）[福州南宋黄昇墓（福建博物院藏）]

图片来源：福建省博物馆:《福州南宋黄昇墓》，文物出版社，1982年版，图版六。

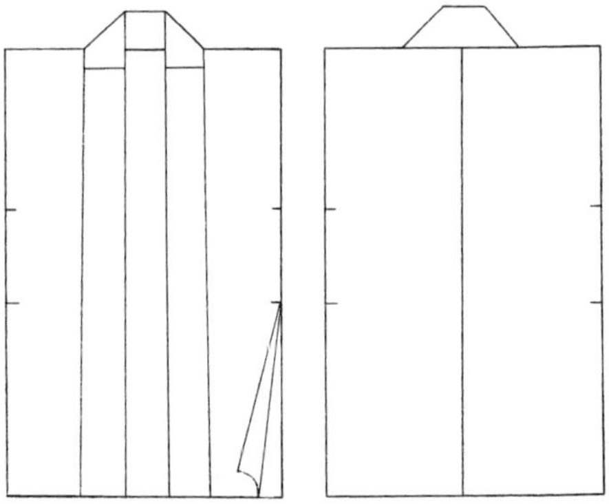

图3-40 款式图—深烟色牡丹花罗背心（38⑭）（自绘）

① 福建省博物馆.福州南宋黄昇墓[M].北京:文物出版社，1982:11-13.

（2）规格尺寸（见表3-20）

表3-20　深烟色牡丹花罗背心（38⑭）规格尺寸表（单位：厘米）[①]

名称	深烟色牡丹花罗背心（38n）						
部位	前衣长	后衣长	腰宽	袖口宽	下摆宽	领缘宽	衩高
尺寸	70	70	44	25	39/44.5	7	30

（3）剪裁结构

深烟色牡丹花罗背心（38⑭），剪裁方式极为简洁，其规整纯粹，为上下通裁，由两个长方形裁片正裁构成。依据以上尺寸数据，绘制深烟色牡丹花罗背心（38⑭）的剪裁结构图，如图3-41所示。

本款背心的形制结构极其简约，为用幅宽48厘米、长144厘米的花罗，沿纵向二等分处对折构成背心的前后两片。此款背心存在后中缝设计，福州茶园村宋墓所出背心也有无背中缝的情况，更为简易。背心左右侧缝线处仅缝纫15厘米，其余上为袖口、下为开衩量。背心领缘裁配方式详见本章第二节。

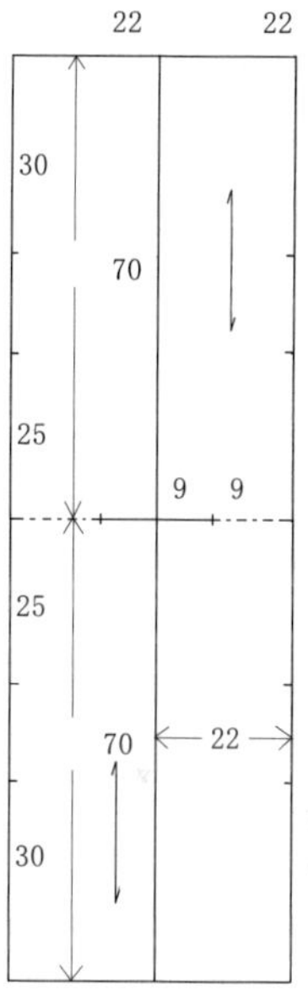

图3-41　剪裁结构图一深烟色牡丹花罗背心（38⑭）（自绘）

以上就南宋女性上衣品类（大袖、背子、衫子、襦、绵袄、背心）的形制构成及剪裁方式给予了实证研究，确证南宋女装上衣形制构成高度统一，均为“十字型”正裁平面结构，负绳应直、左右对称。正身两片，拼袖两片（极个别情况为四片）。领式均为直领对襟，简约纯粹。由于女装上衣品类不同，形制尺寸不同，所用材料幅宽情况也不尽相同，故而用“擦裁法”具体裁配时，用料情况有所差异，带袖上衣主要表现为三种方式，而无袖背心则仅有一种方式，具体裁配情况详见表3-21。

① 福建省博物馆.福州南宋黄昇墓[M].北京：文物出版社，1982:76.

表 3-21 南宋女性上衣用料裁配方式一览表

<table>
<tr><th colspan="2">品类名称</th><th>造型特征</th><th>裁片数量</th><th>裁配方式 （以幅宽为尺度）</th></tr>
<tr><td rowspan="6">上衣</td><td>大袖</td><td rowspan="5">“十字型”结构
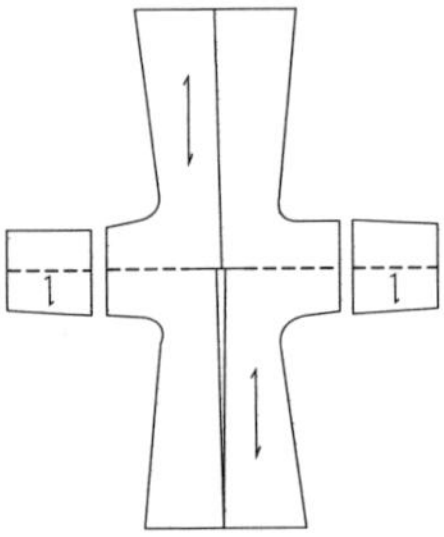</td><td rowspan="5">正身 2 片
拼袖 2 片
（个别 4 片）</td><td rowspan="5">方式一：
4 个全幅（2 正身 +2 拼袖）
（注：拼袖宽度为全幅或大于半幅
方式二：
3 个全幅（2 正身 +2 个拼袖）
（注：拼袖宽度为半幅或小于半幅
方式三：
2 个全幅（2 正身 +2 拼袖）
（注：拼袖利用腋下零料）

耗料公式 1：（方式一和方式二）
正身： 长度 =2×（前身长 + 后身长）
拼袖： 长度 =2× 拼袖高或 1× 拼袖高
耗料公式 2：（方式三）
正身 + 拼袖：长度 =2×（前身长 + 后身长）
（注：1. 材料为罗或纱，幅宽 40.5—61 厘米
2. 夹衣双层消耗用料，长度加倍）</td></tr>
<tr><td>背子</td></tr>
<tr><td>衫子</td></tr>
<tr><td>襦（衣）</td></tr>
<tr><td>绵袄</td></tr>
<tr><td>背心</td><td>矩形
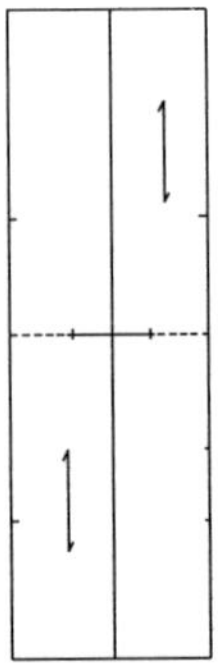</td><td>正身 2 片</td><td>方法：
1 个全幅（2 正身）
耗料：
长度 =1×（前衣长 + 后衣长）</td></tr>
</table>

从表3-21可见，南宋女装有袖上衣用料主要有三种裁配方式，而每一种方式并不绝对地限定于哪一个服饰品类。大袖、襦（衣）适用于方法一，也适用于方法二，但并不适合于方法三（无法利用腋下余料）。背子、衫子、绵袄三种方式均可适用。背心裁配更趋简单，仅需用一个全幅衣料即可完成。综合而论，南宋女装上衣的用料裁配，具体取径何种方式，则由服装的衣长、通袖长、腰宽、袖宽以及衣料的实际幅宽多方面因素综合而定，灵活自如。

7. 与北宋女装上衣标本的风格对比

以上对南宋女装上衣的形制结构及剪裁方式给予逐类探讨后，拟从文化比较的视角出发，将其与北宋女装结构加以比较，进一步考察南宋女装内在结构风格的传承与异变因素。目前可提供多件标本比对的仅有安徽南陵铁拐北宋墓。现将北宋女装结构与南宋女装结构加以比较，以揭示二者在形制风格上的异同。

安徽南陵铁拐宋墓M1墓主人为一位朝廷命妇，封号为安康郡太君，墓葬年代上限为1098年，下限为1113年，属于北宋晚期墓葬。目前已公布的服饰资料有女衫2件，银帔坠1枚[①]。北宋女衫在结构式样上虽同样保持"十字型"平面构成特色，背缝中正、左右对称、四片构成，但女衫除袖口较窄外，其他尺寸均异常宽大。北宋两件女衫具体形制结构及剪裁方式见表3-22、表3-23所示。

从表3-22、表3-23可见，两件女衫代表了北宋上层女性衣式风格的大致样貌，疏阔宽肥，体现出宽衣文化特色。两件女衫腰宽分别为88厘米（围度176厘米）、81厘米（围度162厘米），袖宽分别为45.5厘米、42厘米，而南宋女衫对应数据则为腰宽48.3厘米，袖宽22.2厘米，南宋女衫关键性结构尺寸比北宋缩小近一半。再结合北宋后期壁画墓中女性所着衫式较为宽博的特点[②]，将图像与实物相印证，可以看出北宋后期尚存五代以来的褒博漫散之风。而南宋后期女衫规格已较北宋大幅度缩减，向更加轻快利落的合身式样转型。两宋女衫形制风格狭阔比较见图3-50、图3-51。

① 安徽省文物考古研究所.安徽南陵铁拐宋墓发掘简报[J].文物，2015（12）:41，46.
② 白沙宋墓、河南登封唐庄M2宋墓、河南登封黑山沟壁画墓等均出土有身着宽衫的女性形象，在后续章节有所呈现。

表 3-22　北宋女“素罗夹衫”形制结构及剪裁方式一览

<table>
<tr><th>（北宋南陵铁拐墓）</th><th>款式特征</th></tr>
<tr><td>素罗夹衫（M1:173）</td><td>直领对襟，疏阔宽袖，袖口收小，腰身肥阔，两侧开衩，无纽袢和系带，右袖及领缘均有拼缝线。</td></tr>
<tr><td rowspan="6">
图3-42　素罗夹衫（安徽南陵铁拐北宋墓）
图片来源：新华网安徽频道 http://www.ah.xinhuanet.com/2015-02/16/c_1114387127_2.htm
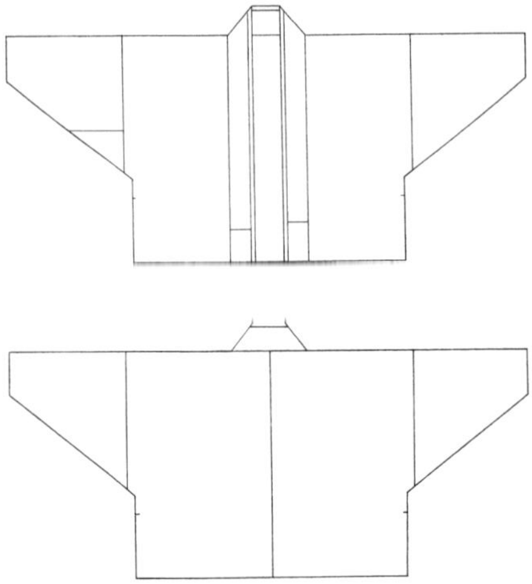
图3-43　款式图（自绘）</td><td>服装材质</td></tr>
<tr><td>素罗，领口镶异色边。</td></tr>
<tr><td>剪裁方式</td></tr>
<tr><td>“十字型”通裁式样，直线剪裁，同样由四个裁片构成，左右对称。正身两片，拼袖两片。面料采用幅宽为49厘米的四个全幅罗料，“一剪法”摞裁。所需用料量460厘米（衣身耗料288厘米，拼袖耗料172厘米）。</td></tr>
<tr><td>剪裁结构图</td></tr>
<tr><td>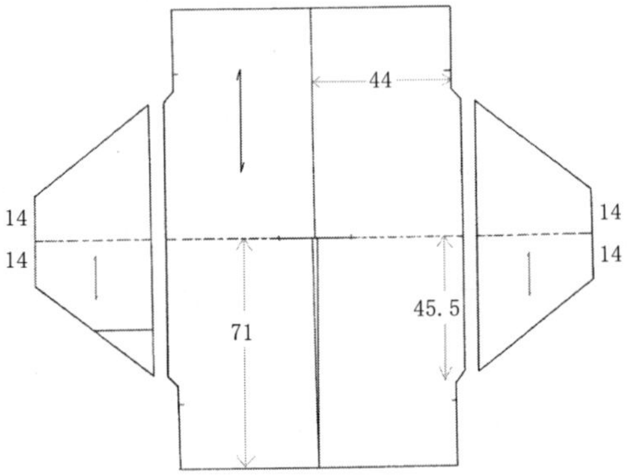

图3-44　剪裁结构图（自绘）
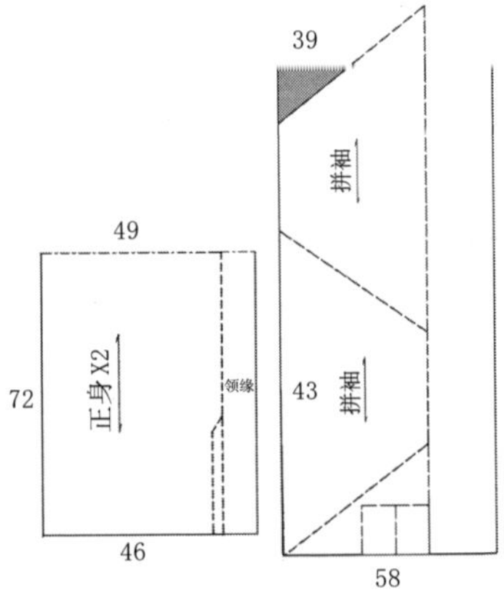

图3-45　夹衫“摞裁法”示意图（自绘）</td></tr>
</table>

表 3-23　北宋女“素罗单衫”形制结构及剪裁方式一览

<table>
<tr><th>（北宋南陵铁拐墓）</th><th>款式特征</th></tr>
<tr><td>素罗单衫（M1:175）</td><td rowspan="2">直领对襟，疏阔宽袖，腰身肥阔，两侧开长衩，无纽袢和系带，前后衣襟等长。领口有镶边装饰。</td></tr>
<tr><td rowspan="6">
图3-46　素罗单衫（M1:175）（安徽南陵铁拐北宋墓）
图片来源：安徽省文物考古研究所：《安徽南陵铁拐宋墓发掘简报》，《文物》，2016年第12期，第47页。</td></tr>
<tr><td>服装材质</td></tr>
<tr><td>素罗，领口有异质镶边。</td></tr>
<tr><td>剪裁方式</td></tr>
<tr><td>“十字型”平面结构，同样由四个裁片构成，左右对称。正身两片，拼袖两片。采用幅宽为 57 厘米的四个全幅罗料，“一剪法”摞裁。所需用料量 500 厘米（衣身耗料 424 厘米，拼袖耗料 76 厘米）。</td></tr>
<tr><td>剪裁结构图</td></tr>
<tr><td>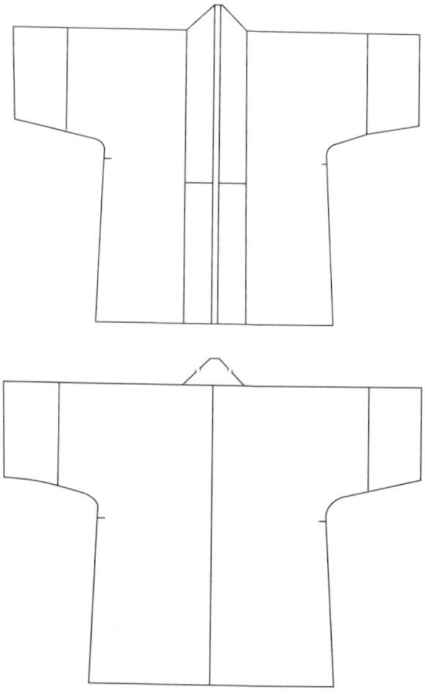
图3-47　款式图（自绘）</td><td>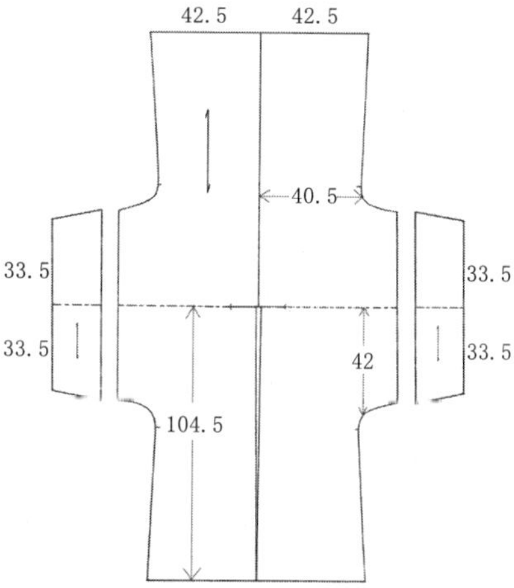

图3-48　剪裁结构图（自绘）
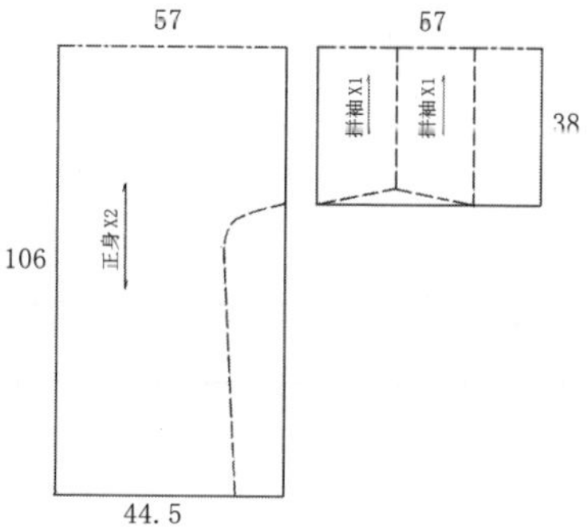

图3-49　单衫“摞裁法”示意图（自绘）</td></tr>
</table>

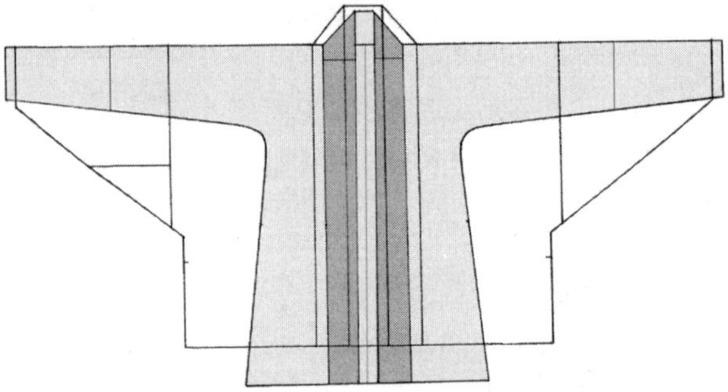

图3-50　南宋与北宋女“短衫”狭阔风格比较（自绘）
南宋：卍字菱纹格罗衫（8890）（南京高淳花山南宋墓）
北宋：素罗夹衫（M1:173）（安徽南陵铁拐北宋墓）

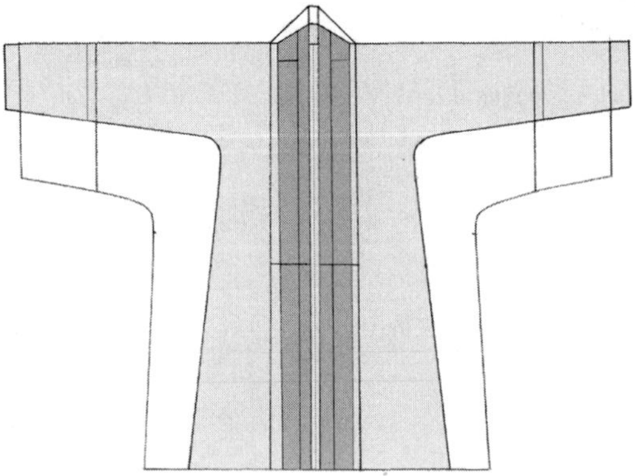

图3-51　南宋与北宋女“长衫”狭阔风格比较（自绘）
南宋：素罗袍（衫）（0959）（德安南宋周氏墓）
北宋：素罗单衫（M1:175）（安徽南陵铁拐北宋墓）

（二）裤类与裙类

1. 裤——功能分化

裤在南宋女性衣装生活中地位凸显，品类多样，数量众多。依托服装标本调研及发掘报告提供的服饰信息，南宋女裤可供研究的材料情况如下：福州茶园村宋墓5件、南宋福州黄昇墓23件、德安南宋周氏墓6件、南京高淳花山墓9件。依据这些女裤形制结构的细部特征，可将其划分为A型开裆和B型合裆两大类型。而A型开裆裤可依据小裆衩的形态划分为I式三角形裆衩（多数）和II式矩形裆衩（少数）两种。B型合裆裤又可依据裆片形态分为I式菱形裆片和II式矩形裆片两种，具体分类情况如表3-24所示。

表 3-24 南宋女裤形制类型（43 件）

名称	A 型（开裆裤）	B 型（合裆裤）
福州茶园村宋墓（5 件）	I 式（三角形裆衩）	I 式（菱形裆片）
	提花开裆裤	浅黄色素绢合裆裤
	II 式（矩形裆衩）	II 式（矩形裆片）
	浅黄色牡丹纹罗开裆裤	浅黄色牡丹纹罗合裆裤
		印金提花合裆裤（花边）
福州南宋黄昇墓（23 件）	I 式（三角形裆衩）	I 式（菱形裆片）
	烟色罗开裆裤（19）	褐色绢合裆裤（74）
	烟色罗开裆裤（38 ③）	褐色绢合裆裤（270）
	褐色绢开裆裤（38 ④）	褐色绢合裆夹裤（65 ①）
	烟色罗开裆裤（38 ⑤）	II 式（矩形裆片）
	烟色牡丹花罗开裆裤（38 ⑥）	烟色罗两外侧开中缝合裆裤（13）
	烟色牡丹花罗开裆裤（38 ⑦）	
	烟色绢开裆裤（38 ⑩）	烟色绢两外侧开中缝合裆裤（16）
	褐色花罗开裆裤（145）	
	褐色牡丹花绫开裆裤（266）	烟色绢两外侧开中缝合裆裤（38 ⑧）
	黄褐色牡丹花绫开裆夹裤（66）	
	褐色绢开裆夹裤（268）	烟色绢两外侧开中缝合裆裤（38 ⑪）
	褐色绢开裆夹裤（269）	
	烟色绢开裆丝绵裤（50）	黄褐色花绮两外侧开中缝合裆裤（265）
	烟色绢开裆丝绵袴（51）	
	褐色绢开裆丝绵裤（267）	
江西德安周氏墓（6 件）	I 式（三角形裆衩）	（未见出土）
	黄褐色罗开裆单裤 1	
	黄褐色罗开裆单裤 2	
	黄褐色罗开裆单裤 3	
	黄褐色绫面罗里开裆丝绵裤 1	
	黄褐色绫面罗里开裆丝绵裤 2	
	黄褐色绫面罗里开裆丝绵裤 3	
南京高淳花山墓（9 件）	I 式（三角形裆衩）	I 式（菱形裆片）
	缠枝并蒂莲荷纹罗开裆裤（8883）	合裆绢裤（8879）
	芙蓉山茶梅花纹罗开裆裤（8901）	合裆绢裤（8899）
	芙蓉牡丹花卉纹罗开裆夹裤（8900）	II 式（矩形裆片）
	绢开裆绵裤（8905）	折枝芙蓉山茶梅花纹罗合裆裤（8893）

续表

名称	A型（开裆裤）	B型（合裆裤）
南京高淳花山墓（9件）		缠枝并蒂莲荷纹合裆罗裤（8902）
		缠枝芙蓉牡丹纹罗合裆夹裤（8880）

从表3-24可见，除江西德安南宋周氏墓仅出土有A型开裆裤外，南宋其他三座墓葬所出女裤皆品类齐备，有A型开裆裤与B型合裆裤，且B型合裆裤中两种式样（菱形裆片和矩形裆片）相伴出现，可见其在南宋女性衣装生活中同时并存。有矩形裆片的裤，文献称“裆裤”。A型II式（矩形裆衩）开裆裤所见仅1件，或属非普遍意义的创新式样。各墓葬中，开裆套裤的数量最多，黄昇墓有15件，横跨四季（单、夹、绵）。矩形裆片合裆裤，即宋人的裆裤，数量居其次，黄昇墓出土5件，是极具时尚感的女用外裤。而菱形裆片合裆裤，即宋人的裈裤，属于内裤范畴，数量最少，黄昇墓仅出土3件。其他两座墓葬所出女裤情况亦有所类似。

在形制尺寸上，南宋各式女裤整体风格趋于合身，开裆裤与合裆裤裤长均值在80.6厘米—84.4厘米，呈露足之势。腰宽较窄，均值为34.3厘米—37.9厘米（腰围68.6厘米—75.8厘米），腰高取值平均在9.8厘米—11.8厘米。裆深的设定，开裆裤最大，均值40.3厘米；合裆裈裤最小，为36.3厘米，而时装化裆裤的裆深设定居中，均值为39.9厘米，体现了内外有别的尺寸差异。脚口的设定，外穿的裆裤最大，其外观尺寸虽不大，但靠近裤侧缝处皆隐设宽度为7厘米—9厘米的双层活褶，走动时，活褶散开，脚口增大。增幅为14厘米—18厘米，实际脚口尺寸为45.3厘米—49.3厘米，为女裤中最大者。开裆套裤最小，内着裈裤居中。具体尺寸数据详见表3-25。

表3-25 南宋女裤形制尺寸特征（单位：厘米）

“A型”开裆裤								
墓葬	品类	数量	主要部位尺寸					
			裤长	腰宽	腰高	裆深	脚口	裆衩
福州茶园村宋墓	开裆	2	79—80（79.5）	33—38（35.5）	7.5—13（10.3）	43—44（43.5）	22—24（23）	43/6 矩形 三角形
福州南宋黄昇墓	开裆	15	78—89（85.5）	33—39.5（36）	10—13.5（11.8）	31—38（34.8）	23—28（26.4）	19/22 三角形
德安南宋周氏墓	开裆	6	86—97（91.5）	33—35（34）	9—12（10.5）	55	28—32（30）	三角形

续表

南京高淳花山墓	开裆	4	78—88（83.5）	36—42（38）	6.5	28	29	24/14 三角形
江苏武进村前南宋墓	开裆	1	82	46	/	/	42	/
平均值		28	84.4	37.9	9.8	40.3	30.1	/
"B 型 I 式"合裆裤——菱形裆片								
墓葬	品类	数量	主要部位尺寸					
			裤长	腰宽	腰高	裆深	脚口	裆片
福州茶园村宋墓	合裆	1	77	35	10	35	30	38/19
福州南宋黄昇墓	合裆	3	80—85（82.5）	33—39.5（36.3）	11.5—12（11.8）	37—38（37.5）	32—34（33）	/
南京高淳花山墓	合裆	2	79.5—85（82.3）	30—33（31.5）	/	/	47	36/17.5
平均值		6	80.6	34.3	10.9	36.3	36.7	/
"B 型 II 式"合裆裤——矩形裆片								
墓葬	品类	数量	主要部位尺寸					
			裤长	腰宽	腰高	裆深	脚口	裆片
福州茶园村宋墓	合裆	2	77—79（78）	39—40（39.5）	9 12（10.5）	43—46（44.5）	29—30（29.5）	80/12
福州南宋黄昇墓	合裆	5	83—88（85）	34—39（35.8）	11.5—13（11.9）	32—45（37.2）	33—38（34.5）	90/12
南京高淳花山墓	合裆	2	85—93（89）	30—37（33.5）	13	38	30	/
平均值		9	84	36.3	11.8	39.9	31.3	/

以下将以类型为序，对南宋女裤形制结构及剪裁方式加以探讨。

（1）A型：开裆裤

南宋四座墓葬所出女性开裆裤众多。福州南宋黄昇墓15件、德安南宋周氏墓6件、南京高淳花山墓4件，福州茶园村宋墓2件（至少）。浙江兰溪南宋高氏墓也曾出土4件开裆裤，但可惜未见实物①。开裆裤在南宋男裤中也较为普遍，江苏金坛南宋周瑀墓②、浙江黄岩南宋赵伯澐墓③，均出土有开裆裤，且与女用开裆裤形制基本一致。开裆裤随四季流转有单、夹、绵之分，但形制未有太大改变。作为中

① 汪济英.兰溪南宋墓出土的棉毯及其他[J].文物，1975（6）:56.
② 镇江市博物馆，等.金坛南宋周瑀墓[J].考古学报，1977（1）:108.
③ 男裤资料来源于中国丝绸博物馆举办的"丝府宋韵——黄岩南宋赵伯澐墓出土服饰展"（2017.5.15—2017.9.3）展厅观摩以及展览配套图册。

华传统式样的开裆裤（三角形裆衩），仍为南宋社会男女所通用。但“长方形”裆衩的开裆裤却十分罕见，于福州茶园村宋墓仅见一例，其设计之巧妙，体现了古代劳动人民的聪明才智。

①A型I式（三角形裆衩）

研究范例：

名称：芙蓉牡丹花卉纹罗开裆夹裤（8900）

来源：南京高淳花山墓 / 馆藏：南京市博物馆

a. 款式特征

直腿、开裆，外加腰头，于背后开腰系带。两裤腿内侧（靠近裆部）各有一三角形裆衩，但两小裆离异而不缝合，是为开裆。裤腿、裆衩采用芙蓉牡丹花卉纹罗料，裤腰、腰带和衬里用平纹绢料。此裤为双层夹裤，款式图如图3-52所示。

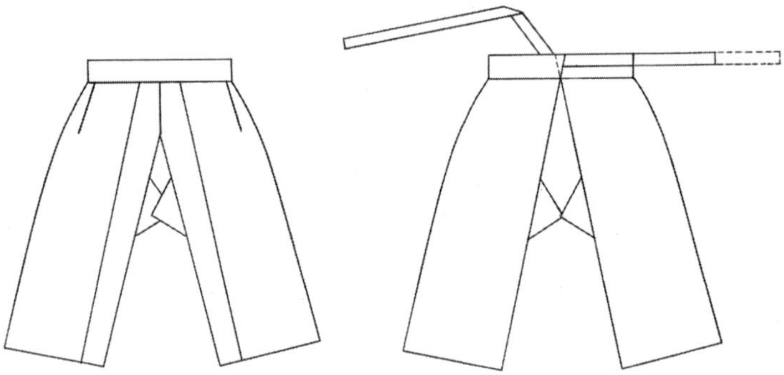

图3-52　款式图（前、后）—芙蓉牡丹花卉纹罗开裆夹裤（8900）（作者自绘线稿）

b. 规格尺寸（见表3-26）

表3-26　芙蓉牡丹花卉纹罗开裆夹裤（8900）规格尺寸表（单位：厘米）[①]

名称	芙蓉牡丹花卉纹罗开裆夹裤（8900）						
部位	裤长	腰宽	腰高	裆深	脚口	腰带	裆衩（底边 / 衩高）
尺寸	88	42	6.5	28	29	43/60	24/11

c. 剪裁结构

此A型女裤主体结构由5个矩形裁片和2个三角形裁片构成（腰带除外）：裤筒

① 该款芙蓉牡丹花卉纹开裆罗裤（8900）的各部位细节数据来源于作者在南京市博物馆开展的标本调研。

左右各2片、腰头1片，裆衩2片。裁片均为正裁，左右对称布局，造型严整有序。

具体而论，每一个裤筒由两个裁片组成（为满足裤腿阔度的需要，一个全幅罗料外再追加一个较窄的拼片），裤子侧缝为连折线，拼缝线在前裤腿偏内侧，后片则无拼缝线，为完整的裁片。前腰靠近侧缝处左右各收一个活褶，褶深2厘米，褶长15厘米，后腰处无活褶设计。前片裤筒裁片左边的剪去左上角横向和右上角纵向，右边的剪去右上角横向和左上角纵向，然后两边做人字形缝合。后片裤筒裁片则不做纵向剪裁，左右自由搭叠后，于腰头末端夹缝腰带，剪裁结构图如图3-53所示。

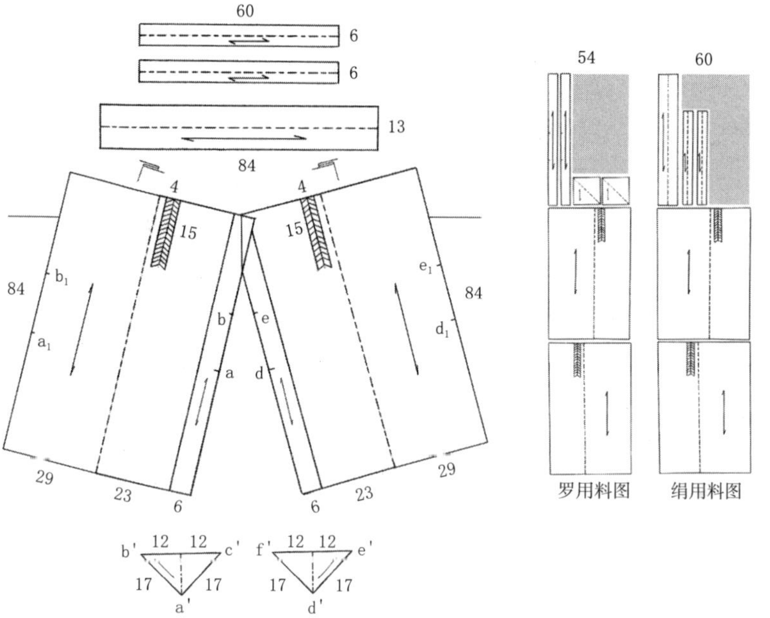

图3-53　剪裁结构图—芙蓉牡丹花卉纹开裆夹裤（8900）（自绘）

裤筒采用正裁斜拼的方式，通过矩形裁片向人体中线内侧倾倒，适当削幅，使腰围尺寸减小。并通过腰部追加活褶的结构处理手段，使腰部尺寸更适合人体（纵向削幅和收褶都发生在前裤片）。裆衩的引入，为裤子增加了一个侧面的维度空间（厚度），适合套穿的实际功用。三角形裆衩（双层）与裤子内侧缝的缝纫方法为：小裆衩的a′b′线段与右裤筒内侧的ab线段缝合、小裆衩的a′c′线段与右裤筒内侧（需折转）的a_1b_1线段缝合（a与a_1，b与b_1重合）。同理，小裆衩的d′e′线段与左裤筒内侧的de线段缝合、小裆衩的d′f′线段与左裤筒内侧（需折转）的

d_1e_1线段缝合（d与d_1，e与e_1重合）。该款女裤使用幅宽约54厘米（含缝份2厘米）的提花罗料裁制。裤筒用料为长86厘米（含2厘米缝份）的两个全幅罗料，裤筒拼片为长86厘米，宽8厘米的两个裁片（含2厘米缝份）。裤筒耗费全幅罗料约258厘米①。裤里、裤腰、系带所耗费绢料为两个全幅裤长（幅宽60厘米）加上一个腰宽（含缝份2厘米），合计约258厘米。

②A型II式（矩形裆片）

研究范例：

名称：浅黄色牡丹纹罗开裆单裤

来源：福州茶园村宋墓 / 馆藏：福州市博物馆

a. 款式特征

此款为目前仅见的一例非传统裁剪的开裆裤，局部造型新颖别致，独具匠心。近距离观测标本，其总体造型为直腿、开裆，外加腰头，于后身开腰系带，后裤片靠近侧缝处有两个直腰省。裆衩结构突破传统，变常规“三角形”为“矩形”。矩形裆衩在后身纵向与后裤片拼接，上与腰头缝合，下端在距离终端5厘米处，沿45度斜边将裆片向前折转，顺次与前裤片的内缝线缝合，形成兜状效果。此设计巧妙之处在于，矩形结构既是裆衩，又充当后裤片结构的一部分，简约利落，浑然一体。裤筒、裆衩均采用浅黄色牡丹纹罗料，裤腰、腰带用平纹绢料。此裤为靓丽的套裤，款式图如图3-54所示。

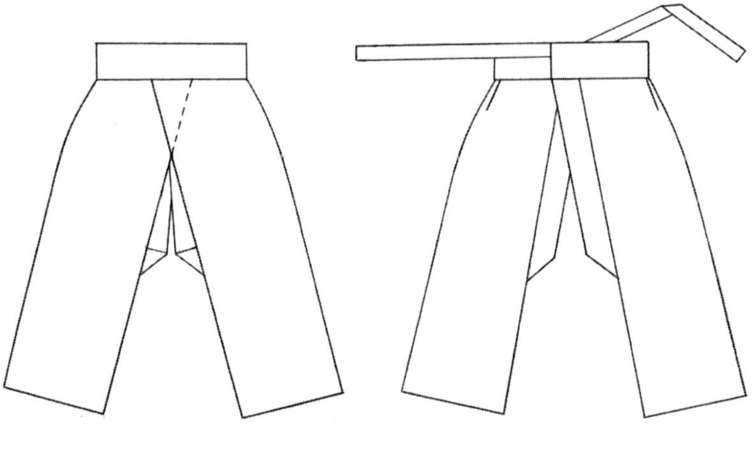

图3-54　款式图（前、后）—浅褐色牡丹纹罗开裆单裤（作者自绘线稿）

① 如果裤筒拼片为以往裁剪所剩零料裁制，则无需再占用一个全幅布料，仅需要两个整幅罗料即可。

b. 规格尺寸（见表3-27）

表3-27　浅褐色牡丹纹罗开裆单裤规格尺寸表（单位：厘米）[①]

名称	浅褐色牡丹纹罗开裆单裤						
部位	裤长	腰宽	腰高	裆深	脚口	腰带长（宽）	裆衩（长/宽）
尺寸	79	33	7.5	43	22	42（2.5）	43/6

c. 剪裁结构

A型II式女裤主体结构由5个矩形裁片构成（腰带除外）：裤筒2片、腰头1片、裆衩2片。裁片均为正裁，左右对称分布，造型严整有序，依以上数据，绘制服装剪裁结构图，如图3-55所示。

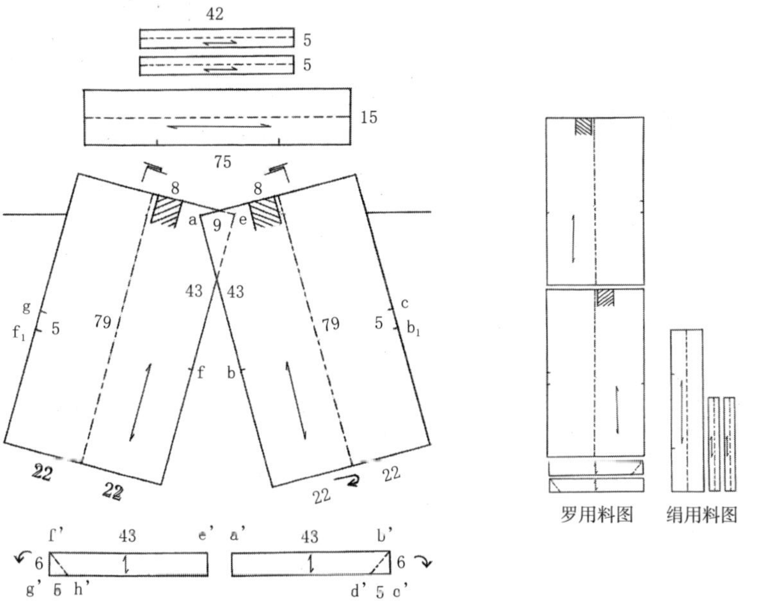

图3-55　剪裁结构图—浅褐色牡丹纹罗开裆单裤（自绘）

每个裤筒均由一个裁片纵向二等分对折后形成（裤外缝为连折线，内缝为拼缝线）。前、后裤片均在腰口线处做“人”字形叠合，以缩减腰宽尺寸。后腰靠近侧缝处左右各收一个活褶，褶深4厘米，褶长7厘米。由于活褶的收进，后裤片腰口线趋窄，恰以矩形裆衩的宽度补足其缺失量，满足后腰处系带时所需的搭叠余

① 该款“浅褐色牡丹纹罗开裆裤”的结构部位尺寸来源于作者在福州市博物馆的调研。

量。矩形裆衩拼缝细节为，左裆衩a′b′段与裤后片内缝线ab段缝合，距离c′点5厘米处沿d′b′向前折转，左裆衩b′c′与裤前片内缝线b_1c段缝合。同理，右裆衩e′f′边与裤后片内缝线ef段缝合，距离g′点5厘米处沿h′f′向前折转，右裆衩f′g′与裤前片内缝线f_1g段缝合。与三角形裆衩一样，矩形裆衩的引入也为裤子增加了一个侧面的维度空间（厚度），适合套穿之用。

该款女裤使用幅宽约46厘米（含缝份2厘米）的提花罗料裁制。左右裤筒用料为长81厘米（含缝份2厘米）的两个全幅罗料，矩形裆衩所耗为相同质地的罗料，长45厘米，宽为8厘米，两条。矩形裆衩的长度恰好与所用罗料的幅宽相近，可以判断，从节省务实的需要出发，矩形裆片为横向取材，使用纬纱方向为长度方向。如此做法裆衩仅需耗费16厘米长（两个裆衩宽度）的全幅罗料，而如果采用传统经纱方向剪裁，将耗费45厘米的全幅罗料，且除了裆衩（两条）需占用的16厘米宽度外，余料则被闲置。裆衩横向用料，对缝纫效果不会有太大影响，且开裆裤为穿着于内的套裤，更无大碍。裤子主体所需用料为46厘米幅宽的牡丹纹罗约178厘米，腰头及腰带需耗费特定幅宽的绢料77厘米（同墓绢料幅宽有40、55、64厘米不等）。

（2）B型：合裆裤

除德安南宋周氏墓外，其余三座南宋墓葬均有不同数量的女性合裆裤出土。福州南宋黄昇墓8件、南京高淳花山墓5件、福州茶园村宋墓4件（至少）。合裆裤在男裤中也较为普遍，浙江黄岩南宋赵伯澐墓、江苏金坛南宋周瑀墓[①]，均见合裆裤。依裆片结构不同，可分为两式：I式菱形裆片（对折呈三角形）和II式矩形裆片。I式男女通用，II式仅存在女装结构中，具有典型性和特异性。

①B型I式（菱形裆片）

研究范例：

名称：浅黄色素绢合裆单裤

来源：福州茶园村宋墓/馆藏：福州市博物馆

a. 款式特征

此款女裤仅作为内穿的衬裤，即裈裤，为单层结构，用素朴的绢料裁制。直腿、合裆，外加腰头，右侧系腰带。经近距离观测，两裤筒内外侧缝均为绢料的

① 镇江市博物馆，等.金坛南宋周瑀墓[J].考古学报，1977（1）:108.

织造幅边，说明每一个裤筒均由两个全幅绢料构成。在裤筒靠近外侧缝处，前后各有一自上而下、宽7厘米的活褶，拓宽了裤筒的实际围度。两裤筒内缝交汇处顺次接缝菱形裆片一个（对折后为三角形），形成合裆结构。前后腰口中心处左右各有活省道一个，使裤腰更趋紧缩。因女裤腰围较小，为使穿脱自如，于右裤筒外侧缝上端预留开口一个，其余向下缝合至脚口。此款女裤与江苏金坛周瑀墓和浙江黄岩赵伯澐墓所出合裆裤款式相同，为男女通用式样。B型Ⅰ式女用合裆裤款式图如图3-56所示。

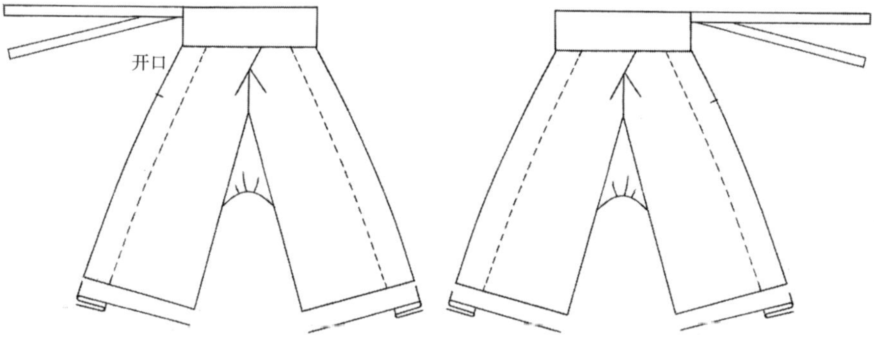

图3-56　款式图（前、后）—浅黄色素绢合裆单裤（作者自绘线稿）

b. 规格尺寸（见表3-28）

表3-28　浅黄色素绢合裆裤规格尺寸表（单位：厘米）①

名称	浅黄色素绢合裆单裤						
部位	裤长	腰宽	腰高	裆深	脚口	腰带长（宽）	裆衩（长/宽）
尺寸	77	35	10	35	30（44）	47（2.5）	25/25

c. 剪裁结构

B型Ⅰ式女裤主体结构由矩形裁片5片和菱形裁片1片构成（腰带除外）：裤筒4片、腰头1片、裆片1片。裁片均为经向正裁，左右对称分布，造型严整，依据以上数据绘制服装剪裁结构图，如图3-57。

前、后裤片均在腰口线处做“人”字形叠合，以缩减腰宽尺寸。经近距离标本测绘发现，靠近侧缝处左右预留活褶量15厘米（褶深7.5厘米）。由于活褶的收

① 该款“浅黄色素绢合裆女裤”的结构数据来源于作者在福州市博物馆的调研。

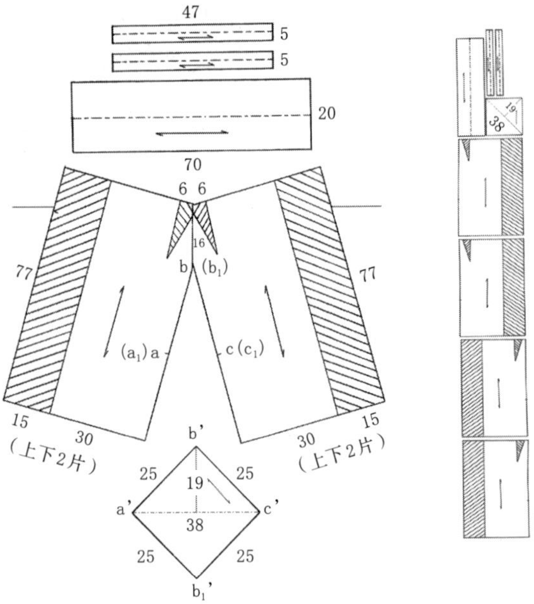

图3-57　剪裁结构图—浅黄色素绢合裆单裤（自绘）

进，裤筒宽度明显变窄。中腰线靠近中心处，左右各收进两个活省道（不缝死），使腰宽更趋窄小。菱形裆片拼缝秩序为，裆片a′b′c′三点分别与裤前片内缝线abc三点缝合，而后裆片沿a′c′线向后折转，裆片a′b_1′c′三点分别与裤后片内缝线$a_1b_1c_1$三点顺次缝合（a与a_1、c与c_1前后重合），形成满裆结构。

该款女裤使用幅宽47厘米的素绢裁制。左右裤筒需长80厘米的全幅绢料四幅，计320厘米。菱形裆片直裁，与腰头共占用一个全幅绢料，加上腰带用量，共需76厘米，裁制此合裆裤，需幅宽47厘米的素绢料合计396厘米（裆底为布幅斜纱，良好的伸缩性适合人体活动之需）。

②B型II式（矩形裆片）

研究范例：

名称：黄褐色罗两外侧开中缝合裆裤（38⑧）

来源：福州南宋黄昇宋墓/馆藏：福建博物院

a. 款式特征

此款女裤为南宋女性所独有，为时尚的外穿裆裤。单层，质料华美，多为罗、绮。直腿、合裆，两侧开长衩，外加腰头，左侧系腰带。两裤筒外侧为敞开式设计，自裤腰向下均不缝合，且在靠近侧缝处前后、左右各有一深度为9厘米的活褶裥，靠近脚口处自由散开，似喇叭形，穿着此裤极具洒脱、飘逸之美。裤裆部由矩形裁片拼缝成满裆结构，裆片的存在同时拓展了脚口的宽度。裤外侧缝的长开衩可自上而下完全敞开，也可在髋部定点锁缝固定，防止其过度开散。此款女裤的“腰面”用料非素绢，而是与裤筒一致，用素罗。仅“腰里”使用素绢，腰带仍沿用绢料传统[①]。这一特征在茶园村宋墓所出“浅黄色牡丹纹合裆女裤”上也有印证。此腰头选材的细微变化揭示了此合裆裤用于外穿的特点，腰头与裤筒用料统一，增强视觉美感。黄昇墓所出合裆裤（38⑧）的实物照片、款式图如图3-58、图3-59。

图3-58　黄褐色罗两外侧开中缝合裆裤（38⑧）[福州南宋黄昇墓（福建博物院藏）]
图片来源：福建省博物馆：《福州南宋黄昇墓》，文物出版社，1982年版，图版四二。

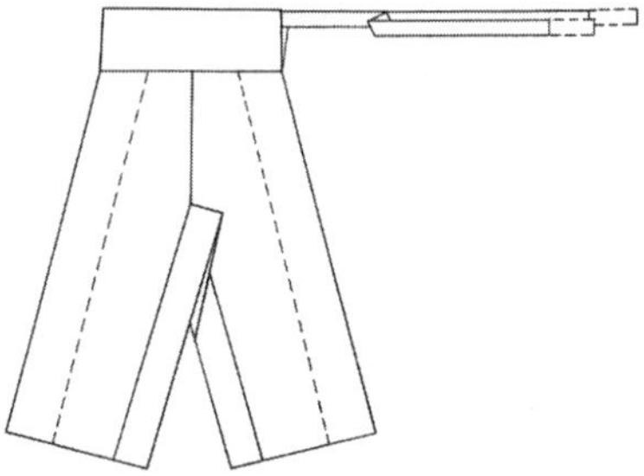

图3-59　款式图（前后片相同）(自绘)
黄褐色罗两外侧开中缝合裆裤（38⑧）
绘制此图时参考了《福州南宋黄昇墓》一书

b. 规格尺寸（见表3-29）

表3-29　黄褐色罗两外侧开中缝合裆裤（38⑧）规格尺寸表（单位：厘米）[②]

名称	黄褐色罗两外侧开中缝合裆裤（38⑧）						
部位	裤长	腰宽	腰高	裆深	脚口	腰带长（宽）	裆衩（长／宽）
尺寸	86	34	11.5	37	33（51）	51/60(2.6/2.3)	45+45/12

c. 剪裁结构

B型II式女裤主体结构由6片矩形裁片组成：裤筒4片、裆片2片，为罗料。裤腰结构由矩形裁片4片组合：腰面1片、腰里1片、系带2片，除腰面为罗料外，其余均为绢料。裁片除裆片、腰面外，均应为经向正裁。为最大限度地提高衣料使用率，矩形裆片采用纬向剪裁，这从矩形裆片长度的一半恰好等于一个全幅宽

① 福建省博物馆.福州南宋黄昇墓[M].北京：文物出版社，1982:56.
② 福建省博物馆.福州南宋黄昇墓[M].北京：文物出版社，1982:62.

度便可得到证明。主体裤身裁片呈左右对称分布，造型严整有序。据以上数据绘制该款女裤的剪裁结构图，如图3-60。

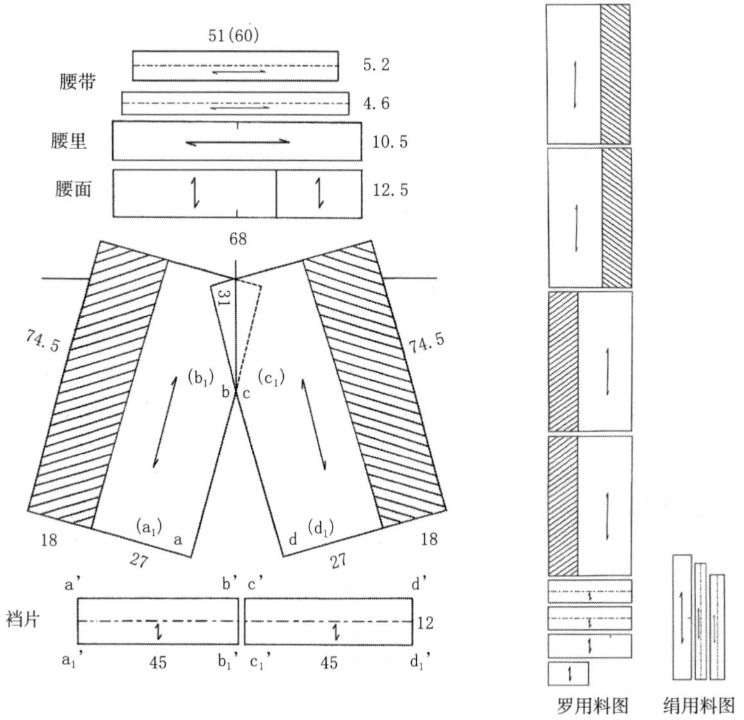

图3-60　剪裁结构图—黄褐色花罗两外侧开中缝合裆裤（38⑧）（自绘）

前、后裤片均在腰口线处做“人”字形叠合，以缩减腰宽尺寸（前后中线处缝份量完全保留）。靠近侧缝处左右预留活褶量18厘米（褶深9厘米）。由于活褶的收进，裤筒宽度变窄。矩形裆片拼缝秩序为，两矩形裆片线段$b'b_1'$与$c'c_1'$首先缝合。而后将裆片$a'b'$与裤前片内缝线ab缝合，裆片$c'd'$与前裤片内缝线cd缝合。裆片$a_1'b_1'$与裤后片内缝线a_1b_1缝合，裆片$c_1'd_1'$与裤后片内缝线c_1d_1缝合，最终形成满裆结构。

该款女裤使用幅宽约47厘米的花罗裁制。左右裤筒需长77厘米的全幅罗料四幅，计308厘米。矩形裆片横裁，需幅宽47厘米的罗料28厘米。裤腰腰面需幅宽47厘米的罗料29厘米，裤子所需罗料共计365厘米。裤腰腰里和腰带需宽度约27厘米的绢料70厘米。

福州黄昇墓出土有完整的成匹衣料，其中有幅宽47厘米的花罗料一匹，匹长

1127厘米，重量仅达116克。另一件匹布为花绫，幅宽56厘米，匹长1104厘米，首尾匹端均有墨书，一端可见“宗正纺染金丝绢官记”字样，一端模糊[①]。从这些由宗正司督办专供赵宋宗室的纺织布帛可以看出，南宋时期官方规定的一匹布料约为11米余。若以此B型II式矩形裆片合裆裤计算用料，幅宽47厘米的一匹花罗料大约可做3件女裤。

以上是对南宋A型和B型女裤的形制结构及剪裁方式的实证研究，所属品类衬裤（B型I式）、套裤（A型）、外裤（B型II式），均是以特定幅宽的丝织品为基础，以矩形构成法完成裤子的结构设计。但因功用不同，剪裁方式也存在局部个性化的特色。且不同时期、不同地域内，女裤具有相应品类裁配方式相对恒定的特点。如开裆裤的外侧缝都是连折线，且裤子从后腰开门，裤腰与裤腿为异质面料；而合裆裤的外侧缝皆是织料的幅边，根据功能不同，或缝合或敞开，裤子开门都在侧面，且裤腰与裤腿为同质面料。各式女裤裁配方式及耗料情况总结如下，见表3-30所示。

表3-30　南宋女裤用料裁配方式一览表

品类	形制类型		造型特征	裁片数量	裁配方式（以幅宽为尺度）
裤	开裆	A型I式（套裤）	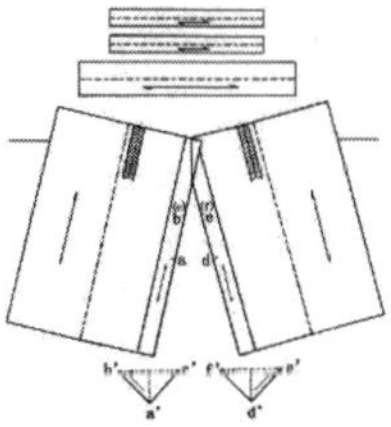 （矩形）	裤筒2片（或4片） 裆衩2片 裤腰1片 系带2片	2个全幅（裤腿2片） 或3个全幅（裤腿4片） 耗料： 一、裤筒及裆衩：（罗） 长度=2×或3×（裤长－腰高） 二、裤里、裤腰及系带：（绢） 长度=2×（裤长－腰高）+2×腰宽
裤	开裆	A型II式（套裤）	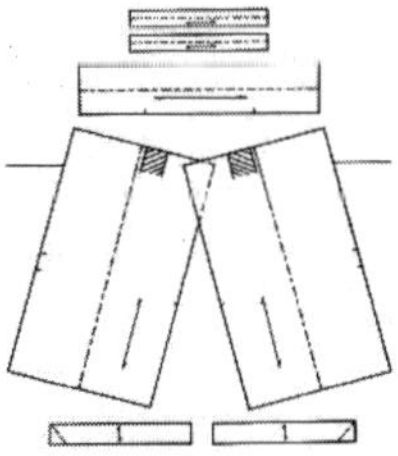 （矩形）	裤筒2片 裆衩2片 裤腰1片 系带2片	2个全幅（裤腿2片） 2个全幅（裆片2片） 耗料： 一、裤筒及裆衩：（特定幅宽的罗料） 长度=2×（裤长－腰高）+2×裆衩宽 二、裤腰及系带：（特定幅宽的绢料） 长度=1×腰宽

① 福建省博物馆.福州南宋黄昇墓[M].北京：文物出版社，1982:87，102.

续表

品类	形制类型		造型特征	裁片数量	裁配方式（以幅宽为尺度）
裤	合裆	B型I式（衬裤）裈裤	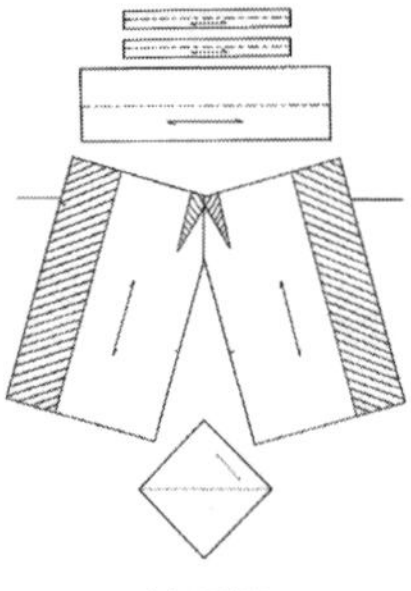 （矩形）	裤筒4片 裆片1片 裤腰1片 系带2片	4个全幅（4片裤腿） 1个全幅（裤腰+系带+裆片） 耗料：（特定幅宽的绢料） 长度=4×（裤长－腰高）+腰宽
		B型II式（外裤）裆裤	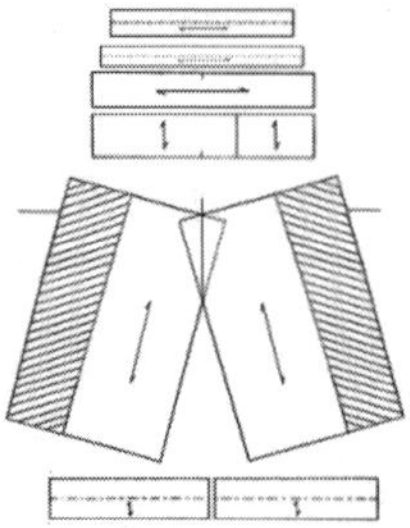 （矩形）	裤筒4片 裆片2片 裤腰2片 系带2片	4个全幅（裤腿4片） 2个全幅（2片裆片） 耗料： 一、裤筒、腰面及裆片：（罗） 长度=4×（裤长－腰高）+2×裆片宽+2×腰高 二、腰里及系带：（绢） 长度=腰宽

2. 裙——形式多元

南宋女裙从出土情况来看，现统计四座墓葬共计40件，福州南宋黄昇墓20件、江西德安南宋周氏墓15件（信息明确的4件）、南京高淳花山墓3件、福州茶园村宋墓2件（至少）。女裙依形制特征，可划分为四大类：即A型单片裙、B型两片裙、C型褶裥裙、D型A形裙。而C型褶裥裙又可依“叠褶方式”的不同划分为I式（顺裥）和II式（暗裥）两种。

A型单片裙和D型A形裙所出数量极少，各自仅有1件，占可统计数量的3%。B型两片裙数量最多，三座墓葬均有出土，有21件，占比72.4%。C型褶裥裙数量居中，计6件，占比21.6%。四种类型的女裙以纱、罗、绢裁制，其中B型两片裙最为华美，多以花边装饰。南宋女裙形制类型划分情况见表3-31所示。

四种裙式在长度取值上均呈露足之势，最短者68厘米，最长者93厘米，数量最多的B型两片裙长度均值为82.8厘米，且与C型褶裥裙（81.1厘米）趋同。腰高四种裙式接近，在10厘米—16.5厘米之间取值，较现代女裙的4厘米—5厘米数值明显偏宽。而腰宽取值以B型两片裙为大，范围在119.2厘米，可对腰身形成充分的缠绕量。C型褶裥裙由于存在叠褶之故，下摆取值在诸裙中最大，均值160.6厘米，远大于其他三式女裙。具体形制尺寸特征详见表3-31。

表3-31　南宋女裙形制类型（29件）

<table>
<tr><th rowspan="2">名称</th><th rowspan="2">A型（单片裙）</th><th rowspan="2">B型（两片裙）</th><th colspan="2">C型（褶裥裙）</th></tr>
<tr><th>I式（顺裥）</th><th>II式（暗裥）</th></tr>
<tr><td>福州茶园村宋墓（2件）</td><td></td><td>印花裙</td><td>绢百褶裙</td><td></td></tr>
<tr><td rowspan="18">南宋福州黄昇墓（20件）</td><td rowspan="18"></td><td>褐色罗镶花边裙（14）</td><td rowspan="9">褐色罗印花褶裥裙(41)</td><td rowspan="18"></td></tr>
<tr><td>黄褐色花罗镶花边裙（20）</td></tr>
<tr><td>褐色团花罗镶花边裙（24）</td></tr>
<tr><td>黄褐色花罗镶花边裙（25）</td></tr>
<tr><td>褐色罗镶花边裙（39⑤）</td></tr>
<tr><td>褐色绢镶花边裙（53）</td></tr>
<tr><td>黄褐色绢夹裙（55）</td></tr>
<tr><td>褐色罗镶花边裙（58）</td></tr>
<tr><td>褐色牡丹花罗镶花边裙（65②）</td></tr>
<tr><td>褐色牡丹花绫镶花边裙（65③）</td><td rowspan="9">烟色罗洒金双凤穿牡丹褶裥裙(263)</td></tr>
<tr><td>黄褐色绢印靛蓝小点花裙(65⑥)</td></tr>
<tr><td>褐黄色罗镶花边裙（67）</td></tr>
<tr><td>灰褐色罗裙（75）</td></tr>
<tr><td>褐色罗镶花边裙（114）</td></tr>
<tr><td>褐色花罗镶花边裙（115）</td></tr>
<tr><td>褐色芙蓉花罗镶花边裙（116）</td></tr>
<tr><td>褐色牡丹花罗镶花边裙（132）</td></tr>
<tr><td>褐色牡丹花绫镶花边裙（264）</td></tr>
<tr><td rowspan="2">德安南宋周氏墓（4件）</td><td rowspan="2">星地折枝花纹绫夹裙（C4）</td><td>印花罗夹裙（C10）</td><td rowspan="2"></td><td rowspan="2">驼色如意珊瑚纹罗夹裙 C15</td></tr>
<tr><td>穿枝花鸟罗夹裙（C19）</td></tr>
<tr><td rowspan="2">南京高淳花山墓（2件）</td><td rowspan="2"></td><td rowspan="2"></td><td>百褶纱裙（8896）</td><td></td></tr>
<tr><td>百褶纱裙（8882）</td><td></td></tr>
<tr><td>名 称</td><td colspan="4">D型（A形裙）</td></tr>
<tr><td>南京高淳花山墓（1件）</td><td colspan="4">百褶绢裙（8887）</td></tr>
</table>

表 3-32　南宋女裙形制尺寸特征（单位：厘米）

A 型单片裙							
墓葬	品类	数量	主要部位尺寸				
			裙长	腰宽	腰高	下摆宽	腰带
德安南宋周氏墓	A 型	1	92	99	14	118	80（4.5）
B 型两片裙							
墓葬	品类	数量	主要部位尺寸				
			裙长	腰宽	腰高	下摆宽	腰带
福州茶园村宋墓	B 型	1	80	96	12	132	85（6.5）
福州南宋黄昇墓		18	76—87.5（79.1）	103—125.5（118.8）	10.5—12.3（11.7）	101—139（127.2）	68—88.5（4—5.5）80.2(4.7)
德安南宋周氏墓		2	87.5—91（89.3）	140—146（143）	14.5—16.5（15.5）	155—170（162.5）	90—100（4.5）95（4.5）
平均值		21	82.8	119.2	13.1	140.6	86.7(5.2)
C 型褶裥裙							
墓葬	品类	数量	主要部位尺寸				
			裙长	腰宽	腰高	下摆宽	腰带
福州茶园村宋墓	I 式顺裥	1	68	92	10	132	/
福州南宋黄昇墓		2	78—87（82.5）	69—104（86.5）	10.7—14（12.4）	127—158（142.5）	78（3）
南京高淳花山墓		2	80—82（81）	75—100（87.5）	13	140	84（5.5）
德安南宋周氏墓	II 式暗裥	1	93	117	13	228	80（5）
平均值		6	81.1	95.8	12.1	160.6	80.7(4.5)
D 型 A 形裙							
墓葬	品类	数量	主要部位尺寸				
			裙长	腰宽	腰高	下摆宽	腰带
南京高淳花山墓	D 型	1	110/72	43×2	13	88	60（2.5）

以下将择取各类典型性女裙，对其形制结构及剪裁方式予以实证研究。

（1）A型（单片裙）

研究范例：

名称：星地折枝花纹绫夹裙（C4）

来源：德安南宋周氏墓/馆藏：江西德安县博物馆

①款式特征

A型单片裙，目前仅见的一件为江西德安周氏墓出土，名为“星地折枝花纹绫夹裙”。整件裙呈微扇形，由两幅绫料拼缝而成，拼接缝即在裙子中心线上。裙上缘接缝双层素绢裙腰，两侧出绢质腰带，左侧残损，右侧尚存。此裙为夹裙，内衬为素绢。整体造型十分简洁①，实物照片、款式图如图3-61、图3-62所示。

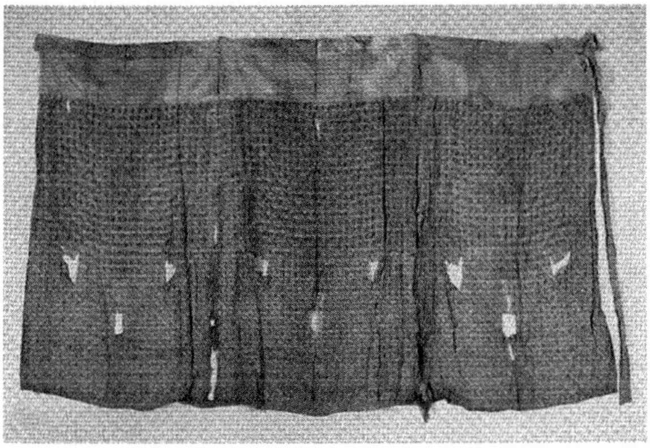

图3-61　星地折枝花卉纹绫夹裙（C4）[德安南宋周氏墓（江西德安县博物馆藏）]

图片来源：周迪人等著：《德安南宋周氏墓》，江西人民出版社1999年版，彩图版三。

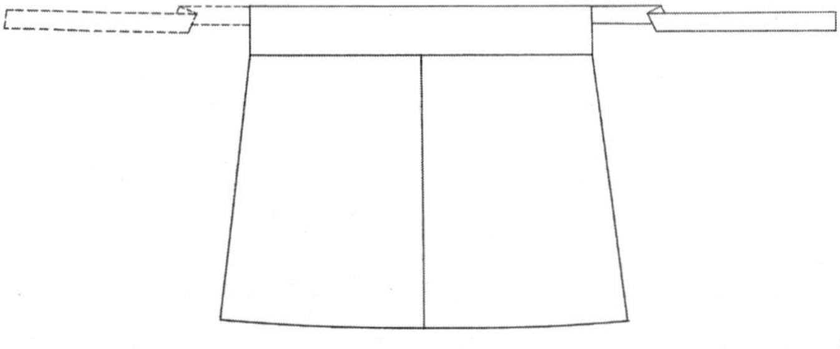

图3-62　款式图—星地折枝花卉纹绫夹裙（C4）（作者自绘线稿）

① 周迪人，等.德安南宋周氏墓[M].南昌：江西人民出版社，1999:9，19.

②规格尺寸（见表3-33）

表3-33 星地折枝花卉纹绫夹裙（C4）规格尺寸表（单位：厘米）[1]

名称	星地折枝花卉纹绫夹裙（C4）				
部位	裙长	腰宽	腰高	下摆宽	腰带长（宽）
尺寸	92	99	14	118	80（4.5）

③剪裁结构

A型单片裙由5个裁片构成，裙身2片、裙腰和裙带共3片。裙身为花卉绫裁制，裙腰为素绢。裙身为经向正裁，两侧削幅9.5厘米，向内收腰，裙片近似扇形。裙腰和裙带为矩形裁片，经向正裁。此款女裙的剪裁结构图如图3-63。

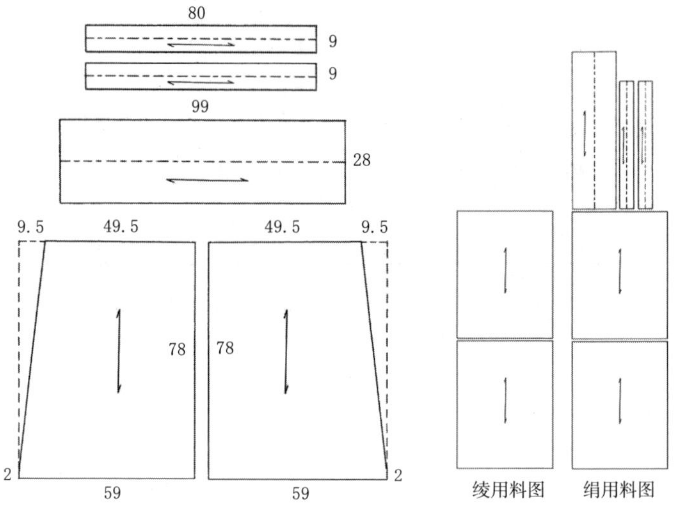

图3-63 剪裁结构图－星地折枝花卉纹绫夹裙（C4）（自绘）

裙身用幅宽约61厘米（含缝份2厘米）的两个全幅绫料制成，单幅所需长度80厘米，双幅合计160厘米。裙腰由长101厘米（含缝份2厘米）、宽30厘米的绢料构成（横向对折）；腰带由两条长82厘米（含缝份2厘米）、宽11厘米的绢料构成（横向对折），腰部所耗料为特定幅宽的绢料约101厘米。该款女裙为双层夹裙，里子所耗绢料（幅宽约61厘米）与面料一致，结合腰带及系带因素，素绢的消耗量为261厘米。

① 周迪人，等.德安南宋周氏墓[M].南昌:江西人民出版社，1999:24.

（2）B型（两片裙）

研究范例：

名称：穿枝花鸟罗夹裙（C19）

来源：德安南宋周氏墓/馆藏：江西德安县博物馆

①款式特征

B型两片裙在出土的南宋女裙中数量最多，其中福州南宋黄昇墓18件；德安南宋周氏墓所出形制信息清晰的有2件；福州茶园村宋墓目前所知有1件。B型女裙款式特征为：裙身上端较下端略窄，由两片上下交叠的裙片组成。每一个裙片均由两幅宽度不等的裁片纵向拼缝而成，裙身上端接缝裙腰。上下交叠的两层裙片可以自由离合，提供活动的便利。裙腰两侧出腰带，以便扎系固定（腰带残损）。此为夹裙，裙面为提花罗料，裙里、裙腰及腰带均为素绢料。实物照片、款式图如图3-64、图3-65所示。

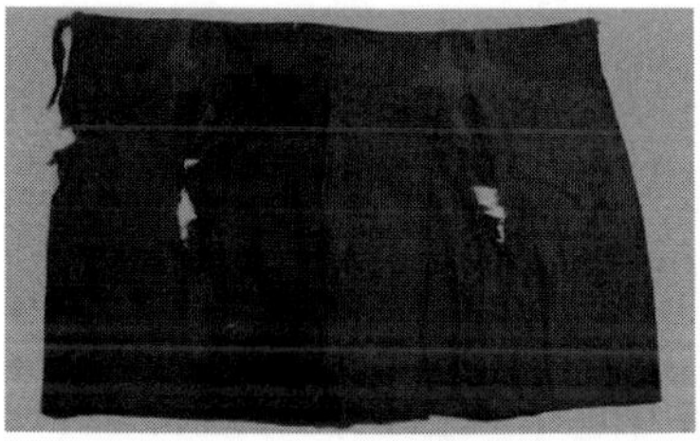

图3-64 穿枝花鸟罗夹裙（C19）[德安南宋周氏墓（江西德安县博物馆藏）]
图片来源：本照片为德安县博物馆提供

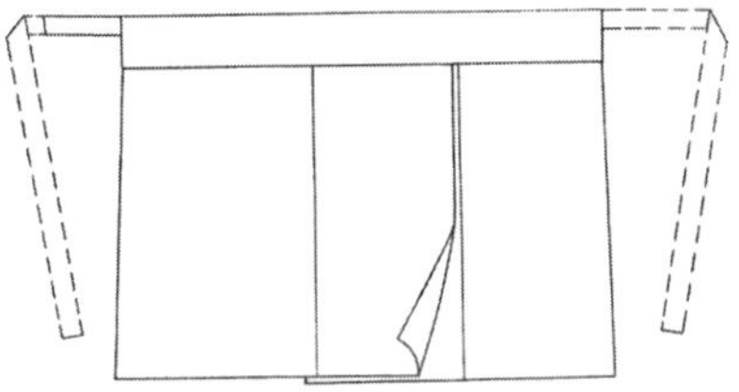

图3-65 款式图—穿枝花鸟罗夹裙（C19）（作者自绘线稿）

②规格尺寸（见表3-34）

表3-34 穿枝花鸟罗夹裙（C19）规格尺寸表（单位：厘米）[①]

名称	穿枝花鸟罗夹裙（C19）				
部位	裙长	腰宽	腰高	下摆宽	腰带长（宽）
尺寸	84	114	12	154	右10（4.5）

③剪裁结构

B型两片裙裙身面料为穿枝花鸟提花罗，由四个裁片构成，均需削幅剪裁。居中为2个矩形，两侧为2个直角梯形。裙里料为素绢，构成方式与裙面相同。裙腰

① 穿枝花鸟罗夹裙（C19）的结构数据来源于作者在江西德安县博物馆的调研。

由三个矩形裁片构成，皆为绢料。裙身上层居中的裁片较窄，边侧的裁片较宽；下层裙片两个裁片尺寸大小相当。据以上尺寸数据绘制该款女裙的剪裁结构图，如图3-66。

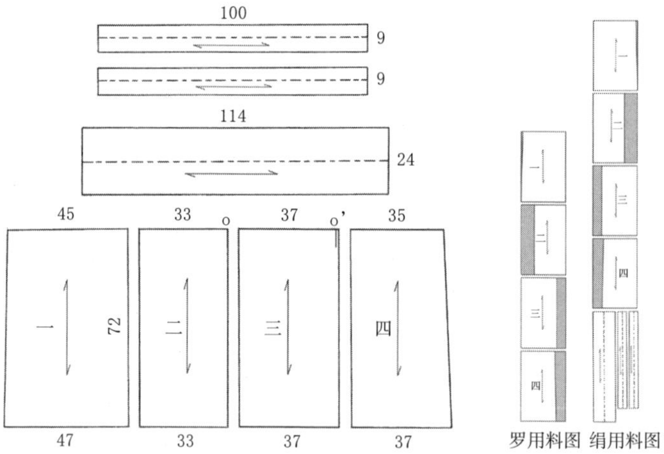

图3-66　剪裁结构图—穿枝花鸟罗夹裙（C19）（自绘）

上层裙片尺寸（净尺寸）大小依次为：裁片一上宽45厘米、下宽47厘米；裁片二上下同宽，均为33厘米。下层裙片尺寸大小依次为：裁片三上下同宽，为37厘米；裁片四上宽35厘米、下宽37厘米。上层裙片比下层裙片尺寸略大，上端宽出6厘米，下摆亦宽出6厘米。表现为上下裙片尺寸取值的不均一特性。裁片二与裁片三为直向削幅剪裁，裁片一和裁片四为斜向削幅剪裁，二者短边与长边互加，虽同为82厘米，但并非“交窬”斜裁[①]，因宋代的衣料幅宽最宽者仅为62厘米，裁片一和裁片四只能为单幅布料独立裁制。上下两层裙片重叠量大小为36厘米，即裁片二中的o点应与裁片三中的o'对位重合。由此，裙身由四个全幅罗料削幅制成，幅宽约49厘米（含缝份2厘米），长为74厘米（含2厘米缝份），共需296厘米。裙里所需绢料与裙面相同，为幅宽与49厘米大致相当的绢料296厘米，腰头及腰带所需绢料长116厘米，制作此款女裙，共需绢料412厘米。

与上述德安周氏女裙不同，福州南宋黄昇墓出土的18件B型裙，上下裙片在尺寸上表现出严整的一致性。两片叠压的次序也有所差异（左压右非右压左）。黄昇墓所出“黄褐色绢印靛蓝小点花裙”实物照片、款式图、剪裁图如图3-67、

① “交窬”斜裁，出自北大秦简《制衣》篇，为秦国制裙的一种裁剪方式，即两个直角梯形裁片由一个矩形裁片斜向剪裁获得，且需满足两个梯形的上边和下边分别相等。此“交窬”裁法十分省料，同时可以获得需要的活动松量。详见：彭浩，张玲.北京大学藏秦代简牍《制衣》的“裙”与“袴”[J].文物，2016（9）:74-75.

3-68、3-69所示。

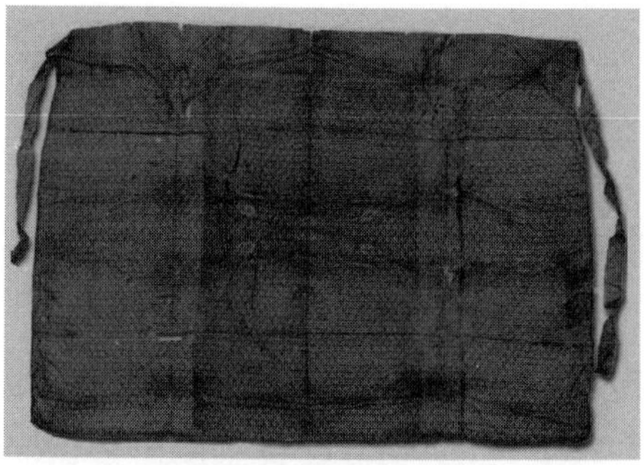

图3-67　黄褐色绢印靛蓝小点花裙（65⑥）
[福州南宋黄昇墓（福建博物院）]
图片来源：图片来源：常沙娜主编：《中国织绣服饰全集（3）· 历代服饰卷（上）》，天津人民美术出版社2004年版，第483页。

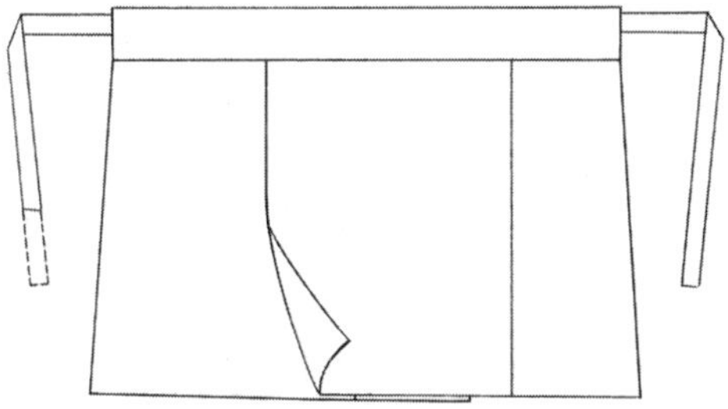

图3-68　款式图—黄褐色绢印靛蓝小点花裙（65⑥）
（作者自绘线稿）

如图3-69所示，福州南宋黄昇墓出土的B型裙均具有裙身上、下片尺寸相同的特点。即上片的ab与下片的a′b′等值；上片的cd与下片的c′d′等值。裙片一与裙片四为相似形，裙片二与三为相似形。裙上片b点与下片o点为缝纫止点，两裙片交叠量为46厘米。由此可见，黄昇墓B型裙在采寸取值上更为规整、秩序。此种剪裁方式只需将幅宽约62厘米的三个裙长的全幅宽布料通过削幅剪裁即可配置出裙身结构。此种剪裁法当适用于布料幅宽较大的情况。此裙为单裙，无需衬里料，仅裙腰及系带需要特定幅宽的绢料120厘米即可。

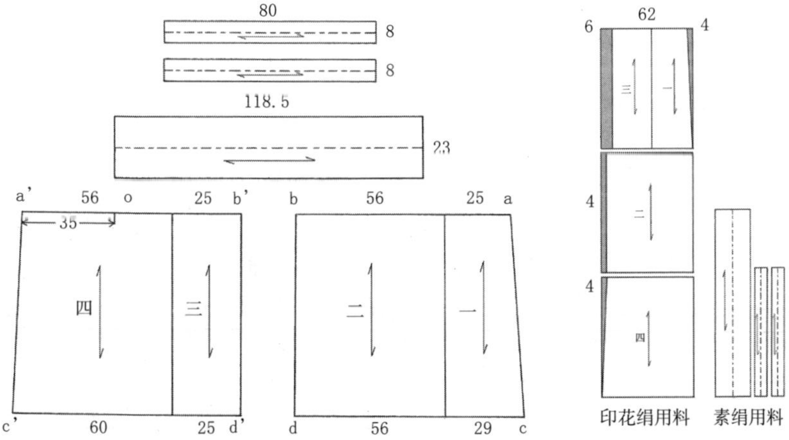

图3-69　裁剪结构图—黄褐色绢印靛蓝小点花裙（65⑥）（自绘）

（3）C型（褶裥裙）：

①C型I式：顺裥裙

研究范例：

名称：褐色罗印花褶裥裙（41）

来源：福州南宋黄昇墓 / 馆藏：福建博物院

a. 款式特征

较B型裙而言，C型I式顺裥裙所见数量较少，福州茶园村宋墓1件，福州南宋黄昇墓2件。南京高淳花山墓2件，材质有罗、纱、绢。黄昇墓所出褐色罗印花褶裥裙（41）的款式特征为：上窄下宽，犹如扇形。裙面由四幅罗料纵向拼缝，腰间有21个呈放射状的左顺裥。裙身上接腰头，两侧系带。裙两侧为罗料的幅边，故无须缝纫。与B型双片裙不同，该裙裙腰及腰带用料与裙身浑然一体，均为二经绞罗[①]。女裙整体造型轻盈通透，飘逸自然。实物照片、款式图如图3-70、3-71所示。

图3-70 褐色罗印花褶裥裙（41）
[福州南宋黄昇墓（福建博物院藏）]
图片来源：福建省博物馆编：《福州南宋黄昇墓》，文物出版社1982年版，彩色图版6

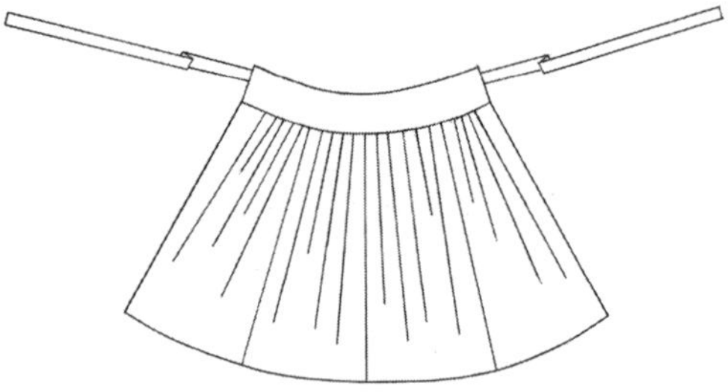

图3-71 款式图—褐色罗印花褶裥裙（41）
（作者自绘线稿）

b. 规格尺寸（见表3-35）

表3-35 褐色罗印花褶裥裙（41）规格尺寸表（单位：厘米）[②]

名称	褐色罗印花褶裥裙（41）				
部位	裙长	腰宽	腰高	下摆宽	腰带长（宽）
尺寸	78	69	10.7	158	72/78（3）

① 福建省博物馆.福州南宋黄昇墓[M].北京：文物出版社，1982:13，64.
② 福建省博物馆.福州南宋黄昇墓[M].北京：文物出版社，1982:70，71.

c. 剪裁结构

C型I式顺裥裙，裙身由4个全幅矩形裁片构成，不做削幅处理。裙腰及腰带由3个矩形裁片构成，均为经向正裁，同为印花罗料缝制。裙片每幅宽度为39.5厘米、长度为67.3厘米（净尺寸）。每幅分布5—6个活褶裥，褶裥大小从2厘米至5厘米不等，共计21个。此款裙腰宽度仅为69厘米，立体成型后腰部交掩重叠量较小，前身敞开，为穿于裆裤外的装饰掩裙。与其外罩特性相吻合，裙腰的用料并非为素绢，而是采用与裙身相同的罗料，不仅如此，连裙带也采用同一材料，足见其装饰外用的特点，同墓出土的另一件“烟色罗洒金双凤穿牡丹褶裥裙（263）”也具有裙料腰身一体的特色，是与大袖礼服配套的长裙[①]。结合以上数据分析，绘制褐色罗印花褶裥裙（41）剪裁结构图，如图3-72所示。

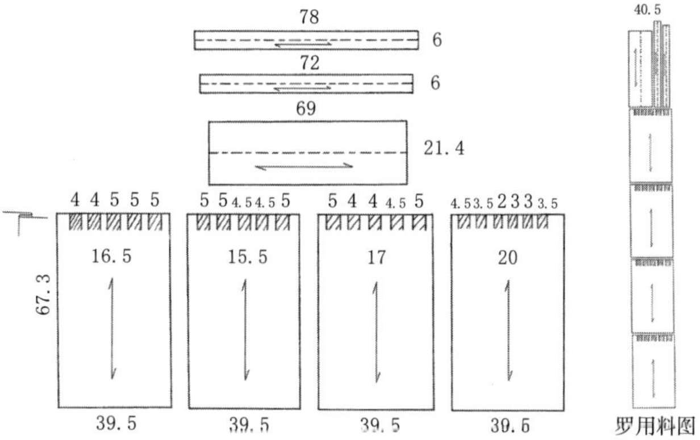

图3-72　剪裁结构图—褐色罗印花褶裥裙（41）（自绘）

此款女裙，所耗费印花罗料为：裙身4片，需4个幅宽约40.5厘米的罗料69.3厘米（含缝份），计277.2厘米。裙腰及腰带需相同幅宽的罗料80厘米。制作此款女裙共需耗费罗料357.2厘米。

此外，南京高淳花山墓所出“百褶纱裙（8882）”裙身褶皱细密，为使褶裥固定，各褶裥自腰线下1厘米处均用线迹加以固定。可见，在南宋后期，多褶裙应用仍较为常见，且剪裁方式基本相同，均由四幅宽度相同或不等的罗、绢料制成。

②C型II式（暗裥裙）

研究范例：

名称：驼色如意珊瑚纹罗裙（C15）

来源：德安南宋周氏墓 / 馆藏：江西德安县博物馆

① 福建省博物馆.福州南宋黄昇墓[M].北京：文物出版社，1982:64，68.

a. 款式特征

C型II式暗裥裙，出土极少，仅江西德安周氏墓1件，较为独特，具有地域特色。裙身上窄下宽，如扇形。位于裙中心处分布三道暗裥，褶皱隐藏于内，外表仅见三条衣缝。裙身上接腰头，两侧系带。裙面为如意珊瑚纹提花罗料，裙里、裙腰及腰带为素绢料[①]。此款女裙随人体走动，内隐的褶皱会自然展开，裙摆骤然增大，具有形态上的可变性。暗裥设计，也是现代服装结构设计常用的造型手段。实物照片、款式图如图3-73、图3-74所示。

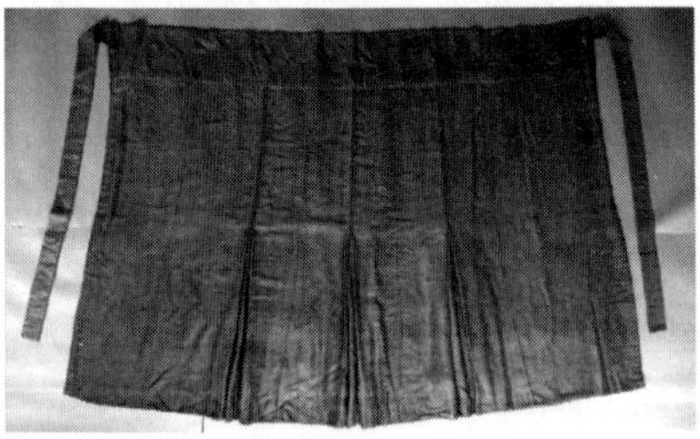

图3-73 驼色如意珊瑚纹罗裙（C15）
[德安南宋周氏墓（江西德安县博物馆）]
图片来源：照片为德安县博物馆提供

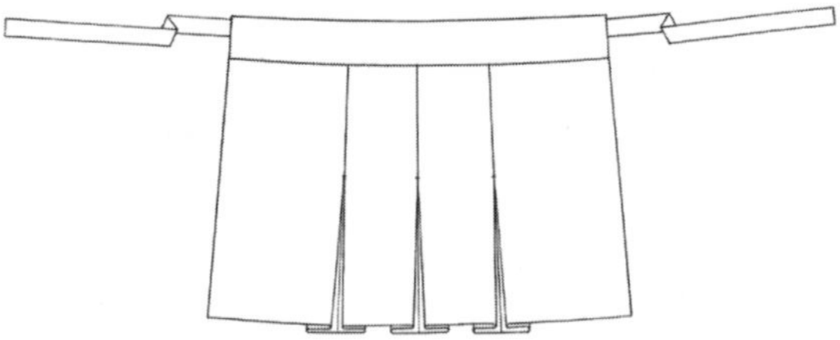

图3-74 款式图—驼色如意珊瑚纹罗裙（C15）
（作者自绘线稿）

b. 规格尺寸（见表3-36）

表3-36 驼色如意珊瑚纹罗裙（C15）规格尺寸表（单位：厘米）[②]

名称	驼色如意珊瑚纹罗裙（C15）				
部位	裙长	腰宽	腰高	下摆宽	腰带长（宽）
尺寸	93	117	13	228	80/（5）

c. 剪裁结构

C型II式暗裥裙，主体裙身由4个矩形裁片拼缝而成，两两相等。裙腰及腰带由3个矩形裁片构成。均为经向正裁，裙片宽度分别为55、59、59、55厘米。裙片接缝处刚好位于暗裥的中心，半个暗裥的宽度为18.5厘米，隐匿于裙面之下的单个暗裥的大小为37厘米。从裙面宽窄分布来看，暗裥在居于裙长大约一半处用针迹固定，上端缝缉固定，下端自由开合。腰头裁片长117厘米，宽26厘米；腰带裁片两片，长80厘米，宽10厘米。C型II式暗裥裙的剪裁结构图如图3-75。

① 周迪人，等.德安南宋周氏墓[M].南昌:江西人民出版社，1999:10，20.
② 周迪人，等.德安南宋周氏墓[M].南昌:江西人民出版社，1999:24.

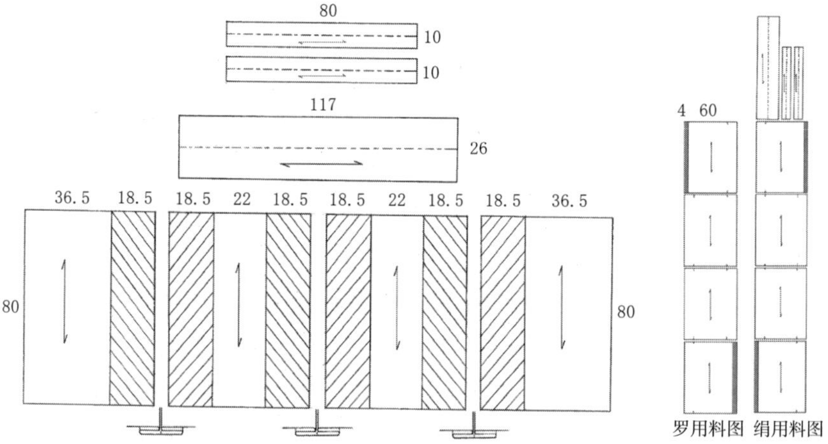

图3-75　剪裁结构图—驼色如意珊瑚纹罗裙（C15）（自绘）

此款女裙，所耗如意珊瑚纹罗料为：裙身4片，需耗幅宽约60厘米的罗料328厘米。裙里与裙腰、裙带所用为相同绢料①，宋代绢料幅宽多在41厘米—60厘米，裁制此裙可选用幅宽约60厘米的素绢，则裙里所需绢料328厘米，裙腰及腰带所需绢料119厘米，总耗费绢料合计447厘米。

综合而论，C型褶裥裙均由四幅布料正裁拼缝而成。裁片为规整的矩形，无斜向削幅。裙片采寸有三种范式：其一,四幅布料为整幅，不削杀，用料率为100%。如福州黄昇墓褐色罗印花褶裥裙（41），其裁片宽度取值为四个39.5厘米，当为选用幅宽为41厘米的素罗料。而符合要求的材料竟在同墓出土的众多匹料中有所发现，其中一件匹料长度为467厘米的浅褐色罗，幅宽恰好为41厘米，或许可以推测其为制作女裙之料。其二,四幅布料两两相等，酌量削幅。江西德安周氏墓所出驼色如意珊瑚纹罗裙（C15）亦为此例，裁片宽度取值为55、59、59、55厘米，中间采用两个整幅布料，边侧为整幅布料适当纵向削幅而成。其三,四幅布料两幅相等，两幅不等，如福州茶园村宋墓所出绢百褶裙，裁片宽度取值为36、40、20、36厘米，大致可选用幅宽适宜的零散绢料拼缝而成（绢裙服用等级不高，一般为内层衬裙）。

其中一个值得思考的现象在此稍加讨论。即关于上述周氏墓C型II式暗裥裙（驼色如意珊瑚纹罗裙C15）的削幅问题。此裙由四个矩形裁片构成，中间两片使用整幅罗料（60厘米），而边侧两片则未尽用整幅（56厘米），各自削去4厘米的

① 周迪人，等.德安南宋周氏墓[M].南昌：江西人民出版社，1999:20.

宽度量，此做法看似有些浪费。若这4厘米留在布幅里，只不过是腰宽增加了8厘米，而对于平面围裹型裙式而言，这不会对造型产生根本性影响。但为何这4厘米却偏偏被宋人裁削掉了呢？

从该裙（驼色如意珊瑚纹罗裙C15）视觉审美比例来思考，似乎可以找到问题的答案。裙边侧裁片被削幅4厘米后，从叠褶后成型效果来看，居中裁片a段与边侧裁片b段的视觉比例为22:36.5=1:1.659，与黄金分割比例1:1.618十分接近，似乎体现出高度的审美自觉性。若未做削幅处理（保留4厘米），则裙子成型后，对应a′段与b′段的视觉比例为22:40.5=1:1.841，中心裁片略显局促，有被边侧挤压之感。从整体视觉效果来看，参考黄金分割比的削幅处理会产生更强的审美愉悦。这件裙子的裁剪实例似乎印证了宋人在造型比例上具有较高的审美认知力。正如宋瓷精湛的造型比例之美，其构型变化细微，线条简洁婉转，减一分则短，增一分则长，渐臻完美之境[1]。宋人在服装造型比例上的敏感由此可见一斑。C型II式暗裥裙削幅前后效果比较见图3-76所示。

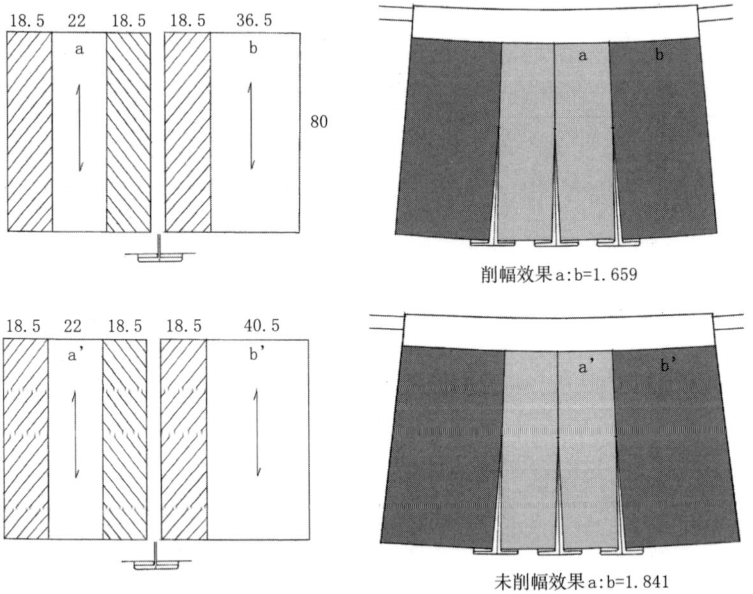

图3-76 “C型II式暗裥裙”削幅前后视觉效果比较（自绘）

① 周膺，等.南宋美学思想研究[M].上海：上海古籍出版社，2012:253.

（4）D型（A形裙）

研究范例：

名称：百褶绢裙（8887）

来源：南京高淳花山墓/馆藏：南京市博物馆

①款式特征

D型A形裙，造型奇巧，裙前后片不等长，落差明显。该式样在目前所发现的南宋女裙中尚属首例。经近距离标本测绘，此裙整体造型为A形，裙分四片，中间裙片较长，腰线处打满密褶（右顺裥），共计31个。左右两片较短，腰部无褶皱设计。腰线上接裙腰，两侧有系带。长片应为后片，两短片叠合成前片[①]。此裙为细软的平纹素绢料制成，为单层结构。款式图如图3-77所示。

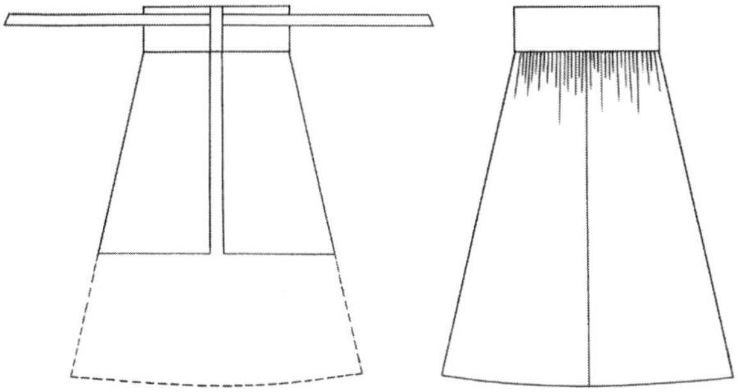

图3-77　款式图—百褶绢裙（8887）（依据调研测绘记录绘制）

②规格尺寸（见表3-37）

表3-37　百褶绢裙（8887）规格尺寸表（单位：厘米）[②]

名称	百褶绢裙（8887）				
部位	裙长	腰宽	腰高	下摆宽	腰带长（宽）
尺寸	110（72）	43	13	88	60/（2.5）

③剪裁结构

D型A形裙，裙身由4个裁片构成：2个矩形（后）和2个直角梯形（前）。裙腰及腰带由3个矩形裁片构成。该裙有明显的前后方位概念，宽44厘米，长97厘

① 此前短后长的裙式在五代后蜀国女性裙式中十分流行，大宋政权取而代之，在宋代女性服饰中有此形制出现，从文化借鉴传承的角度来看便不足为奇。错裾式风格在南宋女性上衣中也多有显现（大袖、短襦）。

② 此百褶绢裙（8887）的结构数据来源于作者在南京市博物馆开展的标本调研。

米的2个矩形构成裙后片，在腰线处做收褶裥设计，褶裥共计31个，大小为1.4厘米—1.5厘米，由此形成百褶效果。由于褶皱的收进，裙子造型呈现A形效果。裙前片由两个直角梯形构成，上下边宽度分别为20厘米、40厘米，高度为59厘米。A形裙剪裁结构图见图3-78所示。

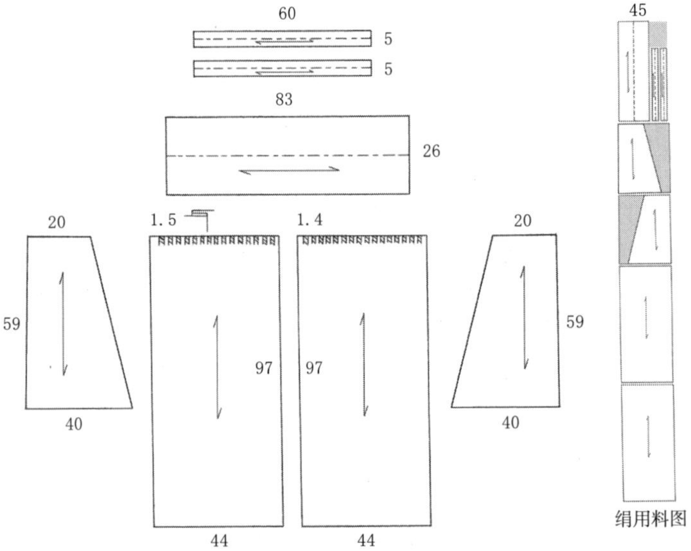

图3-78　剪裁结构图—百褶绢裙（8887）（自绘）

此A形裙后片由幅宽45厘米的两个全幅布料构成，所需长度为两个裙长加缝份量，即198厘米。裙前片的两个梯形裁片，同样用幅宽45厘米的绢料经斜向削幅剪裁获得，所需长度为122厘米。裙腰和腰带亦以幅宽约45厘米的绢料裁制，需要耗费85厘米长度。裁制此A形裙，共需耗费绢料405厘米。

与南宋其他类型女裙明显不同，此裙的结构设计具有了明确的前后分片概念。这与传统缠绕式、无前后区分的女裙相比，具有较强的空间方位意识，与现代女裙剪裁方式颇有几分类似。

综上所论，南宋四种类型的女裙均属于连幅式的敞开式结构，均由裙身、裙腰及系带三部分组成。基础构成为矩形、扇形、梯形结构，依据款型不同，而有所侧重。单裙，裙身一般由4个裁片构成（A型例外），外加裙腰1片，系带2片。若为夹裙，则裙身再增加一倍的用料量。女裙A型、B型和C型II式裙身用轻薄的罗、绫，而裙腰和系带均选用素绢料，形成程式化的裁配规范，超越地域和时间因素。而C型I式则裙身和裙腰及系带均采用一致的花罗料，展现浑然一体的外裙效果。黄昇墓所出两款女裙皆体现出这一特色。但也有例外，南京高淳花山墓所出百褶纱裙则仍沿用了绢为腰头的传统[①]，体现出不同地域选择的灵活性。以下将南宋女裙的裁配特征总结如下，见表3-38。

表3-38　南宋各式女裙用料裁配方式一览表

品类	形制类型		造型特征	主体构成	裁配方式（以幅宽为尺度）
裙裙	A型	单片裙	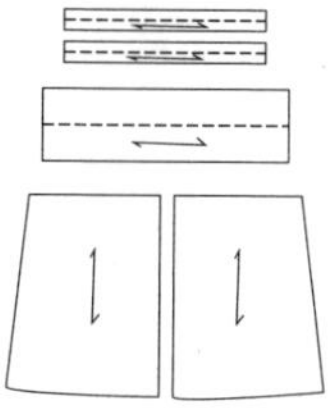 （矩形＋扇形）	裙身2片 裙腰1片 系带2片	裙面：2个全幅 裙里、裤腰及系带：3个全幅 耗料： 一、裙面：（绫） 长度=2×（裙长－腰高） 二、裙里、裙腰及系带：（绢） 长度=2×（裙长－腰高）+腰宽
	B型	两片裙	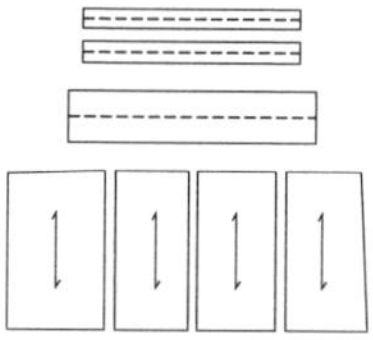 （矩形＋梯形）	裙身4片 裙腰1片 系带2片	单裙：（多） 裙面：3个或4个全幅 裤腰及系带：1个全幅 耗料： 一、裙面：（罗） 长度=3或4×（裙长－腰高） 二、裙腰及系带：（绢） 长度=腰宽 如为夹裙：（进一步追加用绢量） 二、裥里：（绢） 长度=3或4×（裙长－腰高）
	C型	I式 顺裥裙	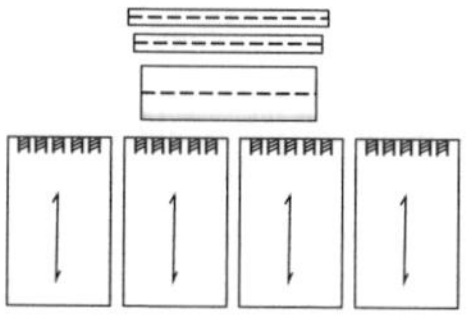 （矩形）	裙身4片 裙腰1片 系带2片	裙面：4个全幅 裙腰及系带：1个全幅 耗料： 情况一：面、腰同质：（罗） 长度=4×（裙长－腰高）+系带长 情况二：面、腰异质： 裙面：（罗） 长度=4×（裙长－腰高） 裙腰及系带：（绢） 长度=腰宽（或系带长）

① 顾苏宁.高淳花山宋墓出土丝绸服饰的初步认识[C]//学耕文获集——南京市博物馆论文选.南京:江苏人民出版社,2008:55.

续表

品类	形制类型		造型特征	主体构成	裁配方式（以幅宽为尺度）
	C型	II式 暗裥裙	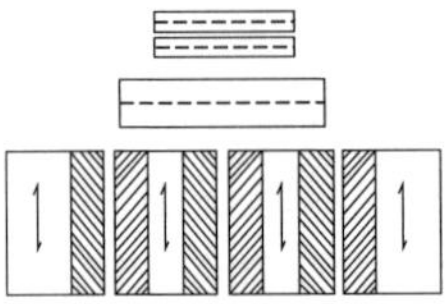 （矩形）	裙身4片 裙腰1片 系带2片	裙面：4个全幅 裙里、裙腰及系带：5个全幅 耗料： 一、裙面：（罗） 长度=4×（裙长－腰高） 二、裙里、裙腰及系带：（绢） 长度=4×（裙长－腰高）+腰宽
	D型	A形裙	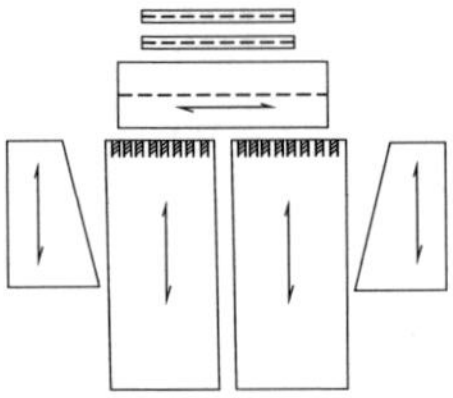 （矩形＋梯形）	裙身4片 裙腰1片 系带2片	裙面：4个全幅 裙腰及系带：1个全幅 耗料： 裙：（绢） 长度=2×（后裙长－腰高）+2×（前裙长－腰高）+腰宽

（三）内衣类

1. 抹胸——构成单纯

抹胸是南宋女性的内衣，但显露于外。抹胸出土数量：福州茶园村宋墓至少2件；福州南宋黄昇墓3件；德安南宋周氏墓1件，南京高淳花山墓4件。从整体来看，抹胸形制以长方形居多，个别夹绵款式结构相对复杂。南宋女性抹胸的形制可分为两种类型—A型系挂式和B型缠裹式。A型为绵质，仅黄昇墓出土一件，为其他墓葬均未见。B型数量众多，有单、有夹，最为常见。黄昇墓同时出土A型和B型两式抹胸，可见其明显的季节性特点。南宋女性抹胸形制分类情况如表3-39所示。

表3-39　南宋女性抹胸形制类型（10件）

名称	A型（系挂式）	B型（缠裹式）
福州茶园村宋墓（2件）		印银花抹胸
		素绢抹胸（单）
南宋福州黄昇墓（3件）	素绢丝绵抹胸（38②）（绵）	
		浅烟色绢抹胸（273）（夹）
		印花素纱抹胸（348）（夹）
德安南宋周氏墓（1件）		褐色双面印小花绢抹胸（1582）

续表

名称	A型（系挂式）	B型（缠裹式）
南京高淳花山墓（4件）		素纱抹胸（8904）（单）
		印花柿蒂菱形纹绢抹胸（8891）（夹）
		芙蓉山茶梅花纹罗抹胸（8897）（单）
		卍字菱格纹罗抹胸（8909）（单）

除绵质抹胸自成格局外，其余长方形抹胸的取值具有一定的内在规律性。长度在98厘米—133厘米之间，均值为114.8厘米；而宽度则集中于40厘米—50厘米，均值为46.5厘米，带子长度为45厘米—60厘米，宽度为2.5厘米—3.5厘米。可见抹胸长度设定基本均在100厘米以上，以满足围拢女性胸围的阔度需要。而40厘米以上的宽度，上可掩胸，下可遮腹，具有较好的防护效果。带子宽度均较窄，体现围拢结系后精致的效果。抹胸形制尺寸特征见表3-40。

表3-40　南宋女性抹胸形制尺寸特征（单位：厘米）

A型抹胸（系挂式）							
墓葬	品类	数量	主要部位尺寸				
			长	宽	耳高	上带长宽	下带长宽
福州南宋黄昇墓	A型	1	55	40	7.5	35/1.5	36/1.5

B型抹胸（缠裹式）						
墓葬	品类	数量	主要部位尺寸			
			长	宽	带长（宽）	细节特征
福州茶园村宋墓	B型	2	98—107（102.5）	40—47（43.5）	45（2.5）	距边侧活褶
福州南宋黄昇墓		2	119—133（126）	46—48（47）	46—58 / 2.5（52）/2.5	中心活褶
南京高淳花山墓		4	112—120（116）	46—50（49）	51—60/3.5（56.7）/3.5	中心活褶
平均值		8	114.8	46.5	51.2/2.8	/

以下将选择典型性抹胸标本，对其形制结构、剪裁方式给予实证考察。

（1）A型（系挂式）

研究范例：

名称：素绢丝绵抹胸（38②）

来源：福州南宋黄昇墓 / 馆藏：福建博物院

①款式特征

“素绢丝绵抹胸（38②）”是福州黄昇墓出土抹胸中唯一一件绵质抹胸，当为冬季穿着。其他墓葬未见此式样。该抹胸由两部分构成，主体结构为长方形，在其上边线左右削去两角，上续接两个三角形耳状结构。抹胸上端及两侧分别缝缀四条系带。表里均为素绢，内絮丝绵。系挂式内衣也是南宋男子常规式样，但构成方式有所不同，近似三角形，在浙江黄岩南宋赵伯澐墓及江苏金坛南宋周瑀墓均有出土。女性系挂式抹胸实物图及款式图如图3-79、图3-80所示。

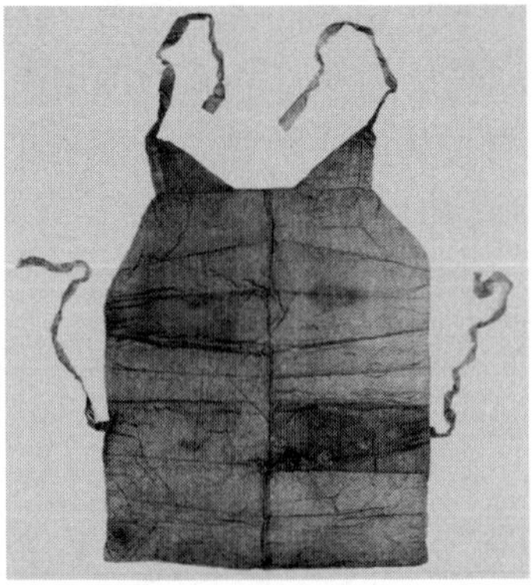

图3-79　素绢丝绵抹胸（38②）[福州南宋黄昇墓（福建博物院藏）]

图片来源：福建省博物馆编：《福州南宋黄昇墓》，文物出版社1982年版，图版五四。

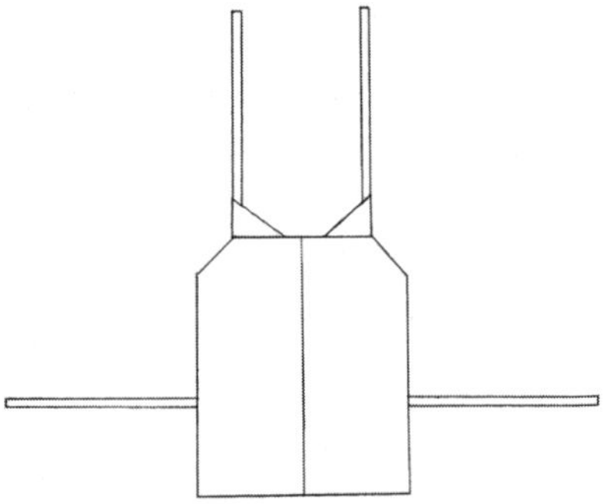

图3-80　款式图—素绢丝绵抹胸（38②）（作者自绘线稿）

②规格尺寸（见表3-41）

表3-41　素绢丝绵抹胸（38②）规格尺寸表（单位：厘米）

名称	素绢丝绵抹胸（38②）				
部位	长	宽	耳高	上带长（宽）	下带长（宽）
尺寸	55	40	7.5	35/1.5	36/1.5

③剪裁结构

A型抹胸（系挂式）从结构尺寸来看，横向为布幅的宽度，纵向为布幅的长度。从黄昇墓出土的整幅未裁剪的坯料的幅宽情况来看，绢料幅宽跨度较大，从41厘米至59厘米不等[①]。此款抹胸有一中缝线，由此可以做出两种假定：假定一，

① 福建省博物馆.福州南宋黄昇墓[M].北京：文物出版社，1982:72.

并非全幅绢料裁断后再缝合而成，而是采用以往剩余的适合尺寸的绢料制作，如可用宽度22厘米（含缝份）的裁剪零料裁配此抹胸。在德安南宋周氏墓中不乏有类似的零料，如27厘米宽的绿素绢料62厘米、20厘米宽的褐色素绢料83厘米等[1]。假定二，使用幅宽不小于42厘米的新的全幅绢料（需纵向中分裁断）。长方形基形的上口处左右两端削去两角，将裁下的两角顺势旋转，接缝于上口线边侧作为尖角耳片，以便于缝缀系带。此剪裁设计精妙，以衣料幅宽为尺度，综合考虑造型设计，可以最大限度地节省布料。里料的剪裁方式与面料相同。A型抹胸（系挂式）剪裁结构图如图3-81所示。

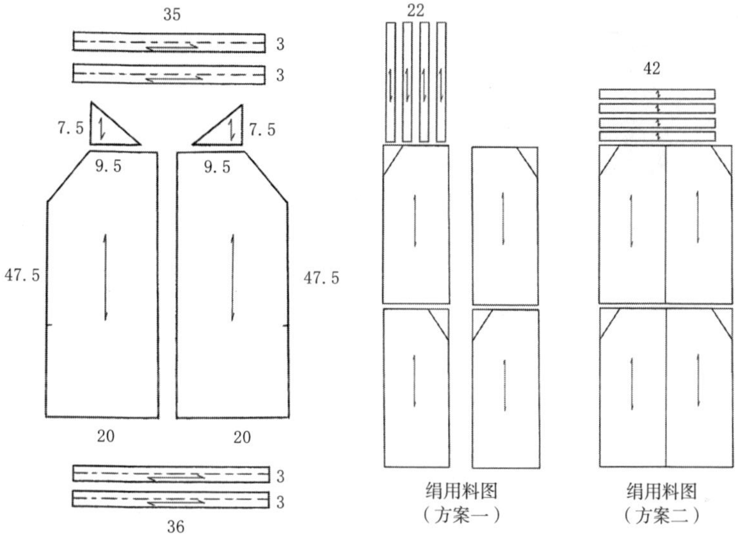

图3-81　剪裁结构图—素绢丝绵抹胸（38②）（自绘）

依据用料方案一，抹胸（38②）所耗费绢料为（幅宽22厘米）：面99厘米，里99厘米，系带38厘米，合计236厘米。用料方案二所需绢料为：（幅宽42厘米）面49.5厘米，里49.5厘米，系带20厘米，合计119厘米。

（2）B型（缠裹式）

研究范例：

名称：印花柿蒂菱形纹绢抹胸（8891）

来源：南京高淳花山墓 / 馆藏：南京市博物馆

① 周迪人，等.德安南宋周氏墓[M].南昌：江西人民出版社，1999:34.

①款式特征

“印花柿蒂菱形纹绢抹胸（8891）”是高淳花山墓所出四件缠裹式抹胸中的一件。这四件抹胸均为矩形结构，长宽尺寸较为接近。抹胸上口居中处均有一个活褶设计，两侧系窄长带。这件抹胸长116厘米，宽50厘米，两侧系带长51厘米，宽3.5厘米。抹胸上口线中间打活褶，褶宽5厘米，深10厘米。面料为平纹绢，以印花工艺用黑色印出菱形纹，菱纹内填以柿蒂小花，相错排列。衬有平纹绢里[①]。实物照片、款式图如图3-82、图3-83所示。

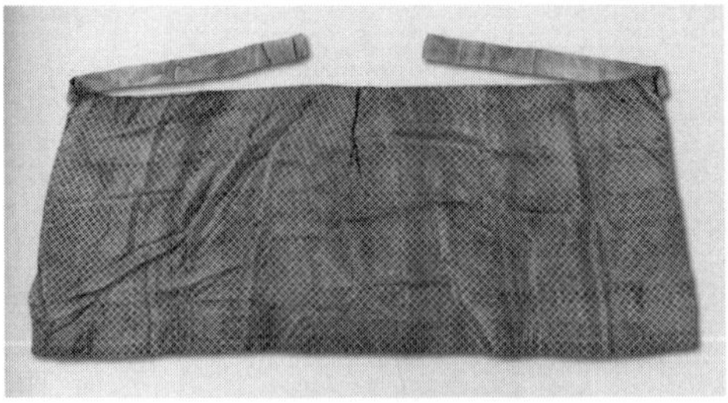

图3-82 印花柿蒂菱形纹绢抹胸（8891）
[南京高淳花山墓（南京市博物馆藏）]
图片来源：南京市博物馆编：《故都神韵：南京市博物馆文物精华》，文物出版社2013年版，第137页。

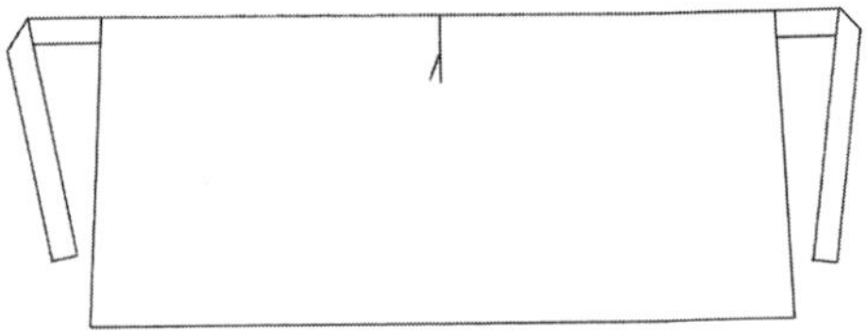

图3-83 款式图—印花柿蒂菱形纹绢抹胸（8891）
（作者自绘线稿）

②剪裁结构

该抹胸由一整幅绢料制成。抹胸宽度（50厘米）应为绢料的幅宽取向（纬向），长度（116厘米）为绢料的长度取向（经向）。即抹胸的宽度取决于用料的幅宽大小。福州茶园村宋墓所出“印银花抹胸”，依实物照片显示，其下边线也为自然的幅边状态，这恰为抹胸“取整幅剪裁”的判断提供了佐证。缠裹式抹胸的剪裁结构图如图3-84所示。

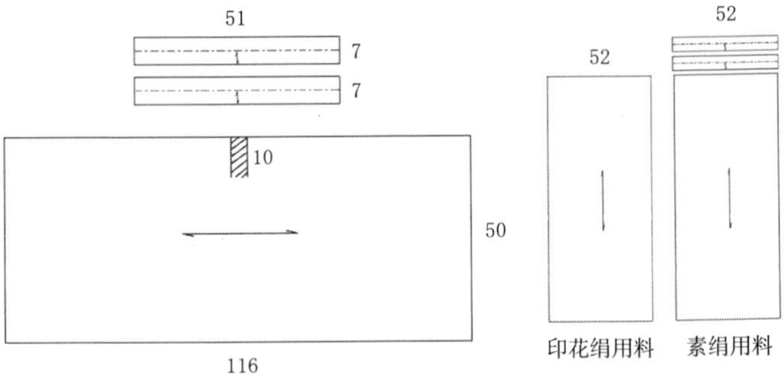

图3-84 剪裁结构图—印花柿蒂菱形纹绢抹胸（8891）（自绘）

① 顾苏宁.高淳花山宋墓出土丝绸服饰的初步认识[A]//学耕文获集——南京市博物馆论文选.南京：江苏人民出版社，2008:56.

此类抹胸还有一个显著的结构特征就是居于上口线中心处有一个活褶设计，这一结构可以让抹胸上口线帖服于前胸处，同时为女性胸乳提供容纳空间，是一个具有立体造型意识的举措。居中的活褶，也暗示了该款抹胸的穿着方式，即活褶居人体前胸中心处，抹胸左右两侧顺势向后缠裹搭叠，以绢带系结固定（图3-85）。福州茶园村宋墓出土的单层“素绢抹胸”，其上口线并非做活褶，而是缝纫了一个宽3厘米、长14厘米的省道，对抹胸上口线同样起到收拢的作用。但其位置并非在抹胸前中心处，而是偏向一侧，暗示了与上款抹胸穿着方式的不同（图3-86）。

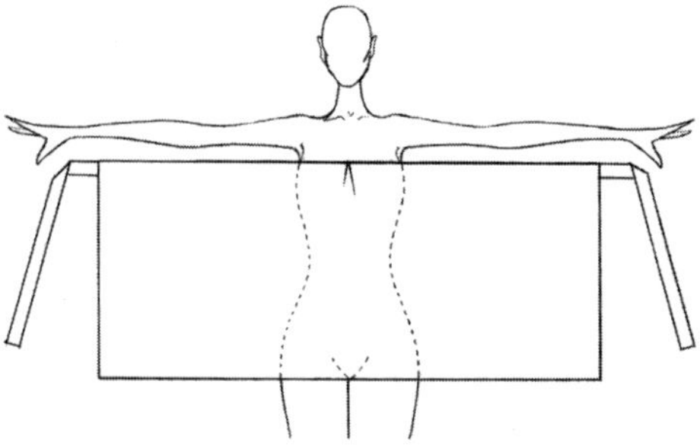

图3-85　居中缠绕—印花柿蒂菱形纹绢抹胸（8891）（自绘）

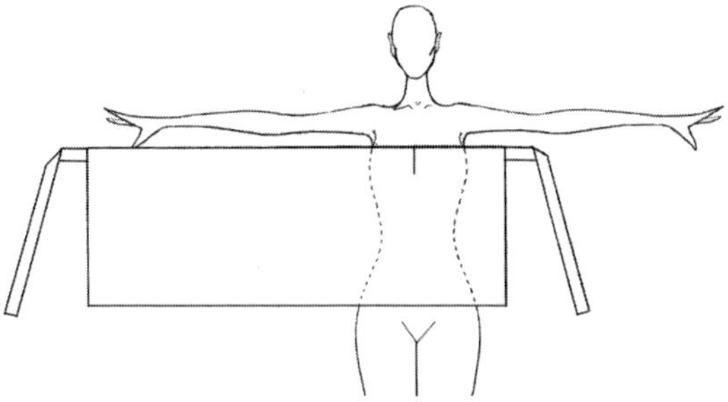

图3-86　边侧缠绕—素绢抹胸（自绘）

2. 裹肚——构成单纯

裹肚与抹胸造型相似，唯裹肚长宽尺寸较小，系带较宽。福州黄昇墓发掘报告中提及的5件“围件”中，在上一章的讨论中可知有3件为裹肚，整体尺寸较抹胸为小。南京高淳花山墓研究论文中提及的2件“抹胸”，实为裹肚。所有裹肚，均不具备上口收活褶的结构特征。宋墓女性裹肚形制类型仅有一种，即矩形结构，其具体品类名称见表3-42所示。

宋墓所出裹肚材质有纱、罗、绫、绢，有单有夹，福州南宋黄昇墓所出均为双层，而南京高淳花山墓所出为单层。裹肚形制尺寸具有一定的共性特征，如长均不超过90厘米，宽不超过42厘米，与抹胸尺寸形成较大反差。系带的长度和宽度不同墓葬差异较大，如黄昇墓普遍宽3.3厘米（均值），而花山墓宽度可达15厘米（均值），表现为地域差异的影响因素。裹肚形制尺寸特征见表3-43。以下将选取典型实物标本，对其形制结构予以讨论。

表 3-42 南宋女性裹肚品类名称（6 件）

墓葬名称	裹肚
福州南宋黄昇墓（4 件）	黄褐色牡丹芙蓉花罗裹肚（26）（夹）
	黄褐色牡丹芙蓉花罗裹肚（27）（夹）
	黄褐色牡丹花罗裹肚（28）（夹）
	褐色牡丹花绫裹肚（271）（夹）
南京高淳花山墓（2 件）	素绢抹胸 8894（单）
	素纱抹胸 8906（单）

表 3-43 南宋女性裹肚形制尺寸特征（单位：厘米）

墓葬名称	数量	裹肚主要部位尺寸			
		长	宽	带长（宽）	细节特征
福州南宋黄昇墓	4	62—69（64.3）	25—28（26.1）	28—37（2.5—4） 32.5（3.3）	无活褶
南京高淳花山墓	2	80—90（85）	40—42（41）	80—93（14—16） 86.5（15）	无活褶
平均值	6	74.7	33.6	59.5（9.2）	/

研究范例：

名称：素纱裹肚（8906），原名：素纱抹胸（8906）

来源：南京高淳花山墓／馆藏：南京市博物馆

（1）款式特征

素纱裹肚（8906）呈长方形，长80厘米，宽40厘米，两边系带分别长80厘米，宽16厘米。面料为素色1:1绞纱[①]。从实物照片可以清楚地看到，裹肚下口线为纱料的幅边，左右两侧为折边缝纫。两系带亦各有一边为幅边。裹肚的上口线折边尺寸较大，折进量约为5厘米。此较大的折进量，可以增强裹肚上口的挺括度。裹肚两侧齐上口线缝缀同质料的宽系带。素纱裹肚（8906）实物图、款式图见图3-87、图3-88所示。

① 顾苏宁.高淳花山宋墓出土丝绸服饰的初步认识[C]//学耕文获集——南京市博物馆论文选.南京：江苏人民出版社，2008:56.

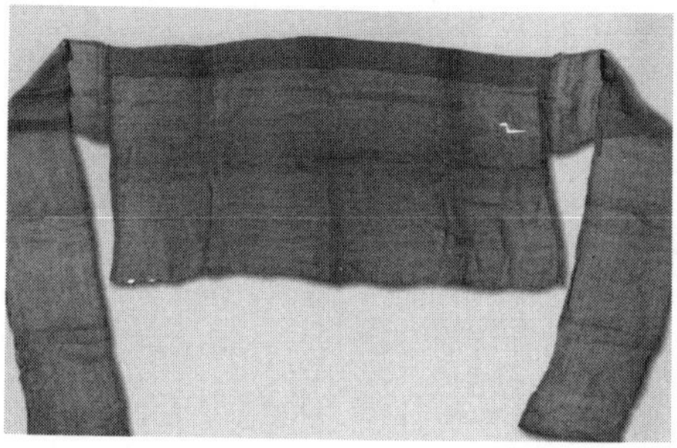

图3-87　素纱裹肚（8906）[南京高淳花山墓（南京市博物馆藏）]

图片来源：南京市博物馆编：《故都神韵：南京市博物馆文物精华》，文物出版社2013年版，第136页。

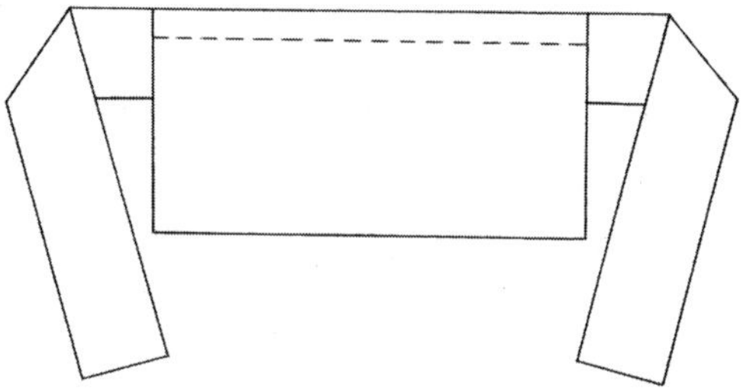

图3-88　款式图—素纱裹肚（8906）（作者自绘线稿）

（2）剪裁结构

该裹肚由一整幅素纱料制成。纱料幅宽约为41厘米，所需长度为82厘米（含缝份2厘米）。两条系带，各有一边为幅边，明显为经纱方向取材。故系带仍需占用一个全幅纱料，长度为82厘米。41厘米幅宽中，两系带占用34厘米，所剩7厘米宽度的余料（长82厘米）刚好作为贴边，与裹肚上口拼接，预留5厘米后折转缝缉，以增强裹肚造型的挺括度。制作本款裹肚所耗纱料共为164厘米。素纱裹肚（8906）的剪裁结构图如图3-89。

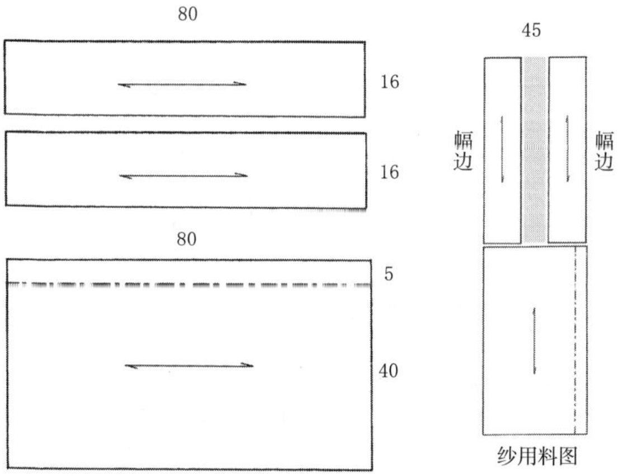

图3-89　剪裁结构图—素纱裹肚（8906）（自绘）

以下对抹胸与裹肚的裁配特征给予综合归纳，详见表3-44所示。

表 3-44　南宋女性抹胸和裹肚用料裁配方式一览

品类	形制类型		造型特征	主体构成	裁配方式（以幅宽为尺度）
抹胸	A 型	系挂式	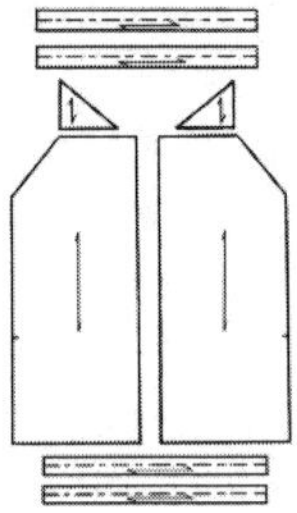 （矩形＋三角形）	正身 4 片 系带 4 片	方式一：（整料） 抹胸面：1 个全幅 抹胸里：1 个全幅 系带：1 个全幅 耗料： 一、面：（绢）长度＝抹胸长 二、里：（绢）长度＝抹胸长 三、系带：（绢）长度 =4× 系带宽 合计：2× 抹胸长 +4× 系带宽 方式二：（零料） 抹胸面：2 个半幅 抹胸里：2 个半幅 系带：1 个半幅 耗料： 一、面：（绢）长度 =2× 抹胸长 二、里：（绢）长度 =2× 抹胸长 三、系带：（绢）长度＝系带长 合计：4× 抹胸长＋系带长
	B 型	缠裹式	 （矩形）	正身 1 片 系带 2 片	抹胸面：1 全幅 系带：1 个全幅 耗料： 一、抹胸面： 长度＝抹胸长 二、系带：（绢） 长度 =2× 系带宽 若为夹抹胸，进一步追加用绢料： 三、抹胸里：（绢） 长度＝抹胸长
裹肚		缠裹式	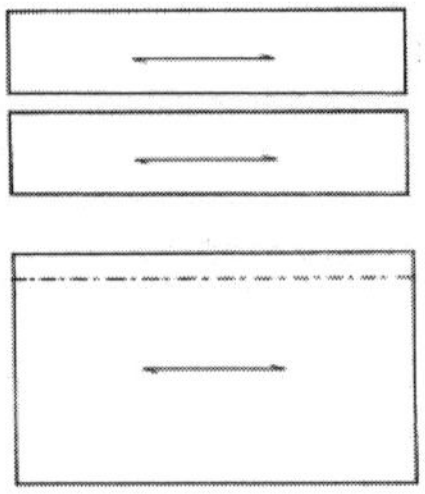 （矩形）	正身 1 片 系带 2 片 贴边 1 片	裹肚面：1 个全幅 系带＋贴边：1 个全幅 耗料： 一、裹肚面： 长度＝裹肚长 二、系带＋贴边： 长度＝系带长 若为夹裹肚，进一步追加里料： 三、裹肚里：（绢） 长度＝裹肚长

3. 袜——长短相宜

四座南宋墓葬出土女袜计24双，福州南宋黄昇墓绢袜16双，德安南宋周氏墓绢袜7双[①]，南京高淳花山墓罗袜1双，福州茶园村宋墓虽未见发表，但根据其出土服饰的丰富程度，当包含女袜品类。现已掌握的这24双女袜，其长度尺寸为16厘米—18厘米，大小基本趋同，较为短小，为缠足女性所穿用。袜筒高度以矮靿居多，为22双，高度为16厘米—20.5厘米；高靿3双，袜筒高40厘米，在袜沿处有系带。所有女袜袜筒与袜面均分段剪裁，材质相同或相异。矮靿袜为两段式结构，分袜面和袜筒；高靿袜为三段式结构，分袜面、袜筒和收口。据此，南宋女袜可以按形制特征分为两种类型：A型（矮靿式）和B型（高靿式），具体分类见表3-45所示。

表3-45　南宋女袜形制类型（24件）[②]

名称	A型（矮靿式）	B型（高靿式）
福州南宋黄昇墓（16件）	黄褐色绢夹袜（10⑩）	
江西德安周氏墓（7件）	金黄色绢短筒袜（2双）	金黄色绢长筒袜（3双）
	金黄色绢中筒袜（2双）	
南京高淳花山墓（1件）	折枝花卉纹罗袜（8885）	

（1）A型（矮靿式）

研究范例：

名称：金黄色绢短筒袜

来源：德安南宋周氏墓/馆藏：中国丝绸博物馆

①款式特征

该绢袜是江西德安周氏墓所出矮靿袜中的一双。袜型小巧，月牙状弯弓。袜长18厘米，袜高17厘米，袜筒宽12厘米，袜面高6厘米。袜面与袜筒为同质绢料。为穿脱方便，在袜筒一侧有活褶设计[③]。短袜实物照片、款式图如图3-90、3-91所示。

①《德安南宋周氏墓》一书认为所出女袜为罗质，作者在丝绸博物馆调研所见该袜为绢质，并非为透明的罗。中国丝绸博物馆官网的藏品目录中，也将德安周氏墓所出女袜的材质定为绢。

② 福州南宋黄昇墓发掘报告虽提及16双绢袜的数量和形制信息，但只给提供了一双绢袜的具体名称和实物照片，其他名称未详。江西德安周氏墓提供了7双中3双的信息。

③ 此处提到的有活褶结构的短袜为笔者2015年在中国丝绸博物馆（杭州）考察时，恰逢德安周氏墓部分服饰展出，在展厅内观察记录所得。

图3-90　金黄色绢短筒袜
[德安南宋周氏墓（中国丝绸博物馆藏）]
图片来源：周迪人等著：《德安南宋周氏墓》，江西人民出版社1999年版，彩图版四。

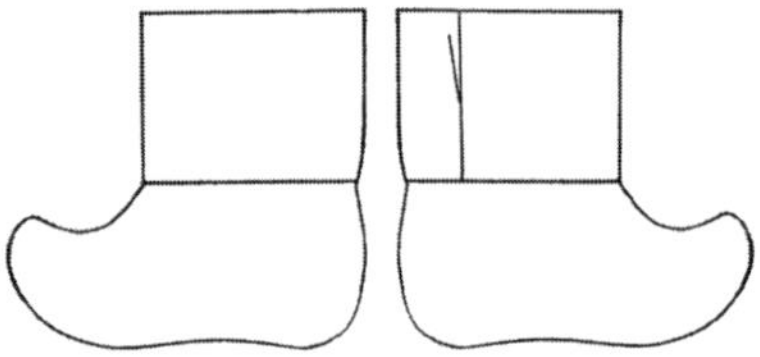

图3-91　款式图—金黄色绢短筒袜
（作者自绘线稿）

②剪裁结构

A型（矮勒式）女袜，就单只而言，由3个裁片构成，袜面2片，袜筒1片。袜面为翘头弓形，袜筒为矩形。袜面长度与袜筒高度（双层）数值相等，可见二者均取经纱方向直裁为之。绢袜为夹袜，袜里料的剪裁与袜面相同，额外增加2个裁片，A型矮勒女袜剪裁结构图如图3-92所示。

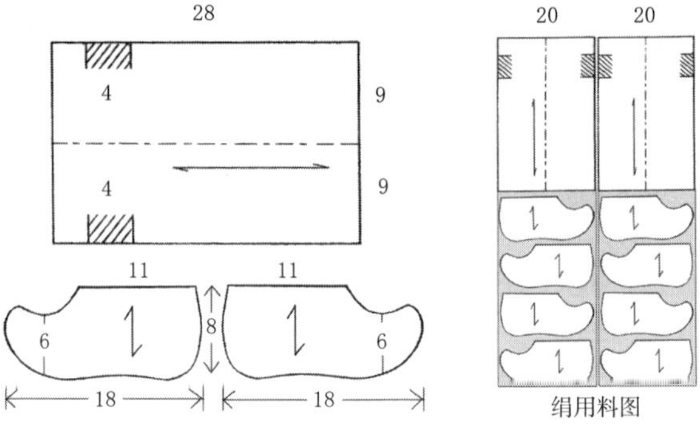

图3-92　剪裁结构图—金黄色短筒绢袜（自绘）

短筒袜的材料耗费为：

若取宽度为20厘米的绢料，袜筒用料30厘米，袜面、袜里（共4片）用料40厘米，合计70厘米。两只共耗费绢料140厘米。

若取幅宽为40厘米的绢料，两只袜筒用料30厘米，两只袜子的袜面、袜里（8片）用料40厘米，合计70厘米。（B型高勒袜也是用幅宽40厘米的绢料裁制）

（2）B型（高勒式）

研究范例：

名称：金黄色绢长筒袜

来源：德安南宋周氏墓/馆藏：中国丝绸博物馆

①款式特征

该绢袜是江西德安周氏墓所出三款高勒袜中的一例，福州南宋黄昇墓和南京高淳花山墓均未有所见。袜型小巧，月牙状翘头，但袜筒较A型矮勒袜高出一倍有余。袜长17厘米，袜高40厘米，袜筒宽12厘米—13.5厘米，袜面高7.5厘米，袜子上端拼缝的上沿口高度3.5厘米，袜带长22厘米[①]。为穿脱方便及给小腿部位充分的松量，袜筒处有叠褶设计，同时在袜筒后侧有约10厘米长的开口设计。不仅如此，在袜子的后脚跟处，约距离袜面与袜筒接缝线2厘米处向下有约4厘米大的开口设计，在开口的两端，用锁缝针迹加以横向固定[②]。高勒袜实物照片、款式图如图3-93、3-94所示。

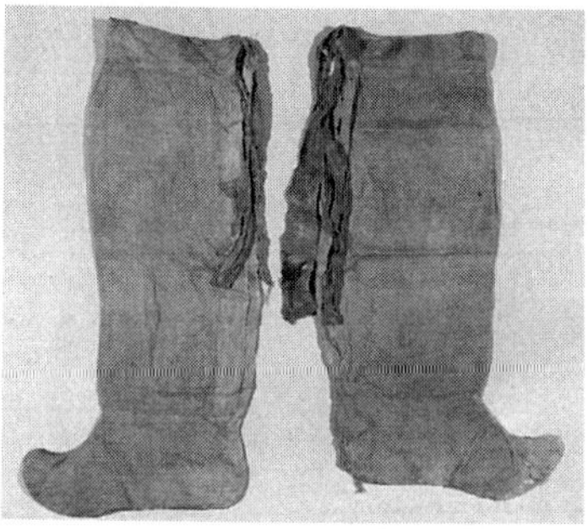

图3-93　金黄色绢长筒袜[德安南宋周氏墓（中国丝绸博物馆藏）]

图片来源：周迪人等著：《德安南宋周氏墓》，江西人民出版社1999年版，彩图版四。

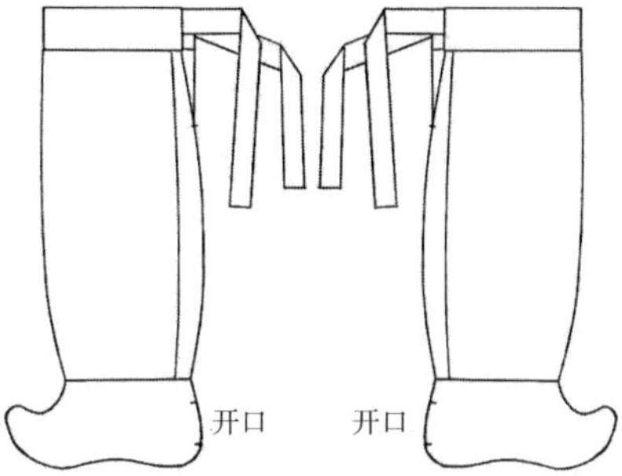

图3-94　款式图—金黄色绢长筒袜（作者自绘线稿）

②剪裁结构

此款高勒夹袜就单只而言，由9个裁片构成，袜面4片，袜筒2片，袜沿上口1片，袜带2片。袜面、袜筒为经向直丝剪裁；袜上沿口、袜带亦为经向直丝剪裁（可以达到最大用料率）。袜筒（面）为一个全幅素绢用料，围拢而成。采用上下同步收褶裥的方式，取得造型上的收势（上下紧，中间松），为腿部提供一定的

① 周迪人，等.德安南宋周氏墓[M].南昌：江西人民出版社，1999:11.

② 此处提到的结构细节特征为作者2015年在中国丝绸博物馆（杭州）考察时，在展厅内观察记录所得。

松量空间。袜上沿后开口设计是为了方便穿脱而预留的松量。袜后跟局部开口的用意则是为了适应脚型大小而设定的调节量（当足部缠绕数层裹脚布后，穿入袜内不至于过分紧狭）。上翘的袜头是为了适应南宋女子的缠足形态。B型（高靿袜）的剪裁结构图如图3-95所示。

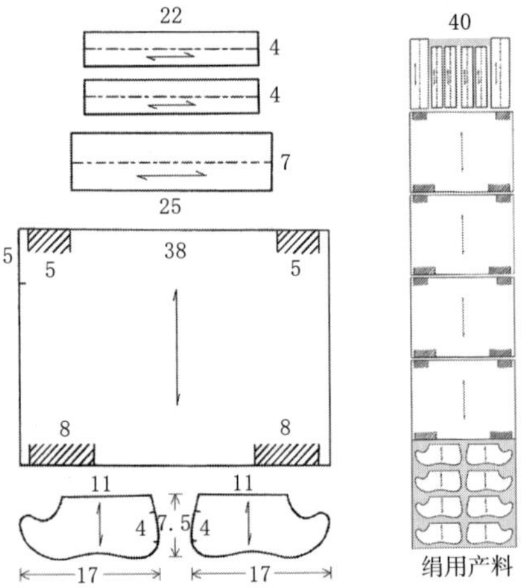

图3-95　剪裁结构图—金黄色绢长筒袜（自绘）

高靿绢袜内外用料及结构相同，选取幅宽40厘米的绢料，可以最为节省地裁制此袜。裁制高靿袜的绢料幅宽与裁制低靿袜所用幅宽相同，也恰好暗示了周氏墓的女袜均是由同一幅宽的绢料裁配。制作此袜一双，所需绢料为四个袜面高度（38厘米）、四个袜筒高度（120厘米）、一个袜沿上口宽度（27厘米），所消耗的绢料计185厘米。

南宋各式女袜裁配特征如表3-46所示。

表3-46　南宋女袜裁配特征一览

品类	形制类型		造型特征	主体构成	裁配方式（以幅宽为尺度）
袜	A型	矮靿型	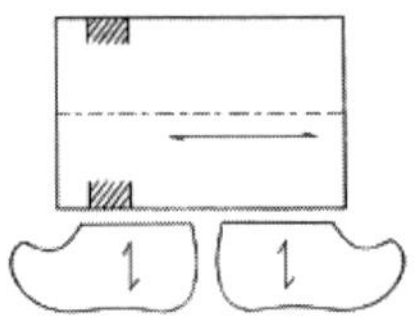 （矩形+有机形）	（单只/夹） 袜筒1片 袜头4片	双只： 袜筒：1个全幅 袜头：1个全幅 耗料： 一、袜筒：（绢） 长度=4×袜筒宽 二、袜头：（绢） 长度=4×袜面高
	B型	高靿型	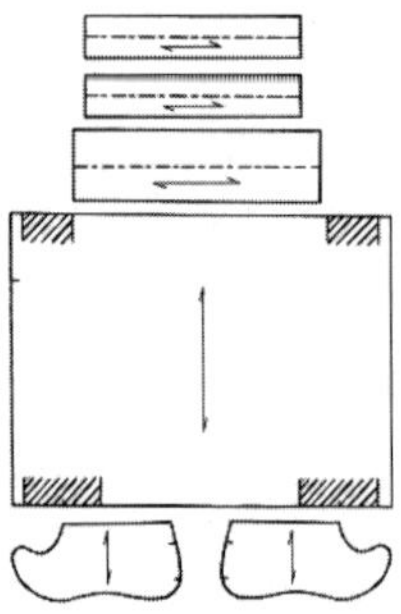 （矩形+有机形）	（单只/夹） 袜筒2片 袜头4片 袜沿1片 系带2片	双只： 袜筒：4全幅 袜头：1个全幅 袜沿及系带：1个全幅 耗料： 一、袜筒：（绢） 长度=4×袜筒高 二、袜头：（绢） 长度=4×袜面高 三、袜沿及系带：（绢） 长度=2×袜沿宽

基于本章对南宋女装各品类形制结构及剪裁方式的梳理，可以看出女装在形制构成上突出表现为以下三点特征：

a. 以简洁、规整、纯粹的直线几何造型，体现中正、对称、均衡之美。

南宋女装上衣虽品类多样，但其构成方式均为“十字型”平面剪裁结构。由四片造型规整纯粹的裁片构成（正身两片，拼袖两片）。领式（直领）整齐划一，简约放达。女裤构成以矩形为主体造型展开，裤筒、裤腰为矩形，甚至裆片也为矩形（或菱形）。女裙裁片基本以矩形为主，辅以梯形。抹胸、裹肚均以矩形结构展开变化。南宋女装形制结构具有严整的左右对称形式，简洁、纯粹，体现汉民族审美造物观念对形制文化的塑造及影响。

b. 以“幅宽”为量度，设定结构尺寸，确保“材尽其用”。

材料幅宽是服装结构设计的量度标尺。如A型II式开裆裤矩形裆衩的长度、B型II式合裆裤矩形裆片的长度均与所用布料的幅宽相等。女装上衣正身部分均占用一个全幅裁制，C型褶裥裙四幅裁制，每一幅恰好为一个整幅宽度。A型矮靿袜二倍的袜筒高度恰好与袜长相等，这些尺寸数据并非巧合，而是从“材尽其用”的造物观念出发的精心筹划，是以幅宽为量度展开的结构布局。但也存在以审美为导向，对幅宽稍加削裁的情况。

c. 形制结构语言上“传承性”与“异变性”共存。

南宋四座墓葬所出女装虽时间、地域不同，但其在构成方式、规格尺寸上保持着某种程度的共通性，体现了时间轴线上同一历史时期内造物观念、手工技艺的文化传承性特征。但在某些具体剪裁式样上，又存在着个体的差异，体现了因时间、地域变迁而带来形制语言的异变性特征。如大袖后裾变短、开裆裤的裆片创新、造型新颖的错裾式A形裙等。

三、南宋女装缝制工艺探微

在服装微观技术层面除了形制结构及剪裁技巧外，制作工艺也是一项决定服装最终造型效果的技术指标。南宋女装的缝纫体现了农耕文明时代手工制衣的技术特点，也承载了制作者的智慧与巧思。

服装的缝制在古代中国即有专门的国家机构负责管理实施。《考工记》载：“国有六职，……或治丝麻以成之”“治丝麻以成之，谓之妇功”[①]，可见早在先秦时期，

① 周礼注疏卷第三十九.冬官考工记第六[M]//李学勤.十三经注疏.北京:北京大学出版社，2000:1236，1237，1239.

便出现了专门管理纺织、刺绣、缝纫之事的职别，居于国家六职之中。将“妇功”与王公、士大夫、百工、商旅、农夫五职相并置，又使其独列于“百工”之外，足见衣冠制度为统治阶级所重视。妇功还有更为细致的职务划分，其中有专事制衣的“缝人”，负责王室服饰的制作。《周礼·天官》载：“缝人掌王宫之缝线之事，以役女御，以缝王及后之衣服。”①

宋代也不例外，对“妇功”之职给予高度的重视，国家设有专门的“裁造院”，与绫锦院、染院和文绣院一起为皇室及上层阶级的章服制度服务②。北宋建国初的乾德四年（966）就已设立了皇家裁造院③。在民间，随着宋代社会商品经济的极大繁荣，大、小城市中亦出现了以裁缝为业的手工作坊，并成为独立的行业。而在广大农村，有手艺的裁缝匠会被雇到家中缝制衣物④。大部分农民家庭的印染、制衣、制帽、制鞋会尽量自制，避免从市场购买，也不会向市场提供产品⑤。可见宋代服饰的裁制既有服务于皇家的“高级定制”场所，又不乏供普罗大众光顾的作坊里铺，更有“慈母手中线”的自给自足。其缝纫工艺的高妙悬殊，当成自上而下之势。以“功巧”著称的燕赵之地⑥，制衣皆为世人所称道⑦。可以想象，服务于宫廷的裁制高手或许出自其间，这种匠人的流动，势必会带来裁缝技艺的内外传播，宫廷式样自然会流入民间。《宋史·舆服志》中有多处关于民间服饰效仿“宫样”的记载，如果没有相应的技术支撑恐怕也难成气候。

传统工艺的传承具有内在的恒定性，守其规律，心手相传。南宋女装的缝制工艺，在继承传统的同时，也不乏时代的新创。本节将以存世南宋女装标本为考察对象，对其缝制工艺特色加以实证研究。虽然这些女装标本同属于南宋后期，但就缝纫技艺的继承性而言，不能否认在某种程度上也折射出南宋前、中期乃至北宋时期的文化痕迹。其所蕴含的造物观念、成型技巧，对现代服饰设计而言仍具有方法论上的指导意义。

（一）配领及缘边工艺

南宋女子上衣普遍采用整齐划一的直领对襟式样⑧，从出土服装和人物图像资

① 周礼注疏卷第八.缝人[M]//李学勤.十三经注疏.北京：北京大学出版社，2000:246.
② 漆侠.宋代经济史：下[M].北京：中华书局，2009:646.
③ 徐东升.宋代手工业组织[M].北京：人民出版社，2012:180.
④ 漆侠.宋代经济史：下[M].北京：中华书局，2009:659.
⑤ 徐东升.宋代手工业组织[M].北京：人民出版社，2012:325.
⑥ 宋人所指的燕赵一代，系黄河以北，即相州至定州这一广大区域。
⑦ 漆侠.宋代经济史：下[M].北京：中华书局，2009:659.
⑧ 南宋皇后、嫔妃的礼服保持传统的交领右衽式样，其他常服类服饰则均表现为直领对襟式样。

料皆有所见。关于南宋女装的配领问题，发掘报告《福州南宋黄昇墓》（1982年版）一书在对出土袍、衣等形制结构的描述中，言及“均合领对襟开叉，加缝领”，并在一件“深褐色罗镶花边单衣形制图”中将“加缝领”示意为一个“矩形裁片”①，虽未阐释具体的配领工艺，但此结构细节的披露却也难能可贵。刘瑞璞教授在论著《中华民族服饰结构图考（汉族编）》（2013年版）中依托上述报告，对其中一件“紫灰色镶花边窄袖袍”的“加缝领”配置方法予以深入精微的图示分析（图3-96），从专业角度推进了宋代女装领型工艺的研究进程，并为本问题的探讨提供了重要启示。

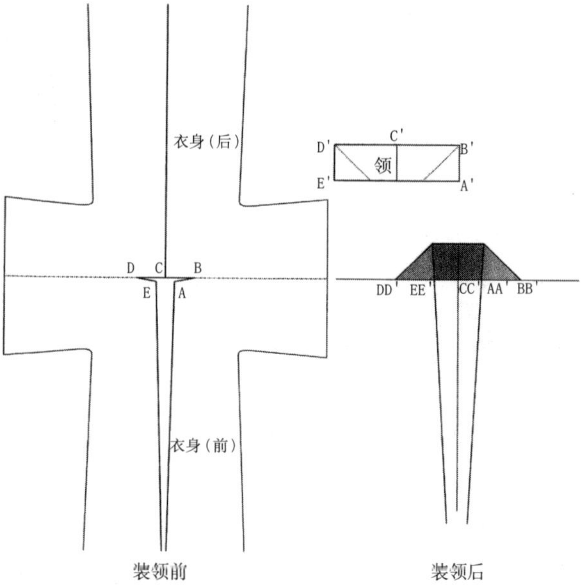

图3-96　紫灰色镶花边窄袖袍装领方法

图片来源：刘瑞璞等著:《中华民族服饰结构图考（汉族编）》，中国纺织出版社2013年版，第60页。

由图3-96可见，南宋女装背子的配领示意，矩形“接缝领”与上衣领口的拼缝线位于衣身的上平线处。服装成品中接领线也应出现在此处。但经文物标本测绘发现，南宋直领对襟女上衣几乎均有一个共同的特征：即在领缘上沿距上平线约2—4厘米处，皆有一条水平接缝线，且左右对称分布（图3-97、图3-98）。很明显，拼领的接缝线应落于此处，而非位于上平线处。不仅女装如此，南宋直领

① 福建省博物馆.福州南宋黄昇墓[M].北京：文物出版社，1982:9.12.

对襟男装在配领上也具有相同的工艺特征①。

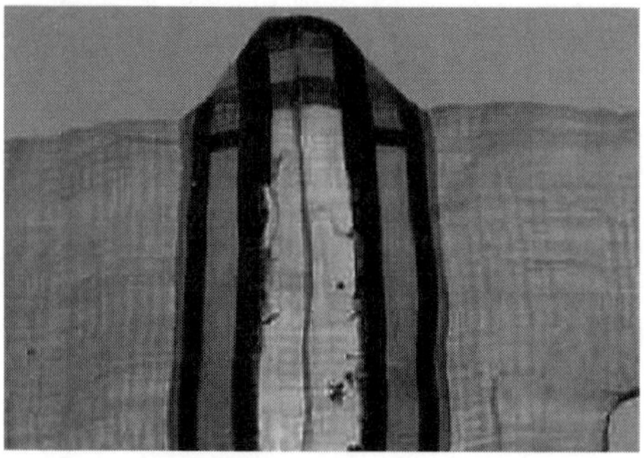

图3-97　接缝领的拼接线示意图［纱罗对襟上衣（福州茶园村宋墓）］

图片来源：福州市文物管理局编：《福州文物集萃》，福建人民出版社1999年版，第100页。

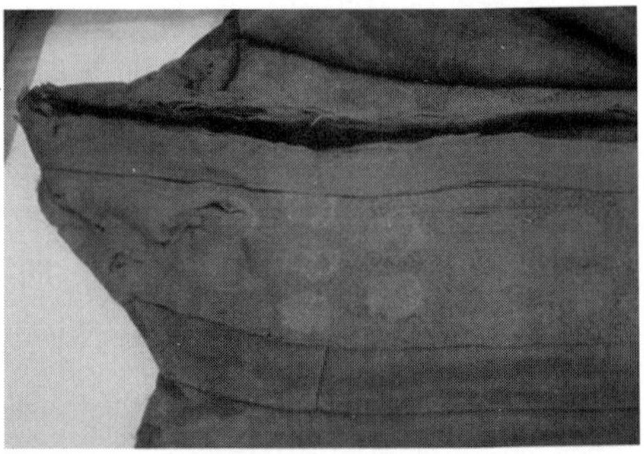

图3-98　接缝领的拼接线示意图［散点杂宝罗襟褐色素罗夹衫（江西德安周氏墓）］

图片来源：在德安县博物馆调研拍摄

可见学界现有的配领工艺理论与南宋女装领式的实际样态存在一定的偏差。就理论而言，如果所配接缝领长度折转后恰好位于衣身上平线部位，接缝领末端与衣身领口部位缝合，需要“抢占”一定的缝份量，在狭窄的区域内会带来缝纫的难度以及拼缝后衣领部位的不平服现象。此配领方法若付诸实践会存在一定的问题，且领接缝线位置偏高，与南宋女装衣领的真实样态不相符。

女装上衣的接缝领应如何装配才符合历史真实呢？就外观而论，接缝领与领缘拼接后，浑然一体，可见破解接缝领工艺之谜，从领缘结构入手是关键。仔细观察南宋女装大袖、背子、衫，其门襟部位皆存在领缘结构，左右对称，宽度大约7厘米—9厘米，领缘上端与接缝领对拼（拼缝线低落于衣身上平线2厘米—4厘米）。衣身的反面有与领缘同宽的素绢贴边设计。领缘与接缝领皆采用与上衣面料相同的材料，即便领缘上有花边镶嵌，但还是可以从边缘处看到本料的领缘结构。观察领缘与衣身的衔接处，领缘对衣身呈压叠之势，领缘在上，衣身在下，缝头倒向领缘一侧。以此为前提，领缘与衣身的压叠关系存在两种可能：情况一，领缘下压叠衣料；情况二，领缘下未压叠衣料。以下将对配领工艺的可能技术路径加以讨论。

① 笔者在中国丝绸博物馆举办的“丝府宋韵——黄岩赵伯澐墓出土服饰展”（2017.5.15-2017.9.3）中所见宋太祖第七世孙赵伯澐墓（嘉定九年1216）所出直领对襟衫，“对襟双蝶串枝菊花纹绫衫（008271）”，其领缘距衣身上平线约4厘米处左右也各有一道拼缝线。

1. 装配方案一：外加领缘法

预设前提，领缘外加。假如领缘下压叠衣身面料，可以将裁好的一定宽度的领缘与止口平齐，直接压缝在衣身上，且上端与接缝领裁片（矩形）衔接，顺势勾缝领口部位。如此处理，前门襟衣片被压隐于领缘之下。再以反面的贴边夹缝固定。这样的设计思路，在缝纫上没有难度，也可以解决之前接缝领缝纫时的技术瓶颈，从外观看接缝领也能够达到与南宋女装实物趋同的效果。以下将以福州茶园村宋墓所出“浅黄色牡丹花卉纹罗衫”为例（因其领缘无任何装饰遮挡，便于结构分析），对南宋女装上衣的配领及缘边工艺给予分析探讨（图3-99）。

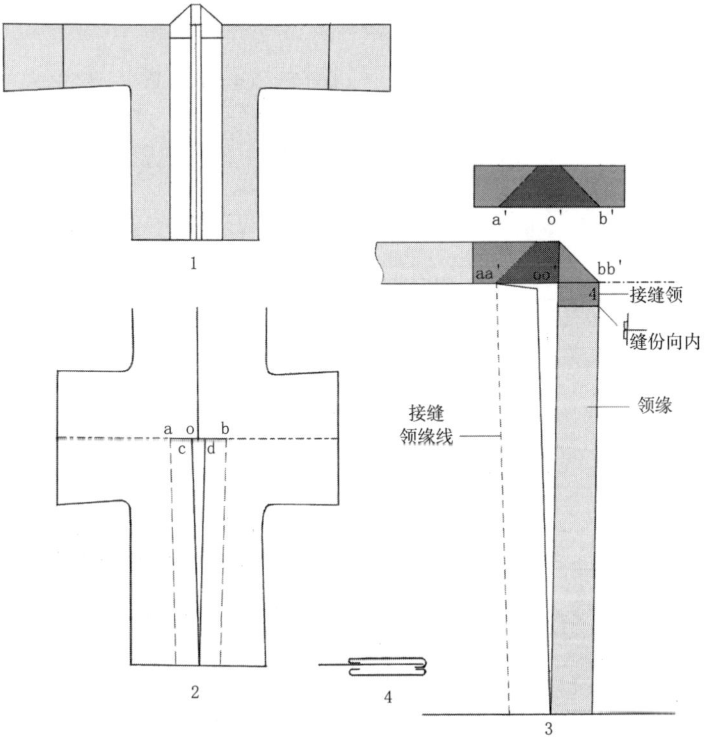

图3-99装配方案一（外加领缘法）（自绘）
（1. 款式图2. 剪裁图 3. 配领示意 4. 领缘与贴边缝合示意）

依上图可见，领缘的装配情况，接缝领与上衣的领缘在距上平线约4厘米处拼缝衔接，缝份在反面，于表面不显露。接缝领的内口线a'b'与衣身上口线ab缝合（缝份0.5厘米），左右向下折转继续与衣身扣缝（缝份0.5厘米），顺接领缘，直至上衣底摆处（图3-99-3中虚线为领缘与衣身缝合线）。领缘与接缝领的上口线均为裁剪毛边，将其向内折进0.5厘米，于反面以与领缘同等宽度的绢质贴边（左右毛边内折0.5厘米，扣烫平整）上下夹缝固定，于正面走针，可见明显针迹。缝纫示意见如图3-99-4所示，上层为领缘，中层为上衣面料，下层为贴边。绢质贴边一般在后领中心线处有拼接缝一条，也有后中完整，拼接缝低落至衣襟部位的情况。

接缝领以及领缘的下料尺寸（含缝份）规律可以总结为，若已知上衣领口宽为x，领缘宽为y，衣长为z，则接缝领裁片：长为x+4+4+1（缝份），宽为y+1（缝份）；领缘裁片：长为z-4+1（缝份），宽为y+1（缝份）。贴边两条，长度为x/2+z+1（缝份），其中各边缝份量均为0.5厘米。

此种领式配置方法，有一个明显的缺憾，就是裁制完衣大身后，领缘需要额外耗费新的布幅裁配（衣身裁剪后所剩余料长度不足以匹配）。领缘虽窄，但长度却近衣长，所需侵耗的整幅布料较长（但利用率却不高，仅于纵向占一窄条）。可见，外加领缘工艺并非为理想的裁配方式。

此外，还有一点值得探讨，就是在"外加领缘"的前提下，拼缝领存在的意义。由图3-99可见，理论上完全可以由一条完整的领缘料（或于后领中心处设置拼缝一道）贯穿上下，完成整个配领工艺。为什么需特意安装一条独立的拼缝领呢？是领缘用料的长度不够所致吗？这种理由，似乎不大成立，因所见到的南宋女装上衣无论长短都存在位置较为恒定的拼领线。女装衣身剪裁力求规整简洁，尽可能化零为整，而此配领方法，却无形中增加了裁片的零碎感。既然非结构之必须，那么"加缝领"的存在会是对服装形制内在文化诉求的外化折射吗[①]？此方面的有效证据在宋代的文献典籍中亦鲜有所见。由此，选择方案一"外加领缘法"会带来"单材料"（用料率不高）以及工艺上"弃整存零"的弊端。

2. 装配方案二：内出领缘法

续上讨论，领缘压附于衣身之上的另一种可能情况，即领缘下无压叠衣料。这种情况，似乎将方案一中被领缘压叠的衣料裁掉，就可获得需要的效果。此种做法并不高明，除了增加一道裁制工序外，还失去了领缘下原有衣身面料对门襟所起到的支撑与衬垫作用。衣料被无端裁弃，似乎与一贯以来中华民族"物尽其用"的造物传统相背离。可见，这种裁掉衣襟的做法当不可行。由此看来，领缘下"未压叠衣料"的情况似乎不存在。福州南宋黄昇墓发掘报告在论及一件"深

① 形制的文化意味，如古制深衣下裳需裁剪十二片，以应年有十二月；上衣下裳制中，裳裙用料前三幅，后四幅，以示前尊后卑之意。在南宋男装中，"襕衫"，特意将下摆裁断，横向加"襕"，以示"上衣下裳"的乾坤秩序。

烟色牡丹花罗背心”时，提示此背心是“由衣片折转而成的对襟边”（图3-100），如此，领缘下“未压叠衣料”的情况能够得以成立，但重要前提是需要“内出领缘”，即上衣的领缘无须外加，而是由衣身的前门襟料直接充当。这种做法极尽巧妙，既节省了材料，又满足了上衣需要配置领缘的形制要求。而这种“内出领缘”工艺，又使得加缝领结构变得必不可少，上下衔接，方能构成完整的领缘造型。这种以便捷、巧妙为特色的“内出领缘法”，其技术关键点在于，折转而出的领缘该如何与“接缝领”有效衔接呢？运用实证研究的方法，模拟折转领缘的配领工艺实验，通过反复比较分析，笔者最终确认了一条较为简便易行的工艺方法。以下将按工艺的实施过程，分步骤给予绘图示意，如图3-101所示。

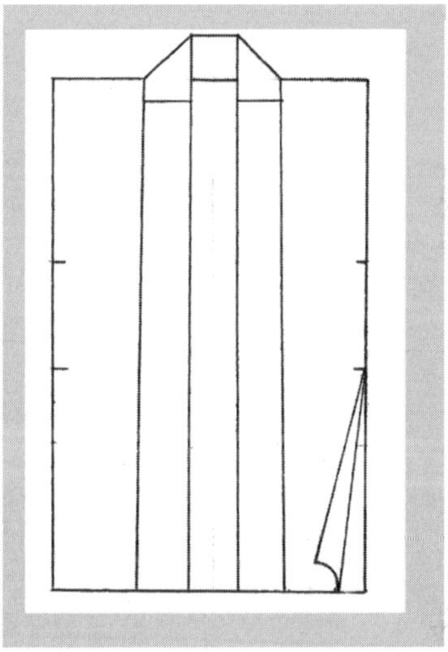

图3-100　装配方案二（内出领缘法）实例照片
[深烟色牡丹花罗背心（福州南宋黄昇墓）]
图片来源：福建省博物馆编：《福州南宋黄昇墓》，文物出版社1982年版，彩色图版六。

此种配领方法工艺简单，缝纫便捷，将衣身和领缘结构融为一体，独具智慧。ab为领口宽线，将ab线剪开，前中线剪开。继而只需将前衣襟反向水平折转，自衣身上口线b点沿折转线剪切至e点，剪切深度决定接缝领的高低位置。衣襟（领缘）水平方向预留1厘米缝份量，其余部分剔除（阴影所示）。取宽度与衣襟折转量相等的矩形接缝领裁片一片（长为后领宽+2×接缝领低落量+缝份），与衣襟（领缘）折转部分的上平线拼缝固定（缝份朝上），自f点（衣身肩颈点）以上，接缝领下口线与衣身领口线缝合，要求o点应与o′点对齐；自f点以下，预留1厘米缝份，将领缘下口线与衣身缉缝固定。缝纫好的领缘整体回折至正面，即完成领缘及接缝领的装配。将领缘上口线毛边回扣1厘米，与两侧已折为光边、扣烫平整的贴边彼此相对，于边缘处用手针将两者缝缉固定。

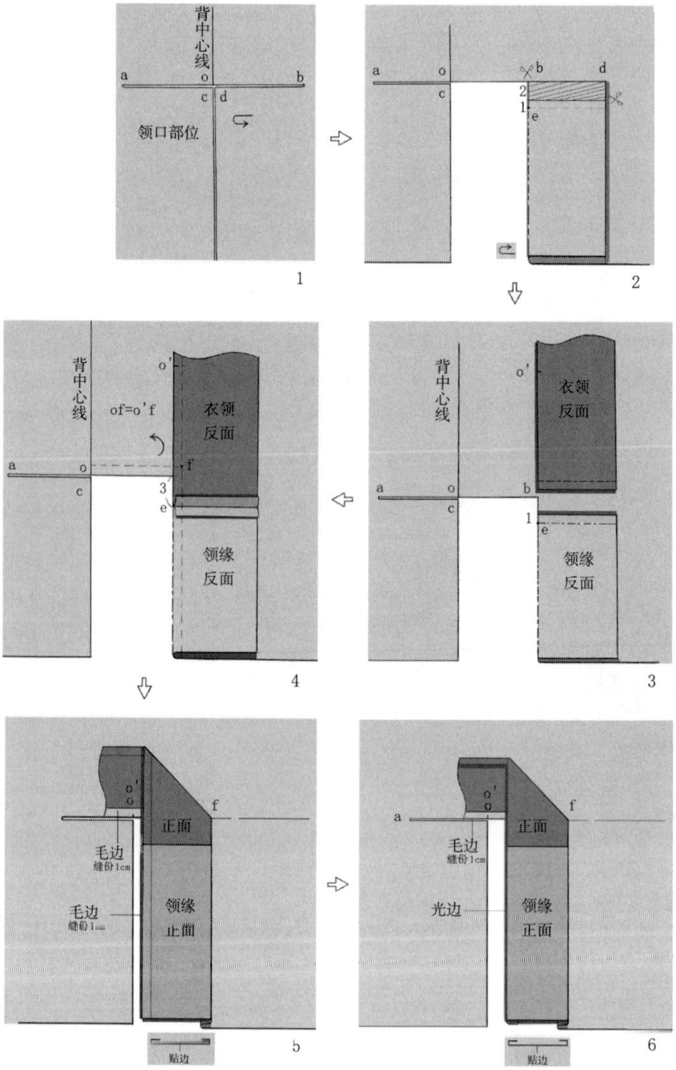

图3-101　装配方案二（内出领缘法）工艺示范图（自绘）

在“内出领缘”工艺前提下，接缝领结构在整体构成中居于不可或缺的地位。拼接线的位置设定（在衣上平线下2厘米—4厘米）亦具有天然的合理性，如数值过小（小于2厘米），拼缝区域过于狭窄局促，会影响缝纫工艺的有效实施和缝纫效果；如数值过大（大于4厘米），衣身部分被裁掉太多，而接缝领所需用料就会随之增加，造成材料空耗，这种做法显然毫无意义。如此便破解了南宋女装上衣拼缝领结构的定位之谜。而这种“内出领缘法”在节省用料方面亦展现出无可比拟的优势，除裁配一小片接缝领外，整个领缘无须再消耗其他材料。

经统计发现，南宋女装上衣后领宽度一般在18厘米—20厘米之间（男装直领对襟式样为23厘米—24厘米），如按照“内出领缘法”，成品领缘的最大宽度为7厘米—8.5厘米，南宋女装实际领缘的最大宽度一般都不会超过此数值。其中还发现存在5.5厘米、6厘米领缘宽度的情况，工艺上只需加大缝份量，或适当将门襟沿前止口处略裁去稍许即可。在女装调查中发现，前身衣摆宽度一般比后身衣摆宽度略小2厘米—4厘米，也是由于“内出领缘法”工艺所带来的必然结果。

由此可见，装配领方案二“内出领缘法”比装配领方案一“外加领缘法”具有更多优势，当为南宋女装所普遍采用的工艺范式。但其中也不乏例外之举，据江西德安周氏墓发掘报告记述，周氏墓所出服饰“大多数加缝衣小领”，也有无衣小领存在的情况[①]。想必应是采用了方案一的工艺方法，而获得了并无拼缝的视觉效果。北宋女性上衣的领缘部位皆无拼缝领结构[②]。显然，北宋女装的配领工艺，采用“外加领缘法”得以完成。而南宋女装中极个别特例存在无拼缝领的情况，很可能是受到北宋遗风的影响。

（二）领抹及花边装饰工艺

造型简约的对襟式直领镶嵌以精美的领抹或花边，成为南宋女装潮流变幻的亮点，颇具时尚气息。领抹是重要的装饰要素，类似宽花边，镶嵌于领缘之上，奢华绮丽。除领抹外，精巧的窄花边亦别具特色，尽显俏丽雅致。领抹及花边的使用量极大，如福州南宋黄昇墓所出服饰计115件，其中在对襟及缘边处有领抹或花边装饰的就有79件之多[③]，福州茶园村宋墓除服饰上的装饰花边外，亦出土大量未经使用的领抹及花边原料。这些装饰用辅料不仅纹样精美，在形式构成上亦遵循着某种约定俗成的工艺范式。

领抹元素最为突出，是南宋女装中时髦的配饰。沈从文先生较早提出领抹即为宋代女衫对襟处装饰花边的论断，“外衣衫子对襟，有两长条花边由领而下，多属戳纱绣法，也有织成、画成的。宋人凡提‘领抹’，必兼画绣而言”[④]。领抹可以

① 周迪人，等.南宋德安周氏墓[M].南昌：江西人民出版社，1999:98.
② 安徽省考古研究所，等.安徽南陵铁拐宋墓发掘简报[J].文物，2016（12）:47.中国丝绸博物馆.曾住长干里：南京大报恩寺出土宋代丝绸[Z].杭州：中国丝绸博物馆.2018:83.
③ 福建省博物馆.福州南宋黄昇墓[M].北京：文物出版社，1982:111.
④ 沈从文.中国古代服饰研究[M].上海：上海书店出版社，2002:445.

作为商品买卖，价格不菲，“一领一袜，费值千钱”[①]。领抹自北宋就广为流行，“相国寺每月五次开放，万姓交易。……占定两廊，皆诸寺师姑卖绣作、领抹、花朵、珠翠、头面、生色销金花样、幞头、帽子、特髻冠子、绦线之类”[②]。到了南宋，领抹依旧畅行不衰，“最是官巷花作，所聚奇异飞鸾走凤……销金衣裙、描画领抹，极尽工巧，前所罕有者悉皆有之”[③]。宋无名氏有《阮郎归·端五》一词：“及妆时结薄衫儿，蒙金艾虎儿，画罗领抹襕裙儿，盆莲小景儿。香袋子，搐钱儿”，领抹工艺即为纱罗上以画绘之功渲染铺陈。领抹之实物在南宋墓葬出土的随葬衣料中皆有所见。但其装饰技巧并非单一的画绘一事，还兼具刺绣（平绣、打籽绣、盘金绣）、泥金印花多种式样。随着时间的更迭流转，领抹制作工艺亦呈现缤纷样态，多具变革与创新。

1. 形制基本构成

综合实物调研及相关发掘报告提供的有效信息，南宋女装的领抹一般较宽，约5厘米—6厘米，镶嵌于衣身领缘处，较宽者几乎将领缘整体遮蔽。与领抹相比，花边相对较窄，宽度仅为1.5厘米—2.5厘米，镶嵌于上衣领缘及衣缝处，起到“画龙点睛”的装饰效果。

据福州南宋黄昇墓发掘报告记述，黄昇服饰的领抹工艺有手工彩绘、凸纹印花彩绘、刺绣（平绣、打籽、贴绣、辫绣、盘金绣等）等多种形式[④]，其工艺精湛，令人叹为观止。图案花纹题材丰富，有牡丹、芙蓉、芍药、梅花、水仙、茶花、百菊、海棠等缠枝花卉，也不乏狮子戏球等动物形象，其构思精巧、造型绮丽。领抹的形制特征为长条形，双侧内折边，反面以“之”字形针迹将缝份扦缝固定。工艺过程为：取已经印绘或刺绣好花纹的长条形坯料，以花卉纹为中心，左右各预留2厘米—3厘米的折反量，将花边裁剪下来。为增强成品领抹的硬挺度，若为印绘工艺，则在花边背后加垫同样质地宽度的衬料一条；若为刺绣工艺，则选择与衬垫近似花卉纹宽度的硬纸一条，将花边上下预留量向反面折叠，包住衬垫料，再施以“之”形针迹将上下扦连固定，成品效果、工艺方法如图3-102、图3-103所示。领抹较花边装饰工艺复杂，通过对福州茶园村宋墓、南宋福州黄昇墓所出花边进行考察，花边的形制构成多在大块坯料上取材完成。将窄条花卉纹相隔一定距离（约3

① 袁褧.枫窗小牍[M].上海：上海古籍出版社，2012:10.
② 孟元老.东京梦华录[M].郑州：中州古籍出版社，2010:58.
③ 吴自牧.梦粱录卷十：团行[M]//全宋笔记：第八编：五.郑州：大象出版社，2017:219.
④ 福建省博物馆.福州南宋黄昇墓[M].北京：文物出版社，1982:111-133.

厘米）数排平行印在罗地上，材料长约200厘米。与领抹不同，此类花边使用时需再次剪裁，将花卉纹居中，两边留出余量。剪裁后依据折边方式可以分为两种类型—A型（双向折边）和B型（单向折边）。A型：以彩绘花纹上下边缘为界，两侧折转多余的罗料，形成双侧光边的效果，此花边一般作为衣缝的装饰之用。B型：以彩绘花纹的上边缘为界，单侧折转多余的罗料①，形成单侧光边。此型多用于上衣前门襟止口部位的装饰，花边坯料及工艺方法如图3-104、图3-105所示。

图3-102　领抹成品效果
棕地金茶蘼绣花领抹
图片来源：高汉玉等编：《中国历代织染绣图录》，上海科学技术出版社1986年10月版，第220页。

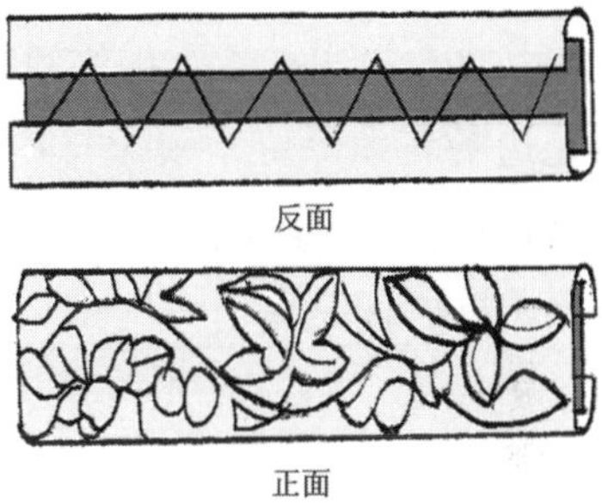

图3-103　领抹制作工艺（自绘）
棕地金茶蘼绣花领抹（福州南宋黄昇墓）

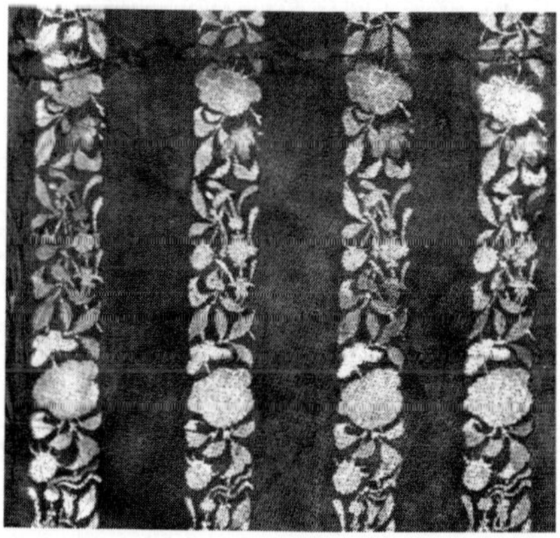

3-104　花边坯料
印花彩绘芍药璎络花边（99）
图片来源：高汉玉等编：《中国历代织染绣图录》，上海科学技术出版社1986年版，第82页。

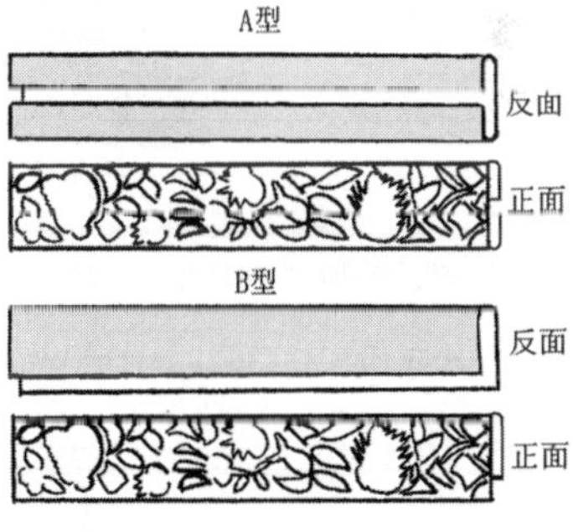

图3-105　花边制作工艺（自绘）印花彩绘芍药璎络花边（99）（福州南宋黄昇墓）

① B型裁剪时花纹的上边缘比下边缘需预留多些的罗料，便于翻转后有充分的衬垫量。

2. 镶嵌方式

以下将对女装对襟直领部位的领抹与花边的镶嵌方式予以适当讨论。

（1）领抹镶嵌（含B型花边）

在上衣的领缘部位自上而下镶嵌领抹（下压B型花边），这是南宋女装中“衫”类高频使用的装饰手段，镶嵌效果如图3-106所示。工艺过程为：首先完成衣身前襟部位的缝纫，即在衣身前襟处叠缝同样质地的领缘（含接缝领），并于反面勾好贴边（绢或纱或罗）。将B型花边光边向外置于领缘之上，花纹下缘与上衣止口处对齐，其余探出其外。再将领抹外缘与止口对齐，将B型花边毛边处压住，恰好露出花边的花纹部位，领抹与花边在前止口处自然过渡衔接。领抹的固定方式为左右暗扦边，针迹隐藏，具体镶嵌工艺如图3-107。此外，领抹的尾端至上衣底摆处并不裁断，而是留出大约3厘米—4厘米，向反面折转，并用手针扦缝固定，德安南宋周氏墓、福州南宋黄昇墓所出女衫均具有此工艺特征。为了对精美的领抹起到保护作用，一般会在领抹上加缝护领结构，护领正面的可视宽度一般为2厘米—3厘米，反面内折1厘米，两侧均扣折为光边。

图3-106　领抹镶嵌装饰效果—烟色镶金边绉纱上衣[福州茶园村宋墓（福州市博物馆藏）]
图片来源：福州市博物馆编：《福州文物精粹》，福建人民出版社1999年版，第103页。

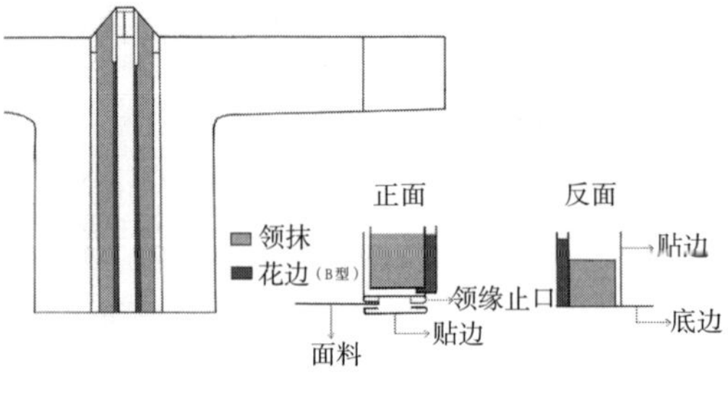

图3-107　领抹镶嵌工艺示意图（自绘）

从多个墓葬出土服饰来看，存在B型花边与领抹共生的关系。一般在镶嵌有领抹的上衣中前止口部位都会有B型花边出现，视觉上形成宽、窄花边的节奏对比，B型花边的存在对领抹起到很好的陪衬与烘托效果。故本节将B型花边的工艺讨论列入领抹语境之中。

上衣领缘部位除存在领抹、花边同时装饰外，还存在仅由B型花边单独装饰于门襟止口处的情况，如福州茶园村宋墓女装大袖就属于这种情况。由于失去领抹的压叠关系，B型花边一般会移至衣襟的反面，靠近贴边处缝纫固定。在服装标本调研中，福州茶园村宋墓、江西德安周氏墓所出上衣中，均发现相似的例证，具体镶嵌工艺方法如图3-108。

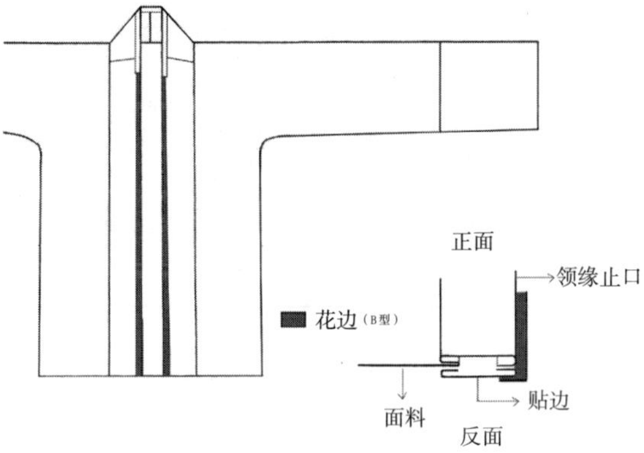

图3-108　花边（B型）镶嵌工艺示意图（自绘）

（2）花边（A型）镶嵌

除了应用于上衣前门襟止口处的B型花边（单向折边）外，A型花边（双向折边）被广泛应用于南宋女装上衣、裙、裤的边缘及衣缝等处。上衣的镶嵌方式主要有两种：一种是局部镶嵌，仅在领缘的两侧镶两道花边（接缝领或袖口边有时也存有花边），女装衫类常用这种工艺手段，如福州茶园村宋墓出土的“纱罗对襟上衣”、福州南宋黄昇墓出土的“紫褐色罗镶花边单衣（39③）”“褐色花罗镶花边单衣（135）”等。另一种为整体镶嵌，除了领缘外，腋下侧缝、底边线、接袖线、袖口线、背中缝处均镶嵌A型花边，此种工艺范式在女装背子、大袖中较为常见，女衫中偶有所见。如福州黄昇墓的4件大袖、3件背子[①]，以及“浅赭色罗镶花

① 福州南宋黄昇墓同出土4件背子，其中3件为A型花边整体镶嵌式样，另外的一件虽也为整体镶嵌，但却是用A型领抹材料完成的镶拼，装饰效果更加突出明显。

边单衣”均采用整体镶嵌的工艺。江西德安周氏墓所出服饰多以印彩、印金领抹装饰领缘，而以A型花边装饰的应用实例较为少见。南京高淳花山墓所出6件纱罗衫，均无领抹或花边装饰，显得十分清新素朴。此外，女裙（两片式）和合裆裤（矩形裆片）的边缘及衣缝中通常也采用以A型花边整体镶嵌的装饰方法。以下将对两种镶嵌方式逐一讨论。

①局部镶嵌

局部镶嵌的装饰效果、镶嵌工艺示意如图3-109、3-110所示。

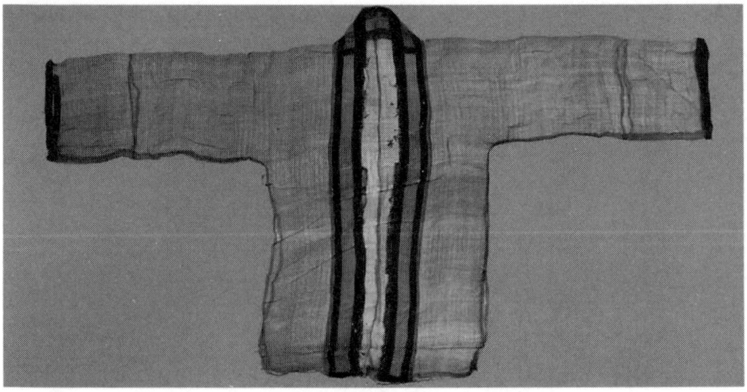

图3-109　花边（A型）局部镶嵌装饰效果—纱罗对襟上衣[福州茶园村宋墓（福州市博物馆藏）]衫子标本展厅观摩

图片来源：福州市博物馆编：《福州文物精粹》，福建人民出版社1999年版，第100页。

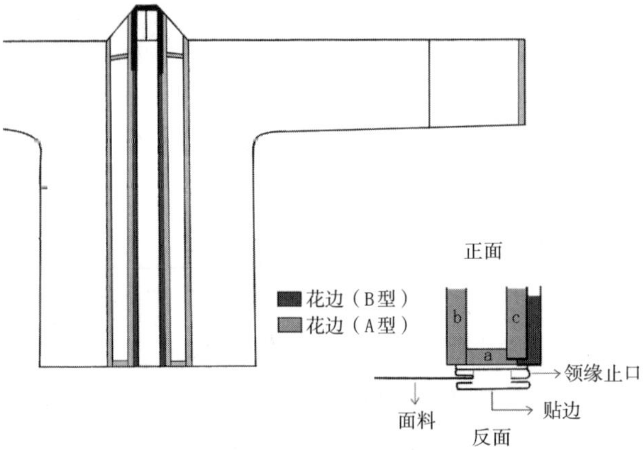

图3-110　花边（A型）局部镶嵌工艺示意图（自绘）

②整体镶嵌

整体镶嵌的装饰效果、镶嵌工艺示意如图3-111、3-112所示。

图3-111　花边（A型）整体镶嵌装饰效果[浅褐色罗镶花边广袖袍（大袖）(65⑤)福州南宋黄昇墓（福州市博物馆藏）大袖标本展厅观摩

图片来源：华汉文化会馆http://hanfu.hk/forum/viewthread.php?action=printable&tid=5356

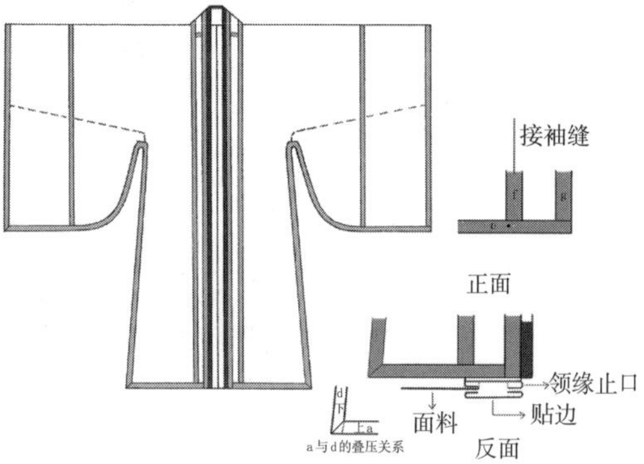

图3-112　花边（A型）整体镶嵌工艺示意图（自绘）

在A型花边整体镶嵌工艺中，不同服饰品类之间花边的装配秩序表现为统一中富于变化。如图3-113中，侧缝花边d与下摆花边a的叠压秩序（a上d下，a折角45度）、下摆花边a与领缘花边b的叠压秩序（a上b下）均比较恒定，贯穿于各类上衣之中。a 与c的叠压秩序富于变化，如同样为黄昇墓出土的一件“黄褐色罗印金填彩花边背子（38①）”其花边a与c的处理工艺与前例（a下c上）稍显不同，表现为a上c下的的叠压秩序，且交角为45度。

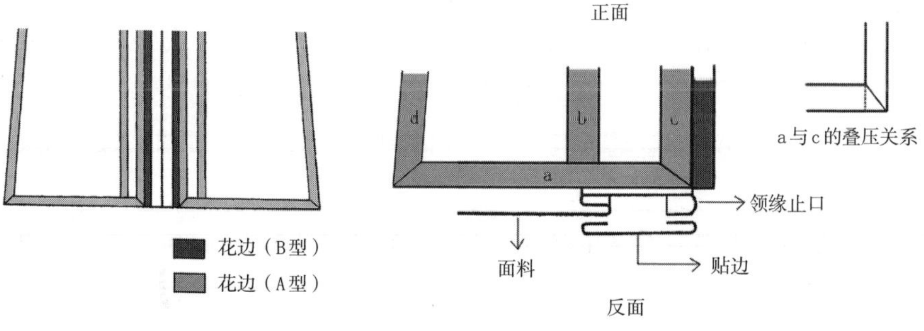

图3-113　花边a与c叠压秩序比较（自绘）[黄褐色罗印金填彩花边背子（38①)(福州南宋黄昇墓)]

在A型花边整体镶嵌工艺中，也存在某些边缝省略或局部仅镶嵌花边的情况，如福州茶园村宋墓一件“烟色直领对襟镶花边素纱背子”，其下摆花边a并未延伸至前止口，而是于领缘宽度处截止。领缘处花边c省略，而仅镶嵌花边b。由于失去了花边c的依附作用，B型花边（深色）则移至反面，依附于内贴边缝缉固定，如图3-114所示。

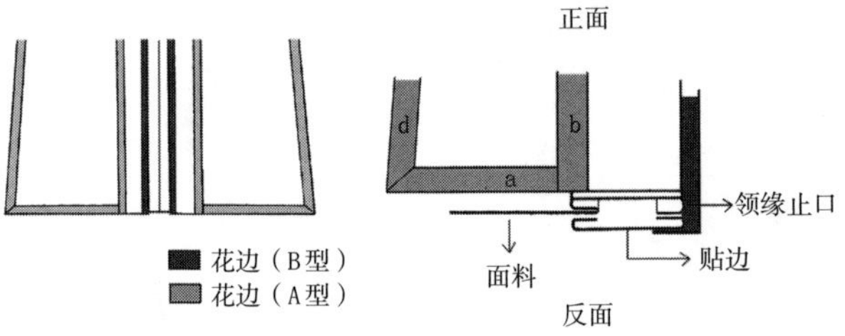

图3-114　花边c的有无前后比较（自绘）
[烟色直领对襟镶花边素纱背子（福州茶园村宋墓）]

3. 领抹及花边应用类别

从领抹及花边的使用消耗情况看，以福州南宋黄昇墓应用最多，所见有领抹、A型花边和B型花边，且其彩绘、印绘、刺绣工艺极其精巧秀丽。福州茶园村宋墓位居第二，出土有一定数量的刺绣领抹以及大量的泥金印花花边。服饰上领抹、花边装饰随处可见。德安南宋周氏墓所出服饰以彩印、泥金印花工艺的领抹装饰居多（附A型花边），B型花边似不为所见。较为例外的是，高淳花山宋墓服饰很少见到有领抹或花边装饰，尤显素雅。以上出土服饰均属于南宋后期墓葬，地处南宋东南区域，在装饰程度上的差异应与墓主人等级地位、经济财力息息相关。黄昇属于南宋宗室姻亲，茶园村宋墓女性墓主人为将军之妻，德安周氏为南宋命妇“安人”，以上墓葬均有墓志或验证身份的文字，唯南京高淳花山墓无确切墓主人信息，联系其服饰装饰匮乏的特点，似可判断，其为社会普通平民女子，且不具备太强的经济实力。

综合各墓葬出土各类服饰的装饰特征，可总结出南宋女装装饰工艺的大致规律：

（1）大袖、背子的装饰以A型花边的“整体镶嵌”为特色（前附B型花边）。

（2）衫以领抹装饰为重点（前附B型花边），但也有A型花边局部镶嵌和整体镶嵌的例证。

（3）B型两片式女裙、矩形裆片开裆裤的边缘线及衣缝线多以A型花边装饰，但也存在不用花边的情况。

（4）上衣中“短襦”作为内衣，不采用任何花边装饰。

较之南宋花色各异、精美绮丽的镶边装饰，北宋女装则相对素朴。安徽南陵铁拐北宋墓所出命妇服饰未见艳丽的领抹及花边装饰。如果说南宋高淳花山墓中所出女装俭素的原因或与其经济能力不足的平民身份有关，但北宋晚期，封号为“安康郡太君”的朝廷命妇所着衣衫装饰元素不足，应是时代风尚的投射，当时花边装饰并不像南宋时期那样普遍流行。

（三）衿带工艺

“紟，衣系也。联合衣襟之带也。今人用铜纽，非古也。……紟，今本为衿[①]”，衿即为上衣前门襟处的系带，具有联合衣襟的实用功能。从出土南宋女装来看，上衣施衿的情况较为少见，仅德安南宋周氏墓和福州南宋黄昇墓有少量发现。据目前所掌握的情况看，周氏有五件上衣具有衿带结构，其中有单衣也有夹衣（图3-115、图3-116）。尤其值得注意的是，在衿带的起始处，靠近门襟处还缝缀有极不显眼的一对纽袢，隐于衣襟之下，左侧为麻花状袢环，右侧为近似球形的纽扣。据《德安南宋周氏墓》发掘报告显示，其中还出土有一件“印金罗襟折枝花纹罗衫”，其前门襟处钉缀有一对纽袢[②]。周氏墓所出服饰门襟处多具衿袢结构，且分为有衿带、有纽袢、有衿带纽袢三种装配方式。较之周氏墓，其他墓葬出土的女上衣，几乎全部为无衿袢式样。《福州南宋黄昇墓》发掘报告提到这样一段信息，“单衣，合领对襟开叉，加缝领，襟上无纽袢或系带，唯有一件已炭化的绉纱合领单衣的襟缘下端有一条长36厘米、宽4厘米的印金彩绘鱼藻纹的饰带舒垂”[③]。黄昇墓所现衿带之衣数量之少，以及衿带的印金花纹，都清晰表明，衿带重在装饰，而非实用的意义。此种装饰手段在南宋社会已非主流，北宋晚期“不制衿”的简约风潮便已兴起[④]。

以下将以标本调研中所见德安周氏墓的“罗襟长安竹纹纱衫（c16）”为例，对其衿带的缝制及钉缀工艺加以说明，实物照片、衿带细节如图3-117。

① 段玉裁.说文解字注[M].北京：中华书局，2013:661.
② 周迪人，等.江西德安周氏墓[M].南昌：江西人民出版社，1999:9.
③ 福建省博物馆.福州南宋黄昇墓[M].北京：文物出版社，1982:9.
④ 岳柯.桯史卷第五：宣和服妖[M].北京：中华书局，1981:54.

周氏这件“罗襟长安竹纹纱衫（c16）”以绉纱制成，领缘用泥金印花领抹装饰（现已脱落），前门襟止口处有一花卉纹B型花边装饰。衿带以双层牡丹纹提花罗料制成，长63厘米，宽4厘米，上端为45度尖角造型，下端为宝剑头造型，尖角两斜边相等，均为3厘米。此衿带应选用长65厘米、宽10厘米的双层罗料，从反面勾缝一圈（勾出宝剑头造型），在上端留口，将衿带正面翻出，熨烫平整。衿带上端沿45度斜线扣烫平整。将衿带放置于门襟之上，让带尾与衣摆平齐，在衿带上端沿斜线于反面用针迹扦缝固定（图3-118）。

图3-115　衿带示意图一[褐色梅兰如意纹罗襟背子（0979）（江西德安周氏墓）]

图片来源：图片由德安县博物馆提供

图3-116　衿带示意图二[印金罗襟褐色如意纹纱背子（0976）（江西德安周氏墓）]

图片来源：图片由德安县博物馆提供

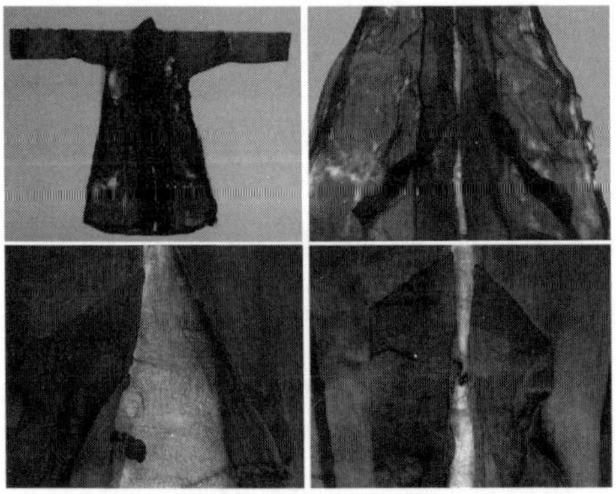

图3-117　罗襟长安竹纹纱衫（C16）衿带细节图[江西德安周氏墓（德安县博物馆藏）]

图片来源：作者在德安县博物馆调研时拍摄

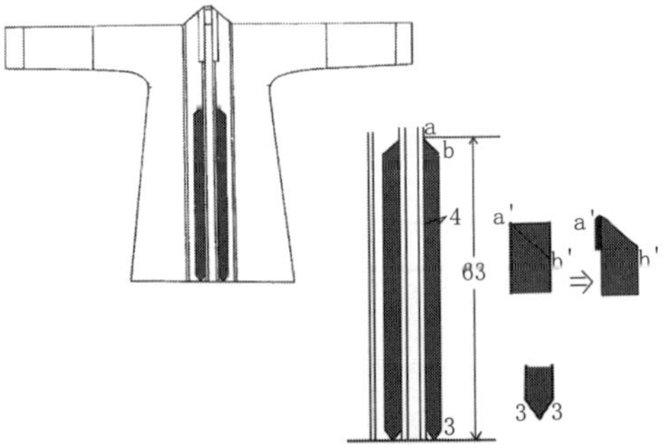

图3-118　衿带装配工艺图（自绘）
[罗襟长安竹纹纱衫（C16）（德安南宋周氏墓）]

周氏的另一件带有衿带的“梅兰如意纹罗襟褐色夹衫”，其衿带上依稀可见斑驳点状的印金图案，装饰手段与黄昇服饰趋同。周氏此件皱纱衫胸宽仅为44厘米（即胸围总量为88厘米），立体穿着后即便身材苗条的人也会十分修身，可见衿带之用并非在于收拢衣襟。打结后的襟带呈现典雅的“蝴蝶结”式样，加之以提花或印金装饰，自然成为门襟处的“风景”（图3-119）

图3-119　衿带打结效果
[周氏窄袖袍（德安南宋周氏墓）]
图片来源：周迪人等：《德安南宋周氏墓》，江西人民出版社1999年版，彩图版二。

（四）缝纫工艺

南宋女装上衣以“十字型”平面剪裁构成，裁片造型规整、严整对称。裙与裤的剪裁亦规整有序，简约洗练。服装裁片表现为以直线剪裁为特征的规整的几何形态，缝纫制作十分简省便捷。南宋女装的缝纫顺应轻薄的柔性织物，工艺表现为“精略得当、重点突出”。

上衣需缝缉之处主要有后背缝、拼袖缝、袖下缝、侧缝折边、底摆折边、袖口折边，止口折边共计七处。后背缝、接袖缝为布幅的幅边，一般直接留出0.5厘米—1厘米做缝份。

袖下缝缝份一般为0.5厘米—1厘米，但袖式极窄的女衫其袖下缝会预留较多的缝份量（4厘米），以免丝绸纤维受手臂牵扯而出现松脱、裂缝现象，其缝份为毛边形式并不折缝。衣身腋下缝份量亦较大（3厘米），为使袖子转弯处平顺服贴，需对腋下缝份部位开剪口处理。袖口、侧缝折边一般为0.5厘米—1厘米，体现精巧感。底摆折边较其他处折边为宽，一般为0.5厘米—1.5厘米。女装上衣针脚一般为0.1厘米—1厘米，针距0.5厘米—2厘米。衣身领缘止口内折1厘米，与贴边扣缝，正面走针，线迹可见，一般针脚为0.5厘米，针距较大，约为1.5厘米—2厘米。领抹以及花边的固定方式为边侧手针暗扦法，体现不露痕迹的精致感。底摆的折边一般比侧缝要大，底摆与侧缝折边的交汇处，多表现为先折侧边，再折底摆（也有相反情况），交角为45度，用暗扦的方式加以固定（针脚0.1厘米），袖口的折边同样用暗扦法，正面不见线迹，但也有存在正面可见针迹的情况。此外，上衣领缘和袖缘与衣身的固定方式采用正面暗扦的方法，针脚约0.1厘米，针距较大，约1厘米—1.5厘米。双层夹衣品类中，里子用绢料，通常在侧缝、下摆处，里子扣烫整齐（毛边内折），用0.1厘米小针脚暗扦固定。

背心类底摆折边一般为1厘米，侧边为自然幅边，或折进0.2厘米—0.3厘米。抹胸、裹肚类夹质正面不见针迹，单层则在两个宽边处折进约0.5厘米—1厘米（长边为幅边）；袜类表面多不见明线。

裙类为三面折边，加缝裙腰的结构。裙子下摆折边为1厘米—2.5厘米，为明针迹。针脚0.3厘米—0.5厘米，针距约0.8厘米—1厘米。裙腰为双层结构，两端夹缝绢带，并以明线于表面固定。褶裙类，为使碎褶形态规整，有时会在裙腰线下约1厘米处用小针脚固定。裙腰下口线处一般有明线固定，针脚0.3厘米，针距约1厘米。

裤子缝份主要有腰口线、侧缝线（内、外）、脚口折边线。一般脚口折边较宽约为1.5厘米—2厘米，侧缝线相对较窄，约0.5厘米—1厘米。脚口折边或反面暗扦或正面以明线固定，针脚约0.5厘米，针距约1厘米。腰口线处正面多见暗扦工艺，针脚约0.1厘米。

四、小结

本章以目前存世完好、具有一定数量规模的四座南宋墓葬（福州茶园村宋墓、福州南宋黄昇墓、江西德安周氏墓、南京高淳花山墓）出土的女性服饰为考察对象，通过标本测绘、展厅观摩，从微观技术层面对南宋女装形制类型、形制特征、剪裁结构、缝制工艺展开系统的梳理和考证。研究标本涉及大袖、背子、衫、襦（衣）、袄、背心、裤、裙、抹胸等女性衣装生活的诸多品类。

南宋女装上衣为直领对襟，衣袖平展，整体造型简约明快，形制结构具有中华古典“十字型”平面结构的文化特征。高度整一的“四片式”构成：正身两片、拼袖两片，背缝中直、严整对称。女装上衣以衣料“幅宽”为据，呈现三种裁配方式。方式一（四幅）：正身两幅，拼袖两幅（拼袖宽度为全幅或大于半幅）；方式二（三幅）：正身两幅，拼袖一幅（拼袖宽度为半幅或小于半幅）；方式三（两幅）：正身两幅，拼袖借用腋下零料裁配。以上三种方式并不局限于某一品类，如大袖、襦（衣）适用于方式一和方式二，但并不适用于方式三。而背子、衫子、袄三种方式均可适用。背心、抹胸、裹肚之裁配更趋简易，仅需一个全幅布料即可完成。综合而论，南宋女装上衣的用料，依衣长、袖展、腰宽、袖宽以及织物的实际幅宽几方面因素综合裁定，自由灵活。较之北宋女装而言，南宋女装上衣对传统的超越更大程度地表现为形制尺寸的异变，而在形制式样上相对守恒。南宋女装纤细秀雅，而北宋女装则疏阔宽畅。两宋女装风格“狭阔”分明，体现出南北两宋审美文化的不同。

南宋女裤形制构成规整、有序，为简约的几何造型。裤筒、裤腰及系带皆为矩形。依功能不同，裆片造型分别为菱形、三角形和矩形三种。内、外合裆裤裤筒（单个）皆由两片矩形构成，而开裆裤裤筒（单个）多由一片矩形折转而成；合裆内裤（裈裤）用菱形封裆，合裆外裤（裆裤）以矩形封裆，而开裆裤以三角形分置裤筒内缝两侧形成裆衩。合裆裤腰部开口皆在侧面，开裆裤则一律位于后腰中心处。可见，女裤在式样构成上依服用功能不同，而产生局部结构的分化。女裤在形制式样上，既有对传统样制的继承，又不乏奇巧创新之变。

女裙造型更加简约纯粹，由矩形或梯形构成。单片裙两片（梯形）、两片裙四片（矩形、梯形各二）、褶裥裙四片（矩形）、A形裙四片（矩形二、梯形二）。褶裥裙具有外穿的功效，裙身、裙腰、系带质料一体，美观协调。单片裙、两片裙则腰、身材质分离，主次有序，体现俭省节用的原则。女裙最大耗料为四个全幅，最小为两个全幅。裙式皆轻盈纤巧，呈露足之势。南宋女裙、女裤品类较上衣而言在式样上更趋多元化，体现出以功能为导向的结构差异。

南宋女装形制特征可概括为以下三点：一是传承经典“十字型”平面结构，以简洁、规整、纯粹的直线几何造型，体现中正、对称、均衡的儒家审美秩序；二是以布帛“幅宽”为量度，规划结构尺寸，确保“材尽其用”；三是形制结构上“传承性”与“异变性”共存，既继承传统，又变革创新。

服装制作工艺，两宋多有差异。在配领技术上，南宋超越了北宋的“外加领缘法”，开创了简省快捷的“内出领缘法”：以门襟内生领缘，续接拼缝领。颇具时尚特色的领抹、花边极尽奢华之韵，对衣身的装饰体现出高度的秩序化。如大袖、背子以“整体镶嵌”的窄花边为特色；而衫子则多以奢华的领抹在领缘处点睛；两片式旋裙和裆裤亦不乏以窄花边整体镶嵌的实例。较之北宋女装的简约平实，南宋女装的装饰韵味更浓。并从北宋早期传统的“衿带装饰型”向南宋时期的“花边装饰型”嬗变发展。缝纫与剪裁相辅相成，顺应织物的柔顺与轻薄，缝纫工艺体现出“精略得当，重点突出”的特点。

第四章

南宋女装形制构成的风格范式

基于对南宋各类女装形制结构及剪裁特征的个案考证，本章将南宋女装纳入古代服饰通史的宏观视野，从时间轴线上做纵向考察。从“衣”“裤”“裙”三大基础品类出发，通过与不同历史时段同一类型女装形制构成方式的技术比较，释证南宋女装融历史传承与时代异变的二元文化特征，最终明确其在中华服饰造型发展史上的历史坐标与文化地位。

一、衣之构成：尚简归一、竞趋峭窄

南宋女性上衣类别中，除了后妃的礼服采用交领外，后妃常服、士庶礼服大袖以及背子、衫、襦（衣）、袄、背心等通用常服均为整一的“直领对襟”式样，而形制变量因素多体现在衣身长短以及袖式宽窄的错落变化上。总体而论，女装上衣虽功能用途有所殊异，但形制构成趋于统一，表现为“尚简归一、竞趋峭窄”的风格范式。

（一）简洁纯粹的“十字型”通裁

1. 负绳应直、中轴对称

南宋女装上衣的剪裁继承了中华传统服饰“十字型”平面结构的谱系特征[①]。从先秦两汉的深衣、唐宋的大袖襦裳、元朝蒙汉的左右衽共制、明朝归宗的宽衣博带，到清代“纹章准绳”规制的集大成，都是在“十字型”平面结构基础上实现的[②]。“十字型”平面构成法是以人体中轴线和手臂平展线确立“十字”坐标系统，以“衣身前后中心线”和“水平肩袖线”与之对位，完成了人体结构与服装结构的内外映射。汉民族服饰的“十字型”平面构成法尤其强调“中轴线”在造型控制上的主导地位，力求以严整的左右对称形式展开布局。南宋女装上衣的剪

① 中华传统服饰结构谱系是刘瑞璞在其著作《中华服饰结构图考（汉族编）》（中国纺织出版社2013年版）中初步建立的，其由汉族和少数民族两个系统构成，在汉族编中对以汉民族为主体的古典服饰结构给予考据研究。

② 刘瑞璞，等.藏袍结构研究在中华传统服饰结构谱系中的史学价值[J].服饰导刊，2016（10）:65.

裁则凸显了这一造型规律：以衣身前后中心线为基准，衣身和拼袖裁片两两一组，呈严整的左右对称分布。通身仅有四个裁片，风格洗练、简洁纯粹。汉民族服饰的重要特征在于裁剪时对前后中心线“衣缝”的保留。通过衣身前后中缝结构的设定，在视觉上强化了服装与人体的对位关系。

这种以“中轴线”为基准展开对称布局的造物观念，在中国古代建筑中也多有体现。强调南北中轴线，规则整齐，层次分明，均衡对称是中国古典建筑的主要模式，也成为平面布局形式发展的主流①。小到衣装大到建筑，都在构成范式上突出了儒家文化所秉持的“中也者，天下之大本也；和也者，天下之达道也。致中和，天地位焉，万物育焉”的哲学思想②。中轴线无疑体现了中华文化中“礼”的观念，通过居中以定位次，使序列关系得以确立。南宋女装所施行的具有中缝结构的“十字型”剪裁法具有典型的汉文化特征。以“后身破缝”“左右对称”体现汉文化中庸、和谐的思想观念。上衣中这条笔直的背中缝，亦被儒家文化赋予道德的教化意义，“负绳及踝以应直”“负绳抱方者，以直其政，方其义也”③，以背缝的中正，象征政教不偏，义理公正。

有别于中原文化系统，北方少数民族服饰文化强调对躯干与四肢独立的包覆特质。后背采用一个全幅布料居中（无背缝），拼袖线靠近身体肩点处，拼袖近似完整独立的袖型，如辽代代钦塔拉出土的重莲童子雁鹊锦袍、元代内蒙古集宁路故城出土的印金提花绫长袍皆属于此种结构。辽代受汉文化的影响颇深，其服饰中占大多数的是仿效汉俗的“对幅式”剪裁，但也存在一定数量的“中幅式”剪裁④，体现出本民族特色。如耶律羽之墓出土的一件“葵花对鸟雀蝶妆花绫袍”，便属于中幅式剪裁的典型实例。后背完整（无中缝），拼袖线靠近肩点，衣襟侧摆为额外追加的拼片（如图4-1所示）。

2. 上下通裁、简约洗练

南宋女装上衣的剪裁在遵循“十字型”造型规律基础上，采用简约洗练的通裁范式。这种通裁法有别于传统“十字型”平面结构谱系中的“深衣制”裁剪，即上下通直，不别衣裳，浑然一体。“深衣制”，得名于春秋战国时期通行于社会上下的流行服装“深衣”。深衣衣裳分裁，再拼缝一体⑤。这种对上衣下裳的分辨，

① 李允鉌.华夏意匠：中国古典建筑设计原理分析[M].天津：天津大学出版社，2005:151.
② 礼记注疏卷第五十二.中庸[M]//李学勤.十三经注疏.北京：北京大学出版社，2000:1661-1662.
③ 礼记正义卷第五十八.深衣第三十九[M]//李学勤.十三经注疏.北京：北京大学出版社，2000:1825.
④ 赵丰.辽代丝绸[M].香港：沐文堂美术出版社有限公司，2004:196.
⑤ 礼记正义卷第五十八.深衣第三十九[M]//李学勤.十三经注疏.北京：北京大学出版社，2000:1822-1823.

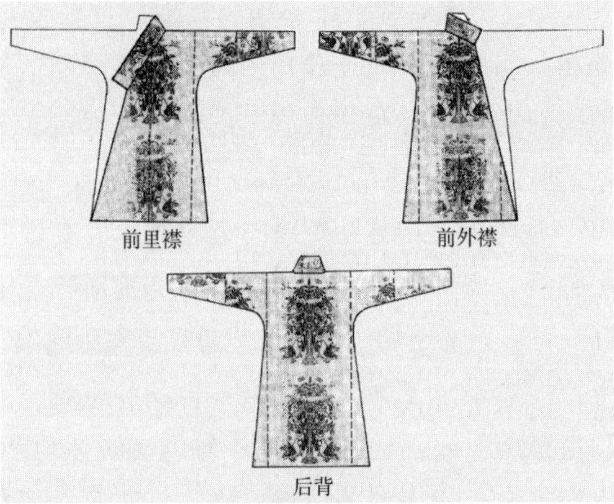

图4-1 葵花对鸟雀蝶妆花绫袍（耶律羽之墓出土）

图片来源：赵丰著：《辽代丝绸》，沐文堂美术出版社有限公司（香港）2004年版，第196页。

是对天地秩序的刻意强调。“黄帝、尧、舜垂衣裳而天下治，盖取诸乾、坤”①，上衣为乾，代天，下裳为坤，示地，乾坤有别，上下分明，方能形成和谐、稳固的社会秩序。不仅如此，古法深衣的形制构成亦需符合“规、矩、绳、权、衡”五种法度。深衣上衣四幅，以应年有四季；下裳十二幅，以应年有十二月②。“深衣制”剪裁法虽保留了上下分裁的基本范式，但在裁片数量上并未严格以古法深衣为尺度。如先秦两汉时期的袍服，皆属于深衣制，有明显的腰缝结构，但在裳片的剪裁上更为灵活，形成“上下分缝、多片拼接”的造型特征。如湖北江陵马山一号楚墓和马王堆一号汉墓所出袍服皆属于“深衣制”结构（如图4-2、4-3所示）。

南宋女装上衣的剪裁则有别于“深衣制”，服装无论长短，均采用通身正裁，利落规范。通裁并非宋人首创，《古今中华注》载“秦始皇以布开胯名曰‘衫’”，而有别于深衣③，或许通裁式样自秦有之。但在魏晋时期方流行于世。隋唐得以持续流行和深化，五代以来通裁的长衫在女性中也甚为流行④。至宋，通裁法在男女装中已成定式，过于烦琐的剪裁已不再为宋人所接受。大儒朱熹为匡复汉仪，参照濂溪先生（周敦颐）画像，创制了“朱子深衣”⑤。式样为直领对襟（穿成交领），上下分裁，上衣四幅，下裳十二幅。“朱子深衣”受到南宋世人的嘲讽，“以深衣

① 周易正义卷八.系辞下[M]//李学勤.十三经注疏.北京：北京大学出版社，2000:353.
② 礼记正义卷第五十八.深衣第三十九[M]//李学勤.十三经注疏.北京：北京大学出版社，2000:1822–1823.
③ 马缟.中华古今注卷上：布衫[M]//苏氏演义（外三种）.北京：中华书局，2012:109.
④ 前蜀王建皇妃墓所出女性着阔袖长衫、后蜀赵廷隐墓所出女伎乐俑为窄袖长衫，皆应属于通裁式样。
⑤ 朱子语类卷第一百七[M].北京：中华书局，1986:2674.

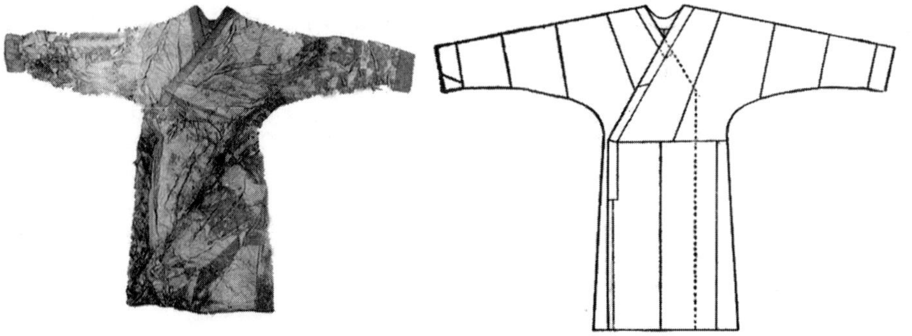

图4-2 “深衣制”素纱绵袍（江陵马山一号楚墓）

图片来源：湖北省荆州地区博物馆：《江陵马山一号楚墓》，文物出版社1985年版，第21页，彩版四。

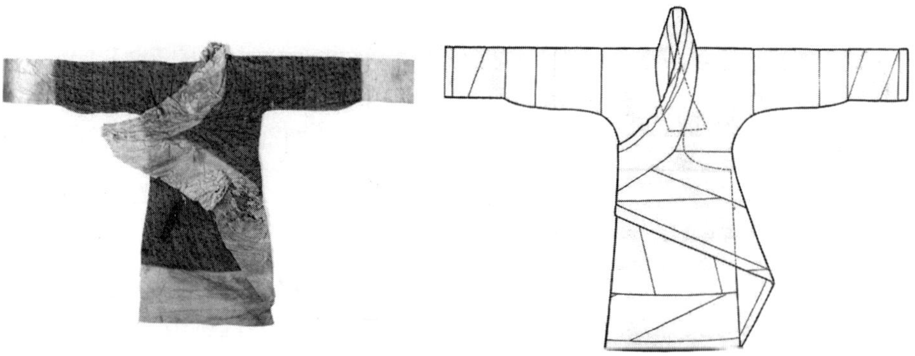

图4-3 “深衣制”“信期绣”茶黄罗绮锦袍（长沙马王堆～号汉墓）

图片来源：湖南省博物馆等编：《长沙马王堆一号汉墓》，文物出版社1973年版，上册第66页、下册第69页。

冠履而为怪服、妖服”①。不仅南宋如此，回到礼制相对严格的北宋，世人也无法接受深衣繁缛的剪裁制式。《拊掌录》记载米芾的“劣迹”时云：“米芾好怪，常戴俗帽，衣深衣，而蹑朝靴，当时之人遂目之为活卦影②。无论是朱子的崇礼而制，还是米芾的乖张复古，显然与北宋以来世人求“简”尚“易”的主流审美相违背。极简的通裁式样在宋代男女装中已呈普遍之势，且向着更为纯粹的构成风格演进发展。

与常服相比较，南宋后妃命妇礼服的形制构成更为严谨规范，具有交领右衽、负绳应直、中轴对称的造型特征。袆衣、褕翟、翟衣均为通裁式样，下配六幅裳

① 史绳祖.学斋佔毕卷二“饮食、衣服今皆变古”条[M]//全宋笔记:第八编:三.郑州:大象出版社，2017:71.

② 拊掌录[M]//学海类编:第106册.台北:台北艺文印书馆，1967:2b.

裙，为上衣下裳制，区别于周汉时期皇后的“深衣制”传统[①]。宋代后妃礼服虽未有实物出土，但可依据故宫南薰殿宋代皇后坐像轴中的袆衣制样、《明会典》中皇后袆衣款式图以及大袖标本的形制尺寸，综合考量绘制其款式示意图（如图4-4）。其与宋代帝王的祭服衮冕的形制式样趋同，表现出男女最高等级礼服的整一化、程式化的特点。

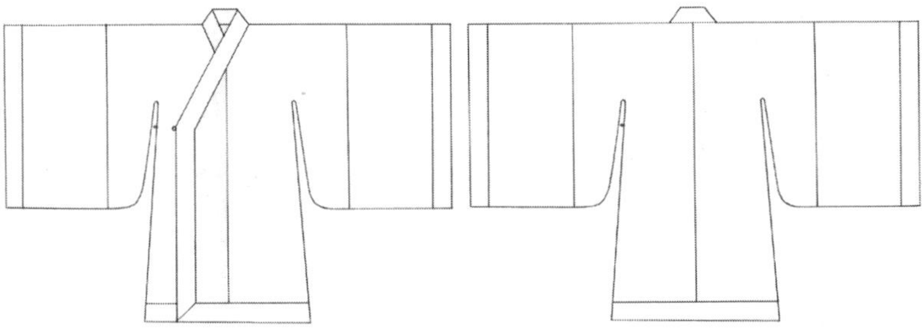

图4-4 宋代皇后袆衣款式示意图（自绘）

（二）高度统一的开放领式

南宋女装中除了后妃命妇礼服尚存交领右衽外，后妃常服大袖、背子，衫、襦（衣）、袄以及士庶女子的同类服饰，皆采用统一的直领对襟范式。南宋墓葬出土的女上衣，无一例外均是直领式样。安徽南陵铁拐北宋墓所出多款女衫均具有直领对襟的典型特征[②]，显然此领式在北宋社会已相当普遍。对襟直领较之封闭的交领，衣襟自由敞开，与衣身两侧狭长的开衩遥相呼应，使女装在前，左、右三个维度得以贯通于外，极具轻逸洒脱之美。直领对襟在南宋男装中亦不乏其例[③]，作为燕居的便服，体现出自由、随意的特点。除直领外，男装领式还有圆领和交领二式。圆领、交领、直领作为男装的三种基础领式，构成直领（外）与交领（内）、圆领（外）与交领（内）、交领（外）与交领（内）组合的搭配秩序，以应对不同场合的需要。

直领对襟领式早在马山一号楚墓中即有发现。女性墓主人随葬的一件冥衣——“緥衣”，为正常服装的缩小版，直领对襟，疏阔宽袖[④]，其结构剪裁与南宋

① 吕思勉.中国制度史：上[M].北京：中国和平出版社，2014:183.
② 郝胜利.安徽南陵铁拐宋墓发掘简报[J].文物，2016（12）:41.
③ 中国丝绸博物馆.‘丝府宋韵’——黄岩南宋赵伯澐墓出土服饰展[Z].杭州：中国丝绸博物馆，2017（5）.镇江市博物馆，等.金坛南宋周瑀墓[J].考古学报，1977（6）:108-109.
④ 湖北省荆州地区博物馆.江陵马山一号楚墓[M].北京：文物出版社，1985:24.

女装稍有差异（图4-5）。法门寺地宫出土的武后微缩版蹙金绣衣同样具有直领对襟的造型特色①（图4-6）。唐代张萱所绘《虢国夫人出游图》中的唐代贵妇亦身着直领式样的襦裙服（图4-7）。五代时期直领已较为普及，在陕西省彬县五代冯晖墓出土有身着红底团花对襟宽衫的女性形象②（图4-8）。大宋对此领式悉加继承，其使用范围之广（上下皆用）、频度之高（四季衣装），为前代所不及，开放式直领构成南宋女装风尚的显著标识。

图4-5　"绒衣"（江陵马山一号楚墓）
图片来源：湖北省荆州地区博物馆：《江陵马山一号楚墓》，文物出版社1985年版，彩版七。

图4-6　紫红罗地蹙金绣半臂FD4：022-5
图片来源：陕西省考古研究院等编：《法门寺考古发掘报告（上）》，文物出版社2007年版，彩版二四三。

图4-7　北宋摹张萱《虢国夫人游春图》中"对襟衫"（辽宁省博物馆藏）
图片来源：辽宁省博物馆官网《精品典藏·绘画》http://www.lnmuseum.com.cn/huxing/show.asp?ID=710

图4-8　五代冯晖墓壁画"女侍"（958）（陕西彬县冯晖墓）
图片来源：中国画经典丛书编辑组编：《中国人物画经典·五代卷》文物出版社2005年版，第53页。

蒙元政权时期直领式样虽依旧存在，但却需内衬谨严的交领衫袄（以左衽居

① 陕西省考古研究院，等.法门寺考古发掘报告：上[M].北京：文物出版社，2007:261.
② 中国画经典丛书编辑组.中国人物画经典：五代卷[M].北京：文物出版社，2005:53.

多）以完成着装的礼仪规范。如山东济南市历城区元代石雕墓①，女性墓主人外罩直领对襟式短款半臂，内衬交领左衽长袍，女装的封闭性增强（图4-9）。同样陕西蒲城县洞耳村元代壁画墓②，所绘女性墓主人着左衽长袍，而女侍的直领半袖衫内衬交领短衫，从主人到侍从，着装风格拘谨保守（图4-10）。明代则承袭蒙元服饰的谨严特色，在对襟衫上增设纽扣并与立领衫内外搭配，风格更趋严整（图4-11），“从此再不是宋代女子那样，作为外衣的对襟衫袄微开或半开，可以露出粉颈、内衣乃至抹胸③”。明代女装中，直领虽仍然存在，但并非主流，交领、圆领、立领成为女装中的主导④。清代则将封闭的领式发挥到极致，襟式高度重叠的“严冷方正”的大襟袄大行其道，扣紧的关门领走向封闭的极致（4-12）。元、明、清三代随着程朱理学思想在意识形态领域影响之深入，等级制度的强化，服饰“隐形自障闭”的伦理功能逐步增强，宋服轻盈洒脱、自由奔放的灵动气韵已不复存在。

图4-9　元石雕墓女主人图
（济南市历城区大正小区埠东村石雕墓）
图片来源：徐光冀主编：《中国出土壁画全集4（山东）》科学出版社2012年版，第171页。

图4-10　元代洞耳村女侍图（1209）
（陕西省蒲城县洞耳村元墓）
图片来源：徐光冀主编：《中国出土壁画全集7（陕西下）》科学出版社2012版，第460页。

---

① 徐光冀.中国出土壁画全集（山东）[M].北京：科学出版社，2012:171.此外，纺织考古成果也成为重要的实物佐证。元代邹县李玉庵墓（元顺帝至正十年，1350）出土女性上衣10件，其中衣长110厘米以上的长款袍4件，均为交领；衣长50厘米以上短袄7件，均为直领。苏州吴张士诚母曹氏墓（元顺帝至正二十五年，1365）出土直领对襟袄4件，衣长均不超过60厘米。

② 徐光冀.中国出土壁画全集（陕西下）[M].北京：科学出版社，2012:457.

③ 扬之水.奢华之色——宋元明金银器研究：第二卷：明代金银首饰[M].北京：中华书局，2011:108.

④ 定陵帝后服饰、江苏泰州明代刘湘夫妇合葬墓、江苏泰州明代徐蕃夫妇墓、南昌明代宁靖王夫人吴氏墓、南城明益宣王夫妇合葬墓所出女装实物支持了明代女性上衣领式多样性的论断。

图4-11　明代妇女像

纸本，立轴，设色（安徽省博物馆藏）图片来源：常沙娜主编：《中国织绣服饰全集4（历代服饰卷下）》，天津人民美术出版社2004年版，第186页。

图4-12 清代汉族贵妇像（香港历史博物馆藏）

图片来源：香港历史博物馆编：《历久弥新——旗袍的变奏》，香港历史博物馆2011年版，第21页。

（三）“峭窄裁”竟成时尚

南宋日常女装上衣造型以峭、窄为尚，追求窈窕、纤细的视觉美感。北宋词有“薄薄香罗，峭窄春衫小”（曹组《醉花阴》），“故与多端丽，那更罗衣峭窄裁”（佚名《瑞鹧鸪》），南宋词更有“薄罗衣窄絮风软。鬓云欺翠卷”[辛弃疾（1140—1207）《醉太平》]，“墨绿衫儿窄窄裁”（黄机《浣溪沙》），“春衫瘦，东风翦翦”[史祖达（1163—1220）《杏花天》]。南宋以降，以“窄衣纤体”为尚的审美风潮愈演愈烈，这在南宋诸多传世绘画、墓葬壁画以及石雕俑像中皆有所证。

服装形制尺寸的精心设定是塑造“峭窄型”风格的关键。女装上衣的采寸配比，胸腰与袖式的宽窄直接决定服装成型后的狭阔程度。南宋女装为直线剪裁，控制女装上衣造型的一个关键尺寸即为胸宽量①（即腰宽量），它是决定服装立体穿着后松紧程度的关键。而另一个重要技术参数即为袖宽和袖口宽，它是制约袖式风格的重要指标。

① 因南宋女装的袖宽尺寸较小，此处用胸宽量来体现横向阔度指标，而传统褒衣博带的宽衣服饰，因其袖宽尺寸较大，使腋下水平线位置落于人体腰线处，所以一般以腰宽来体现服装衣身横向的阔度尺寸。

1. 对胸宽（腰宽）尺寸的考察

宋词所涉及的“峭窄裁”对象多指“衫”和“衣”，作为更高等级的服饰大袖、背子，其胸宽（腰宽）尺寸是否同样满足宋人对“峭窄”风尚的审美诉求呢？以下将以四座南宋墓葬出土的女装为例，考察南宋社会后期时段女性上衣胸宽取值的变化规律（见表4-1）。

表4-1　南宋女装上衣胸宽（腰宽）尺寸一览表（单位：厘米）

名称	大袖				背子			
	数量	胸宽	平均值	平均	数量	胸宽	平均值	平均
福州茶园村宋墓	1	46	46	53.1	3	42.5—43	42.8	48.6
南京高淳花山墓	1	54	54		/	/	/	
福州南宋黄昇墓	5	49—55	51.4		4	48-54	52.3	
江西德安周氏墓	2	61	61		3	49.2—53.9	50.8	
名称	衫				襦（衣）			
	数量	胸宽	平均值	平均	数量	胸宽	平均值	平均
福州茶园村宋墓	13	43—48.5	45.8	48.3	/	/	/	45.6
南京高淳花山墓	5	47—58	52		3	46.5	46.5	
福州南宋黄昇墓	38	42—48	45.2		6	41—47.3	44.6	
江西德安周氏墓	23	42.5-55	50		/	/	/	
名称	背心				袄			
	数量	取值	平均值	平均	数量	取值	平均值	平均
福州茶园村宋墓	4	40—43	41.9	42.2	/	/	/	49.9
南京高淳花山墓	/	/	/		1	不详		
福州南宋黄昇墓	8	40.2—44	42.4		2	45—46.5	45.8	
江西德安周氏墓	/	/	/		3	50~58	54	

从表4-1可以看出，南宋各类女装上衣胸宽取值的变化规律。总体而言，礼服类大于常服类、外衣类大于内衣类。具体表现为：大袖＞袄＞背子＞衫＞襦（衣）＞背心。

礼服大袖胸宽最大，均值53.1厘米；其次，袄作为冬季御寒之服，考虑内部要套穿衣服，因而胸围相对较大，均值49.9厘米。较为正式的常服背子较绵衣尺寸稍小，其与衫的胸宽取值接近，分别为48.6厘米和48.3厘米；内穿的襦（衣）尺寸偏小，均值仅为45.6厘米，贴身穿着。背心取值最小，均值42.2厘米，适合贴身穿着的需要。

首先考察被喻为“峭窄裁”的女装品类——衫和衣。衫是南宋女装中数量最大的日常服饰，衫胸宽取值为45.2厘米—55厘米（折合胸围90.4厘米—110厘米），福州地区两座墓葬所出女衫的胸宽尺寸趋同，取值较小，而南京和江西德安两座墓葬女衫胸宽较大，这种差异更多缘于地域习尚所致。襦（衣）类胸宽取值在41厘米—47.3厘米之间（折合胸围82厘米—94.6厘米），同样表现为福州地区取值偏小的特点。显然，从胸宽取值来看，福州地区的峭窄程度（84厘米—97厘米）应更契合宋人的审美倾向。其峭窄程度，即便在今天看来，也是紧身型现代女装的尺寸控制标准。宋代女性身高的范围在148.79厘米—167.12厘米之间，平均身高为156.23厘米（男子身高范围153.03厘米—174.28厘米，均值164.26厘米），与现代女性身高均值158.57厘米相比较①，宋代女性身材略矮一些。如福州黄昇身高160厘米，德安周氏身高为152厘米。宋代女子的身材虽比现代人精巧，但基础胸围不会较现代亚洲成年女性的标准（80厘米—88厘米）相差太远。如对福州黄昇胸围的实际推算可以作为判断的参考。黄昇墓所出背心的最小胸宽为40厘米，即成品背心胸围为80厘米。背心为夏季贴身穿着（或着于衫外），可见黄昇的实际胸围当接近或略小于80厘米。福州茶园村宋墓墓主人背心最小胸围也为80厘米，其实际胸围当与黄昇相仿。现以估算的80厘米作为黄昇的胸围量，可以看出，南宋福州地区宗室嫁妇黄昇衫子的放松量为4厘米—16厘米，较为紧身适体。衫尚如此，襦（衣）胸宽尺寸较衫为小（放松量2厘米—14.6厘米），背心的松量则更小（0.4厘米—8厘米），达到峭窄的极致化程度。今日女性旗袍的胸围松量一般为4厘米—6厘米，可达到彰显形体的效果。可见黄昇日常女衫胸部的松量取值与现代紧身型旗袍多有重叠。由于南宋女装上衣为利落的直领，因前门襟的开放，又使服装在相对紧狭的松量尺寸中获得适宜的舒缓空间，这种看似峭窄，实则便身的造型范式满足了审美与实用的双重功效。江西德安命妇周氏衫子的实际胸宽尺寸虽较福州黄昇为大，但其因亡故年龄大于19岁的黄昇（德安周氏为35岁卒②），身材体貌相对更加成熟。周氏仅存有骨骼一具，其生理胸围虽不可测，但据周氏单衫的最小胸宽尺寸为42.5厘米（合胸围85厘米）推测，周氏实际生理胸围应小于85

① 孙蕾.郑州汉唐宋墓葬出土人骨研究[D].长春：吉林大学，2013:31–33.
② 周迪人，等.德安南宋周氏墓[M].南昌：江西人民出版社，1999:76.

厘米，若考虑其比黄昇年长的年龄特点，周氏胸围当在80厘米—85厘米之间，可假定为83厘米，则周氏衫子松量在2厘米—17厘米，窄者紧身、宽者适体。可见德安周氏女衫也属于紧身型和适体型风格。显然，紧身型似乎更加符合宋人的审美心态。黄昇与周氏均属于社会上层女性，其衣装面貌在一定程度上反映了南宋后期主流服饰的风格特色。较之南宋，北宋晚期徽宗朝时期的命妇服饰，其胸宽尺寸最大者可达88厘米（合胸围176厘米），最小者也达73厘米（合胸围146厘米），尺寸如此疏阔，甚至达到南宋女衫胸宽的2倍之多。可见北宋词中关于峭窄风格的意象还仅停留于特定人群（歌舞伎）的指涉，而到了南宋，“峭窄裁”已成为社会主流女装的时尚诉求，风靡上下。

瘦削的日常女衫成为南宋社会峭窄化审美的载体，再看大袖和背子的尺寸设定与此相距多远呢？后妃常服、士庶礼服大袖胸宽取值46厘米—61厘米（合胸围量92厘米—122厘米）；背子胸宽42.8厘米—52.3厘米（合胸围量85.6厘米—104.6厘米），这些尺寸虽较南宋女衫为大，但与北宋女衫的疏阔之风相比却近乎狭峭。对墓主人黄昇而言，大袖、背子的胸围松量分别为18厘米—30厘米、16—28.6厘米，15厘米—18厘米一般为现代成衣产业女性西装的胸围松量，也属于适体型结构。松量在25厘米—30厘米则为风衣或冬季大衣的加放规格，属于宽松型结构。虽然大袖、背子窄者适体，宽者松身，与衫、襦（衣）相比稍显宽松，但仍可归入现代成衣产业语境下“窄衣文化”的造型范畴。大袖的胸宽取值虽较之衫、襦（衣）普遍为大，但其较长的衣长量（一般不小于110厘米）在视觉上缓解了横向胸宽的增幅，就整体造型而言仍给人以纤秀之感。大袖实际生活中并不常用，背子、衫及襦衣成为日常用装，构成紧身型和适体型的主导，其中尤以峭窄风格的背子、衫子最为流行，成为引人瞩目的时尚要素。

2. 对袖式尺寸的考察

南宋女装的“峭窄裁”也体现在袖子的结构设计中。除大袖为了彰显儒家文化的精神内涵而人为加宽袖式外，其他类生活常服的袖式则向“便身利事”的方向发展。在中华传统“十字型”平面结构系统中，控制袖子造型的尺寸数据主要有两个——袖宽（水平肩袖线到腋下的垂直距离）和袖口宽。南宋女装上衣袖宽量的取值普遍较小，从而使中华服饰由于袖宽过大使得胸线低落至腰线的传统面貌有所改观，南宋女装胸宽线的定位高度（21厘米—34厘米）与现代成衣产业的制版标准趋近。袖口宽度的设计与风尚潮流、地域习俗紧密相关，或紧缩内收或舒展外放，变化自由（需在时代风格的整体框架内）。如福州茶园村宋墓女衫即在恒定的袖宽条件下，展现袖口的收、放变化。同地区的黄昇墓女衫则更多表现为袖口微翘的喇叭式，而江西德安周氏墓和南京高淳花山墓所出女衫皆未见此袖式，似为福州地区的地方特色。四座南宋墓葬所出女装上衣的袖式尺寸数据如表4-2所示。

表4-2　南宋女装上衣袖式尺寸一览表（单位：厘米）

名称	大袖			背子		
	数量	袖宽／袖口宽	平均值	数量	袖宽／袖口宽	平均值
福州茶园村宋墓	1	31/76	31/76	3	22—24/17—23	22.7/19.7
南京高淳花山墓	1	36/73	36/73	/	/	/
福州南宋黄昇墓	5	32—37/68—75	35/70.4	4	21—25/23—28	22.8/25.5
江西德安周氏墓	2	33—35/66—70	34/68	3	21—23/11—16	21.7/14
平均值	袖宽34/袖口宽71.9			袖宽22.4/袖口宽19.7		
名称	衫			襦（衣）		
	数量	袖宽／袖口宽	平均值	数量	袖宽／袖口宽	平均值
福州茶园村宋墓	13	18—25/8—27.5	21.7/19.5	/	/	/
南京高淳花山墓	5	19—22/13—14	20.7/13.3	3	21/13	21/13
福州南宋黄昇墓	38	13—26/14—27.5	22.4/24.7	6	20—24/22—25.5	21.9/24
江西德安周氏墓	23	20—33/13—20	23.8/15.3	/	/	/
平均值	袖宽22.2/袖口宽18.2			袖宽21.5/袖口宽18.5		
名称				袄		
				数量	袖宽／袖口宽	平均值
福州茶园村宋墓				/	/	/
南京高淳花山墓				1	-/15	-/15
福州南宋黄昇墓				2	24/23—26	24/24.5
江西德安周氏墓				3	18—25/20	21.5/20
平均值				袖宽22.8/袖口宽19.8		

从表4-2可见南宋女性各类上衣袖宽取值的变化规律，其与胸宽的取值规律保持同步，即礼服大于常服、外衣大于内衣。具体表现为：大袖＞袄＞背子＞衫＞襦（衣）。袖口宽的取值也基本遵循这一规律，大袖＞袄＞背子＞襦（衣）＞衫，唯衫子的袖口取值最小。大袖袖宽最大，均值34厘米；其次为袄，作为冬季御寒之绵服，适当增加舒适量，均值为22.8厘米；常服背子、衫、襦（衣）袖宽取值较小，均值在21.5厘米—22.4厘米，体现时尚特色。袖口宽除大袖取值较大外，背子、衫、襦（衣）取值趋同，均值在18.2厘米—19.8厘米，可以看出，南宋女性不同品类服饰之间，尺寸构成保持一定的正比分配规律，如大袖胸宽尺寸最大，则其袖宽、袖口宽皆较其他品类为大。

宋人眼中的“峭窄裁”还体现在袖式设计中。南宋女性常服上衣的袖宽取值与现代服装产业女装袖式规格多有交集（二者虽构成方式不同），如宋服袖宽最小13厘米，最大33厘米；袖口宽最小8厘米，最大28厘米，其袖式取值不仅有涵盖现代女装袖式规格者（袖宽16厘米—25厘米，袖口宽10厘米—15厘米），也有将“峭窄”剪裁发挥到极致的显例。福州茶园村宋墓所出纱罗衫无疑提供了生动的实物佐证。其中两件薄衫极富现代感，一件“镶绣边纱罗窄袖衫”，袖宽为18厘米，袖口宽仅为9厘米；另一件“镶金边绉纱窄袖衫”，袖宽同样为18厘米，而袖口宽更为狭窄，仅8厘米。如此紧狭的袖口即便在当代梭织服装设计中亦鲜有所见。这两件女衫的用料为轻薄的罗和绉纱，均具有较好的伸缩性，即便袖口尺寸如此窄小，也不会影响穿脱。作为生活常服的女装为“便身利事”之需追求袖式的窄小尚可理解，但作为礼仪之用的“大袖”，却也通过明线缝缉完成了由“宽袖”到“窄袖”的蜕变，达到外阔内窄的目的（袖口视觉宽度75厘米，实际宽度仅20厘米）。福州茶园村宋墓、福州南宋黄昇墓、德安南宋周氏墓所出大袖均属此类。“峭窄型”袖式已贯穿南宋女性衣装生活的纵深，成为一种社会普遍推崇的时髦样态，流播四方。

3. 女装尺寸与男装尺寸的对比

以“峭窄”为审美趣尚的南宋女装，与同时代的男装相比，二者的疏阔差距到底有多大？女装的峭窄之风对男装是否存在潜在的影响？以下对浙江黄岩南宋赵伯澐墓（1216年）[①]、福州茶园村南宋墓（1235年）[②]、江苏金坛南宋周瑀墓（1261

① 中国丝绸博物馆.丝府宋韵——黄岩南宋赵伯澐墓出土服饰展[Z].杭州：中国丝绸博物馆，2017:5.
② 该墓服装数据来源于作者于福州市博物馆的文物调研以及《福州文物精粹》（2009年版）一书。

年）[①]出土男装的胸宽及袖式尺寸加以考察，在男女两大服饰系统形制尺寸的参酌比对中，进一步深化对女装形制造型风格的认知。男装胸宽、袖式尺寸见表4-3、4-4。

表4-3　南宋男装上衣胸宽尺寸一览表（单位：厘米）

名称	圆领（上领）大袖衫				圆领（上领）宽袖衫			
	数量	胸宽	平均值	平均	数量	胸宽	平均值	平均
浙江黄岩南宋赵伯澐墓	1	73	73		1	73	73	
福州茶园村南宋墓	/	/	/	73	/	/	/	65
江苏金坛南宋周瑀墓	/	/	/		2	57	57	
名称	交领宽袖衫				直领宽袖衫			
	数量	胸宽	平均值	平均	数量	胸宽	平均值	平均
浙江黄岩南宋赵伯澐墓	4	74—85	81.8		1	88	88	
福州茶园村南宋墓	/	/	/	74.4	2	85—92	88.5	82.4
江苏金坛南宋周瑀墓	2	66—68	67		6	68—74	70.7	
名称	袄							
	数量	胸宽	平均值	平均				
浙江黄岩赵伯澐墓	1	97	97					
福州茶园村南宋墓	/	/	/	83				
江苏金坛南宋周瑀墓	1	69	69					

表4-4　南宋男装上衣袖式尺寸一览表（单位：厘米）

名称	上领（圆领）大袖衫			上领（圆领）宽袖衫		
	数量	袖宽 / 袖口宽	平均值	数量	袖宽 / 袖口宽	平均值
浙江黄岩南宋赵伯澐墓	1	50/103	50/103	1	52/50	52/50
福州茶园村南宋墓	/	/	/	/	/	/
江苏金坛南宋周瑀墓	/	/	/	2	52—55/62—65	53.5/63.5
平均值	袖宽 50/ 袖口宽 103			袖宽 52.8/ 袖口宽 56.8		
名称	交领宽袖衫			直领宽袖衫		
	数量	袖宽 / 袖口宽	平均值	数量	袖宽 / 袖口宽	平均值
浙江黄岩南宋赵伯澐墓	4	45—61/45—55	55.5/52	1	49/49	49/49

① 该墓服装数据来源于发掘报告：镇江市博物馆，等.金坛南宋周瑀墓[J].考古学报，1977(1):109.

续表

名称	交领宽袖衫			直领宽袖衫		
	数量	袖宽 / 袖口宽	平均值	数量	袖宽 / 袖口宽	平均值
福州茶园村南宋墓	/	/	/	2	49—57/60	53/60
江苏金坛南宋周瑀墓	2	52—52/58—62	52/60	6	46—54/59—64	50.8/61.3
平均值	袖宽 53.8/ 袖口宽 56			袖宽 50.9/ 袖口宽 56.8		
名称	袄					
	数量	袖宽 / 袖口宽	平均值			
浙江黄岩南宋赵伯澐墓	1	59/59	59/59			
福州茶园村南宋墓	/	/	/			
江苏金坛南宋周瑀墓	1	53/61	53/61			
平均值	袖宽 56/ 袖口宽 60					

三座南宋墓葬时间横跨南宋中、后期时段，所出男装形制品类趋同，为圆领、交领、直领三式宽衫。据形制数据显示，从嘉定九年（1216）至景定二年(1261)近半个世纪的时间流变中，总体而论，男装的胸宽与袖式极为宽舒，具有褒衣博带之风。各式上衣的胸宽取值在57厘米—97厘米之间(合胸围114—194厘米)，疏阔至极，与女装常服40厘米—52.3厘米的胸宽尺寸可谓相差悬殊。在袖式上男装亦比女装宽阔数倍有余，男装袖宽取值在45厘米—61厘米，袖口宽45厘米—103厘米，女装袖宽13厘米—37厘米，袖口宽8厘米—76厘米，差异显著。不仅如此，在袖长这一造型参数上，男装更是蔚为壮观，通袖长取值在173厘米—292厘米，均值为245厘米，其中赵伯澐墓所出一件交领火焰纹花絁，通袖长达292厘米，近乎二米长度。女装通袖取值在126厘米—180厘米，均值为153.7厘米，可见，男装通袖长较女装长出近1米。男装在衣长的取值上，也较女装整体偏大（已将男女身高差异因素考虑在内）。可以显见，男装无论是围度尺寸（胸围和袖围）还是长度尺寸（衣长和袖长）都远超女装，形成“宽衣”与“窄衣”的极致对比。男装保持在宽衣文化中，呈现出“郁郁乎文哉”的服饰气象。

南宋后期（1235—1274）女装上衣的峭窄之尚风靡上下，从朝廷命妇、将军夫人、赵宋王朝宗室贵妇乃至市井庶民。传统等级社会中下层民众的窄衣文化，被赋予了积极的审美意义，成为南宋社会女性着装实践的时尚风标。而这种趣尚，在北宋社会则并未普及，直至北宋晚期女性衣装服饰仍表现出与男装相一致的宽博之势。在前文提到的安徽南陵铁拐北宋墓（约1098—1113）出土的女性服饰，其胸宽（腰宽）尺寸（72厘米—88厘米）与南宋男装趋同（57厘米—97厘米）。北宋日常女装的袖宽（42厘米—47厘米）也远大于南宋女装（13—37厘米），北宋唯短衫袖口取值偏小（14厘米）。无疑，北宋晚期的女装剪裁表现为某种程度的过渡型特征，即疏阔的胸围与紧狭的袖口的结合。南宋女装则在此基础上完成了胸宽和袖宽的峭窄化改造，使衣身与衣袖的采寸风格整体趋向统一。

4．与不同历史时期女装尺寸对比

与北宋女装、南宋男装相比，南宋女装形制尺寸的设定均为最小，胸宽、袖宽、袖口宽均较大程度地小于前者。在以时间为轴的历史纵深中，前迄先秦两汉、后至元明清三代，与不同历史时期的女装形制尺寸相比较，南宋女装的峭窄程度将居于何种地位？以下将采集不同历史时期古典女装标本关键部位的结构尺寸数据，加以梳理比对，以兹考证南宋女装上衣峭窄化程度的历史序列，见表4-5，不同时期女装形制尺寸对比柱状表见图4-13所示。

表4-5　中华古典女装形制尺寸一览（单位：厘米）

年代	名称	胸宽（平均）	袖宽（平均）	袖口宽（平均）	通袖长（平均）	衣长（平均）
东周	马山一号楚墓①（袍6件，单衣2件）	52—78（56.9）	35—64.5（46.4）	21—47（37.3）	158—345（246.8）	140—200（172.6）
西汉	马王堆一号汉墓②（袍11件，单衣3件）	48—63（54.9）	23—30（33.6）	23—30（26.3）	190—250（232.4）	128—162（141.6）
北宋	安徽南陵铁拐宋墓③（衫3件）	74.5—88（81.2）	42—47（44.8）	14—33.5（20.5）	149—168（159.7）	71—104.5（82.3）
南宋	四座墓葬	40—61（48）	13—27（24.6）	8—28（19）	126—220（154.2）	48—131（83.8）
金代	金齐国王墓④（袍2件，团衫2件）	61—88（75.5）	23.7—32.2（29.2）	16.7—21（19）	194—238（219.5）	61—142（102）
元代	邹县元代李玉庵墓⑤（袍1件，夹衣2件，绵袄2件）	49—72（56.6）	22.8—35.4（30）	15—30（18）	124—200（143.4）	50—115（67）

① 湖北省荆州地区博物馆.江陵马山一号楚墓[M].北京：文物出版社，1985:20.
② 湖南省博物馆，等.长沙马王堆一号汉墓：上[M].北京：文物出版社，1973:68-69.
③ 郝胜利，等.安徽南陵铁拐宋墓发掘简报[J].文物，2016（12）:41.
④ 赵评春，等.金代服饰——金齐国王墓出土服饰研究[M].北京：文物出版社，1998:28-32.
⑤ 山东邹县文物保管所.邹县元代李玉庵墓清理简报[J].文物，1978（4）:17.

续表

年代	名称	胸宽（平均）	袖宽（平均）	袖口宽（平均）	通袖长（平均）	衣长（平均）
元代	苏州吴张士诚母曹氏墓[①]（夹袍2件，绵袄2件）	52—85（68.5）	22.4—28（25.8）	14—28（21）	125—214（187.5）	56—124（79）
明代	定陵帝后墓[②]（衣5件）	47—54（51.3）	31—57（41.3）	31—62（47.5）	160—246（187.6）	67—76（69.1）
明代	江苏泰州刘湘夫妇墓[③]（补服2件，绵袄2件夹袄2件，衫1件）嘉靖1558处士妻	51—70（63.9）	27—43（36.6）	13—72（51.2）	150—237（199.4）	62—135（92）
	江苏泰州徐蕃夫妇墓[④]（补服2件，棉袄2件，单衫3件）（三品命妇）	52—70（60.7）	40—55（46）	32.5—73（56.8）	134—258（202）	61—124（79.6）
清代	清末民初传世服饰[⑤]（袍1件，大褂4件，短袄2件）	43.1—68.6（62.1）	21.5—43.4（34.6）	21.7—42.2（31.5）	112.5—166.5（137.6）	55—125.6（88.4）
	民国旗袍[⑥]（2件）	42.7—44.2（43.5）	19.8—20.2（20）	15.8—18.2（17）	128.9—59.4（94.2）	102.2—108.3（105.3）

表4-5所列为墓葬所出或传世服饰，墓葬主人多是具有一定封号或社会地位的上层女性。本表所列个别时代典型女装虽仅引自一座墓葬（出土标本稀缺），但其形制尺寸的值域范围基本可以反映一定的时代特色。如对南宋女装随机抽取任意一座墓葬，女装常服胸宽尺寸主要表现为40厘米波段的取值特征（均值43.5—49.3厘米），唯周氏墓取值稍大[⑦]，均值虽为51.6厘米，但与前三座墓葬数据十分接近。袖宽取值高度统一，均体现20厘米波段的取值特征（均值20.9—22.8厘米）；而袖口取值三座墓葬在13.2—19.6厘米，唯黄昇墓取值稍大，为24.7厘米，体现地域化特色。胸宽、袖宽、袖口宽三个尺寸数据中，最具时代标尺意义的胸宽与袖宽取值四座墓葬均表现出"趋同性"特征，可见对一座墓葬的抽样考察，其服装尺寸数据尚可揭示所属时代的风尚特色。本表格设计之目的并非拟构建严格意义的历史序列，仅作为南宋女装形制尺寸比对语境的大致参考。

① 苏州市文物保管委员会，等.苏州吴张士诚母曹氏墓清理简报[J].考古，1965（6）:293.
② 王秀玲.明定陵出土帝后服饰（三）[J].收藏家，2009（11）:33-34.
③ 泰州市博物馆.江苏泰州明代刘湘夫妇合葬墓清理简报[J].文物，1992（8）:74-75.
④ 泰州市博物馆.江苏泰州市明代徐蕃夫妇合葬墓清理简报[J].文物，1986（9）:5.
⑤ 刘瑞璞，陈静洁.中华民族服饰结构图考:汉族编[M].北京:中国纺织出版社，2013:172，203.
⑥ 同上，2013:240，249.
⑦ 周氏墓最窄的女衫胸宽仅有42.5厘米，说明周氏胸围不大，不会超过85厘米，其墓葬女装胸宽尺寸普遍大于其他墓葬，当不是由于身材因素产生，而更多是由于地缘习尚导致。

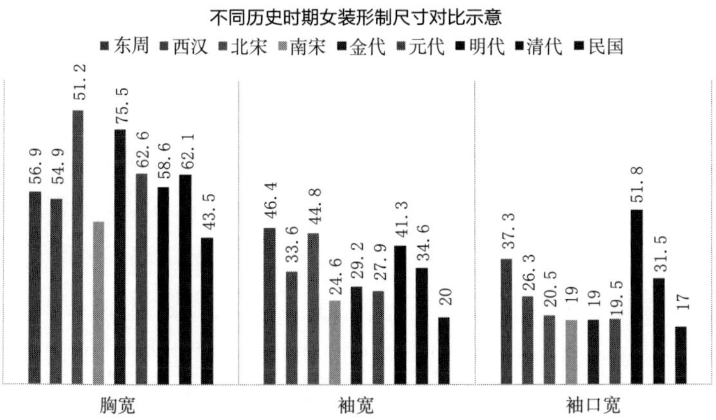

图4-13　不同历史时期中华女装形制尺寸对比示意

从表4-5、图4-13可见，南宋女性上衣胸宽与袖宽这两个关键部位的技术尺寸明显小于其他时代的女装（民国旗袍除外）。各历史时期的女装在胸宽取值上表现出鲜明的时代特色。先秦与西汉女装胸宽取值趋同，均值同属于50厘米波段，但袖宽、袖口宽尺寸汉代女装明显小于先秦楚服，体现出腰身尺寸恒定，袖式缩窄的趋势（袖宽33.6厘米，袖口宽26.3厘米），但与南宋相比，仍显疏阔有余。汉代后期汉地女装缺乏实物标本支撑，但经过魏晋南北朝时期的民族大融合，汉民族褒衣博带的服饰文化传统受到胡文化的冲击，日用服装日趋便身化。隋唐前期表现出女式上衣的极度窄身化特色（但下裙宽大），这从大量隋唐时期的墓葬壁画中皆可显见①。至唐中晚期女装日趋宽博化发展，至五代呈愈演愈烈之势②。直至北宋晚期，仍可见到这一风尚的影响。安徽南陵铁拐北宋墓女装胸宽尺寸异常疏阔，均值81.2厘米，袖宽尺寸与东周楚服趋同（44.8厘米），而袖口，则表现出便于行事的缩减趋势，较东周楚服和汉服皆窄。南宋女装随着政权的更迭、审美趣味的变迁等社会因素的影响，日趋向峭窄化发展，至南宋后期而日盛。从南宋四座墓葬出土的女装袖宽和袖口宽尺寸来看要远小于北宋，形成南北两宋女装面貌的巨大反差。南宋女装之峭窄程度，即便与同时期的少数民族女真女装相比，仍更胜一筹。如金齐国王墓所出女真贵族服饰，其胸宽远大于南宋女装，取值近75.5厘米，而袖宽、袖口宽与南宋女装趋同，保持了游牧民族追求功能化的服饰特点。

① 陕西地区出土的唐代早期壁画墓，展现出女性襦衣窄身小袖、高腰裙疏阔的特点。如陕西省礼泉县烟霞镇山底村杨温墓（唐贞观十四年，640）、陕西省礼泉县烟霞镇张家山村段简壁墓（唐永徽二年651）、陕西省富平县房陵大长公主墓（唐咸亨四年，673）、陕西省乾县乾陵懿德太子墓（唐神龙二年，706）等。

② 陕西省彬县五代冯晖墓、敦煌五代壁画（第98窟、第108窟）、前蜀国（王建）嫔妃墓、五代刘华墓所出女性服饰形象皆表现出愈加褒博的形制风尚。

元蒙政权统治下，汉族女性服饰由南宋时期的峭窄型向宽博型转化，胸宽尺寸甚为可观（62.6厘米），唯袖式偏窄（袖宽27.9，袖口宽19.5厘米），造型风格趋于短阔。宽博之风在大明王朝得以传承延续，胸宽尺寸风格与前代趋同（58.6厘米），但袖宽、袖口宽尺寸明显增大①（袖宽41.3厘米，袖口宽51.8厘米），宽疏的垂胡式样，袖长更是蔚为壮观，长者达258厘米，堪与先秦两汉时期的古典女装比肩，体现大明王朝锐意稽古、匡复汉仪的政治理想。清代女装虽满汉分流，但疏阔程度并未减损，尤其汉族女性其服饰褒博之势更趋明显。清末民初女装宽大者仍很可观，胸宽取值与明代近似，为62.1厘米，但袖宽、袖口宽尺寸较前代明显缩减，分别为34.6厘米、31.5厘米。民国旗袍代表新时期的现代女装形象，在西风东渐影响下，胸宽、袖宽、袖口尺寸均急剧缩减，成为新思潮下彰显女性形体之美的时髦装束。旗袍胸宽取值与南宋女装接近，均属于40厘米波段，袖宽与袖口宽也与南宋女装的均值同属一个取值区间（袖宽20厘米，袖口宽17厘米），二者造型尺寸风格较为接近。南宋女装在某种程度上具有民国紧身型旗袍的规格特质。

此外，在袖长的设定上，南宋女装也体现简约利落之风，除民国旗袍外，为不同历史时期女性衣装中较短者，一般礼服呈掩手之势，而生活中的常服则手指或手掌显露于外，摆脱了长袖疏垂的古典范式。

南宋女装上衣就形制式样而言，是中华传统“十字型”平面结构谱系中最具汉民族特质的造型范式，其剪裁规整、负绳应直、左右对称、四片构成、整齐划一。领式高度统一，直领对襟，自由畅达。但在形制尺寸上，与儒家推崇的“褒衣博带”的审美旨趣相分离，主导了“峭窄化”女装审美新风尚。形成了自晚唐五代以来追求宽疏漫散的着装美学后，又一个新的历史转折期——崇尚“窄衣文化”的典范。且与南宋男装“郁郁乎文哉”的儒雅化表达分道扬镳，体现了独立化的女装发展轨迹。

二、裙之构成：简约轻盈、奇巧创新

与上衣构成的尚简归一相比，南宋女裙则表现为简约轻盈中不乏奇巧创新，兼具审美与实用二元诉求。如前章所论，南宋女裙可归纳为四种形制类型：A型单片裙、B型两片裙、C型褶裥裙、D型A形裙。B型两片裙和C型褶裥裙在南宋较为普遍，而A型单片裙数量极少。D型A形裙则更为罕见，仅于南京高淳花山墓出土

① 明代男女装，袖口宽度虽较大，但其中大部分缝死，仅在上端留取较小的尺寸，此设计为便身利事之需。

一件。包铭新对历代裙子的演变曾有详论，他将中华古典裙式概括为两种：即裙幅式和褶裥式[①]。这是从结构设计的角度出发对裙式加以归类，裙幅式是由数幅裁片连缀拼缝而成，裙面外观平顺。褶裥式则是由数幅裁片拼缝后，在其上追加立体褶裥，使腰部收紧、下摆外放，裙面外观立体生动。历代裙式在此基础上有所融通、发展。南宋女裙既有对传统制式的继承，又有自身的融合创新。观之四种形制的南宋女裙，其中A型单片裙和B型两片裙归入裙幅式结构，C型褶裥裙为褶裥式结构。D型A形裙则属于二者兼具的复合式结构，即“裙幅式+褶裥式”。

（一）“裙幅式”结构融通发展

1. A型单片裙

南宋A型单片女裙是对秦汉以来传统裙幅式结构的继承和发展。其构成形式简洁纯粹，为南宋女裙之极简者。江西德安周氏墓所出星地折枝花绫裙即为此例。除腰头外，整件裙由两个全幅布料对拼而成，拼缝即在中线处。左右两裁片于腰侧缝处斜向削幅，形成收腰之势。

中原汉地的传统裙式，以裙幅相连，接腰系带。汉刘熙《释名·释衣服》：“裙，羣也，连接羣幅也”[②]，“羣”通“群”，以表裙片之多。裙幅式裙，于先秦两汉甚为流行，在江陵马山一号楚墓和马王堆一号汉墓中均有发现。楚裙和汉裙虽为单片，但均由多个裁片拼缝而成。楚裙为八片[③]，汉裙为四片[④]。除了纺织实物标本佐证外，北京大学藏秦代简牍“制衣”篇中，亦明确记述了“裙幅式”秦裙的剪裁方式：大小三种制式的秦裙少衺、中衺、大衺均由数量不等的矩形裁片经“交窬”斜裁后顺次拼缝而成[⑤]，如秦裙中的“大衺”由八片直角梯形裁片拼缝而成，而“中衺”和“少衺”均由六片直角梯形裁片拼缝而成[⑥]。由于多幅裁片拼连之故，楚裙、秦裙、汉裙的下摆宽尺寸均远超宋裙，如连幅式单片宋裙下摆宽为118厘米[⑦]；楚裙下摆宽为171厘米—210.5厘米[⑧]；秦裙下摆宽为203.3厘米—286.4厘米[⑨]，汉裙下摆宽为

① 包铭新，高冰清.论晚清民国时期围系之裙到套穿之裙的演变[J].东华大学学报（社会科学版），2006，6（1）:1.
② 刘熙.释名卷五[M].北京:中华书局，1985:80.
③ 湖北省荆州地区博物馆.江陵马山一号楚墓[M].北京:文物出版社，1985:23.
④ 湖南省博物馆，等.长沙马王堆一号汉墓:上[M].北京:文物出版社，1973:69.
⑤ “交窬”斜裁是古代一种裁剪方式，即对形状为矩形的全幅布料，沿纵向斜线剪切，产生直角梯形，且两个梯形具有完全相等的尺寸特征。
⑥ 彭浩，张玲.北京大学藏秦代简牍《制衣》的“裙”与“袴”[J].文物，2016（9）:73.
⑦ 周迪人，等.德安南宋周氏墓[M].南昌:江西人民出版社，1999:9.
⑧ 湖北省荆州地区博物馆.江陵马山一号楚墓[M].北京:文物出版社，1985:20.
⑨ 彭浩，张玲.北京大学藏秦代简牍《制衣》的“裙”与“袴”[J].文物，2016（9）:74-75.

158厘米—193厘米[1]。从女裙结构数据可知，传统裙幅式单片裙历经先秦两汉的过渡至南宋时已向“少裁片、趋峭窄”的方向发展演变，下裙的包裹程度减弱，开放性增强，裙式更趋轻盈，这与南宋女装上衣的风格范式多有相似。且裙腰结构尺寸风格亦有所改观，由最初狭长浑一的窄腰带（2厘米—3厘米），向高裙腰（14厘米）与双系带（长80厘米宽4.5厘米）组合转变，裙腰与系带结构各自独立。但至元、明、清三代，此单片裙式样再难觅踪影，唯有以“B型两片裙”为雏形的马面裙成为汉族女裙世界的主导[2]。楚裙、秦裙、汉裙、宋裙的形制构成比较见图4-14。

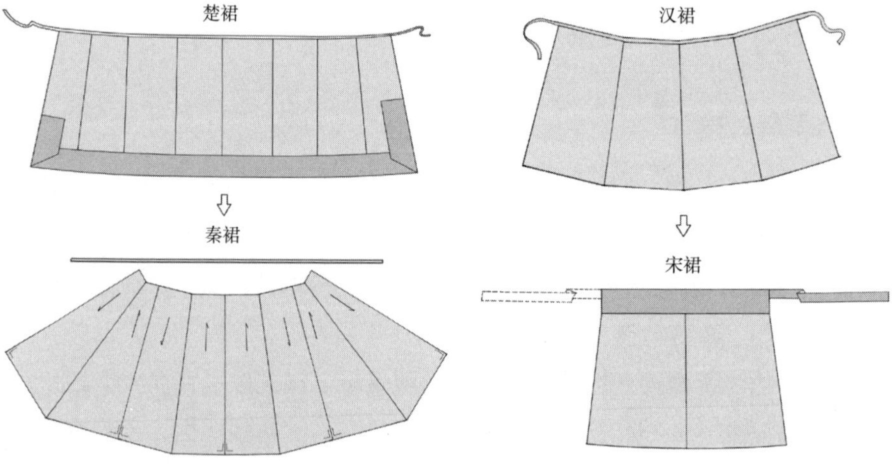

图4-14　楚裙、秦裙、汉裙、宋裙形制构成比较

楚裙：N17-3深黄绢单裙（马山一号楚墓）

图片来源：湖北荆州地区博物馆：《江陵马山一号楚墓》，文物出版社1985年2月版，第23页。

汉裙：单裙329-1（马王堆一号汉墓）

图片来源：湖南省博物馆等编：《长沙马王堆一号汉墓（上）》，文物出版社1973年10月版，第70页。

秦裙：大袤裙（依据北京大学藏秦代简牍《制衣》简文绘制）

宋裙：星地折枝花卉纹绫夹裙（C4）（德安南宋周氏墓）（自绘）

2. B型两片裙

B型两片裙可作为南宋女裙的典型代表，形制不通用于男装，其在A型单片裙基础上发展演化而来，具有显著的时代特色。其使用频度在一定程度上超越了隋唐以来盛行不衰的褶裥裙。如福州南宋黄昇墓出土的两片裙数量多达18件，而褶裥裙仅为2件。两片裙形制较单片裙稍显复杂，表现为上下两层裙片相互错叠，产

① 湖南省博物馆，等.长沙马王堆一号汉墓:上[M].北京:文物出版社，1973:69.

② 马面裙，又名“马面褶裙”，汉服的一种，前后共有四个裙门，两两重合，侧面打裥，中间裙门重合而成的光面，俗称“马面”。

生自由离合的裙门结构（即后世马面裙之“马面”），打破了传统单片裙相连一体的封闭性，这种新裙式为腿部活动提供了更大空间，机能性显著增强。从剪裁构成看，B型两片裙由四幅布料两两拼缝，构成两片独立的裙片，再将两裙片上下错叠而成。上下裙片共计四片，均正裁。居中两片为矩形，边侧两片为直角梯形。裙身四个裁片在宽度取值上，以福州南宋黄昇墓女裙最为规整，为一个全幅裁片和一个半幅裁片的双层组合，而其他墓葬所出的两片裙则表现为四个裁片宽度无明显倍数关系，取值规律并不明显。

图4-15　元代凤穿牡丹纹花绢裙［苏州吴王张士诚母曹氏墓（苏州博物馆藏）］

图片来源：赵丰、金林：《黄金·丝绸·青花瓷：马可·波罗时代的时尚艺术》，艺纱堂服饰出版（香港），2005年版，第86页。

B型两片裙并非南宋独创，在北宋此裙已流行于世，被称为“旋裙”。经调研所见在安徽南陵铁拐北宋墓所出服饰中，即有两片叠压组合的旋裙式样，形制构成与南宋风格一致。相互交叠的两片裙于身体前后形成自由离合的开衩，刚好契合“必前后开胯”的形制特征。便于出行的旋裙虽在流行初期不被宋人普遍接受，但却呈蔓延之势，至南宋后期仍畅行不衰。宋亡，蒙元政权下两片裙基础式样仍得以沿续，但强化了裙身的体量感——在旋裙叠幅两侧追加对称的褶裥。为获得充裕的叠褶量，所需裙幅增多。苏州吴王张士诚母曹氏墓（1365）出土有一件“凤穿牡丹纹花绢裙”（图4-15），即为“旋裙+褶裥”的形式，裙片拼幅增至上下各三幅半，共计七幅之多①，其裙摆量最大者可达3.4米②，甚为可观。由六幅构成的双片裙在湖南省华容县原城关油厂也有出土③，可见六幅到七幅为元代女裙结构的通行范式。元代这种裙式风格，仍侧重整体结构的呈现，除裙料自身的花纹外，并未施以过多的花边装饰④。陕西西安曲江元代张达夫及夫人墓（至元五年，1335）出土的黑陶盘髻女俑所着长裙即为前有叠门、两侧打褶的式样⑤（图4-16）。至明代则以此为基础，形成了以花缎

① 赵丰，金林.黄金·丝绸·青花瓷：马可·波罗时代的时尚艺术[M].香港：艺纱堂服饰出版，2005:86.又参见：苏州市文物保管委员会，苏州博物馆.苏州吴张士诚母曹氏墓清理简报[J].考古，1965（6）:294.

② 苏州市文物保管委员会，等.苏州吴张士诚墓曹氏墓清理简报[J].考古，第1965（6）:294.

③ 常沙娜.中国织绣服饰全集4：历代服饰卷下[M].天津：天津人民美术出版社，2004:125.

④ 元代裙子用料多采用绫、缎、绸等，宋代通透轻薄的纱、罗料已非主流，裙式风格向厚重、谨严转向。

⑤ 西安市文物保护考古研究所.西安曲江元代张达夫及其夫人墓发掘简报[J].文物，2013（8）:36.

为主要材料，形制相对固定的马面裙，裙面的装饰效果得到进一步强化，裙摆处增添绣花或织金裙襕等特色工艺，较元代女裙更显奢华（图4-17）。明代马面裙形制通服于男女，男子衬于袍下内穿，较为素朴，称为“旋子”①。在湖北张懋夫妇合葬墓（正德十五年，1520）②、江苏泰州徐蕃夫妇墓（明嘉靖十二年，1533）③分别有男女相同形制的马面裙出土。裙子的体量进一步加大，单层占用三个半或四幅布料，全裙共七幅或八幅布料，其中工部右侍郎徐蕃妻张氏（封号淑人）其裙摆阔度极大，最大者可达4.8米，较元代女裙的裙幅又有所拓展。清代汉族女子的马面裙达到发展的顶峰，出现了百褶裙、鱼鳞裙、阑干裙、月华裙、凤尾裙等名目品类。清代马面裙有一个相对固定的整体结构：马面裙为一条裙腰头，两联布幅围裙组成，两联裙幅部分交叠形成的裙门襟即前马面从身体前方围系起来后，在身后又交叠成新的马面，即后马面。前后马面的左、右、下三方向及裙褶下缘有一层或多层阑干边、前后马面上有相似的刺绣图案④。在诸多传世的清代马面裙上可以感受到异常繁复的装饰趣味（图4-18）。轻盈飘逸，简约纯粹的宋式“两片裙”，首经元代的结构（褶皱）添加，再经明、清两代的装饰强化，其形制语言渐趋复杂，在审美精神上逐渐远离了宋人“初发芙蓉般”的清新雅趣，向着“雕绘满眼”的浓墨重彩转型蜕变。宋裙、元裙、明裙、清裙形制构成比较见图4-19。

图4-16　元代陶双髻女俑（元代张达夫及其夫人墓）

图片来源：西安市文物保护考古研究所：《西安曲江元代张达夫及其夫人墓发掘简报》，《文物》2013年第8期，第36页。

图4-17　明代葱绿地妆花纱蟒裙［传世实物（山东曲阜孔子博物馆藏）］

图片来源：常沙娜主编：《中国织绣服饰全集4、历代服饰卷下）》，天津人民美术出版社2004年版，第236页。

① 刘若愚.酌中志[M].北京：北京古籍出版社，1994:172.
② 王善才.张懋夫妇合葬墓[M].北京：科学出版社，2007:17.
③ 泰州市博物馆.江苏泰州市明代徐蕃夫妇墓发掘简报[J].文物，1986（9）:3，6.
④ 祁姿好.史更几兴废，物华常流转——马面裙的始末、解构与重组[J].艺术设计研究，2015（2）:84.

图4-18　清代镶绣花边马面裙（私人收藏）

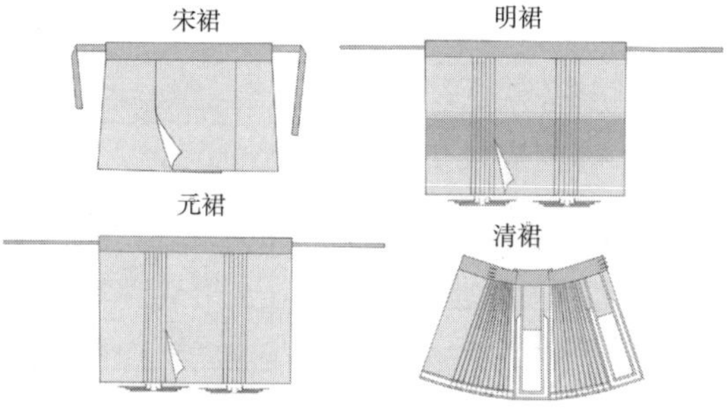

图4-19　宋裙、元裙、明裙、清裙形制构成比较（自绘）
宋裙：绢印靛蓝小点花裙（65⑥）（福州南宋黄昇墓）；
元裙：斜绫纹地缎裙（苏州吴张士诚母曹氏墓）
明裙：豆黄色花缎裙（江苏泰州明代徐蕃夫妇墓）
清裙：传世女裙（私人收藏）

（二）“褶裥式”结构轻盈便捷

1. 形制基本构成

C型褶裥裙是南宋女裙中一个重要品类，由四幅矩形正裁对拼后于腰部施褶，此形制男女通用。女裙褶式灵活多样：有的密集居中；有的舒朗分散；有的上下平行施加，有的上大下小渐收。有醒目的顺裥，亦有隐晦的暗裥。C型I式顺裥裙最为普遍，且以左顺裥居多。顺裥以间距较小的高密度形式出现，表现为“百褶”特征。福州南宋黄昇墓、南京高淳花山墓、福州茶园村宋墓均有顺裥裙出土。C型II式暗裥裙仅1件，出土于江西德安周氏墓。

顺裥裙，同向打褶，大小一般2厘米—5厘米，褶间距1厘米—2厘米不等。褶裥自由折叠，熨烫固定，由于打褶深度有限，褶裥从腰口至下摆折痕逐渐减弱消失。暗裥裙，异向打褶，两个相邻顺裥方向相对，裥底在背面，褶裥较为隐匿。由于褶叠较深，从正面看仅见三条彼此平行的褶缝，唯裙身活动时方可显露。由于打褶工艺对用料宽度的有效缩减，褶裥裙的腰宽明显小于两片裙，结构数据见表4-7所示。

表 4-7 褶裥裙形制尺寸表（单位：厘米）

墓葬名称	服饰名称		腰宽	裙长
福州茶园村墓（2 件）	褶裥裙	绢百褶裙	92	68
福州南宋黄昇墓（2 件）		褐色罗印花褶裥裙（41）	69	78
		烟色罗洒金双凤穿牡丹褶裥（263）	104	87
江西德安周氏墓（1 件）		驼色如意珊瑚纹罗裙（C15）	117	93
南京高淳花山墓（2 件）		百褶纱裙（23）	75	80
		百褶纱裙（26）	100	82
四座墓葬（7 件）	平均		92.8	81.3
墓葬名称	服饰名称		腰宽	裙长
四座墓葬（17 件）	两片裙		103—125.5	76—87.5
平均			118.6	83.7

比较可见，南宋褶裥裙腰宽均值为92.8厘米，而两片裙的腰宽均值为118.6厘米，这种差值在围度上的表现即褶裥裙对人体的包裹程度较弱，不及两片裙。如福州黄昇墓的褐色罗印花褶裥裙（41）其腰宽仅为69厘米，穿着后左右裙摆于前中心处呈“人”字形交叉，人体暴露程度较大。此裙的长度也较短，穿着后仅达小腿中部，为装饰性的掩裙，可与裆裤搭配使用①。

与单片裙、两片裙仅为女性所独有不同，褶裥裙同样应用于男装系统，形制构成与女装趋同。湖南何家皂北宋墓（北宋元佑年间，1089—1094）就出土有黄色素纱百褶裙（编号35），虽残缺不全，但其在腰身处每隔1.5厘米向右侧收褶一次的工艺方法仍清晰可辨。同墓还出土一条形制相同的麻布百褶裙②。福州茶园村宋墓（端平二年，1235）亦出土男式麻布裙一条，为密集居中的打褶范式，腰宽达134厘米，裙长86厘米③，腰宽尺寸远超均值92.8厘米的女性褶裥裙（腰宽最大为117厘米）（图4-20）。可见南宋男女装之间宽狭的风格分野在裙装上亦得到很好的体现，形成上衣与下裙风格同步发展的格局。

图4-20 南宋男式麻布褶裙[福州茶园村宋墓（福州市博物馆藏）]

图片来源：福州市文物管理局：《福州文物精粹》，福建人民出版社1999年版，第87页。

① 孟晖.中原历代女子服饰史稿[M].北京：作家出版社，1995:134.
② 陈国安.浅谈衡阳县何家皂北宋墓纺织品[J].文物，1984（12）:77.
③ 福州市文物管理局.福州文物集萃[M].福州：福建人民出版社，1999:168.

2. 裙式“化繁为简”

南宋褶裥裙承袭前代之制，但其抽离出传统褶裙中最本质的结构要素，去除了汉晋、隋唐以来繁复的表面装饰（拼色、镶嵌）和日趋宽博的繁缛之趣，追求简洁、轻盈、便捷的造型风尚。

褶裥裙何时在汉地兴起未见明确的文献记载，马山一号楚墓和马王堆一号汉墓中均未有所发现，这似乎表明在先秦和西汉时期褶裥裙在汉民族中并未流行。据高春明考证，裙上施褶是东汉时期出现的习俗，一直到东汉以后，褶裙才逐渐多见。晋六朝女裙尚细褶，隋唐后，裙幅增多，褶裥更趋细密，少则数十，多则逾百。这一特点在五代以后表现得更为突出，史籍中有“百叠”“千褶”之说[①]。东汉时期兴起的褶裥裙为何种形制，似可从丝绸之路河西走廊至西域沿线出土的三件女裙上窥见一斑：一件为甘肃花海毕家滩墓地出土的前秦时期的“绯碧裙”，一件为新疆尉犁营盘墓地出土的汉晋时期的“间色毛裙”，另一件为新疆维吾尔自治区博物馆收藏的同时期的“宽带百褶罽花毛布长裙”。

绯碧裙裙长70厘米，腰宽84厘米。为六幅绢料拼缝而成，三幅绯色，三幅碧色，间隔相缝，成为“六片间裙”。每幅裙片于腰头打褶裥两个（右顺裥），褶深约3厘米。裙身平展为扇形，上接浅黄色裙腰。此间色裙色彩红绿相间，对比强烈，具有浓郁的装饰效果[②]（图4-21）。另一件汉晋时期的“间色毛裙”与绯碧裙的形制特征大致趋同，裙长110厘米，腰周长90厘米，下摆周长320厘米。由六幅毛料接缝在裙腰上，浅黄、红两色相间，每幅宽53厘米，长94厘米。近腰端打褶，每幅约15个褶，每褶宽约1厘米。在每幅裙片的正中自上而下缝一道宽2.2厘米的浅褐色绢条。各幅拼接处都夹缝同样宽度的浅黄色绢条[③]。以上两款虽为异色拼接，但就造型而言同属于褶裥裙，其形制特征均可概括为“间色拼缝（纵向）+褶裥+装饰镶边（纵向）”。另一类褶裥裙，也以拼色为特色，但却为横向拼接。新疆维吾尔自治区博物院所藏汉晋时期的“宽带百褶罽花毛布长裙”，长94厘米，腰筒上口宽89厘米，下口宽83厘米。此裙呈密集的百褶形态，裙摆自下而上横向间色拼缝四段，胭脂红色毛布与土黄色毛布相间并置，裙边用绦条镶边，整个裙摆呈弯曲的扇形，形制特征表现为“间色拼缝（横向）+褶裥+装饰镶边（横向）”（图4-22）。以上三款褶裥裙无疑具有相同的审美旨趣，均以浓郁的异色拼接突出褶裥裙的装饰效果。

---

① 高春明.中国服饰名物考[M].上海:上海文化出版社，2001:610.
② 赵丰.丝路之绸:起源、传播与交流[M].杭州:浙江大学出版社，2015:104.
③ 新疆文物考古研究所.新疆尉犁县营盘墓地1995年发掘简报[J].文物，2006（6）:27.

图4-21　绯碧裙（前秦）[甘肃花海毕家滩墓（甘肃省文物考古研究所藏）]
图片来源：赵丰主编：《丝路之绸：起源、传播与交流》，浙江大学出版社2015年版，第104页。

图4-22　宽带百褶氍花毛布长裙（汉晋）（新疆维吾尔自治区博物馆藏）
图片来源：新疆维吾尔自治区博物馆编：《古代西域服饰撷萃》，文物出版社2010年版，第74页。

随着汉代丝绸之路的开通，沿线各民族、各地域间的商贸活动日趋频繁，服饰文化上的互通与借鉴日渐深入。异色拼接出现在东汉时期女性袍服的下裳中，陕西省旬邑县百子村东汉墓中即绘有身着红白间色阔摆裳裙的贵妇形象①（图4-23）。魏晋时期，间色裙仍十分流行，在甘肃高台骆驼城南墓、甘肃高台苦水口1号墓的彩绘方砖中，均可见身着间色裳裙的女子身影②（图4-24）。间色褶裥裙在隋唐时期更是大放异彩。《旧唐书·高宗本记》载："其异色绫锦，并花间裙衣等，糜费既广，俱害女工。天后，我之匹敌，常着七破间裙"③。随着奢靡程度的加剧，唐开元二十五年，朝廷又令"凡裥色衣不过二十破，混色衣不过六破"④。随着裙子破缝数量的激增，相间拼片宽度渐狭，裙身异色频度加剧，更显悦目缤纷。孙机认为，这种条纹裙（间裙）在唐代流行时间较长，其条纹早期较宽，晚期变窄，至盛唐以降，条纹裙日趋少见⑤，此裙式风尚可在隋唐早期的诸多墓葬壁画中得到印证（图4-25）。

日本正仓院藏天平胜宝四年（唐天宝十一年，752）大佛开眼供养会供纳的乐舞宝物——"锦紫绫红臈缬絁间缝裳第5号（南仓97），虽残损不全（现存长86厘米，腰宽81厘米），但也提供了有关间裙的实物样貌（图4-26）。其由红臈缬絁作

① 徐光冀.中国出土壁画全集:陕西上[M].北京:科学出版社，2012:114.
② 赵丰.丝路之绸:起源、传播与交流[M].杭州:浙江大学出版社，2015:96.
③ 旧唐书卷五.本纪第五.高宗下[M].北京:中华书局，1997:107.
④ 新唐书卷二十四.志第十四.车服[M].北京:中华书局，1997:530.
⑤ 孙机.华夏衣冠——中国古代服饰文化[M].上海:上海古籍出版社，2016:113-114.

图4-23　汉代着间裙的贵妇形象（壁画）[陕西省旬邑县百子村东汉墓（陕西省考古研究院藏）]

图片来源：徐光翼主编：《中国出土壁画全6（陕西上）》，科学出版社2012年版，第114页。

图4-24　魏晋着间裙的妇女形象（画像砖）

上：《采桑图》：甘肃高台骆驼城南墓群（高台县博物馆）

下：《剪布图》：甘肃高台苦水口1号墓（高台县博物馆）

图片来源：赵丰主编：《丝路之绸：起源、传播与交流》，浙江大学出版社2015年版，第96页。

图4-25　唐代着间裙的女性形象（651—672）

图4-25-1：《三侍女图》：陕西省甘泉县张家村段简壁墓（昭陵博物馆藏）

图4-25-2：《侍女图（四）》：陕西省礼泉县新城长公主墓（陕西历史博物馆藏）

图4-25-3：《捧羃篱的女侍图》：陕西省礼泉县昭陵陪葬墓燕妃墓（原址保存）

图片来源：徐光翼主编：《中国出土壁画全集6（陕西上）》，科学出版社2012年版，第176、184、225页。

图4-26　锦紫绫红臈缬絁间缝裳第5号（南仓97）（日本正仓院藏）（天平胜宝4年，公元752/唐 天宝十一年）

图片来源：日本正仓院官网：正仓院宝物·服饰品 http://shosoin.kunaicho.go.jp/ja-JP/Search

图4-27　唐代着"一色裙"的女性形象（721—742）

图4-27-1：《仕女图》（摹本）：陕西省礼泉县契苾夫人墓（昭陵博物馆藏）

图4-27-2：《侍女图（一）》：陕西省蒲城县唐让皇帝惠陵（陕西省考古研究院藏）

图片来源：徐光翼主编：《中国出土壁画全集7（陕西下）》，科学出版社2012年版，第336、353页。

底，数条彩锦、紫绫窄条加以镶拼装饰，似可为唐代间裙的结构剪裁提供一份参考[①]。"荷叶罗裙一色裁"［王昌龄（698—757）《采莲曲》］，盛唐后拼色间裙不再流行，浑然一体的纯色褶裥裙为唐女所好尚。陕西省礼泉县烟霞镇兴隆村契苾夫人墓（唐开元九年，721年）、陕西省蒲城县三合乡唐让皇帝惠陵（唐天宝元年，742年）所出壁画中均有身着纯色褶裥长裙的仕女形象[②]（图4-27）。新疆阿斯塔那187号墓出土的唐代绿地印花绢裙，裙长25厘米，腰宽7厘米，下摆41厘米，为随葬人俑所穿，其为八幅绢料拼缝，于每幅裙片上都打有细小的褶裥[③]，可作为一色褶裥裙剪裁的实物参考（图4-28）。唐时裙幅以多为佳[④]，随着中唐服式宽肥之风的兴起，宽体长裙的裙幅达五到八幅，更有甚者多至十二幅[⑤]。据孙机考证，晚唐文宗时力求节俭，要求"妇人裙不过五幅"，按唐大尺每尺合0.295米、布幅阔度一尺八寸计算，文宗提倡的五幅之裙约合2.65米，这比现代带褶的女裙还略肥一些。而六幅裙周长约3.18米，七幅裙约3.71米[⑥]。以这个标准来衡量，南宋女性褶裥裙仅由四幅构成，其裙摆最宽者不过2.28米（最窄者仅为1.27米），比唐代视

① 日本正仓院官方网站：正仓院宝物分类·服饰类，[OB/OL].http://shosoin.kunaicho.go.jp/ja-JP/Search.
② 徐光冀.中国出土壁画全集（陕西上）[M].北京：科学出版社，2012:336，353.
③ 赵丰.丝路之绸：起源、传播与交流[M].杭州：浙江大学出版社，2015:158.
④ 周锡保.中国古代服饰史[M].北京：中国戏剧出版社，1984:196.
⑤ 黄能馥，陈娟娟.中国服装史[M].北京：中国旅游出版社，2001:161.
⑥ 孙机.华夏衣冠——中国古代服饰文化[M].上海：上海古籍出版社，2016:116.

为“节俭”的“五幅”裙还要狭促，且在裙长上南宋女裙也远未及唐裙“行即裙裾扫落梅”[孟浩然（689—740）《春情》]的夸张效果。可以肯定的是，在“奢靡之习”日盛的南宋社会[①]，女裙式样的轻盈巧致绝非出于节俭，而是审美观念的推动使然。

五代承唐制，妇女裙幅日趋增多，细裥密叠，史籍中有说及。《清异录》载：“同光年，上因暇日晚霁，登兴平阁，见霞彩可人，命染院作霞样纱，作千褶裙，分赐宫嫔，自后民间尚之。”[②]千褶虽有文人附会之嫌，但确较唐代女裙褶式更趋繁密，遂将中唐以来的宽博之风推向极致。五代节度使王处直墓（522年）石刻彩绘浮雕女侍俑皆着此裙式，其虽地位不高，却也不乏雍容之态（图4-29）。

图4-28　绿地印花绢裙（唐）[阿斯塔那187号墓（新疆维吾尔自治区博物馆藏）]

图片来源：新疆维吾尔自治区博物馆编：《古代西域服饰撷萃》，文物出版社2010年版，第107页。

图4-29　五代《奉侍图》（浮雕彩绘）中着百褶裙的侍女（924）[河北省曲阳县五代王处直墓（原址保存）]

图片来源：中国画经典丛书编辑组编：《中国人物画经典·五代卷》，文物出版社2005年版，第50页。

北宋承五代之制，细密的褶裥裙亦盛行不衰。如前所述故宫南薰殿旧藏《宋宣祖后坐像轴》中宋宣祖后所着长裙，褶叠漪漪，飘裾低垂，是北宋早期上层社会流行多褶裙的见证。北宋中期词人张先（990—1078）有“朱裙褶褶轻垂地（《踏莎行》）、“血色轻罗碎摺裙（《南乡子》）”之句。层叠细密的褶裙于北宋年间流行于世，但仍不乏隋唐五代时裙裾垂曳的风貌。河南禹州白沙宋墓（北宋元符二年，1099）一号墓所绘“开芳宴”场景中男女墓主人并肩对坐，女性墓主人高髻方额，着绛衫白裙，裙身细褶粼粼[③]（图4-30）；郑州黑山沟宋墓（北宋绍圣四

① 宋史卷一百五十三.志第一百六.舆服五[M].北京：中华书局，1997:3579.
② 陶穀.清异录卷下[M]//文渊阁四库全书：第1047册.台北：台湾商务印书馆，1986:895.
③ 宿白.白沙宋墓[M].北京：文物出版社，1957:图版五.

年，1097）东北壁所绘“侍儿图”，右侧一妇女怀抱幼童，头梳包髻，着淡青色背子、粉红色抹胸，下束粉红色百褶裙，足穿云头履[①]（图4-31）。可以想象，如此繁密的褶裥必消耗大量的裙幅。北宋褶裥裙实物恰好与墓葬壁画有所印证。安徽南陵铁拐宋墓所出命妇（郡康县太君）褶裥裙，虽残损严重，但自腰头而下细密的褶皱呈层叠之势，褶皱密集，折痕突出，贯穿上下，裙幅体量甚是可观[②]。据此类比推算，以福州南宋黄昇墓（1243）出土的褐色罗印花褶裥裙（41）为依据，黄昇褶裥裙施褶数量不少，叠褶程度较浅，褶皱至裙摆处渐散。而北宋女裙褶裥形态自上而小褶痕明显，呈密集平行分布，叠褶程度较深，所耗裙料当较南宋裙式为甚。黄昇褶裥裙所需为四个全幅布料，而北宋褶裥裙所需用料至少在八幅以上甚至更多，方能达到“百叠涟涟”的视觉效果。

图4-30 《开芳宴》中着百褶裙的女性墓主人[河南禹州市白沙宋墓（1099）（中国国家博物馆藏）]
图片来源：徐光翼主编：《中国出土壁画全集5（河南）》，科学出版社2012年版，第143页。

图4-31 《侍儿图》中着百褶裙的女性[河南登封市黑山沟北宋墓（1097）（原址保存）]
图片来源：郑州市文物考古研究所编：《郑州宋金壁画墓》，科学出版社2005年版，第99页。

南宋初期服饰“大抵因东都之制”[③]，至南宋中期，褶裥裙尚有北宋遗韵[④]，而步

① 郑州市文物考古研究所.郑州宋金壁画墓[M].北京：科学出版社，2005:91.
② 北宋褶皱裙形制特征为笔者在调研安徽南陵铁拐宋墓服饰时所见。
③ 宋史卷一百五十三.志第一百六.舆服五[M].北京：中华书局，1997:3577.
④ 这从四川泸州地区出土的大量南宋中期墓葬石刻人物俑像中可得到印证。

入南宋后期，主流裙式表现为形制构成日趋简约，阔度和长度皆有缩减。裙幅缩减至四幅，叠褶程度变浅，褶量减少，裙长减短，这从出土的女裙实物标本即可显见。褶裥裙发展到轻盈简约的极致化程度，即预示着其服用功能的转化，不再为“隐形自障闭”[①]，而是服务于一种纯粹装饰性的审美趣味——为着装增添一丝朦胧之趣。《诗经》有曰“衣锦褧衣”，是以轻薄的外衣罩于锦衣之上，而含蓄其华彩[②]，但宋人的轻薄罩裙却意在彰显。南宋词人李清照（1084—1155）《一剪梅》有“轻解罗裳，独上兰舟”之句，扬之水认为，“解下罗裙即得轻巧登舟之便”[③]，正因是装饰用裙，故带子轻解，即得脱卸，亦无伤大雅。南宋盛极一时的轻巧褶裙，在蒙元政权所主导的雄浑的时代主调中再难觅踪影。褶裥裙形制构成发展变化示意图见4-32。

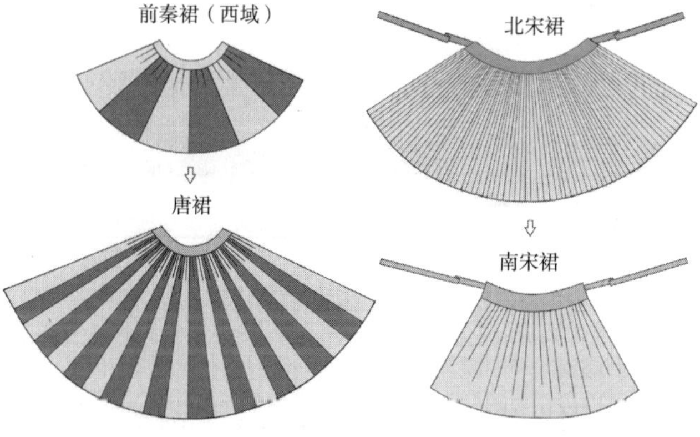

图4-32　前秦裙、唐裙、北宋裙、南宋裙形制构成比较（自绘）

前秦裙：绯碧裙（甘肃花海毕家滩墓），该裙原形制复原图载于《丝路之绸：起源、传播与交流》，浙江大学出版社2015年版，第104页。

唐裙：参考壁画、出土实物绘制示意图

北宋裙：参考安徽铁拐宋墓绘制示意图

南宋裙：褐色罗印花褶裥裙（41）（福州南宋黄昇墓）

（三）“复合式”结构奇巧创新

南宋女裙中，D型A形裙造型奇巧，形制结构具有裙幅式和褶裥式兼而有之的造型特征。此裙式的显著特色为裙片具有“前”和“后”的结构分化，通过侧缝线加以明确和体现。另外一个特色在于裙身前后片不等长的“错裾式”设计手法。

① 陈立.白虎通疏证（下）卷九:衣裳[M].吴则虞，点校.北京:中华书局，1994:433.

② 毛诗正义卷第三.硕人[M]//李学勤.十三经注疏.北京:北京大学出版社，2000:261.

③ 扬之水.也说“轻解罗裳”[J].文史知识，2010（1）:159.

A形裙剪裁方式简洁，两个矩形裁片构成后片，通过腰部打褶收拢腰身，呈现A形样态。两个直角梯形裁片构成前片，是以矩形裁片为基础，通过近腰处削幅斜裁达到收腰之目的。两个前片并置，外观亦呈现上窄下宽的A形效果，与后片相契合。此裙前后长度落差明显，约为36厘米，前裙片长度过膝，后裙片长度及地，呈微拖裾式。立体穿着时，根据人体腰围尺寸，前身两个裙片交叠相掩，腰臀处自然围拢，以腰带萦绕固定（图4-33）。

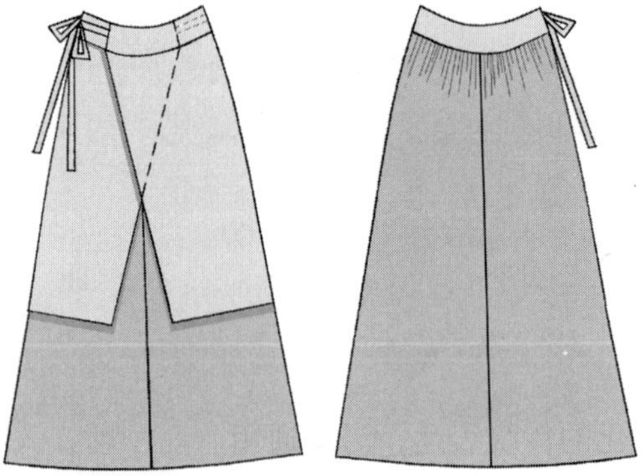

图4-33　D型A形裙立体构成效果（作者自绘线稿）

汉地所出裙幅式、褶裥式女裙中，均无前后分片特征。但在舆服制度的书写中却存在前后殊异的裙式——裳。裳与裙虽同具蔽下之用，但二者在结构上有本质不同。古之祭服、朝服之裳，皆前三幅后四幅，前为阳以象奇，后为阴以象偶，以示前尊后卑之意。裳制在汉代以后的舆服制度中时有因循或损益。至北宋神宗朝时祭服之裳已"乃以八幅为之，不殊前后"，遂经勘定改为"以七幅为之，殊其前后"①。重归古礼的裳制为南宋所承袭②，成为男子祭服的程式化表达。南京高淳花山墓所出的这件错裾A形裙，虽不具备裳制中"断而不属"（前后片不缝合）的风格，但"殊其前后、辟积无数"的形制特征却有所融通和继承。

南宋A形裙前后殊异，亦通过错裾式的造型特征得以强化。这种前后非对称式的审美追求，在五代后蜀国赵廷隐墓所出伎乐女俑像的衣裙中有所发现。众多彩绘女俑皆着分片式错裾长裙，前短后长，后摆曳地。裙侧缝处并不缝合，自然敞开，形成前后分片结构③。可见，南宋D型A形裙式的出现并非空穴来风，而是民族传统服饰文化基因在后世的积淀创新与融通发展。连幅式、错裾式、前后分片、

① 宋史卷一百五十一.志第一百四.舆服三[M].北京：中华书局，1997:3526.
② 宋史卷一百五十一.志第一百四.舆服三[M].北京：中华书局，1997:3529.
③ 后蜀赵廷隐墓所出女乐伎俑形象为笔者在成都市博物馆调研时所见。关于其错裾式特征在第二章大袖一节有论。

褶皱追加、削幅剪裁，一系列服装结构设计手段被巧妙融入一件裙式中。此复合式结构基于传统又变革创新，开拓了南宋女裙的多元面貌，反映出宋人善于变通、精于创造、勇于超越的智慧品格。此款裙式的主人在四座墓葬中等级较低，似乎说明了在士庶阶层中，更易突破传统之禁忌，产生奇特的服饰新样。

三、裤之构成：稳中求变、外化发展

南宋女裤在中国裤文化发展史上占据重要一环，它继承传统又别致出新，推动了上层社会女裤的外衣化进程，将传统社会主流群体中隐匿不彰的裤品赋予时尚新意，极大拓展了中国女性外衣文化内涵的丰富度。

南宋女裤主要有两种形制——A型开裆裤和B型合裆裤。A型开裆裤又据裆衩形态分为I式（三角形裆衩）和II式（矩形裆衩）两种。B型合裆裤据合裆形式亦分为两式——I式（菱形裆片）和II式（矩形裆片）。A型I式开裆裤较为常见，此为中国传统开裆裤的通用范式。A型II式开裆裤仅见一例，设矩形裆衩，配置巧妙。A型I式为裤文化的传统表达，男女通用。而A型II式则为奇巧之作，具有偶发性特点。B型合裆裤有实用衬裤（I式）和时装外裤（II式）之别。B型I式（菱形裆片）合裆裤形制构成秉持传统，与男装保持同步，又以此为基础，演变出B型II式（矩形裆片）合裆裤这一新品类。裤装就形制构成而言，女装较男装表现出更加活跃、多变、新异的文化特色。女裤穿着秩序由内而外依次为合裆衬裤（裈）、开裆套裤、合裆外裤（裆裤）①。

（一）开裆裤形制稳中求变

1. 裆衩结构的传承与创新

女用开裆裤形制构成与男装保持同步，主体廓形为“A”形，其基本范式为：由两幅长方形对折的面料，作“人”字形交叉重叠成两裤腿，上接裤腰。前身裤腿“人”字交叠处或沿中线缝合或自然搭叠，后身裤腿交叠形成活动“开门”，便于穿脱。两裤腿内侧缝近裆处左右各加缝三角形小裆衩。裆衩以下裤腿缝合，以上则自由敞开，形成开裆。对于幅宽较窄的布料，则需要在一个全幅基础上再追

①《福州南宋黄昇墓》发掘报告中的文字提供了重要证据，“据尸殓报告看，上述三种裤的作用有所不同，合裆裤是贴身穿着的，开裆裤和外侧开中缝合裆裤则套穿于外”。合裆内裤为素绢材质，风格素简；开裆套裤和合裆外裤为华丽的提花纱罗织物，合裆外裤甚至有彩色花边装饰，这些特征皆暗示了女裤内外分化的服用功能。

加一个拼幅构成裤腿，拼缝线位于前片或后片，不一而定。为起到收拢腰身的作用，腰口处追加活褶裥或省道设计，以前者为多。所有开裆裤皆采用后开门设计，这似乎成为开裆裤形制的显著标志，在腰头的末端引出两根狭长的系带环绕腰周系结固定。

三角形裆衩是开裆裤的一个关键性技术结构。小裆衩由等边或非等边三角形构成，为单层或双层结构，底边朝上，两斜边分别夹缝入裤腿内侧缝中，形成“漏斗”状，在裆下部位增加了裤腿的厚度量，使原本扁平的裤片变得立体。裆衩设计早在先秦湖北江陵马山一号楚墓出土的开裆绵裤中即有所见，楚地开裆裤廓形为“H”形，由裤腰、裤脚、口缘组成。裤腰宽大，脚口收紧，前后裆不合拢，后腰为敞口式，裆衩为矩形。剪裁结构均为正裁，分别由四个矩形裁片构成裤腰、裤腿，两个矩形裁片构成口缘，两个矩形裁片构成小裆片[①]。楚裤裆衩置于H廓形下直角构建的裆底结构中，亦成“漏斗”状。宋裤与楚裤相比较，随着廓形由“H”形向“A”形的递变，腰身更为合体，裆衩虽形态有所差异，但目的和作用却始终如一。汉晋、隋唐已降，胡汉文化交融并蓄、彼此渗透，汉族服饰胡化日盛，但具有本民族文化特质的开裆裤并未消退。汉唐时期的开裆裤实物虽尚未发现，但从先秦楚国跨越千余年，至南宋仍有大量材质各异、形制规范的开裆裤在男女中广为盛行，说明其在汉地有着相当长的生命活力，历经千载而不衰。在唐代画家韦偃所绘《百马图》中，一身着短裈的圉人浴马完毕、躬身穿裤的形象清晰可辨，其形制与宋人所服相似，似可看作唐中期开裆裤的形象参考（图4-34）。在白沙二号宋墓墓室东南壁绘有一对镜梳妆的女子，其右边衣架上赫然垂挂一条花式开裆裤，裤子摆放的角度刚好可以看到三角形裆衩结构[②]（图4-35）。可见，南北两宋开裆裤式样基本相同。“A”廓形、三角裆衩这一形制特征在南宋女装中得到巩固和发展。与南宋早期时段平行的金齐国王墓所出女真人开裆裤，与汉制有所不同，裤筒裆部不见三角形裆衩结构，且腰头宽大，裤腰上口高达腋下，边侧有绑带固定。脚口较细，下有蹬带，体现典型的北方少数民族服饰特色[③]（图4-36）。邹县元代李裕庵墓（至正十年，1350）分别出土有男女素绸丝绵开裆裤各一件，除腰头明显变宽外，其基本造型式样与宋代开裆裤相似，亦具有三角形裆衩结构[④]。湖南华容县原城关油厂出土的另一件元代绛色缠枝莲绫开裆夹裤，则与南宋式样几无二致（图4-37）。至明

① 湖北省荆州地区博物馆.江陵马山一号楚墓[M].北京：文物出版社，1985:23.
② 宿白.白沙宋墓[M].北京：文物出版社，2002:图版八.
③ 赵评春，等.金代服饰——金齐国王墓出土服饰研究[M].北京：文物出版社，1998:37.
④ 山山东邹县文物保管所.邹县元代李裕庵墓清理简报[J].文物，1978（4）:17.

代中晚期，开裆裤已不见踪影。江苏泰州明代徐蕃夫妇墓（嘉靖十二年，1533）和江苏泰州明代刘湘夫妇合葬墓（嘉靖十九年，1541）出土服饰虽品类众多，但皆无开裆裤，而是代之以合裆阔腿裤，且男女形制相同①。

图4-34　唐代韦偃《百马图》中“开裆裤”

图片来源：金维诺主编：《中国美术全集·绘画篇》（隋唐五代绘画），人民美术出版社2006年版，第74页。

图4-35　二号墓东南壁壁画中“开裆裤”

图片来源：宿白著：《白沙宋墓》，文物出版社2002年版，图版八。

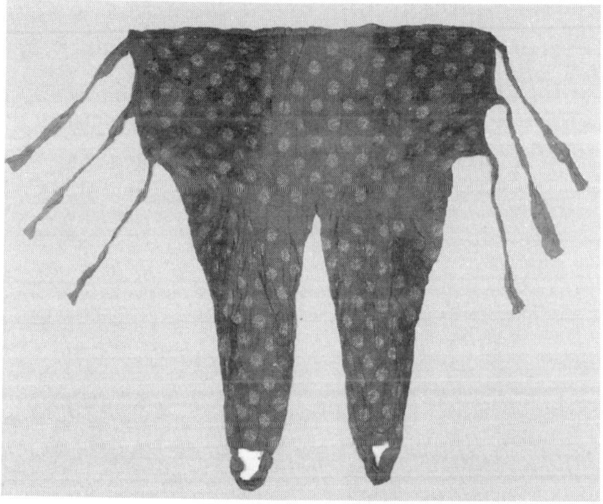

图4-36　金代棕褐地团云龙印金罗大口裤

图片来源：赵评春等著：《金代服饰——金齐国王墓出土服饰研究》，文物出版社1998年版，彩色图版第一七二。

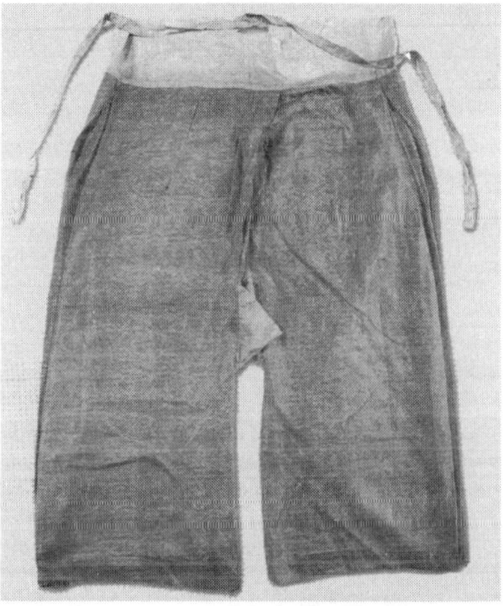

图4-37　元代绛色缠枝莲绫开裆夹裤

图片来源：常沙娜主编：《中国织绣服饰全集4·历代服饰卷下》，天津人民美术出版社2004年版，第122页。

南宋可谓开裆裤（套裤）文化发展的鼎盛时期，不仅传统型开裆裤使用普遍，

① 泰州市博物馆.江苏泰州市明代徐蕃夫妇墓清理简报[J].文物，1986（9）:3，6.泰州市博物馆.江苏泰州市明代刘湘夫妇合葬墓清理简报[J].文物，1992（8）:71，75，76.

且突破了以往“三角形”裆衩的经典范式，创设出崭新的“矩形”结构，令人耳目一新。福州茶园村宋墓出土的这款女裤，裆衩结构设计得极为巧妙：在以全幅布料对折构成的裤筒中，于后片幅边处自腰口向下拼缝一个5厘米宽、43厘米长的矩形拼片，在矩形裁片末端沿45度斜线向上翻折，与前裤片内侧缝顺势缝合，形成“漏斗”状。此设计既保留了传统三角形裆衩的功用，又有补足后身裤片腰宽之目的，可谓一举两得。此种类型的女裤，数量极少，当为女装中的特异品类，提升了南宋女裤文化的丰富性。

2. 形制尺寸的风格分化

女用开裆裤的基本形制虽与男裤相同，但形制尺寸亦同上衣一样，男女装之间存在着狭阔风格的分野，这种差异是除男女身高体型所导致的尺寸差异外人为设定的增幅。以下将对南宋男女开裆裤形制尺寸加以二元比较，见表4-7。

表4-7　南宋女性和男性开裆裤形制尺寸对比（单位：厘米）

墓葬名称（件数）	女裤主要部位形制尺寸		
	裤长（平均）	腰宽（平均）	脚口宽（平均）
福州茶园村宋墓（2）	79—80（79.5）	33—38（35.5）	22—24（23）
福州黄昇墓（15）	78—89（85.5）	33—39.5（36）	23—28（26.4）
江西德安周氏墓（6）	86—97（91.5）	33—35（34）	28—32（30）
南京高淳花山墓（4）	78—88（83.5）	36—42（38）	29
平均	85	35.9	27.1
墓葬名称（件数）	男裤主要部位形制尺寸		
	裤长（平均）	腰宽（平均）	脚口宽（平均）
浙江黄岩赵伯澐墓（4）	79—102（87.5）	44—59（50.5）	41—48（44.8）
福州茶园村宋墓（2）	91—95（93）	57—58（57.5）	46—49（47.5）
江苏金坛周瑀墓（3）	81—89（85.7）	40—44（41.7）	37—48（43.3）
平均	88.7	49.9	45.2

依表可见，南宋女性开裆裤裤长、腰宽、脚口宽均值为85、35.9、27.1厘米；男裤对应的尺寸为88.7、49.9、45.2厘米。裤长比女性大3.2厘米，脚口宽比女性大18.1厘米，腰宽比女性大14厘米。裤长、腰宽增幅可视为男女身高体型因素所导致的尺寸差异，而脚口宽增幅则突出表现为男女裤形制风格的分化。男裤脚口被人为放大，而女裤脚口则更趋收拢，彰显轻便利落的特点。可见，男女

装在形制风格上的阔狭两极，不仅体现在上衣、裙装系统中，在裤装中亦得到很好的体现。

从尺寸数据来看，南宋开裆女裤较先秦同类女裤峭狭甚多，湖北江陵马山一号楚墓所出开裆绵裤，腰身、裤腿异常肥阔，裤长116厘米，腰宽达95厘米，因裤管肥大，脚口处施以锦缘缩口。相当于南宋早期时段的金齐国王墓所出女真女裤，在长度和阔度上都较为可观，裤长108厘米—117厘米，腰宽55.5厘米，脚口收紧15厘米—20厘米。元代邹县李裕庵墓所出素绸丝绵开裆裤尺寸与南宋女裤趋同，腰宽40厘米，脚口宽22厘米，裤长80厘米，但24.5厘米的高腰造型似受到金代风格的影响。南宋开裆女裤与不同时期女性开裆裤形制构成比较见图4-38。

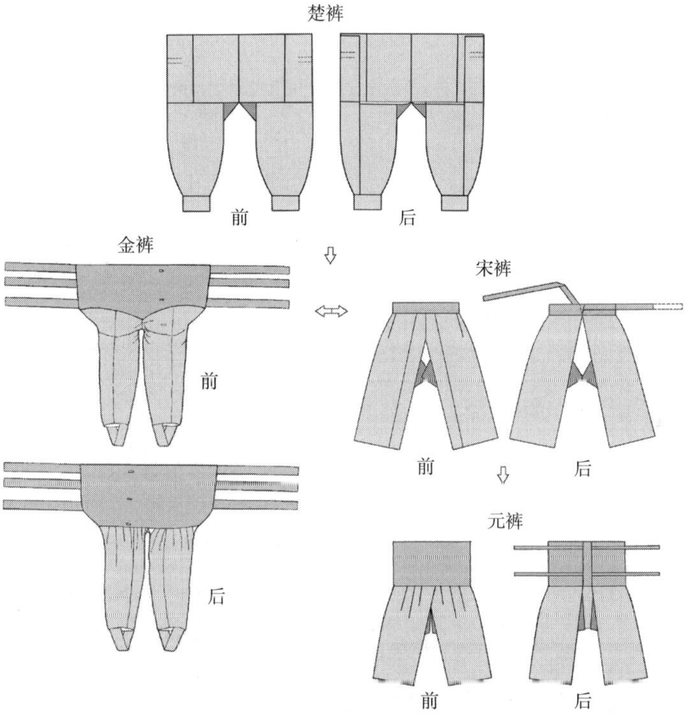

图4-38　楚裤、宋裤、金裤、元裤形制构成比较（部分自绘）

楚裤：N25凤鸟花卉纹锈红棕绢面绵袴（江陵马山一号楚墓）

图片来源：《江陵马山一号楚墓》，文物出版社1985年版，第23页。

宋裤：芙蓉牡丹花卉纹开裆罗裤（8900）（南京高淳花山墓）（调研绘制）

金裤：棕褐菱纹暗花罗萱草团花绣绵大口裤（金齐国王墓）

图片来源：《金代服饰研究——金齐国王墓出土服饰研究》，文物出版社1998年版，第36页。

元裤：素绸开裆女丝绵裤（邹县元代李裕庵墓）（参考实物照片绘制）

（二）合裆裤双轨并行，内隐外显

南宋女裤中另一显著的类型即为B型合裆裤，依据合裆方式的不同又分为I式（菱形裆片）和II式（矩形裆片）两种。两式并行发展，功能有所不同。B型I式（菱形裆片）内穿，而B型II式（矩形裆片）则外用。前者素朴，后者绮丽。两式共有一个显著特征，即在两裤筒外侧各有一隐匿的活褶设计（自上而下）。I式外裤缝（幅边）缝缉闭合，II式外裤缝（幅边）自由敞开，体现出内外分化的结构特点。男用合裆裤形制构成原理与B型I式（菱形裆片）趋同，唯结构细节和尺寸规格有所区别。

1. “菱形裆片”的内化发展

B型I式（菱形裆片）的形制构成为：满裆，侧开门。左右各两个全幅布料构成裤筒，于外侧缝处设定活褶裥，两裤筒交叠呈“人”字形缝合。裆下以菱形裆片封口，形成满裆结构。裤筒四片（矩形）、裤腰一片（矩形）、腰带两片（矩形）、裆片一片（菱形），左右对称，严整规范。贯通上下的活褶以隐匿不彰的方式增加了裤管松量，但外观却多显纤巧秀丽。B型I式（菱形裆片）是南宋女性的内着裈裤，隐而不彰。

考察汉族合裆裤之起源，其最初当是借鉴少数民族服式而作为外用之服被推广使用。商周以来的汉民族传统服饰，一般为襦、裤、深衣、下裳搭配，或上衣下裳配套，裳穿于襦、裤之外。裤为不加连裆的套裤，只有两条裤管，穿时套在胫上，也称胫衣。这种服装配套极为繁复，穿着费事，对人体运动极不方便[①]。中原地区始着外裤的记载见于《史记》，春秋时期锐意创新的赵武灵王，“胡服骑射以教百姓”[②]，以胡人便捷利落的短衣长裤取代了中原繁缛拖沓的上衣下裳[③]，极大提高了赵国的军事作战能力。汉族所借鉴的适用于鞍马骑射的胡裤必然为合裆之裤。胡裤形制具体如何，是否也具有相同的菱形裆片结构呢？出土于西域地区（新疆）的两件东周时期的古代毛布裤，似可作为相关的实物参考（见表4-8）。依表4-8所见，两条西域古裤均为毛料制成的合裆裤，裤筒的构成方式与汉式开裆裤类同，用一个全幅毛料对折缝合，接缝在内侧。裤长、腰高尺寸较大，具有较强的封闭性，便于保暖。裤子裆部的插片为“十字型”结构[④]，纵向结构向上形成兜裆之势，

① 黄能馥，陈娟娟. 中国服装史[M]. 北京：中国旅游出版社，2001:55.
② 司马迁. 史记卷四十三. 赵世家第十三[M]. 北京：中华书局，1997:1806.
③ 与赵国疆域接壤的少数民族有“林胡”“楼烦”“东胡”，史称“三胡”，赵武灵王所袭之胡服当与三胡有关。
④ 新疆维吾尔自治区博物馆. 古代西域服饰撷萃[M]. 北京：文物出版社，2010:29，32.

横向结构向下对裤腿内缝顺势包覆，起到较为牢固的合裆效果。毛料与丝料不同，具有较好的延展性，“十字型”裆片结构的产生与毛料的特性息息相关。古裤脚口处精致的织边工艺突出外用的特点。赵武灵王所借鉴之胡裤，其形制或大致若此。

1991年在中原腹地河南三门峡西周虢国墓地，出土了两件保存相对完整的的合裆麻裤[①]，其墓主人为西周晚期到春秋之初的虢国君并王朝卿士虢公鼓（虢石父），但近观实物，仅见两裤腿于裆部平整对拼，并未发现有插片结构。这种缺失裆片、活动功能减弱的合裆裤或许为中原地域文化对胡服的变通。

表4-8　西域出土周代合裆裤形制特征一览表

名称	蓝色斜褐绛丝毛布裤	黑棕色毛布裤
实物照片		
年代	距今2800（西周末期）	距今2500年（东周）
地区	新疆且末县扎滚鲁克墓葬出（1985）	新疆且末县扎滚鲁克墓葬出（1998）
尺寸	裤长124，腰宽55，裆深50 （单位：厘米）	裤长136，腰宽62，脚口宽31，裆深76 （单位：厘米）
形制特征	宽腰、裤腿较窄、微喇，腰部和裤边有两道红色装饰边。裤腿用幅宽55厘米的毛布一折为二缝缀而成，接缝在内侧。裆为一块十字型的毛料布，对折呈三角形缝合在裆部。	高腰，直筒裤。裤腿用幅宽62厘米的毛料一折为二缝缀而成，接缝在内侧。裤腿底部织出宽4厘米的红色饰边。裆为一块十字型毛布，有保存完整的两面幅边，边缘呈逐渐内收的阶梯状，对折呈三角形缝合在裆部。
资料来源	新疆维吾尔自治区博物馆编 《古代西域服饰撷萃》 文物出版社2010年版，第29页。	新疆维吾尔自治区博物馆编 《古代西域服饰撷萃》 文物出版社2010年版，第32页。

① 赵丰.丝路之绸:起源、传播与交流[M].杭州:浙江大学出版社，2015:47.

秦代合裆裤剪裁同样体现“菱形裆片”的结构特点。北京大学所藏一批秦代简牍中,《制衣》篇提供了秦人裤子的剪裁方式:“裚(制)绔长短存人,子长二尺、广二尺五寸而三分,交窬之,令上为下=(下)为上,羊枳毋长数,人子五寸,其一居前左,一居后右”。其中,“人子”,即指裤裆的插片,为等腰三角形,外轮廓与“人”字形似。人子五寸,即三角形插片底边长五寸。从“令上为下,下为上”可知,三角形插片高为一尺。“其一居前左,一居后右”,由简文可知,“人子”有前、后两片,并可推知“子”是两片迭裁,故有前、后之分。两片“人子”分居前、后,缝合成横裆[①]。利用《制衣》提供的裁剪方法,获得的两个三角形插片经对拼后恰好构成完整的菱形,秦代裤子的剪裁方式如图4-39。

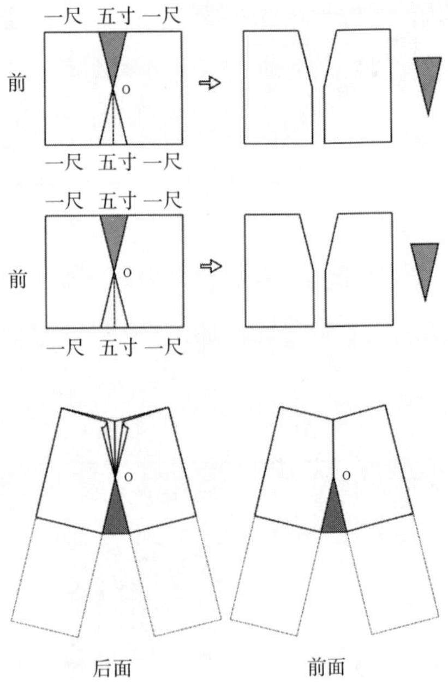

图4-39 秦代制裤方法

图片来源:彭浩等:《北京大学藏秦代简牍〈制衣〉的“裙”与“袴”》,《文物》2016年第9期,第82页。

依图所见,秦裤基本形制特征与后世宋裤趋同,皆为“A”廓形,裆下有菱形裆片。区别在于,秦裤的裆片取材更加节俭实用。按秦制一尺为23.1厘米计算[②],秦裤腰宽当为46.2厘米,裤筒宽为28.9厘米,裆片宽为11.6厘米,高为46.2厘米(对折为23.1厘米),整体造型较为适体紧凑。此裤式风格应与秦人“驷驖孔阜,六辔在手”的尚武精神一脉相合[③]。而前文所述楚裤为开裆裤,异常褒博,体现楚人对姬周礼仪的传承,在服饰文化上形成了“郁郁乎文哉,吾从周”的风格特色[④]。楚秦两国虽年代相去不远,但在裤式风格上却泾渭分明。秦人严格依据本国布幅(二尺五寸)而设定的独特剪裁法随着秦帝国的覆灭而不复存在[⑤],但可以肯定这种菱形裆片的形制构成法在汉晋时期得以传承发展,虽囿于条件所限,此时段汉地合裆裤的直接证据尚未发现,但在新疆地区出土的数件汉晋古裤为我们

① 彭浩,张玲.北京大学藏秦代简牍〈制衣〉的“裙”与“袴”[J].文物,2016(9):82.
② 丘光明,等.中国科学技术史:度量衡卷[M].北京:科学出版社,2001:168.
③ 毛诗正义卷第六.秦风·驷驖[M]//李学勤.十三经注疏.北京:北京大学出版社,2000:482.
④ 张玲.东周楚服结构风格研究[M].北京:中国传媒大学出版社,2016:103.
⑤ 彭浩,张玲.北京大学藏秦代简牍《制衣》的“裙”与“袴”[J].文物,2016(9):85.

探寻中原地区的裤文化开启了一扇窗口。随着汉代丝绸之路的畅通，西域各民族与中原民族之间的文化交流与借鉴日益频繁，中原服饰文化对西域的影响也愈渐加深，同时西域风尚也为中原服饰的创新发展提供了智慧源泉。在新疆洛浦县、尉犁县等地区发掘出土汉晋时期的毛布裤、棉布裤，其宽大程度较西域之前所出周代毛布裤为甚，似受到中原汉文化的影响所致。西域出土的汉晋时期的裤子择其概要，制成表4-9。两件裤子虽质料不同，但都较为宽肥，一件呈小“A”形，另一件呈“H”形。裤腿用两个全幅布料对拼而成，腰部未设褶裥，当以腰带系扎固定。裆部插片配置方法相同，均以一方形裆片对折呈三角形，缝纫于裆底余缺部位。方形裆片作为菱形裆片的特殊形式，或许因造型单纯规整，在汉晋时通行于边疆及中原汉地。

表 4-9　西域出土汉晋时期裤子形制一览表

名称	毛布灯笼裤	绛色菱格花卉纹丝绣长裤
实物照片		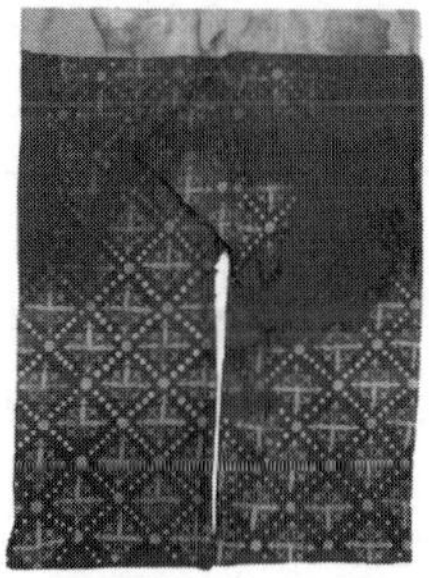
年代	汉（公元前206—公元前220年）	汉晋（公元前206—公元前420年）
地区	新疆洛浦县山普拉墓（1984）	新疆尉犁营盘墓地15号墓（1995）
尺寸	裤长102，腰宽66，裆深58， 脚腿宽34，脚口宽29。 （单位：厘米）	裤长115，腰宽88，腰高9.5 裆深53，脚口宽41。 （单位：厘米）
形制特征	收口式灯笼裤，宽腰、直筒。裤腿用幅宽36厘米的毛布料对缝而成。两侧皆有接缝，腿口显褶皱状。裆部制作方法为用一块方形毛布缝制，对折呈三角形。织物质地厚重，缝制针脚细密。	男裤。宽腰，直筒，合裆。裤腿肥大，长至脚面。裆部用一方形同质绢料缝制，对折呈三角形。面料为绛紫色绢，锁绣满铺菱格填花纹样。
资料来源	新疆维吾尔自治区博物馆编 《古代西域服饰撷萃》 文物出版社2010年版，第53页。	赵丰主编： 《丝路之绸：起源，传播与交流》 浙江大学出版社2015年版，第144页。

汉代女子穿合裆裤的记载出自《汉书》，西汉权臣霍光为孙女上官皇后独得专宠，“言宜禁内，虽宫人使令皆为穷袴，多其带，后宫莫有进者”，服虔曰：“有前后当，不得交通也”[①]。从西汉昭帝始，中原女子服饰中当出现合裆裤的形式。但仅作为内衣使用，着于裙下，再外罩汉袍。在西汉初年的湖南长沙马王堆一号汉墓中未有合裆裤出土，似可佐证这一形制在汉初尚未普及。魏晋南北朝时期，来自北方游牧民族的“裤褶服”尤为盛行，上着褶[②]，下着裤，后为南方地区所仿效改良，而成为广袖大口裤。裤褶不特为男子所服，女子也有服者，尤以北朝为盛[③]。因裤管过于松散，不便活动，特以布带缠缚膝下，以利趋走跨骑，而成为“缚裤”[④]。似可推测，如此宽博的大口裤应至少用四个全幅裁制而成，合裆工艺当为方形或菱形的裆片对折后拼缝于裆下。隋唐时期女性主流服饰为襦裙服，为短衣长裙式样，裙幅广博曳地。裤为裙幅所遮蔽，隐形于内。五代初有“瑟瑟罗裙金线缕，轻透鹅黄香画袴”（顾敻《应天长》）之句，可兹为证。自唐而兴起的女着男装、胡服之风，使女性露裤于外，但此形制并非为汉族女装所本有。唐代“绲裆裤”的实物形象可参考日本正仓院藏天平胜宝四年（752，唐天宝十一年）大佛开眼供养会供纳的乐舞宝物——度罗乐“久太袴”第7号（南仓123）。该裤为白绝材质，长76厘米，脚口宽22厘米，合裆结构，裆片为方形，与中华古典合裆裤制式如出一辙（图4-40）。

图4-40 唐代白绝“久太袴”第7号（南仓123）（日本正仓院藏）（天平胜宝4年，唐天宝十一年，752）

图片来源：日本正仓院官网：正仓院宝物·服饰品 http://shosoin.kunaicho.go.jp/ja-JP/Search

此结构范式历经五代，为宋人所融通与借鉴。经北宋的过渡，至南宋后期具有菱形裆片结构的合裆裤已发展至较为成熟的形态，在秉承传统形制基因（菱形裆片）基础上彰显出时代特色——于裤外缝处增设立体造型功能的活褶裥。前后、左右保持一致，叠褶方向朝外，贯穿上下，使裤筒具有了潜在的“隐性”活动量。B型I式（菱形裆片）作为南宋女性的内穿衬裤，不同地区之间剪裁方式相同，是一种较为稳定成熟的结构范式。明代合裆女裤的构成方式与宋代明显不同，“A”

① 汉书卷九十七上.外戚传第六十七上[M].北京：中华书局，1997:3960.
②《急就篇》云：“褶为重衣之最上者也，其形若袍，短身而广袖，一曰左衽之袍也。”
③ 周锡保.中国古代服饰史[M].北京：中国戏剧出版社，1984:130-131.
④ 高春明.中国服饰名物考[M].上海.上海文化出版社，2001:624.

廓形更加明显，两个裤筒不再交叠，而是错开分置两侧，裆片结构改变，为一个矩形，斜切下一角，顺时针旋转，与长边剩余的部分对拼缝合，构成“人”字形裆片，与裤筒内缝线拼缝。整体造型宽疏肥阔，合体性减弱，遮蔽性增强（图4-41）。清代女裤基础构成与明代相仿，仅裆部阔度收小，较明代略显合体（图4-42）。其形制特征为直筒、大裆、接腰，裤腰宽大，裤腿宽阔，脚口有花边装饰①。通过对不同历史时期合裆裤基础形制尺寸的比较，可见南宋女裤裤长、腰宽、裆深三个关键部位的尺寸明显小于西域地区及汉地的合裆裤，体现出与现代审美相近似的造型特色。不同时期合裆裤形制尺寸比较见表4-10，形制式样比较见图4-43。

图4-41　棉布裤（明代钱樟夫妇墓）
图片来源：中国丝绸博物馆编：《钱家衣橱——无锡七房桥明墓出土服饰保护修复展》展览图册，2017年9月，第22页。

图4-42　清代饰三多蓝缎女裤（孔府旧藏服饰）
图片来源：山东博物馆编：《斯文在兹——孔府旧藏服饰》，2012年，第108页。

表4-10　不同时期合裆裤形制尺寸比较

合裆裤名称	时代	主要部位形制尺寸				
		裤长	腰宽	腰高	裆深	脚口宽
黑棕色毛布裤（新疆且末县扎滚鲁克墓）	东周	136	62	42	76（含腰高）	31
绛色菱格花卉纹丝绣长裤（新疆尉犁营盘墓地15号墓）	汉晋	115	88	9.5	53（含腰高）	41
秦代裤（北京大学藏秦代简牍《制衣》）	秦	/	46.2	/	46.2（不含腰头）	29
浅黄色素绢合裆女裤（福州茶园村宋墓）	南宋	77	35	10	35（含腰高）	30
棉布裤（无锡七房桥明墓）	明代	88	60	8	41（含腰高）	31.5
传世合裆女裤	清代	104.4	60	21	57（含腰高）	26.7

① 牛犁，等.清代合裆女裤的造型特征与制作工艺[J].服装学报，2016，1（3）:298.

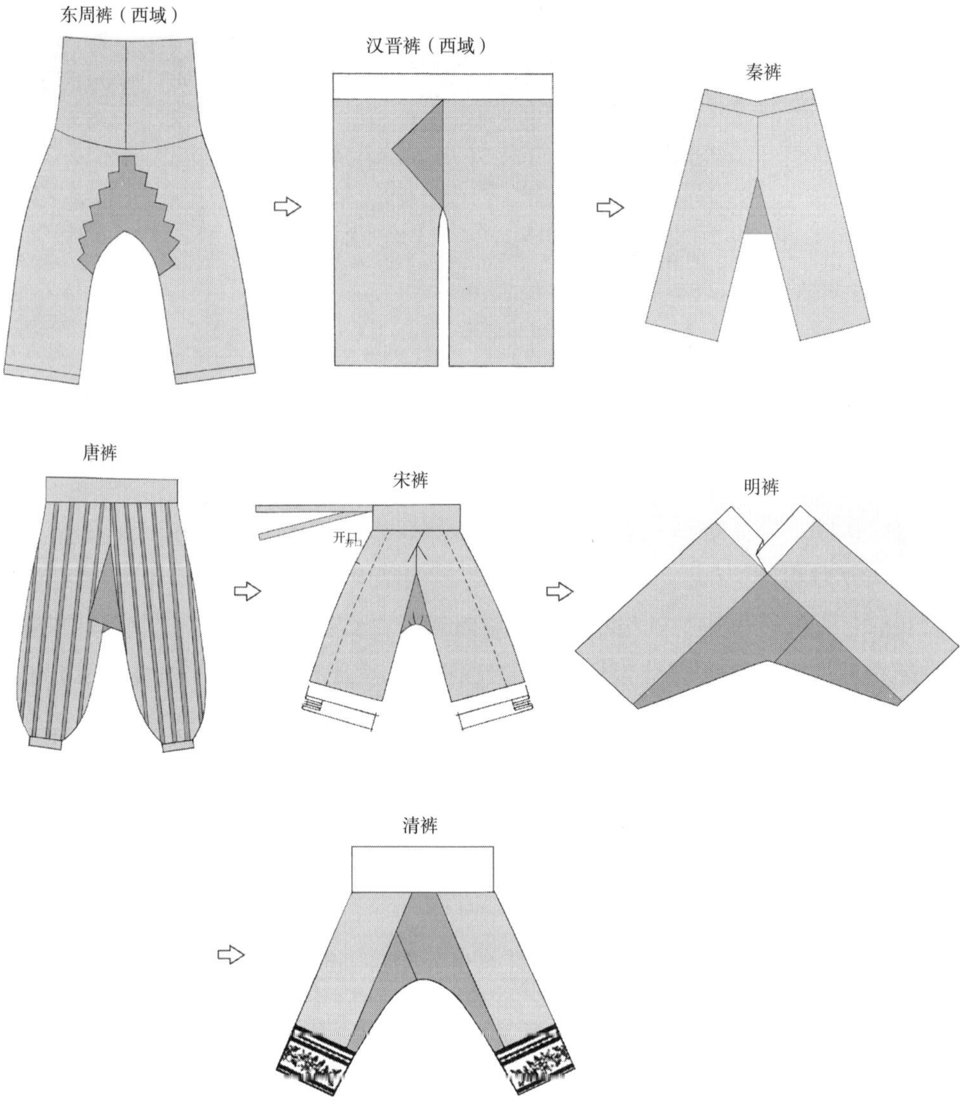

图4-43　不同历史时期合裆女裤形制比较（自绘）

东周裤：黑棕色毛布裤（新疆且末县扎滚鲁克墓）（依实物照片绘制）

汉晋裤：绛色菱格花卉纹丝绣长裤（新疆尉犁营盘墓地15号墓）（依实物照片绘制）

秦裤：依据北大藏秦代简牍《制衣》篇“袴”的裁剪法绘制。

唐裤：依据出土唐代壁画及正仓院“久太袴”实物推测绘制。

宋裤：浅黄色素绢合裆女裤（福州茶园村宋墓）（标本调研测绘）

明裤：棉布裤（无锡七房桥明墓），图片来源：《钱家衣橱——无锡七房桥明墓出土服饰保护修复展》图册，中国丝绸博物馆馆刊印，2017年9月，第23页。

清裤：传世合裆女裤，图片来源：《清代合裆女裤的造型特征与制作工艺》，《服装学报》，2016年第1卷第3期，第298页。

B型Ⅰ式（菱形裆片）合裆裤男女通服，仅在局部细节有所差异。浙江黄岩赵伯澐墓以及江苏金坛周瑀墓所出合裆裤均具有菱形裆片、侧缝打活褶的造型特点[①]。赵伯澐墓所出合裆裤为裤筒内外两侧同时打褶（双侧打褶），其中一件“绢面合裆夹裤（008306）”脚口阔达62厘米之巨。周瑀墓所出合裆裤与女裤打褶方式一致，仅在裤腿外侧设有活褶裥（单侧打褶）。男女合裆裤形制构成效果对比如图4-44所示。

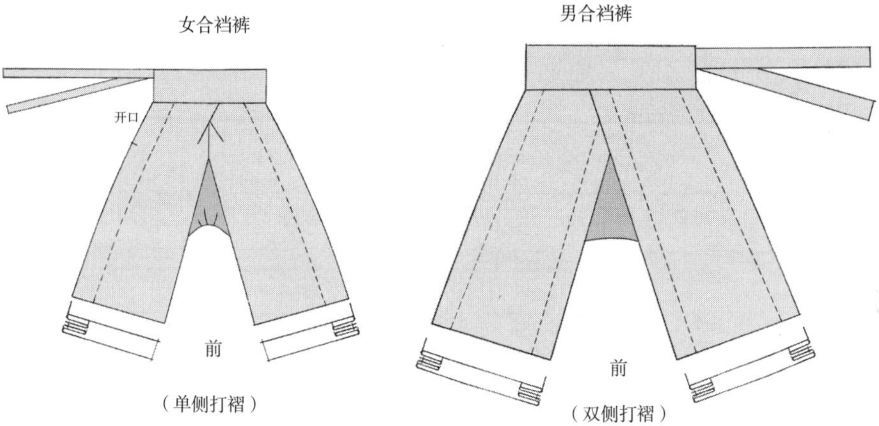

图4-44　男女合裆裤形制比较（自绘）

女裤：浅黄色素绢合裆单裤（福州茶园村宋墓），作者在福州市博物馆调研所绘

男裤：绢绵合裆夹裤（008306）（浙江黄岩南宋赵伯澐墓），作者在中国丝绸博物馆调研所绘

从图4-44可见，男女合裆裤形制构成主体趋同，但在形制尺寸上相差较大。将南宋男女合裆裤尺寸数据加以比较（如表4-11），可见男女虽裤长差别不大，但腰宽、脚口宽差异显著。男裤腰宽取值为45厘米—52厘米，女裤腰宽取值为30厘米—39.5厘米，两者均值差13.2厘米。脚口宽真实反映了男裤在造型上所追求的褒博气度。男子视觉脚口宽43.9厘米，女子仅为31.1厘米，实际脚口宽男子为62.4厘米，而女子为45.1厘米。两者风格差异显著，女裤更趋利落，而男裤更显雍容。B型Ⅰ式（菱形裆片）成为继A型Ⅰ式开裆裤后，男装和女装两个平行系统中的又一个交汇点。

① 赵伯澐墓服饰资料来源于中国丝绸博物馆举办的“丝府宋韵——黄岩南宋赵伯澐墓出土服饰展”以及配套图册；镇江市博物馆，等.金坛南宋周瑀墓[J]考古学报，1977（1）:118-119.

表 4-11 南宋男女合裆裤（菱形裆片）形制尺寸对比表

墓葬名称（件数）	女裤主要部位形制尺寸		
	裤长（平均）	腰宽（平均）	脚口宽（平均）
福州茶园村宋墓（1）	77	35	30（44）
福州黄昇墓（3）	80—85（82.3）	33—39.5（36.3）	24.5—34（30.2） 38.5—48（44.2）
南京高淳花山墓（2）	79.5—85（82.3）	30—33（31.5）	33（47）
平均	80.5	34.3	31.1（45.1）
墓葬名称（件数）	男裤主要部位形制尺寸		
	裤长（平均）	腰宽（平均）	脚口宽（平均）
浙江黄岩赵伯澐墓（2）	65—82（73.5）	48—52（50）	37—40（38.5） 61—62（61.5）
江苏金坛周瑀墓（4）	73—89（84）	45	43—53（49.3） 57—67（63.3）
平均	78.8	47.5	43.9（62.4）

2.“矩形裆片”的外化创新

B型II式（矩形裆片）合裆裤的出现，打破了男女裤品由于相近的形制所带来的平衡感。它促进了女裤内外功能的分化，成为超越男装系统而为女性所独有的新式样，在南宋社会不同阶层女性中广泛传播。

B型II式（矩形裆片）合裆裤作为外裤（裆裤），其形制结构源于传统，又不乏新变。以B型I式（菱形裆片）合裆裤形制结构为基础，改变合裆范式，将菱形裆片置换为矩形裆片，除起到闭合裆部的功用外，兼顾拓展裤筒之宽度，可谓“一片多用”。同时，作为外裤，裤筒外侧缝不缝合、完全敞开，十分洒脱飘逸。两类裤式的形制构成比较见图4-45。

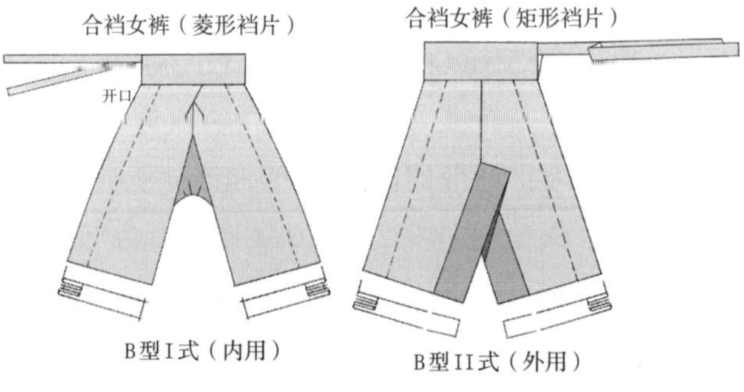

图4-45 南宋两式合裆女裤形制比较（自绘）

B型I式：浅黄色素绢合裆单裤（福州茶园村宋墓），作者在福州市博物馆调研所绘

B型II式：黄褐色罗两外侧开中缝合裆裤（38-11）（福州南宋黄昇墓），作者在福建博物院调研所绘

别致的外裤同样以两个全幅布料摞叠形成单侧裤筒，再将左右两裤筒交叠呈“人”字形缝合。裤筒外侧缝处前后各设一个自上而下的平行活褶裥。对折的矩形裆片与裆底敞开的内缝线缝合，形成满裆结构。该裤同样具有侧开门的特点，左侧开腰系带。B型II式合裆裤与I式合裆裤唯裆片结构不同，其余部位结构趋同。

B型II式合裆裤作为真正意义上汉民族女性的专属服饰，达到了中华女裤文化发展的新高度。它在形制语言上完成了由内隐向外显的结构转化，并在装饰手段上强化其观赏性，赋予其更加多元的时尚内涵。较之南宋，西洋女裤外衣化的进程，要到20世纪才得以实现①。而在12-13世纪的南宋社会，洒脱飘逸的时尚裆裤已通行上下阶层，蔚然成风。盛极一时的别致新装，犹如昙花一现，终因南宋政权的倾覆、社会环境的激变而再难觅芳踪。

四、小结

南宋女装上衣虽品类众多，但形制式样高度洗练，尚简归一。“十字型”平面构成法稳固传承，背缝中正、左右对称，四片布局，形制规范，再现了儒家文化以衣载道的精神内涵。除上层女性（后妃命妇）最高等级的礼服尚存交领外，常服上衣领式高度统一，以直领对襟为特色，舒畅放达，体现了大道至简的审美理想。以服装形制之狭阔区隔尊卑高下的礼制传统被颠覆，峭窄风尚成为南宋上层女性衣装生活的主调。而与之泾渭分明，同期男装则呈现褒衣博带的文化气象。女装之峭窄与男装之疏阔，呈两极化发展。上溯先秦两汉，下迄明清之际，即便较之宗谱同源的北宋，南宋女装上衣的简约化、峭窄化也为历代少有。通过结构整合、尺寸调控（胸宽、袖宽、袖口宽等关键性技术数据），南宋女装形制风尚为之新变，日常衣装向着高度世俗化、生活化、功能化的方向演化发展。

南宋女性下装在形制建构上与主流审美一脉相承，体现出简峭之风。女装与男装以及不同历史时期女性衣装的狭阔分野，仍得到持续贯彻。南宋女裙构成简约轻盈、奇巧创新。它承袭了“裙幅式”单片、两片及“褶裥式”女裙的形制文化基因，融合时代审美，裙式“化繁为简”，更趋轻盈便捷。“复合式”女裙形制语言融通创变、个性发展。女裤构成稳中求变，内外兼顾。依服用功能不同，结构有所分化。开裆裤保持男女通行、三角形裆衩的经典范式，但形制尺寸大幅缩减；而矩形裆衩的推陈出新，则体现了变革活力。合裆裤继承传统裤文化中菱形

① 李当岐.西洋服装史[M].北京:高等教育出版社，1995:169.

裆片的显著特征，但在裤身结构上变古创新（活褶裥），服用隐着于内，通行男女。时尚外裤为南宋女裤文化之大成者，矩形裆片裤式的诞生推动了女裤外衣化的发展进程，极大地丰富了中华女裤的文化内涵。

南宋女装的形制构成既有对以往传统形制基因的文化继承，又不乏睿智巧思的时代创变，展现出宋人在活跃的人文生态环境下涌动的创造力。变古精神更大程度地体现在服装形制风格的审美转变上——南宋上层女性常服形制尺寸的峭窄化风尚愈演愈烈，其与“褒衣博带”的儒家审美传统相背离，既有别于同时代日趋宽博的儒雅男装，又与周汉、晚唐五代以来褒博宽适、元明清三代疏阔障蔽的女装风格大相径庭，通过服装量度尺寸的减缩调控，凸显出峭窄利落、清削婉约的时代审美趣味。

第五章

南宋女装形制风格的时代变迁

通过对现存南宋女装标本的实证研究，可以看出其形制式样和形制尺寸呈现出峭窄化、简约化的审美倾向，这反映了南宋后期时段女性衣装生活的真实样态。南宋立国153年，长达一个半世纪的时光流转，女装形制风格会经历何种变迁？两宋之交女装形制风格的转型又是如何发生的？本章将以纵向时间轴线为经，横向地域轴线为纬，系统梳理南宋女装形制风格的演变规律。以图像资料为主要证据，兼顾文献和标本佐证。

有准确纪年的图像资料无疑为南宋女装形制风格的年代分期提供了可能。从先秦、两汉至唐宋，大量彩绘棺椁墓、画像砖墓、画像石墓和壁画墓的出现，形成了中国古代墓葬装饰艺术的主流形式。中国古代对棺、椁、墓室等三重地下空间都曾有过多种装饰手法的运用，如在棺、椁、墓室内外绘制彩画、施以雕塑、装贴金银等。这些特殊的绘画和雕刻是为亡者无声的需要而作，其功能或是保护死者，或是提供地下世界中的享乐，或是使之重获生机、上升仙界①。就壁画而言，宋代（乃至金、元）墓葬壁画内容从唐末的道教题材转而走向世俗化的崭新创作领域。受宋人精致生活方式的影响，更重视表现对仕途的追求和安逸悠闲的家居生活②。而雕塑俑像亦与衣食住行息息相关，也成为宋人生活风尚的真实投射，如《司马氏书仪》“明器”条载：“刻木为车马、仆从、侍女，各持奉养之物，象平生而小，多少之数依官品。”③墓葬美术（壁画或雕塑）所呈现的人物服饰形象无疑为我们了解当时社会的衣装风尚开启了一扇窗口。

对宋代服饰风格的分期研究学界鲜有触及，周锡保在其论著《中国古代服饰史》中指出：“宋代，前后有三百年的历史。妇女的服饰，随着时间的转移而有变化”④。南宋人周煇曾论及女性时尚的异变及南北两宋衣饰风格的变迁：“煇自孩提，见妇人装束数岁即一变，况乎数十百年前，样制自应不同。如高冠长梳，犹及见

① 巫鸿.黄泉下的美术：宏观中国古代墓葬[M].施杰，译.北京：生活·读书·新知三联书店2010:3，4.
② 张蕴.陕西地区出土壁画概述[M]// 中国出土壁画全集：陕西卷：上.北京：科学出版社，2012:Ⅳ.
③ 司马光.书仪卷七：丧仪三·明器[M]// 文渊阁四库全书：第142册.台湾：商务印书馆，1986:81，上.
④ 周锡保.中国古代服饰史[M].北京：中国戏剧出版社，1984:291.

之。当时名“大梳裹”，非盛礼不用。如施于今日，未必不夸为新奇，但非时所尚而不售。大底前辈治器物、盖屋宇，皆务高大，后渐从狭小，首饰亦然。”[①]至南宋孝宗时，造型夸张的头饰已“非时所尚”，而转向精巧别致的式样。时代审美相通，楼宇、首饰如此，服装亦概莫能外。这种审美旨趣的不同也贯穿于两宋绘画之中。在宫廷院体山水画领域也由北宋时期全景式的大山大水的整体把握转向南宋时期“半边”“一角”式山水的简笔勾勒[②]。中国古代审美意识的主调逐渐由崇尚壮美或阳刚之气嬗变为追求优美或阴柔之风[③]。两宋女装形制风格的演变发展也体现出两种美学品位交替演进的历程。就主流审美文化而言，南宋女装较北宋更趋婉约秀丽，向峭窄化、轻盈化的方向转型发展。

按照历史学的分期方法，北宋立国168年（960—1127），太祖、太宗、真宗时期为北宋社会前期（63年），仁宗、英宗、神宗三朝为北宋中期（63年），哲宗、徽宗、钦宗为北宋后期（42年）。南宋立国153年（1127—1279），划分为三个历史阶段，前期为高宗朝时段，历时36年；中期为孝宗、光宗、宁宗三朝，历时62年；后期理宗、度宗朝及恭帝、端宗、帝昺时期，历时55年。本书采纳这种史学常规的分期方法，以下将以北宋后期，南宋前、中、后三段为时间分节点，对女装形制风格的演变规律予以梳理考证。

一、北宋后期（1086—1127）：雍容遗韵犹在

北宋初期承袭了晚唐五代服饰风尚。唐代女装经历了初期的褊狭，盛唐、中唐的渐趋宽肥，至晚唐愈加褒博化。五代亦大体沿袭这种宽博风气[④]。此风为北宋所承袭，历经一个多世纪的发展演变，至北宋后期，女装已摆脱了五代时期“宏旷漫散”的风格范式，向“疏阔宽适”之风演进。上衣胸宽、袖宽尺寸仍甚为可观，但袖口尺寸人为紧缩，体现出便身利事的特点。

中原北方地区丰富的宋墓壁画资料是考察北宋时段女装风尚的重要图像证据。“中原北方地区”在地理范围上大体是指北宋版图内长江流域以北的地区，其南界为淮河到汉中一线，北面与辽为界，西面与西夏为邻。这一地区大部分时间内都在宋王朝的统治下，“靖康之难”后迅速沦为金人的统治区。以现行的行政省市来划分，上述区域大致包括今河南、河北、山东、山西、陕西、甘肃、宁夏、湖北

① 周煇.清波杂志[M].上海：上海古籍出版社，2012:121.
② 周膺，吴晶.南宋美学思想研究[M].上海：上海古籍出版社，2012:186，189.
③ 周膺，吴晶.南宋美学思想研究[M].上海：上海古籍出版社，2012:108.
④ 孙机.华夏衣冠——中国古代服饰文化[M].上海：上海古籍出版社，2016:153-154.

等省的全部或部分地区。其中豫中、豫北、晋东南、冀中、山东济南、甘肃清水是宋代壁画墓考古发掘的密集地区，地域特征明显。[①]这些墓葬壁画反映了墓主人日常生活的现实场景，如“开芳宴”“备宴图”“梳妆图”“伎乐图”以及反映中国孝文化的“二十四孝图”等。墓中壁画题材虽然不一定是墓主人现实生活的完全写照，但必然可以反映当时社会生活的片段，而此片段又必然与墓主人社会身份相称。[②]这些墓葬的主人一般为家境殷实的地主或鸿门商贾阶层，具有较强的经济实力，无论是主事的女眷还是侍女仆从，奢华绮丽的衣装形象都是社会风尚的现实投射。其中豫中地区的登封黑山沟宋墓（北宋绍圣四年，1097）、新密平陌宋代壁画墓（北宋大观二年，1108）、禹县白沙二号宋墓（北宋徽宗朝）、登封高村宋代壁画墓（北宋末年）、登封唐庄乡二号宋墓（北宋晚期早中段）、济源市东石露头村宋代壁画墓（北宋后期）；晋东南、豫北地区的河南林州北宋雕砖壁画墓（北宋元丰年间，1078—1085）、河南安阳小南海宋代壁画墓（北宋末徽宗时期）；河北、山东地区的河北井陉柿庄六号墓（北宋政和后）；陕西、甘肃地区的陕西韩城宋代壁画墓（北宋晚期）、甘肃天水王家新窑宋墓（北宋大观四年，1110），这些栩栩如生的壁画人物形象对北宋女性衣装风尚的研究具有直接的参考价值。

此外，部分金代早期的墓葬壁画也将作为北宋后期女装形制风格探讨的形象参考。关于金人统治区内汉族女子沿用本民族服饰以及金人迁都南下后日趋汉化的现象，沈从文曾有精辟的论断：“虽原有法律禁止学南人服装，违者杖八十，但《大金集礼》叙政府一切礼制时，上层统治者车乘服装已全仿宋代。生活起居方式，也逐渐与汉人同一。虽一度用法令强迫汉人剃发变装，而北方金墓壁画中的妇女衣服改变实在并不多。”[③]就某种程度而言，金人辖区内（原北宋中原故地）的汉族女性服饰较多保留了宋人的着装传统。如南宋官员范成大曾记述乾道六年（1170）出使金国，途经北宋故地所见汉族男子着装，“其制尽为胡矣”，而“惟妇人之服不甚改”[④]。宋金服饰文化并非泾渭分明，政权虽交替更易，但中原北方地区汉民族聚居地的女性服饰样态却相对稳定，较大程度地保留了自身文化传统。这种“文化惯性”在宋元之际也有所体现。元代的汉族，尤其是居住在江南的汉族，即所谓“南人”的服装与宋代基本相同[⑤]。因此，对于宋代服饰的风格研究，应打

① 易晴.中国物质文化史·绘画·墓室壁画·宋元明清[M].北京:开明出版社，2014:71.
② 宿白.白沙宋墓[M].北京:文物出版社，2002:104.
③ 沈从文.中国古代服饰研究[M].上海:上海书店出版社，2002:495.
④ 范成大.揽辔录[M]//宋代日记丛编三.上海:上海书店出版社，2013:797.
⑤ 孙机.中国古代物质文化[M].北京:中华书局，2014:112.

破朝代疆域之隔——金代中原地区汉族女装、元代江南地区汉族女装，都可作为北宋或南宋女装风尚研究的有效参考。

（一）褒博式微与雍容遗绪

北宋时期女性最流行的服装式样主要是背子与裙、衫子与裙的组合搭配，它们在女性衣装生活中的地位十分凸显。从墓葬美术资料来看，至北宋后期，背子仍作为身份地位的区隔符号，只有身份较高的女性才着裙背，而身份较低的女性则服衫裙。伶人女伎则存在裙背与衫裙兼而有之的情况。就整体造型而论，女装背子腰身和袖式均具有疏阔宽松的特点。而衫子出于生活化的实际需要，袖式则渐趋紧缩（侧重袖口），而腰身尺寸仍趋于疏阔。北宋女装形制风格发展的轨迹则是由五代时期的“宏旷漫散”逐渐向“疏阔宽适”之风渐进。

从文化承袭关系看，北宋流行的女装背子与五代时期的女性宽衫有诸多相似之处。五代承晚唐“琼妃若会宽裁剪”之风，并“竞将衣袖扑蜻蜓”的褒博之势自成格局。敦煌五代壁画中无论是尊贵的女性供养人或是地位低下的侍女仆从皆穿着大袖襦裙，其衣袖之宽博，远超前代[①]（图5-1）。正如《旧五代史》所载:“近年以来，妇女衣饰，异常宽博，倍费缣绫，有力之家不计卑贱，悉衣锦绣”[②]。五代时期一种有别于高腰襦裙服的女性长衫非常流行，为对襟式样，衣身宽松，两侧开衩，胸前系带，衣长近及地，整体风格松弛漫散。如成都前蜀国（王建）嫔妃墓所出墓主石雕坐像[③]，其服饰即属此类（图5-2）。而陕西彬县五代后周朔方节度使冯晖彩绘砖雕墓（后周显德五年，958）所出女乐伎也多着此装（图5-3）。[④]内蒙古清水河塔尔梁五代壁画墓（五代末）所绘“夫妻对坐宴饮图”[⑤]，则印证了五代后期，此类长衫的持续流行（图5-4）。这种五代后期尤盛的疏阔宽衫成为北宋时期女装背子的造型基础。后经宋人的融合变通，衍生为具有宋型文化特色的经典品类。

河南豫中地区出土的墓葬壁画，勾勒出北宋后期文化中心区域女性背子的流行样态。登封黑山沟宋墓（北宋绍圣四年，1097）墓主人刘守贵为家境殷实的乡绅，其墓葬壁画主题有备宴、伎乐、宴饮、育儿、侍寝、侍洗等，反映了墓主人

① 段文杰.中国敦煌壁画全集9（敦煌五代·宋）[M].天津:天津人民美术出版社，2006:22.
② 旧五代史卷三十一唐书七.莊宗纪第五[M].北京:中华书局，1997:428.
③ 李清泉.墓主像与唐宋墓葬风气之变-以五代十国时期的考古发现为中心[J].美术学报，2014（4）:7.
④ 杨忠敏，阎可行.陕西彬县五代冯晖墓[J].文物，1994（11）:55-56.
⑤ 内蒙古师范大学科学技术史研究院.内蒙古清水河塔尔梁五代壁画墓发掘简报[J].文物，2014（4）:27.

左：曹氏家族新妇小娘子供养像　右：维摩经变中赴会听法帝王前侍女

图5-1　敦煌五代壁画中大袖衫（第98窟、第108窟）

图片来源：段文杰主编：《中国敦煌壁画全集9（敦煌五代·宋）》，天津人民美术出版社2006年版，第23、53页。

1. 弹琵琶　2. 吹排箫　3. 打拍板　4. 击鼓　5. 击毛圆鼓　6. 奏方响

图5-3　陕西彬县五代冯晖墓彩绘砖雕女乐俑形象（五代后期）

图片来源：中国画经典丛书编辑组编：《中国人物画经典·五代卷》，文物出版社2005年版，第54页。

图5-2　前蜀国（王建）嫔妃墓墓主人石雕坐像（笔者拍摄于成都永陵博物馆展厅）

图5-4　M1墓室“夫妻对坐宴饮图”（五代后期）（内蒙古清水河塔尔梁五代壁画墓）

图片来源：内蒙古师范大学科学技术史研究院等：《内蒙古清水河塔尔梁五代壁画墓发掘简报》，《文物》，2014年第4期，第27页。

图5-5　墓室西壁“伎乐图”
[河南登封黑山沟宋墓（1097年）]

图片来源：郑州市文物考古研究所编：《郑州宋金壁画墓》，科学出版社2005年版，第97页。

图5-6　墓室东南壁彩绘（河南禹县白沙二号宋墓）

图片来源：宿白著：《白沙宋墓》文物出版社2002年版，图版八。

左：西壁“女主人坐像”全视图　右：西壁“女主人坐像”局部图

图5-7　洛阳新安县梁庄北宋壁画墓

图片来源：洛阳市文物工作队：《河南新安县梁庄北宋壁画墓》，《考古与文物》，1996年第4期，第12、13页。

的日常生活场景[①]。其中“伎乐图”所绘两位女伎，戴高冠、插步摇，身着粉红色和姜黄色对襟长背子，衣身及袖式宽松，衣长及脚踝，下褶裙微露，内衬窄袖襦及“一”字形抹胸。两人分别持笙、拍板，作演奏状。背子的领口缘边与主体衣料同色，浑然一体。女伎背子前衣襟处自胸下呈闭合状，当有勾系物存在（图5-5）。河南禹县白沙二号宋墓（北宋徽宗朝中段）墓室东南壁所绘帐下三名女子，其中左侧一富家女子梳高髻，面施胭脂，染朱唇，着红色对襟长背子，衣身和袖子均较宽适疏松，内衬红色抹胸，袖手坐于朱椅之上[②]。从着装效果观察，对襟领式为渐收之势，似有襟带或纽扣连系。此衣式风格与黑山沟宋墓女乐伎相仿（图5-6）。河南新安县梁庄北宋壁画墓[③]（图5-7）、河南济源市东石露头村宋代壁画墓（北宋绍圣四年，1097后期）[④]（图5-8）所见女性背子形象，其宽博程度近乎五代之风。

豫北地区墓葬壁画为北宋裙背装的疏阔之风增添了新的注脚。该地区与豫中地区服式风格大致相同[⑤]（图5-9），近似的服式风格在豫西南地区的河南方城县金汤寨宋墓（北宋哲宗绍圣元年，1094）所出女性石雕俑像中也有所发现[⑥]。女俑面容端庄，神态雍容，梳高髻，朱唇。外着宽袖对襟长背子，两侧开长衩，内衬短衫及抹胸，下着长裙。比豫中和豫北地区背子式样更显独特之处在于：衣身前襟

① 郑州市文物考古研究所，等.河南登封黑山沟宋墓壁画[J].文物，2001（10）:61-62.
② 宿白.白沙宋墓[M].北京:文物出版社，2002:73.
③ 洛阳市文物工作队.河南新安县梁庄北宋壁画墓[J].考古与文物，1996（4）:11.
④ 赵宏，高明.济源市东石露头村宋代壁画墓[J].中原文物，2008（2）:20-21.
⑤ 李明德，等.安阳小南海宋代壁画墓[J].中原文物，1993（2）:76.
⑥ 刘玉生.河南省方城县出土宋代石俑[J].文物，1983（8）:41.

图5-8　墓室北壁“夫妻对坐图”[济源市东石露头村宋代壁画墓（1097）]
图片来源：赵宏、高明：《济源市东石露头村宋代壁画墓》，《中原文物》，2008年第2期，彩版四。

图5-9　墓室东壁“夫妻对坐图”（河南安阳南海宋代壁画墓）
图片来源：李明德等：《安阳小南海宋代壁画墓》，《中原文物》，1993年第2期，第76页。

图5-10　河南方城金汤寨宋墓石雕女俑（1094）
图片来源：刘玉生：《河南省方城县出土宋代石俑》，《文物》，1983年第8期，图版七。

较后襟略短寸许，形成错裾式样（图5-10）。“错裾式”结构在南宋女装大袖、短襦中多有所见，而在背子中的应用此女俑当为首例。

综上，北宋后期（哲宗、徽宗、钦宗朝）裙背装使用较为普遍，但仍具有阶级区分功能。服用人群限于具有一定社会地位或家境殷实的女性墓主人及其眷属，而社会角色活跃的女乐伎阶层①也多有僭用。裙背造型趋于定式：一般内束抹胸，

① 宋代妓女在着装上的活跃度颇高，如北宋旋裙的流行始于妓女，又如北宋士大夫阶层出行外用的“凉衫”，也为妓女所率先“借用”。详见：孟元老. 东京梦华录[M]. 郑州：中州古籍出版社，2010:142.

披短衫，外罩长背子，下着长裙。就整体风格而论，自五代入宋，裙背形制，在宽度尺寸（胸宽、袖宽）上较五代略有缩减，但在长度尺寸（衣长、袖长、裙长）上则延续了五代女装褒博漫散、衣裾飘垂的风格特色。

（二）从“疏阔漫散”到“宽适利落”

衫裙组合作为大众化的常服，在北宋墓葬美术中出现得更为普遍。衫裙服用者，既有地位尊贵的墓主人，也有侍女仆从及女伎乐者。衫子的胸宽尺寸较宽，与背子趋同，但袖式相对收拢，袖口尤甚。就地域因素而言，靠近北宋都城汴梁的豫中地区衫裙在造型风格上更趋宽适利落，而陕西、山东等地则更偏疏阔宽松。

豫中河南登封黑山沟壁画墓（北宋绍圣四年，1097）有精准纪年，可作为定位北宋后期女衫时尚的参考[①]。身着短衫长裙的女性墓主人俏丽可人，衫式直领对襟，自然敞开，内束抹胸，领缘与衣色对比显著。腰身宽松，但袖口收拢。配搭女裙为细密的百褶式样，自前中心分向两侧，呈“人”字形敞开，裙内着宽腿裤，翘头弓鞋隐约可见（图5-11）。河南禹县白沙一号宋墓（北宋元符二年，1099）所绘侍宴女眷及奏乐女伎同样穿着领缘异色的窄袖短衫，敞开式褶裙具有豫中地区的流行特色（图5-12）。[②]此种式样的衫裙组合在河南登封M2号宋墓（北宋晚期早中段）备宴女侍[③]（图5-13），以及河南荥阳槐西壁画墓（绍圣元年，1094—北宋末）梳妆的仕女身上亦有所体现（图5-14），[④]表现出相近时空内服饰文化的趋同性特征。

左：西北壁“夫妻对饮图”　右：西南壁“备宴图”

图5-11　河南登封黑山沟壁画墓（1097）

图片来源：郑州市文物考古研究所编：《郑州宋金壁画墓》，科学出版社2005年版，第96、98页。

图5-12　墓室东壁“伎乐图”

（河南禹县白沙一号宋墓，1099）

图片来源：宿白著：《白沙宋墓》，文物出版社2002年版，图版四。

① 郑州市文物考古研究所，等.河南登封黑山沟宋墓壁画[J].文物，2001（10）:61.
② 宿白.白沙宋墓[M].北京:文物出版社，2002:35-36.
③ 郑州市文物考古研究所，等.河南登封唐庄宋代壁画墓发掘简报[J].文物，2012（9）:39.
④ 郑州市文物考古研究院，等.河南荥阳槐西壁画墓发掘简报[J].中原文物，2008（5）:彩版一.

图5-13　西南壁"备宴图"
（河南登封唐庄M2宋墓）
图片来源：郑州市文物考古研究所等：《河南登封唐庄宋代壁画墓发掘简报》，《文物》，2012年第9期，第39页。

图5-14　墓室东壁"梳妆图"
（河南荥阳槐西壁画墓）
图片来源：郑州市文物考古研究院等：《荥阳槐西壁画墓发掘简报》，《中原文物》，2008年第5期，彩版一。

北宋后期中段（大观年间）及后期末段（靖康年间），这种衫裙式样仍在豫中地区流行不衰，且越接近晚期，袖式腰身越趋于紧凑。河南新密平陌宋代壁画墓（北宋大观二年，1108）所绘女性墓主人着绛色对襟短衫，袖式较窄，下裙形制特征不甚明确[①]（图5-15）。而洛阳新安北宋宋四郎墓（北宋靖康元年,1126）所绘侍女身着浅粉色短衫，袖式窄小，浅色敞开式罩裙撇向两侧，内着深色阔腿裤，翘头弓履微露。女性墓主人为桌子所遮挡，对襟绛色上衣袖口较宽，所穿似为等级较高的背子[②]（图5-16）。豫北地区表现出比豫中地区稍显宽疏的着装风尚，河南安阳新安庄西地宋墓（大观三年，1109）所出砖雕托盘侍女像，穿直领宽身窄袖短衫，前开式褶皱裙随劳作行进而富于动感[③]（图5-17）。此外，河南北部地区河北井陉县柿庄六号墓（北宋后期政和后）墓室东壁"捣练图"所绘女侍衫裙式样与豫中、豫北地区趋同[④]（图5-18）。

与河南相比，陕西、山东、甘肃等地所提供的墓葬壁画资料虽较少，但依托

① 郑州文物考古研究所，等.河南新密市平陌宋代壁画墓[J].文物，1998（12）.27.
② 北京大学考古文博学院.新安县石寺李村北宋宋四郎砖雕壁画墓测绘简报[J].故宫博物院院刊，2016（1）:78.
③ 中国社会科学院考古研究所安阳工作队.河南安阳新安庄西地宋墓发掘简报[J].考古，1994（10）:911-912.
④ 河北省文化局文物工作队.河北井陉县柿庄宋墓发掘报告[J].考古学报，1962（2）:36.

图5-15　墓室西壁“家居图”
（河南新密平陌宋代壁画墓，1108）
图片来源：郑州市文物考古研究所等：《河南新密市平陌宋代壁画墓》，《文物》，1998年第12期，彩图版。

图5-16　墓室东北壁“备宴图”
（洛阳新安北宋宋四郎墓，1126）
图片来源：北京大学考古文博学院等：《新安县石寺李村北宋宋四郎砖雕壁画墓测绘简报》，《故宫博物院院刊》，2016年第1期，第78页。

图5-17　M44墓室西南壁砖雕“托盘侍女像”（河南安阳新安庄西地宋墓，1109）
图片来源：中国社会科学院考古研究所安阳工作队：《河南安阳新安庄西地宋墓发掘简报》，《考古》，1994年第10期，第913页。

图5-18　墓室东壁“捣练图”（河北井陉县柿庄六号墓）
图片来源：河北省文化局文物工作队：《河北井陉县柿庄宋墓发掘报告》，《考古学报》，1962年第2期，第36页。

提取的有效信息，可作出判断：这些距离北宋文化中心较远的地域，虽流行衫裙的组合，为宽衫小袖，但在衣长比例上与中原地区有所差别。豫中地区衫与裙的长度比例接近1:1，而山东临淄北宋墓（北宋哲宗后期）所绘“备宴图”中的执物女侍①（图5-19）、陕西韩城盘乐村宋墓（北宋晚期）所绘演奏女乐伎②（图5-20），皆呈现衫长裙短之式，衣式风格较为漫散，给人以上重下轻之感。甘肃天水王家新窑宋代雕砖墓（北宋大观四年，1110）所出持注壶侍女、擎盒侍女、击拍板女乐伎形象则与前两例恰好相反，其衫式较为褊狭紧凑，短小精悍，与前开式外裙及阔腿裤搭配，利落不失洒脱，这应是北宋后期甘肃地区的流行式样（图5-21）③。北宋南部地区江西进贤县北宋吴助墓（北宋政和七年，1117）所出梳双髻女侍俑，着对襟窄袖小衫，衣身更趋适体，对开式褶裙纤纤垂地，整体造型较之同时段中原北方地区更显柔和俏丽（图5-22），④体现出南北文化的差异性特点。

图5-19　墓后室第三组壁画“备宴图”（山东淄博市临淄北宋墓）

图片来源：许淑珍：《山东淄博市临淄宋金壁画墓》，《华夏考古》，2003年第1期，第25页。

图5-20　M218墓室西壁“杂剧演出图”（陕西韩城盘乐村宋墓）

图片来源：康保成等：《陕西韩城宋墓壁画考释》，《文艺研究》，2009年第11期，彩图版。

北宋所出女衫实物标本印证了墓葬美术中所现衫式风格的历史真实性。安徽南陵铁拐宋墓（下限政和三年，1113）为北宋朝廷命妇“安康郡太君”之墓⑤，所出女衫代表了北宋后期的典型特色：对襟、宽身、阔袖，但袖口紧缩，唯衣长相对较短（图5-23）。同墓出土的随葬女俑，亦表现出相似的着装特色（图5-24）。贵为朝廷命妇的女性墓主人与仆从女伎的服式风格趋同，可见在北宋晚期女装形

① 许淑珍.山东淄博市临淄宋金壁画墓[J].华夏考古，2003（1）:24.
② 康保成，等.陕西韩城宋墓壁画考释[J].文艺研究，2009（11）:87.
③ 甘肃省文物考古研究所.甘肃天水市王家新窑宋代砖雕墓[J].考古，2002（11）:45–46.
④ 彭适凡.江西发现几座北宋纪年墓[J].文物，1980（5）:32.
⑤ 安徽省文物考古研究所，等.安徽南陵铁拐宋墓发掘简报[J].文物，2016（12）:41.

制语言的阶级区分功能已呈式微之势。

以上所呈现的是北宋后期（哲宗、徽宗、钦宗）时段，以豫中为中心兼顾周

左：持壶侍女（南壁）中：擎盒侍女（南壁）右：击拍板女乐伎（北壁）

图5-21　甘肃天水王家新窑宋代雕砖墓（1110）

图片来源：甘肃省文物考古研究所：《甘肃天水市王家新窑宋代砖雕墓》，《考古》，2002年第11期，第45、46页。

图5-22　梳双髻女侍俑[江西进贤县北宋吴助墓（1117）]

图片来源：彭适凡、唐昌朴：《江西发现几座北宋纪年墓》，《文物》，1980年第5期，第32页。

图5-23　窄袖短衫（M：174）[安徽南陵铁拐宋墓（下限1113）]

图片来源：安徽省文物考古研究所等：《安徽南陵铁拐宋墓发掘简报》，《文物》，2016年第12期，第47页。

左：女奉食俑　右：女伎乐俑

图5-24　安徽南陵铁拐宋墓女伎乐俑

图片来源：安徽省文物考古研究所等：《安徽南陵铁拐宋墓发掘简报》，《文物》，2016年第12期，第41页。

边地区的女性衫裙组合的流行样态。北宋前、中期中原北方地区的壁画墓葬极少，可供依托的形象资源十分有限，北宋南方墓葬偶有所出的有明确纪年的俑像或壁画形象可作为北宋服饰风尚变迁的延续性参考。北宋至和二年（1055）江阴“瑞昌县君”孙四娘子墓，属于北宋中期仁宗朝时段上层妇女墓葬（朝廷八品命妇），所出供桌及靠椅的足部末端钉有装饰用侍女俑像，皆着宽袖对襟短衫，内衬胸抹，长裙垂地，其袖式风格与北宋后期袖口紧缩的样态明显不同，更接近五代时期的宽博气象（图5-25）。[①]侍女阶层如此，女性墓主人更应宽博有余。另一座为北宋嘉祐五年（1060）江苏淮安市杨庙镇杨氏墓地一号墓，同属仁宗朝时段，墓室西壁所出“奉侍图”，无论是执镜还是抄手侍立的女侍面容圆润饱满，梳髻插梳，皆着直领对襟短衫，袖口宽畅，长裙曳地，仍显疏阔涣漫之气（图5-26）。

图5-25　供奉桌及椅足部所附女侍俑［江阴北宋“瑞昌县君”孙四娘子墓（1055）］

图片来源：苏州博物馆等：《江阴北宋“瑞昌县君”孙四娘子墓》，《文物》，1982年第12期，图版一。

图5-26　墓室西壁“奉侍图”［江苏淮安市杨庙镇杨氏墓地一号墓（1060）］

图片来源：徐光冀主编：《中国出土壁画全集10（北京等）》科学出版社2012年版，第67、69页。

以上两座墓葬反映了北宋中期中段（仁宗朝）东南部地区的女性衫裙文化，或许也可以作为同时段中原北方地区服饰风貌的参考材料。这一时期的衫裙造型仍踯躅于五代疏阔漫散的遗绪之中——宽袖舒垂（长度与阔度），但至北宋后期早段（哲宗朝）元祐年间已呈现出风格化的转变——窄袖致用，袖口呈急剧收拢之势。这种袖口由阔及狭的转变当发生于北宋中期后段的英宗、神宗朝。北宋服饰

① 苏州博物馆，等.江阴北宋“瑞昌县君”孙四娘子墓[J].文物，1982（12）:32，34.

审美风尚嬗变之即，亦正是宋代绘画风格的转型之时，“熙宁、元丰年间是宋代绘画美学的重要时期，这是改变五代，形成宋风的重要时期”①，衣装与绘画异形同构，二者皆在北宋中期（后段）发生风格的嬗变，标志着经历了五代文化的胶着与浸染，具有独立人文精神的宋型文化的生成与确立。

二、南宋前期（1127—1162）：“峭窄化”新变

靖康之难，北宋灭亡。建炎南渡，赵宋宗室于临安再建南宋政权。这种无可遏制的巨大社会动荡在宋人处世心态及审美精神领域投射下诸多影响。战争的离乱、现实的际遇、生存的选择成为影响宋人服饰风尚演变发展的重要因素。正如第二次世界大战推动了欧洲女装的现代化进程②，宋金历史语境下的民族战乱也改变和重塑着宋人衣装生活的实然面貌。

女装领域自北宋中期逐渐摆脱了五代服饰的宏旷漫散之气，逐渐向生活化、实用化的适体风格演进。北宋女装风尚的中期转变在很大程度上是宋人审美精神主动选择的结果，且存续于舒缓渐变的着装实践中。而南宋女装面貌则是在两宋之际，世风突变之时③，宋人对现实生存境遇的重新调适。“便身利事”的实用原则成为宋人着装的主导。《宋史》记载，自南渡以来方便利落的戎服紫衫已风靡南宋士大夫阶层，遂成生活便服。绍兴九年，虽“昭公卿、长吏服用冠带，然讫不行”④，战事环境触发了宋人着装观念的改变。南宋之初，百废待兴时强调的“务从省约”的节俭意识亦影响着南宋社会衣装面貌的重塑。⑤

南宋前期（高宗朝，1127—1162）女装形制风格之变，则是继北宋后期的“宽适型”向南宋“峭窄型”新风转型过渡。具体而言，兴于北宋的女性裙背装，至南宋，其胸宽和袖宽尺寸再度缩减，趋于修身。固定的衫裙组合被打破，变奏出时髦的衫裤时尚。而衫子较北宋更趋合身，在胸宽与袖式上皆有缩减。

（一）“纤柔秀雅”之风劲起

南宋初期，北宋即已流行的裙背装仍居于上层女性日常生活的中心，虽下层有所渗入，但就整体而言，仍具有“辨等差”的身份区隔意义。两宋之交衣装风尚虽有所异变，但裙背装标识社会身份的符号价值仍发挥着一定的效力，与南宋

① 吴功正.宋代美学史[M].南京：江苏教育出版社，2007:460.
② 李当岐.西洋服装史[M].北京：高等教育出版社，1995:171，182.
③ 刘复生.宋代衣服变古及其时代特征——兼论服妖现象的时代意义[J].中国史研究，1998（2）:90.
④ 宋史卷一百五十三.志第一百六.舆服五[M].北京：中华书局，1997:3578.
⑤ 宋史卷一百四十九.志第一百二.舆服一[M].北京：中华书局，1997:3478.

中期的“服饰无章、上下混淆”的文化景象仍有所差异①。

对南宋前期女装风尚的考察可借助具有政治意味的南宋院体人物画加以展开。宋代利用画像来彰显国家形象，鼓吹太平盛世的做法兴于徽宗皇帝②。此类画本是在官方意志支配下，以艺术手段进行政治宣传的有效载体。“运用图像意义支撑皇权的合法性”，③在高宗朝得以发扬光大。高宗亲自参与画院之事，而画师们的创作活动也主要围绕宫廷的需要展开④。从南宋高宗始，在保持北宋画院人物画传统题材如帝后、功臣肖像及规鉴图等之外，将描绘的重点转移到历史故事画上来。通过画院人物画的“帝国映射”功能，以积极、显性的手法，关注帝位的合法性、政权的稳定性、君臣一体等问题。此类人物画的功能与南宋的政治局势联系紧密，其政治意义与功能完全溢出了绘画的本体审美功用⑤。南宋《瑞应图》则出于此种政治目的而作，其流传版本较多。颇具代表性的为十二段本，藏于上海龙美术馆，著录于《石渠宝笈续编》，有十二段画面、曹勋“序”⑥、“赞”，董其昌、乾隆等的诗跋都记录完整，是目前保存最为完整的一个版本。另一本为三段本，天津博物馆藏，每段前均有楷书赞引，分别对应着第七段“黄罗掷将”、第九段“射中台匾”和第十二段“脱袍见梦”。此外明代仇英绘《临萧照瑞应图》，所临为项子京所藏的六段本。《瑞应图》的制作采用南宋典型的“左图右史”的模式，一段赞文配一段图像。先由功臣曹勋作赞，后由宫廷画师配上相应的图像。由曹勋的赞文可知，《瑞应图》是高宗退位做了太上皇之后而作⑦。用如此写实的、前后时间有序的故事情节来展现高宗皇帝瑞应的故事，突出宋高宗天昭的“中兴之主”地位⑧。高宗退居

① 朱子语类卷第九十一.礼八[M].北京:中华书局，1986:2330.

② 邵晓峰.中华图像文化史:宋卷下[M].北京:中国摄影出版社，2016:461.

③ 柯格律.牛津艺术史:中国艺术[M].刘颖，译.上海:上海人民出版社，2013:56.

④ 徐吉军.南宋全史（八）:思想、文化、科学和社会生活卷下[M].上海:上海古籍出版社，2016:3.

⑤ 冯鸣阳.“帝国隐射”与“崇儒教化”:南宋画院人物画政治功能的两种类型[J].民族艺术，2015（4）:150.

⑥ 曹勋（1098—1174），字公显，南宋大臣，北宋末词人曹组之子。宣和五年，以荫补承信郎。靖康元年，与徽宗被金人押解北上，后从燕山逃归。建炎元年，至南京，上书高宗北上解救徽宗，不听被黜。绍兴十一年，宋金合议成，出使金国，劝金人归还徽宗灵柩。后又两次使金，孝宗朝拜为太尉。著有《松隐文集》、《北狩见闻录》等。

⑦ 学者王瑀对此持不同看法，其对由高宗发起并授权曹勋主持的这项政府宣传工作的可能性提出质疑，认为《中兴瑞应图》的制作“很可能是曹勋的个人行为”，“可能是曹勋为了传家昭示子孙而制作的”画本。详见：王瑀.〈中兴瑞应图〉创作情境的考察[J].美术研究，2013（2）:70.但笔者认为，《中兴瑞应图》的制作无论是官方规约还是个人自发，即便来自后者，其画面所反应的帝后衣装面貌亦不会有太大改变。因曹勋卒于孝宗朝中期，他生命中的77年中北宋徽宗朝占29年，南宋高宗朝占36年，而孝宗朝仅占12年。曹勋谋略此画作的时代当在高宗朝时段（若逢新主当政，曹勋反作为前朝旧主扬名立威的画本，恐不合时宜），而所反映的社会衣装风尚自无法逃脱时代的印痕，具有揭示现实的意义。另，笔者认为学者王瑀提出的“私人制造”的可能性不大，一般用于“传世昭示子孙”的，多出于长者对后辈道德教化之功用，具有“崇儒教化”内涵的画本题材更符合实际需要，而诸如瑞应事件此类政治色彩如此强烈的题材，属于“帝国映射”的范畴，似乎更多出于统治者稳固政权之需，而儒学教化的意义并不明显。若曹勋以“瑞应”题材传世后人，似不大符合常情。再者，若仅凭曹勋一己之力规训子孙的画作其影响力也不会产生如此多的传世版本。

⑧ 冯鸣阳.“帝国隐射”与“崇儒教化”:南宋画院人物画政治功能的两种类型[J].民族艺术，2015（4）:151.

太上皇的时间为绍兴三十二年（1162），在此时段授命绘制《瑞应图》，可以推测，画面所呈现的人物形象当符合南宋前期绍兴年间的时代特色，应反映一定的社会现实。尤其是当涉及帝后形象时，宫廷画师会更加谨慎，应以宫廷画院审美标准“追求细节的真实”为宗旨[①]，所绘服饰不可随意杜撰。由此，以南宋时期的院体人物画为媒介，对其中女性着装形象予以分析借鉴，当具有一定的历史真实性。

天津博物馆藏三段本《中兴瑞应图》，为了解南宋前期后妃阶层的衣装风尚提供了一扇窗口。此画无款，传为南宋画院待诏萧照之作。画卷由三段故事组成，分别为“黄罗掷将”“射中台匾”“脱袍见梦”。据清人厉鹗编辑的《南宋院画录》记载，南宋画院待诏萧照曾绘制《瑞应图》数卷，有十二段、六段等版本。天津博物馆所藏此三段卷的画面及引赞内容均与《南宋院画录》所载一致，该画作极有可能即为萧照受命所作[②]。画卷中“黄罗掷将”一段，深宫内庭，树木茂盛，建筑规整，氛围素雅。台榭中设有棋盘，前方一身着窄袖适体长背子的女性正用棋子做占卜状，据画面题赞可知此人为赵构母亲显仁皇后。显仁皇后气质清瘦，所着红背子使人物形象更为醒目。背子为直领对襟，衣式修长，领、袖、下摆及侧缝长开衩处以深色镶边，长裙及地，素雅婉约。宫嫔随从均着修身衫裙，衫长至膝上，裙子未见细密褶皱，似为利落的旋裙。一侍女亦着短衫，围腰巾。无论后妃还是女侍，人物形象皆瘦腰如袅，盈盈可掬。其情态恰似南宋女词人朱淑真（1135—1180）《菩萨蛮》所咏：“人怜花似旧，花不知人瘦。”画中独显仁皇后一人着裙背，与宫嫔衣装（衫裙）加以区隔，显然绘者创作观念中有以服装形制、色彩凸显上下秩序、尊卑等级之意。但无论是背子还是衫子，都通过细腻的笔触营造出与北宋时期的“疏阔宽适”迥异不同的审美趣味（图5-27）。

（二）衫裤组合的变奏

较之长及脚踝、略显雍容的背子，短衫因更趋利落而甚为流行。其腰身愈窄、袖式愈小，整体风格向修身化发展。下装发生本质性变革，南宋前期后妃阶层中，出现了北宋时期鲜见的着装范式——着裤于外的现象，直接将洒脱的裆裤外穿示人。安妮·霍兰德对肇始于20世纪的欧洲女裤评价道：“裤子揭示了女性身体下半部和上半部之间有一种必然和永恒的联系，这种揭示是本世纪女式服装变革最

① 李泽厚.美学三书[M].合肥：安徽文艺出版社，1999:173.

② 本资料来源于天津博物馆官网：“耀世珍宝——馆藏文物精品”[EB/OL].http://www.360doc.com/content/14/0529/13/10983756_381985751.shtml.

图5-27　南宋《中兴瑞应图》“黄罗掷将”卷局部（无款），绢本设色，纵26.7cm，横397.3cm，天津博物馆藏

图片来源：天津博物馆官方网站，《精品典藏》，http://www.tjbwg.com/Product_2545.html

重要的一部分。”[①] 与欧洲在膨大的裙撑笼罩下于近代才迟缓绽现的女裤相比，宋代女裤则乘时代先机，在12世纪前半叶即完成了具有女装“变革”意义的跨越式转变。刘复生认为，“在服饰‘变古’中，（宋代）妇女往往比男子表现得更为大胆，更具特色，以其对衣饰的特殊敏感而常常‘得风气之先’”。[②] 南宋社会出现的女裤“外衣化”现象，就某种程度而言，无疑具有历史的超越性。

后妃身着衫裤的形象在十二段本《中兴瑞应图》（传南宋萧照绘）中可以探见。该画作从嘉靖、乾隆到宣统皇帝，前后盖有24方玺印，极具史学价值。《中兴瑞应图》由十二幅与高宗皇帝相关的瑞应故事构成，除了“黄罗掷将”之外还有“诞育金光”、“显仁梦神”、“骑射举囊”、“金营出使”等。画中建筑、人物衣冠、器具与宋代制式相和，其树石画法、人物线描在细缜绵丽之中蕴含一种遒炼静穆之致[③]。有趣之处在于，此十二段本的“黄罗掷将”题材下，显仁皇后的衣装置换成衫裤组合，而非三段本中更高等级的裙背装。画中显仁皇后头戴冠子，上着柔和的蓝色长衫，裆裤为喇叭式，裤管独立，双侧开衩亦细微可辨。身后的一名侍从亦着窄衫裆裤，恭敬伫立（图5-28）。显仁皇后与宫嫔均着衫裤，并无分别，似

① 霍兰德.性别与服饰－现代服装的演变[M].魏如明，等，译.北京：东方出版社，2000:164.
② 刘复生.宋代“衣服变古”及其时代特征——兼论“服妖”现象的社会意义[J].中国史研究，1998（2）:87.
③ “南宋画家萧照的山水、人物作品赏析”[EB/OL].http://blog.sina.com.cn/s/blog_be5c04180102vt8q.html.

可体味到在南宋前期战事动荡的社会环境下日常着装的简便与随意。[①]服装的实用性与机能性受到关注，利落的窄衫与便捷的裆裤成为日常的首选。如同欧洲女裤的流行归因于第一次世界大战的推动，南宋前期后妃阶层出现的裆裤“新样”当与战争因素不无关联。

图5-28　“黄罗掷将”卷局部（上海龙美术馆藏），南宋萧照《中兴瑞应图》十二段本
图片来源：上海龙美术馆编：《敏行与迪哲：宋元书画私藏集萃》，上海书画出版社2016年版，第146、147页。

后妃穿着“衫裤”的形象在同幅画作的“金营出使”卷得到更为清晰的展现（图5-29）。为爱子赵构送行的显仁皇后在众嫔妃、女侍的簇拥下惆然伫立，依依惜别之情跃然纸上。皇后所服仍为修身的衫裤组合。衫式直领对襟，窄身小袖，浅绿衫色配以黄色领缘，衬以浅淡抹胸，和谐而雅致。下着浅色裆裤，裤管双侧活褶结构虽不明显，但开衩特征清晰可见。显仁皇后雅致的素白裆裤似与南宋中期乾道年间进御中宫成恭皇后的“白纱裆裤”神貌相合[②]。与显仁皇后同排的三位戴冠女子皆着同式衫裤，身形矮小梳双丫髻的女侍服式相同，并缀利事的腰巾。显仁皇后身后梳高紒的三位侍从虽同样着衫，但下身却穿着细密的百褶长裙，而非裤。国家意志规约下的政治画本中出现了“尊”者着“裤”、“卑”者着“裙”的服饰逆行现象，颇具文化深意。在传统社会中，裙的服用等级远高于裤。南宋

① 靖康之难，衣冠南渡，在南宋初立国的十余年间，一直处于抗金的战事动荡中，国家礼制散漫，礼器荒疏。据《建炎以来朝野杂记》记载，直至“绍兴和议”（绍兴十二年1142）后，国家礼制才得以恢复，国之重器增添完备。如绍兴十二年始为车舆五辂，绍兴十六年始备八宝、景钟等。

② 陶宗仪.说郛：卷四[M].涵芬楼影印版.北京：中国书店，1986:28.

图5-29 “金营出使”卷局部（上海龙美术馆藏）南宋萧照《中兴瑞应图》十二段本

图片来源：上海龙美术馆编：《敏行与迪哲：宋元书画私藏集萃》，上海书画出版社2016年版，第145页。

后期妓女社交活动的三种装束仍以衫裤为下，裙背居中，大袖长裙为上[①]。可见在宋人心中，裆裤虽为时髦的装束，但在正式场合还是以着裙为要。试想，身为朝廷命官的宫廷画师未必不知晓服装形制语言的等级意义，而此画作以尊者着裤，或可说明裆裤诞生之初作为新兴事物所具有的“物以稀为贵”的特质，而“尊”者着“裤”，恰好证明了宫廷在“时尚制造”这一文化机制中所具有的领跑地位。在画面的20人中，可以清晰辨明下装式样的有12人，其中包括显仁皇后在内着裆裤的有9人，占比75%。而这9人中尊者如皇后及贴身女眷（皆着冠），卑者有梳双丫髻的使女及执巾与凉扇的女侍，等级跨越悬殊。画面中着褶裙者3人（其余被遮挡），居于皇后身后，皆梳高翘的假紒，等级地位居中，有的捧盒，有的袖手静立。从所绘发饰——冠子、假紒与双丫髻，可以清晰地将这般女众划分为三个等级。《宋史·舆服志》载：“淳熙中（南宋中期），朱熹又定祭祀、冠婚之服，特颁行之……女子在室者则冠子、背子。众妾则假紒，背子”[②]，可见假紒的地位低于冠子。双丫髻更是下等丫鬟的标准式样，且其身材所绘皆较矮小，可见其等级之微。发式言说着现实人物的等级序列，但衣着却呈混淆之态，颠覆了传统服装形制的等级定律。皇后与女婢多数服裤、中等女侍间或着裙的事实或可说明两点：一是传统社会中以服装形制标志身份等级的政治职能于南宋社会正被消解；二是裆裤作为南宋前期社会新兴事物备受青睐，甚至超越了经典褶裙的使用频度。服装作为“变化与传统之间较量

① 耐得翁.都城纪胜，“酒肆”条[M]//全宋笔记：第八编：五.郑州：大象出版社，2017:9.

② 宋史卷一百五十三.志第一百六.舆服五[M].北京：中华书局，1997:3577-3578.

图5-30　（明）仇英摹《中兴瑞应图》“占卜”段局部绢本设色，纵33cm，横723cm，故宫博物院藏
图片来源：https://www.douban.com/note/368434925/宗雅文化2014.7.9

所必不可少的战场”[①]，由南宋前期特殊的社会环境所引发的女装“变古”行为尤为明显，裆裤的产生便是其中显例。

《中兴瑞应图》亦为明代画家仇英（约1498—1552）所摹，为绢本设色，现存四段，藏于北京故宫博物院。这幅绘有四段独立画面的长卷据信是仇英临摹自项元汴（1525—1590）所藏的一件名为《中兴祯应图》的作品[②]，其后拖尾处有董其昌跋，所言仇英摹本与宋代真本“无不肖似”。仇英摹本的四段画面分别与“十二段本”的第十段、第十二段、第十三段和第七段画面构图相似，足见两件作品确实具有相同的图像模式来源[③]。仇英摹本中恰有“黄罗掷将”占卜一段，其设色更趋妍丽，从所绘场景、人物布局来看与十二段本十分接近[④]，画面中人物气质纤柔俏丽，较好地再现了原作的精神气韵（图5-30）。但其中一个值得关注的细节是，仇英将原作中显仁皇后的“衫裤装”置换为“裙背装”，而嫔妃侍女服饰仍保持原有的衫裤组合不变。仇英所绘裙背式样与天津博物馆所藏三段式无款画作相同（笔者推测仇英当见过这两个版本）。仇英为何单单要将十二段本中显仁皇后的衣装加以置换呢？或是从审美出发对于主体人物的强调，或是囿于明代愈加森严的服饰等级制度的影响[⑤]，受程朱理学思想浸润的明人已无法认同宋人十二段本中呈现的后妃服饰混淆的“乱象”，故而参效三段本加以改正。由此不难看出，南宋社会前期即已显露出服饰等级观念的涣散，其对后期社会风气的形成亦产生重要影响。

无论是宋人的据世眷画，还是后人的精心描摹，传世院体画本作为形象示意

① 罗什.平常事情的历史[M].吴鼎，译.北京：百花文艺出版社，2005:249.
② 关于《中兴瑞应图》的命名，历史上较为混乱，明代曾因避太祖字讳而将“瑞”改为“祯”，称《中兴祯应图》或《祯应图》。
③ 王瑀.中兴瑞应图研究[D].北京：中央美术学院，2012:2-4.
④ 仇英所摹古本，其“占卜”卷，图中所绘场景布局及人物位置关系与十二段本十分接近，其中坐具同为三个，桌子与高脚案几的位置相同。显仁皇后身后同为7人。而天津博物馆所藏三段本中，坐具仅为一个，高脚案几位置偏前。显仁皇后身后的随从多至8人。显然，仇英摹本为十二段本，但其却将三段本中显仁皇后的服饰置换过来，此举颇耐人寻味。
⑤ 王熹.明代服饰研究[M].北京：中国书店，2013:475.

的有效载体，为把握南宋初期女性服饰的文化样态提供了直观的图像证据。此外，南宋词所呈现的关乎女性风尚的描述，又从文本书写的视角对时世女装的审美特色予以了精妙诠释。南宋人朱敦儒（1081—1159）曾作《南乡子》，“宫样细腰身。玉带罗衫稳试新”，不难看出，以“细”为尚的衣身，始自宫掖闺阁，遂成引领潮流的“宫样”。《南乡子》的文学描述与《中兴瑞应图》中的视觉呈现似有图文互证之妙。活跃的女伎阶层也呈现出以窄为美的衣式风尚。王之道（1093—1169）《菩萨蛮》有“藕丝衫剪轻红窄”，曹勋（1098—1174）《武陵春》有“峭窄春衫试嫩寒”，这些生逢两宋之际的文人雅士以细腻婉约的笔触勾勒出优伶女伎婀娜俏丽的身姿。“窄”“峭”可谓衣装式样的生动注脚。

南宋前期始自宫掖的“峭窄化”着装趣味，对社会普通士庶阶层亦产生影响。四川泸州市江阳区塘湾绍兴十九年（1149）石室纪年墓所出石雕女侍，其右手执清凉伞、左臂挽帨巾，身着对襟窄衫，衣身与袖式比之北宋同类阶层女性尺寸明显减缩，敞开式褶裙裙幅容量亦有所削减（图5-31）。成都龙泉驿区发现的北宋画家高克明家族墓地所出纪年为1149年的女陶俑亦着对襟窄身短衫，下着前开式长裙，式样与泸州石雕女侍相仿[①]。成都北宋宋京夫妇墓中宋京之妻“太令人”蒲氏M1号墓（绍兴二十一年，1151）出土有女性侍俑，内着抹胸，外衬窄身小袖对襟短衫，亦着前开式长裙，袖手侍立，衣袖呈掩手之势，主体风格娟秀清丽（图5-32）。[②]可见，南宋前期，峭窄的女衫风尚已从帝都临安波及西蜀，上自宫廷后妃、士大夫女眷，下及士庶仆从，蔚然成风。以上三座墓葬皆属蜀地，均未见与衫搭配的裆裤形象，似乎南宋早期裆裤的流行尚未传播至此。而至南宋中期，蜀地石室墓中才大量涌现身着裆裤的女性形象。可见最初盛行于都城临安的时尚裆裤在相去甚远的蜀地得以流行尚需一个传播过程。无论裆裤早期在蜀地是否流行，南宋女性着装审美趣味的主调已由“雄浑辽阔”向“秀丽工致”转变[③]，而这种新的美学格调在南宋中期承平日久的社会语境中得以承传与深化。

三、南宋中期（1163—1224）：承传与深化

南宋中期历经孝宗、光宗、宁宗三朝，历时62年。这段时间内南宋国运太平，虽与金国偶有摩擦，但经过双方和议［隆兴和议（1164）和嘉定和议（1208）］，

① 2018年1月作者对成都高克明家族墓出土的部分文物进行了实地考察，其中包括这件纪年为1149年的女陶俑。
② 成都市文物考古研究所.四川成都北宋宋京夫妇墓[J].文物，2006（12）:57.
③ 李泽厚.美的历程[M].合肥:安徽文艺出版社，1999:176.

图5-31　两宋女侍衫裙狭阔效果比较（公元1109和公元1149）

左：M44墓室西南壁砖雕“托盘侍女像”（河南安阳新安庄西地宋墓）

图片来源：中国社会科学院考古研究所安阳工作队：《河南安阳新安庄西地宋墓发掘简报》，《考古》，1994年第10期，第913页。

右：执清凉伞女侍（四川泸州市江阳区塘湾石室纪年墓）

图片来源：作者拍摄于泸州市博物馆展厅

图5-32　女侍立俑（M2:10）成都北宋宋京夫妇墓M1号墓（1151）

图片来源：成都市文物考古研究所：《四川成都北宋宋京夫妇墓》，《文物》2006年第12期，第57页。

即在短时间内平息了战事。南宋遗民周密在《武林旧事》中追忆了南宋中期时的盛世图景，“乾道、淳熙间，三朝授受，两宫奉亲，古昔所无。一时声名文物之盛，号‘小元祐’[①]。……朝歌暮嘻，酣玩岁月”，[②]“一时守文继体之政，烨然可观”。[③]承平时代的南宋社会女装风尚又将会呈现何种样貌呢？

（一）纤长裙背、裤背同步流行

南宋中期，修长的背子仍为女装流行的主导。其长度依旧及脚踝，但也不乏减缩之例。背子的阶级性已被彻底打破，广泛通行于民间。《武林旧事》载孝宗朝时，值庆圣节，酒过三盏，帝、后遂置便装，皇后换“团冠背儿”[④]。又载孝宗朝皇家祭祀盛典（四孟），诏告百姓“不许登高及袒裼”，需“男子并令衫带，女子裙背”。[⑤]可见，南宋中期早段，在繁华的都城临安，裙背已通行于后妃命妇及庶民阶层。二者区别在于裙背为上层女性的常服，而在民间则被视为正装。《淳熙三山志》记录了福州地区背子使用之泛滥，“三十年来渐失等威，近岁尤甚。农贩细民

① 元祐为北宋哲宗赵煦的年号（1086—1094），被认为是北宋比较强盛的时期，故有此比。
② 周密.武林旧事[M].李小龙，赵锐，评注.北京:中华书局，2007:1.
③ 宋史卷四十本纪第四十.宁宗四[M].北京:中华书局，1997:781.
④ 周密.武林旧事卷七:乾淳奉亲[M].李小龙，赵锐，评注.北京:中华书局，2007:200.
⑤ 周密.武林旧事卷一:四孟驾出[M].李小龙，赵锐，评注.北京:中华书局，2007:8.

至用道服、背子、紫衫者，其妇女至用背子、霞帔”。[①]这部由南宋宰相梁克家主持编纂的福州地方志，以成书年代淳熙九年（1182）推算，据此上溯三十年，约至南宋前期（高宗朝）后段，大略可知从高宗朝后期始，背子在福州庶民阶层渐已流行。福州在南宋时期隶属福建路，与都城临安同属经济、文化发达的东南地区[②]。福州女子的着装风尚向临安看齐，自在情理之中。王安石曾对京师的文化向心力给予精辟阐释，“是以京师者风俗之枢纽也，四方之所面内而依仿也……至于发一端、作一事，衣冠车马之奇，器物服玩之具，旦更奇制，夕染诸夏”[③]，此说虽指北宋汴京而言，但对南宋都城临安亦可等量齐观，正如南宋耐得翁所言：“中兴行都，东南之盛焉，今日四方之标准。”[④]

峭窄化的裙背在南宋东南部中心城市的流行之盛甚至对边远地区也产生了不同程度的辐射及影响。从陕西洋县南宋彭杲夫妇墓（南宋绍熙三年，1193）所出砖雕伎乐形象可以看到狭峭风格的背子之流行。彭杲为南宋高级将领，夫人受封命妇“宜人”，该墓出土有大量砖雕及三彩俑像，其服饰形象当为南宋中期女装样态的参考。墓中所出乐伎砖雕，生动传神，身姿婀娜的女伎头挽高髻，着红色背子，侧立，手执各式乐器演奏[⑤]。女乐伎所着背子与南宋前期显仁皇后所服式样甚为相似：腰身紧束、袖管窄小、衣裾纤长、长衩侧开，内搭抹胸与长裙（图5-33）。众般女伎皆着背子，可见其普及程度之广。峭窄的长背子亦通行于贵家侍女阶层，同墓出土的人物三彩俑提供了这一证据。女侍发式不一，背子腰身与袖式极窄，低露抹胸，下着长裙。头微低，双手拢于身前，立于方形踏板之上[⑥]。四名女侍中一人戴冠，背子长及脚踝，另外三人束发无饰，所着背子长及小腿中部，更显利落（图5-34）。陕西洋县隶属南宋利州东路，是距临安较远的文化相对落后的西部地区，[⑦]在南宋中期的同一时段内，于此地却能感受到熟悉的临安风尚，时尚影响力恰如王安石所言“旦更奇制，夕染诸夏”也。

同属南宋利州路、原四川广元县的杜光世夫妇合葬墓（南宋庆元元年，1195）所出石雕图像亦显示出与南宋中期后段相同形制风格的背子同样在财力殷实的乡村富户阶层盛行的事实。墓葬西室后壁所出“念佛图”，帐中女性墓主人着窄袖开

① 梁克家.淳熙三山志卷四十：岁时·序拜[M]//宋元方志丛刊本：第8册.北京：中华书局，1990:8247.
② 程民生.宋代地域文化史[M].合肥：安徽文艺出版社，2017:85.
③ 王安石.王文公文集第三十二卷：杂著·风俗[M].上海：上海人民出版社，1974:380.
④ 耐得翁.都城纪胜[M]//全宋笔记：第八编：五.郑州：大象出版社，2017:5.
⑤ 李烨，周忠庆.陕西洋县南宋彭杲夫妇墓[J].文物，2007（8）:67-68.
⑥ 李烨，周忠庆.陕西洋县南宋彭杲夫妇墓[J].文物，2007（8）:63.
⑦ 程民生.宋代地域文化史[M].合肥：安徽文艺出版社，2017:89.

衩长背子，端坐椅上，手执佛珠呈念经祈祷状，两侧侍女着衫裙侧立（图5-35）。[①]另一座四川广元县罗家桥墓葬所出石壁浮雕“大曲图”呈现出峭窄裙背在女乐伎中同步流行的事实（图5-36）。[②]

图5-33　砖雕伎乐形象[陕西洋县南宋彭杲夫妇墓（1193）]
图片来源：李烨、周忠庆：《陕西洋县南宋彭杲夫妇墓》，《文物》，2007年第8期，第71页。

图5-34　三彩女俑像[陕西洋县南宋彭杲夫妇墓（1193）]
图片来源：李烨、周忠庆：《陕西洋县南宋彭杲夫妇墓》，《文物》，2007年第8期，第60页。

① 四川省博物馆，等.四川广元石刻宋墓清理简报[J].文物，1982（6）:58.
② 盛伟.四川广元宋墓石刻[J]文物，1986（12）:23.

图5-35　西室后壁“念佛图”[四川广元杜光世夫妇合葬墓（1195）]
图片来源：四川省博物馆等：《四川广元石刻宋墓清理简报》,《文物》, 1982年第6期，第59页。

图5-36　石壁浮雕“大曲图”（四川广元罗家桥墓）
图片来源：盛伟:《四川广元宋墓石刻》,《文物》, 1986年第12期，图版五。

在距离都城临安较远的四川地区，女性衣装风尚亦保持着与时尚中心临安同步的流行风调，且展现出裙背、裤背并行发展的态势。成都平原宋墓以砖室墓为主，而川东、川北、黔北等地区则以石室墓为主①，如四川泸州地区便发现大量南宋中晚期的石室墓葬②。墓室主人多为中下地主阶级或官僚、商人等富裕阶层③。泸州南宋隶属潼川路，文化较为发达，仅次于西南文化的中心成都府路，在川蜀四路中位居第二④。这些耗资巨大的墓葬石刻，题材丰富、雕刻精美，涵盖武士、四神、神禽瑞兽、神异人物、备侍人物等，于地下为墓主人营造出一个“永享浮华”的人间世界。其中充满生活气息的女性墓主人及富家侍女的着装形象别具韵味，代表了南宋时期巴蜀地区的女装时尚。这些浮雕俑像的大致年代为南宋中晚期，其中泸州北部的泸县所出宋墓石刻年代以南宋中期为多⑤。在主仆题材的雕刻中女性墓主人安详端坐，低抹胸、窄身小袖、长及脚踝的背子，与南宋前期在宫廷流行的式样几无二致。背子领缘、下摆、开衩处刻有窄边，似镶边效果。身下所配多为功能化的裆裤，“裤背”的出现频度甚至超越了经典的“裙背”，更为普及。而立在主人旁侧的女侍多着衫裤（裆裤），以凸显主人的尊贵（图5-37、5-38）。泸县宋墓所出一件名为“绾帐提鞋贵妇”的石雕像不仅佐证了“裤背”装的存在，

① 吴敬.南方地区宋代墓葬研究[M].北京：社会科学文献出版社，2015.192.
② 随着南宋后期蒙古南侵（1235），四川地区社会经济状况衰落，本地区的石室墓逐渐退化或消失。详见：吴敬.南方地区宋代墓葬研究[M].北京：社会科学文献出版社，2015:50.
③ 泸州市博物馆.泸州市博物馆藏宋墓石刻精品[C].北京：中华书局，2016:194.
④ 程民生.宋代地域文化史[M].合肥：安徽文艺出版社，2017:86.
⑤ 四川省文物考古研究所，等.泸县宋墓[M].北京：文物出版社，2004:175.

还清晰地显露出裆裤侧面开衩的细节及弓履，可谓惟妙惟肖（图5-39、图5-40）。相似的着装风格在泸州东南部的合江县所出宋墓石雕中也有发现，这些女性墓主人或侍女，除发式与泸县宋墓女性稍有不同外，所着衣式风格极为相似。女性墓主人着修身裤背，女侍则着等级较低的衫裤（图5-41、图5-42）。而传统的女性裙背并未消失，在泸州市、泸县、合江县等地发现的宋墓石刻雕像中不乏其例。（图5-43、图5-44、图5-45）。

虽然至南宋中期，背子的阶级界限已被打破，但在一个封闭的闺阁空间内，

图5-37　一主二仆
（泸县博物馆藏）
图片来源：肖卫东等著：《泸县宋代墓葬石刻艺术》，四川民族出版社2016年版，第338页。

图5-38　主仆二女
（泸县博物馆藏）
图片来源：肖卫东等著：《泸县宋代墓葬石刻艺术》，四川民族出版社2016年版，第341页。

图5-39　绾帐提鞋贵妇
（泸县博物馆藏）
图片来源：肖卫东等著：《泸县宋代墓葬石刻艺术》，四川民族出版社2016年版，第336页。

图5-40　绾帐提鞋贵妇裤子开衩细节（泸县博物馆藏）
图片来源：作者拍摄于泸县博物馆

图5-41　一主二仆（合江县博物馆藏）
图片来源：作者拍摄于合江县博物馆

图5-42　一主一仆
（合江县博物馆藏）
图片来源：作者拍摄于合江县博物馆

图5-43　一主二仆
（泸县博物馆藏）
图片来源：肖卫东等著：《泸县宋代墓葬石刻艺术》，四川民族出版社2016年版，第339页。

图5-44　一主一仆
（泸州石刻艺术博物馆藏）
图片来源：作者拍摄于泸州石刻艺术博物馆

图5-45　一主二仆（合江县博物馆藏）
图片来源：作者拍摄于合江县博物馆

女主人的权力等级总是要通过最直白的手段——服饰来给予表达，主人服背子，婢女着衫，尊卑分明。这种对尊贵身份的标榜一直被延伸至幽冥世界，泸州地区出现的大量主仆题材的石雕人物像足以为证。但从泸县宋墓石刻中也发现一些身份等级稍高的女侍身着背子的情况。其背子式样与主人趋同，唯衣长略短，长度仅及小腿中部。此衣式既高于一般婢女，又退避于主人的尊威，居于中间状态。中长背子的形象在前文所引陕西洋县南宋彭杲夫妇墓（1193）所出三彩女俑中可以复见，四个侍女俑像中，除一人戴冠着长背子外，其余三人皆无冠着短背子。南宋陈元吉墓（嘉定元年，1208）出土的寿山石拱手女侍俑即着中长裙背[①]，四川三台县张心娘墓（嘉定四年，1211）所出三彩女侍俑亦着绿色窄身对襟中长背子，

① 张焕新.福建博物院藏南宋陈元吉墓出土器物[J].文物，2011（7）:74.

下着长裙[①]。与中长背子搭配的多见裆裤，背子或以系带围拢或敞开，洒脱自然（图5-46—5-49）。此外，自北宋就出现的外罩掩裙的穿搭方式仍很流行，构成背子、裤、褶裙的三件套组合形式（图5-50—5-53）。可见，在南宋中期，在主仆共置的权力空间中，中长款背子通用于侍女阶层，而尊者仍以雍容的长款背子为趣尚，以凸显优渥的等级地位（虽然这种有意设定的身份界限被活跃的社会群体不断予以超越）。

图5-46　持奁女侍
（泸县博物馆藏）
图片来源：肖卫东等著：《泸县宋代墓葬石刻艺术》，四川民族出版社2016年版，第358页。

图5-47　持帨巾女性
（泸州石刻艺术博物馆藏）
图片来源：作者拍摄于石刻艺术博物馆

图5-48　持壶女侍
（泸州石刻艺术博物馆藏）
图片来源：作者拍摄于石刻艺术博物馆

图5-49　持镜女侍
（泸州石刻艺术博物馆藏）
图片来源：作者拍摄于石刻艺术博物馆

图5-50　持奁女侍
（泸县博物馆藏）
图片来源：肖卫东等著：《泸县宋代墓葬石刻艺术》，四川民族出版社2016年版，第359页。

图5-51　持奁女侍
（泸州石刻艺术博物馆藏）
图片来源：作者拍摄于石刻艺术博物馆

① 三台县文化馆.四川二台县发现　座宋墓[J].考古，1973（6）:363.

图5-52　启门女侍（泸县博物馆藏）
图片来源：四川省文物考古研究所编：《泸县宋墓》，文物出版社2004年版，彩版五四。

图5-53　执扇女侍（泸县博物馆藏）
图片来源：四川省文物考古研究所编：《泸县宋墓》，文物出版社2004年版，彩版五四。侧面细节图作者拍摄于泸县博物馆。

南宋中期，当峭窄的裙背、裤背作为主流风尚渗入社会各阶层之时，在同时段的北宋故地金国统治区内裙背依然流行，但裤背装却鲜有所见[①]。就形制风格而言，较之纤柔秀雅的南宋风韵稍显粗犷宽舒。金统治下的汉地，女装领域虽较大程度上保持着汉民族的风俗传统，但又不可避免地受到女真文化的影响。《金史·舆服志》记述了女真妇女宽博的衣式："上衣谓之'团衫'，用黑紫或皂及绀，直领，左衽，掖缝，两旁复为双辟积，前拂地后曳地尺余"[②]。宋人周煇《北辕录》记载了南宋中期（孝宗朝淳熙三年，1176）随张子政出使金国的见闻，"入境，男子衣皆小窄，女子衫皆极宽大"[③]，无论是正史还是宋人笔记皆可见金国女子服饰以宽适为尚的特点。金国统治区原北宋故地的汉族女装文化原具有北宋的宽适之风，同时又不可避免地会受到早期女真文化的浸润，表现出一种杂糅的样态，这正如克洛德·列维—斯特劳斯的"拼装"理论所言[④]，金所辖北宋故地之汉族女装风格便是一种文化适应的产物，既有北宋文化的根深影响（宽适），又不免女真习俗的熏袭（左衽）。与南宋"峭窄型"新样相比，背子的腰身及袖式更显疏朗宽松，甚至出现程度较大的"A"形下摆。受金人着装观念的影响，裙身体量明显增大，近乎"A"形。左衽交领式样渗入女性生活，服装的封闭性增强，北宋故地已逐渐失去了原初自由放达的服饰意蕴，凸显出女真文化的印痕。

金朝断代清晰的墓葬美术资料对此提供了翔实的形象佐证。从世宗大定到卫

① 与南宋中期同时段的北宋故地金国统治区内出土的墓葬美术资料中所出女性服饰形象皆为裙背或衫裙，未见女性着裤背装的形象，即北宋故地的北方地区并无存在。以兹亦可佐证"裆裤"产生于南渡后的南宋时期的论断。
② 金史卷四十三.志第二十四.舆服下[M].北京：中华书局，1997:985.
③ 周煇.北辕录[M]//宋代日记丛编[M].上海：上海书店出版社，2013:1134.
④ 伯克.文化杂交[M].杨元，蔡玉辉，译.南京：译林出版社，2016:85.

绍王前（1161—1208）是金代的全盛期，墓葬美术资料较为丰富，这一时期表现为壁画墓减少，砖雕墓增多。[①]金国汉地墓葬中女性服饰形象以北宋文化为主体，同时兼具女真文化的影响。这在陕西甘泉（原属北宋—永兴军路/金—鄜延路）、山东济南（原属北宋—京东路/金—山东东路）、山西晋南地区（原属北宋—河东路/金—河东南路）等地相继发现的一批有准确纪年的砖砌壁画墓及砖雕墓中皆有体现。从陕西甘泉袁庄金代壁画墓[②]（金明昌四年—南宋光宗绍熙四年）、陕西甘泉柳河渠湾金代壁画墓[③]（金明昌七年—南宋宁宗庆元二年）所出壁画可见，无论是家境殷实的地主上户还是富家女侍，裙背装已成通行的日常服饰（同样，地位低者背子较短）。这些裙背造型较之南宋地区更显宽适，裙子褶量疏阔可观（图5-54、5-55）。受金人服饰文化的影响，极具少数民族特征的交领左衽衫出现。这种长背子与左衽服的搭配范式成为金代服饰的显著特征。山东济南大官庄金代砖雕壁画墓[④]（金泰和元年—南宋宁宗嘉泰元年）所出备宴、启门女侍形象则呈现出裙子的膨大化对裙背装造型风格的影响，廓形非南宋流行的“H”形，而成为夸张的“A”形，由于等级地位较低，其背子长度亦有所缩减（图5-56）。

图5-54　M1墓西壁“宴饮图”[陕西甘泉袁庄金代壁画墓（1193）]
图片来源：王勇刚：《陕西甘泉金代壁画墓》，《文物》，2009年第7期，第30页。

图5-55　东北壁右侧“仕女图”[陕西甘泉柳河渠湾金代壁画墓（1196）]
图片来源：西北大学文化遗产学院等：《陕西甘泉柳河渠湾金代壁画墓发掘简报》，《文物》，2016年第11期，第46页。

① 秦大树．宋元明考古[M].北京：文物出版社，2004:218-219.
② 王勇刚．陕西甘泉金代壁画墓[J].文物，2009（7）:30-31.
③ 西北大学文化遗产学院，等．陕西甘泉柳河渠湾金代壁画墓发掘简报[J].文物，2016（11）:46，49.
④ 济南市博物馆，等．济南市宋金砖雕壁画墓[J].文物，2008（8）:42-43.

图5-56　东壁“侍女图”和北壁“妇人启门图”[济南市大官庄金代砖雕壁画墓（1201）]
图片来源：济南市博物馆等：《济南市宋金砖雕壁画墓》,《文物》，2008年第8期，第42、43页

此外金朝辖区内山西晋南地区发掘的墓葬美术资料则呈现出“宽适型”裙背风格在该地区稳步传承的特点，是北宋文化传统的投射。同时“峭窄型”的初露端倪又似乎昭示着宋型文化对金朝的渗入与影响。山西是发现金代仿木构砖室墓最多的地区之一，雁北地区、晋中地区、晋东南地区、晋南地区均有发现。其中晋南地区发现最多，以古代绛县为中心的新绛、稷山、侯马等市县均有发现，约占全省总数的50%。[①]晋南地区原属北宋，在女真统治的金朝为河东南路，其治所平阳府为当时北方地区重要的政治、经济、文化中心之一，在历史上颇负盛名[②]。属于富足大户的山西侯马地区金代砖雕墓所展示的女性墓主人形象，其衣式风格稍显宽松，且同样受到左衽胡服文化的影响[③]，其中侯马董海墓（金明昌七年—南宋宁宗庆元二年）和侯马董明墓（金大安二年—宁宗嘉定三年）具有清晰的断代纪年（图5-57、5-58）。而一些未有明确纪年的金墓[④]，如稷山马村4号墓、稷山马村8号墓亦显示出“宽适型”裙背在晋南地区的持续流行（图5-59、5-60）。值得注意的是，更趋峭窄的背子形象在近邻曲沃苏村乡席村金墓砖雕中被发现，无论是富贵的墓主人还是端庄的女侍，狭长的背子配以细密的褶裙，或戴冠或绾髻，姿

① 山西省考古研究所.平阳金墓砖雕[M].太原:山西人民出版社，1999:7.
② 同上，卷首语。
③ 山西墓葬资料均采自:山西省考古研究所.平阳金墓砖雕[M].太原:山西人民出版社，1999:331-333.
④ 据《平阳金墓砖雕》一书记述，稷山地区金墓的年代大致为公元1115—1190年，从稷山及曲沃金墓砖雕服饰形象来看，墓葬年代当与南宋中期时段大致相仿。

容俏丽，仪态大方（图5-61）。晋南地区为金代经济文化的繁庶之地，南宋中期承平时代两国交好，随着宋金双边经贸活动（榷场）的不断加强[①]，文化的交流亦在所难免，南宋服饰风尚跨越国界、流播北方，曲沃砖雕所展现的女装风貌或许正是宋金文化交流的物质明证。

图5-57　后室北壁“开芳宴图”
［山西侯马董海金代砖雕墓（1196）］

图5-58　北壁当心间“夫妻对坐图”
［山西侯马董明金代砖雕墓（1210）］

图5-59　北壁当心间“墓主人与侍童像”
（山西稷山马村4号墓）

图5-60　正壁当心间“墓主人对坐像”
（山西稷山马村8号墓）

① 宋金两国“绍兴和议”（1142）后，南宋与金开始了广泛的双边贸易，到金世宗大定以后（相当于南宋中期孝宗朝），宋金贸易达到前所未有的兴盛。在榷场上除官方贸易外，还有民间贸易，十分活跃。除了官方规定的榷场外，民间非法“走私”贸易甚至在双方战火纷飞的年代从未间断。详见：漆侠.宋代经济史:下[M].北京:中华书局，2009:1037，1039.

图5-61　女主人及女侍浮雕像（山西曲沃苏村乡席村金墓）

图片来源：以上6幅图片均选自山西省考古研究所：《平阳金墓砖雕》，山西人民出版社1999年版，第132—134页，第140—141页。

（二）衫裤的兴盛与普及

南宋前期出现的“裆裤”时尚在中期得到普及，衫裤的经典组合成为女性日常生活的流行装扮。与裙背装狭峭的风格同步，衫裤整体造型愈发修身、利落。女衫仍为简洁的直领对襟式样，内衬抹胸，窄身小袖，衣长于膝上错落变化。裆裤别具特色，呈喇叭式，裤筒侧开，自由舒张，灵动飘逸。其外观似裙，却兼具裤子的便利。较之前期，裤长略微上提，而使纤巧弓鞋在视野中清晰显现。①

衫裤组合在侍女阶层通行，虽女性墓主人在室多以长背子居多，但也不乏为求便利而着短衫之例。泸县奇峰镇一号墓为南宋中期宁宗朝时期的墓葬②，墓主人为低级官吏陈鼎之妻，墓室左右两壁后部刻有高浮雕女侍各一③，女侍头梳盘髻，内着抹胸，微露双乳。外着窄袖长衫，衣长及臀下。双襟敞开，腰束宽带。下着喇叭状裆裤，两侧开衩明显，翘头弓履显露。一人执奁，一人托梳妆架，面露微笑，安然侍立，整体衣式风格纤巧秀丽（图5-62）。为求劳作之便，衫子腰间束带亦成仆从女侍的衣着特色。此外，在泸州地区大量征集来的石刻雕像中，无论是捧箱、执奁还是抚镜，女侍均呈现出极近相似的着装样貌（图5-63、图5-64）。富家女眷虽多穿背子，但在卧房之内也不乏以衫裤示人之态，其装束式样与贴身女侍几无二致（图5-65）。北宋兴起的外罩掩裙的穿搭方式仍在泸州地区流行（图

① 这种对鞋子的彰显与南宋以来愈演愈烈的缠足文化不无关联，审美旨趣由“纤腰袅袅”而及“弓鞋红窄”。

② 泸县奇峰镇一号墓和二号墓为同穴异室夫妻合葬墓，二号墓主人据墓志铭文可知为低级官吏陈鼎（1126—1186），61岁而卒，葬于南宋中期前段的孝宗朝。依据一号墓中所出石雕武士俑宽博打结的袖式推断（二号墓中武士雕像尚无此特征）一号墓葬年代应晚于二号墓，大致在宁宗朝左右。

③ 四川省文物考古研究所，等.泸县宋墓[M].北京:文物出版社，2004:85.

5-66）。在追随主体流行风尚的同时，一种颇具现代感的外短内长的错搭穿衣法为蜀人所实践。短衫着于长衫之外，二层或三层，着装主体为乐伎或为女侍（图5-67、图5-68）。也有于短袖衫内穿着长背子的实例[①]，服装内外长度差更为明显（图5-69）。这种外短内长的穿搭方式，在今天看来亦颇具个性。通过错落式穿搭，营造出新异的视觉感受。衣襟前短错落式样为宋代承袭五代而来的形制新变，而这种内外错落的衣装方式又似前代少有。

图5-62　持奁女侍和持镜女侍（四川泸县奇峰镇1号墓）

图片来源：四川省文物考古研究所编：《泸县宋墓》，文物出版社2004年版，彩版二四。

图5-63　持箱女侍（02813）与持奁女侍（03270）（泸州市博物馆藏）

图片来源：泸州市博物馆：《泸州市博物馆藏宋墓石刻精品》，中华书局2016年版，第154、155页。

图5-64　持镜女侍（03021）及服装结构细节（开衩）（泸州市博物馆藏）

图片来源：作者拍摄于泸州市博物馆展厅

① 短袖衫（半臂）在唐代颇为流行，但在宋代却甚为少见。在陕西地区出土的大量唐代壁画中有诸多女性着半臂的形象。如唐龙朔三年（663年）陕西省礼泉县昭陵新城长公主墓所出仕女图、唐咸亨三年（672年）陕西省礼泉县烟霞镇东坪村昭陵陪葬墓燕妃墓侍女图均有半臂形象出现。而在南宋众多墓葬美术及出土服装实物中未见一例（仅有背心）。泸州砖雕所呈现的半臂形象显然具有前代的遗风。

图5-65　主仆二女（同着衫裤）（泸县博物馆藏）

图片来源：肖卫东等著：《泸县宋代墓葬石刻艺术》，四川民族出版社2016年版，第337页。

图5-66　持奁女侍和持镜女侍（泸县博物馆藏）

图片来源：肖卫东等著：《泸县宋代墓葬石刻艺术》，四川民族出版社2016年版，第347、355页。

图5-67　龟鹤同寿男女二侍从（泸县博物馆藏）

图片来源：肖卫东等著：《泸县宋代墓葬石刻艺术》，四川民族出版社2016年版，第333、348页。

图5-68　高冠执镜妇人（泸县博物馆藏）

图片来源：肖卫东等著：《泸县宋代墓葬石刻艺术》，四川民族出版社2016年版，第333、348页。

图5-69　执壶女侍（泸州石刻艺术博物馆藏）

图片来源：作者拍摄于泸州石刻艺术博物馆

裆裤双侧开衩，开合自如，虽极具飘逸之美，但出于实用之需（如侍女或劳动阶层便于行事），则在侧缝散开处加以适当“约束”，或用短袢勾连（图5-70），或以细带打结（图5-71），体现出审美与实用的巧妙融合。这些工艺细节在泸县及合江县宋墓石雕俑像中得以窥见，它再现了裆裤作为一种独特的裤型文化所具有的地域性特色。裆裤侧缝处开长衩的细节在合江县宋墓石雕中再次出见（图5-72），生动醒目。但特别之处在于，与裆裤匹配的不再是衫，而是男式圆领袍，这一装扮在女性侍从及女乐伎中较为普遍（图5-73）。

图5-70　托花瓶女侍（合江县博物馆藏）
图片来源：作者拍摄于合江县博物馆

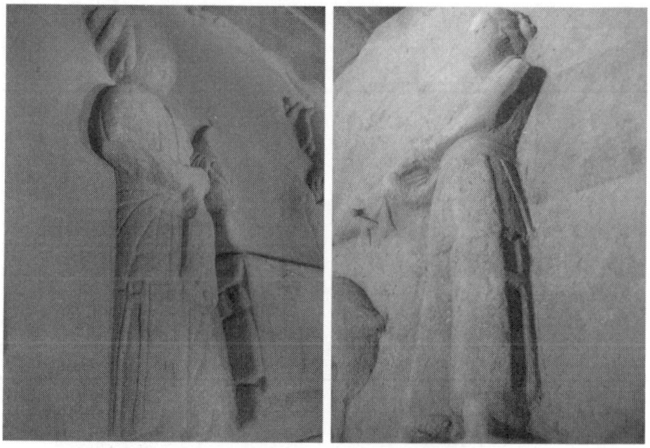

图5-71　持帨巾女侍和戏鹤女侍（泸县博物馆藏）
图片来源：作者拍摄于四川泸县博物馆展厅

图5-72　托奁提鞋女侍及裤子开衩细节（合江县博物馆藏）
图片来源：作者拍摄于合江县博物馆

图5-73　M1墓室后龛两侧击鼓乐伎（四川华蓥安丙墓）
图片来源：四川省文物考古研究院等著：《华蓥安丙墓》，文物出版社2008年版，图版二四。

衫裤风尚在西部蜀地盛行的同时，南宋北部地区亦上演着同步的流行，裆裤呈普及之势。襄阳隶属京西南路，虽居于宋金边界之地，但其服饰风格并未受到北方文化的侵袭，而是与阴柔的南宋风调保持一致，不仅衫式料峭紧削，洒脱的裆裤亦被很好地仿效。湖北襄阳檀溪壁画墓（南宋宁宗朝）提供了这一证据。它与前述泸县奇峰镇一号宋墓时间趋同，其中M196墓室以白描的形式绘有神兽、花卉和生活场景，墓室北壁和南壁的“妇人启门图”以及绘于墓室东壁的“庖厨图”中出现众多梳髻或戴冠、着抹胸衫裤的女性形象。①从装扮细节可见级别之不同，带冠者衫式略长，前襟自由敞开，似为管理者，而梳髻戴花者衫式略短，且腰间束带，服饰更趋严整利落，便于劳作（图5-74、图5-75）。从发式造型到衣着装扮，就整体风格而言，襄阳地区人物形象更趋纤柔秀雅，比远离都城临安的泸州地区似乎更贴近“宫样”。

图5-74　妇人启门图[湖北襄阳檀溪壁画墓（M196号）]

图片来源：襄阳市文物考古研究所：《湖北襄阳檀溪宋代壁画墓》，《文物》，2015年第2期，第40页。

图5-75　墓室东壁《庖厨图》摹本[湖北襄阳檀溪壁画墓（M196号）]

图片来源：襄阳市文物考古研究所：《湖北襄阳檀溪宋代壁画墓》，《文物》，2015年第2期，第41页。

① 襄阳市文物考古研究所.湖北襄阳檀溪宋代壁画墓[J].文物，2015（2）:42.

裆裤与衫的组合也是南宋中期市民阶层、乡村妇女的生活装扮，并形成雅俗审美的鲜明比对。南宋画院待诏李嵩（1166—1243）所绘《骷髅幻戏图》绘有身着衫裤携童出游的都市女子形象。少妇姿容俏丽，发式、衣着靓丽精致，秀雅可人。上窄袖短衫，下配阔腿裆裤，侧缝开衩自然展开，裤式似喇叭状。女衫亦颇具特点，领抹狭长垂落，与衣身形成错落之势（图5-76），这一特点在南宋咸淳十年（1274）江西德安周氏墓所出女性背子中有所印证。二者虽品类不同，但从构成方式上，后者表现为对传统服饰文化要素的继承（图5-77）。南宋中期裆裤亦通行于乡村妇女之中，但习惯外罩褶裙（前开式），整体风格醇厚质朴，具有乡村俗文化的特质。南宋李嵩所作另一幅有准确纪年的风俗画《货郎图》（嘉定四年，1211）成为南宋中期（后段宁宗朝）"裆裤"已流行乡间的明证。图中所绘货郎肩担杂货售卖于乡间，欢呼雀跃的孩童在母亲的牵领下兴奋异常，琳琅满目的商品，成为村民瞩目的焦点。画面左侧绘有精心挑选玩具的村妇，头绾发巾，上身着衫，下身外罩前开式褶裙，内似着开衩裆裤，但不甚明显（图5-78）。而画面右侧怀抱幼童的妇女闻讯赶来，步履匆匆，衫子随风敞开，外罩掩裙亦向后翻卷，李嵩精妙地描绘出衫裙下"裆裤"的形态：阔腿，侧开衩，于近膝处钉缀系带。裤管折叠的活褶因走动自然散开，裈裤于内微微显露（图5-79）。裆裤于侧缝系带的做法在泸州地区宋墓石雕中亦有发现。可见，为劳作之便，下层妇女裆裤缀带已成通式。这一细微的结构特点甚为重要，可视为女性身份等级的暗语。正如凡伯伦对"有闲"阶层的指涉，"妇女通过特有的服装，对有用的劳动提供进一步的阻碍"[①]，这种洒脱飘逸但无任何拘束的散口高衩设计恰好显示出"有闲"阶层所享有的无需劳作的安逸与特权。虽然南宋女装从整体上走向峭窄型的简约化风格，而裆裤的产生也是基于其优于裙的便利，但在常服特定的结构形式上还是具有了区分等级、彰显身份的符号意义。李嵩所绘另一幅绢本设色小品画《市担婴戏图》（嘉定庚午年，1210），同属相同的货郎主题，其村妇装扮与前幅画作几近相似[②]，同样将衣衫掩入裙腰，体现出便于劳作的目的。

综上，至南宋中期，闺阁之内、庭户之外，上至官宦精英、富家大户，下及女侍仆从、市井村妇，裆裤已普及于世，成为南宋女性衣装生活的特色品类。但长背子仍然是上层女性的服饰标签（含活跃的女伎群体），其打破了与裙的传统组合范式，与机能性的时髦裆裤有序结合，灵活变通。随着生活方式的日趋世俗化，南宋女性的服饰文化样态在峭窄化基础上于帝国后期又产生了新的改变。

① 凡勃伦.有闲阶级论——关于制度的经济研究[M].蔡受百，译.北京：商务印书馆，1964:134.
② 中国画经典丛书编辑组.中国人物画经典：南宋卷2[M].北京：文物出版社，2006:12.

图5-76　李嵩《骷髅幻戏图》局部[绢本设色27厘米×26.3厘米（故宫博物院藏）]

图片来源：《中国人物画经典·南宋卷2》，文物出版社2006年版，第13页。《文物》，2015年第2期，第41页。

图5-77　南宋印金罗襟香色杂宝纹绮背子0958（德安南宋周氏墓）

图片来源：德安县博物馆提供

图5-78　李嵩《货郎图》局部一（1211年）（故宫博物院藏）（图卷，绢本设色，纵25.5厘米，横70.4厘米）

图片来源：故宫博物院官网：《故宫名画记·宋代》，http://minghuaji.dpm.org.cn/details.php?pic=8va15rpj3enkg88c1a1m7z5mta706p81

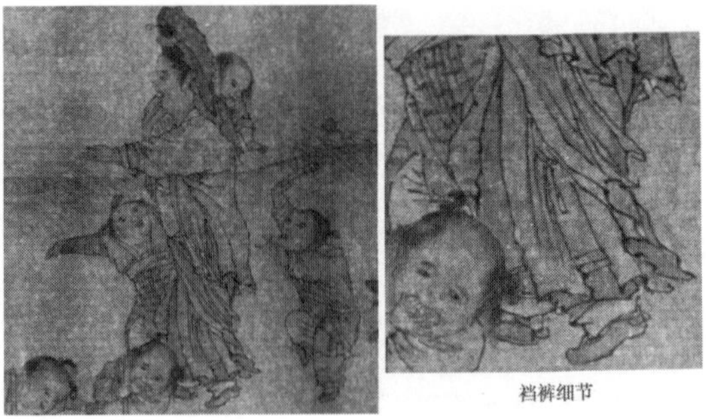

图5-79　李嵩《货郎图》局部二（1211年）（故宫博物院藏）（图卷，绢本设色，纵25.5厘米，横70.4厘米）

图片来源：故宫博物院官网：《故宫名画记·宋代》，http://minghuaji.dpm.org.cn/details.php?pic=8va15rpj3enkg88c1a1m7z5mta706p81

四、南宋后期（1225—1279）：“轻盈化”递变

受特定时代变局的影响，南宋前期（高宗）形成了生活女装的“峭窄化”新风，与北宋百年来宽适的女装文化大相径庭。后经南宋中期（孝宗、光宗、宁宗）的承平时代，此风得以持续深化；至南宋后期（理宗、度宗、恭帝、端宗、帝

昺），女装又在“峭窄化”基础上，进一步完成了“轻盈化”递变。这是在经历了服装形制宽窄量变后的再次革新——继横向宽度锐减后，在纵向长度上的再次削减。女装在尺寸上的持续紧缩，强化了服装与体型在视觉上的统一性，突出了更加轻便、简易的美学诉求。女装的这一风格变迁，既有着装观念、审美心理的影响，又与南宋后期旷日持久的宋元战争不无关联。这与“靖康之难”所推动的南宋前期女装的峭窄化新变多有相似。

（一）裙背、裤背长度同步削减

服装长度上的削减，使女装背子更趋轻盈、利落。自北宋以来在上层女性中崇尚长背子（长度及踝）的审美观念被打破，衣长普遍减缩至小腿中部或更短。这种形制上的改变从南宋后期的福州茶园村宋墓（端平二年，1235）所出女性背子实物中即可得到印证。而在同一地区时间较早的南宋官宦朱著夫妇墓（宝庆二年，1226）所出女俑中仍可见到修身的长背子。长、短两种风格的转化或许发生在1226年至1235年的这段时间内。福州南宋官宦朱著夫妇墓出土有石雕女乐伎和女侍俑，均内着低抹胸，外罩对襟窄袖长背子，两襟敞开，潇洒自然。其衣式风度仍延续了南宋中期纤细、修长的造型特点（图5-80）。[①]可以想见，陪葬女侍俑皆着衣裾飘垂的长背子，身为二品命妇“淑人”头衔的女性墓主人其衣式风格当更应如此，但这种长及脚踝的长背子在南宋后期时段却逐渐遭到冷落，被更加利落的短背子所取代。福州茶园村宋墓（端平二年，1235）所出背子其衣长已明显缩短。其中两件直领对襟镶花边素纱背子衣长趋同，皆为112厘米，腰身及袖式仍较为窄小。女性墓主人身高不及160厘米，背子穿着后约及膝下20厘米，更显利落。福州南宋黄昇墓（淳祐三年，1242）所出4件背子，衣长为112厘米—131厘米，墓主人贵妇黄昇身高160厘米，从穿着效果看，背子衣长过膝，至膝下12厘米—30厘米不等[②]，风格简约

图5-80　侍立和执拍板女俑
[福州南宋朱著夫妇墓（1226）]
图片来源：福建省博物馆：《福建福州郊区清理南宋朱著墓》，《考古》，1987年第9期，图版三、图版四。

① 福建省博物馆.福建福州郊区清理南宋朱著墓[J]考古，1987（9）:801.
② 张玲.南宋淳祐时期贵族妇女着装形态考释[J].国家博物馆馆刊，2016（6）:87.

利落，与茶园村宋墓女装趋同。以上两例皆出自福州地区，其在南宋隶属福建路，邻近都城临安，属于东南部经济文化较为发达的地区。[①]宋代福建丝织业技术之发达，在国内处于较先进水平。[②]由此可见，福州既有雄厚的纺织实力，又距时尚都城临安不远，在“两浙妇女事服饰口腹而耻营生”[③]“后宫朝有服饰，夕行之於民间”[④]等强大的时尚向心力的推动下，这种服饰上的轻盈化趋势自然是对宫廷式样（宫样）的某种模仿，体现出南宋都城上流社会服饰文化的印痕。

在远离都城临安的偏远地区，女装风尚与京师亦保持着同步的流行。贵州遵义杨粲墓（淳祐年间，1241—1252）所出“侍女启门”浮雕提供了南宋晚期女性着装的形象[⑤]。所刻女侍探身于门外，内着抹胸，外罩直领对襟窄身背子，两侧开长衩，背子的长度明显缩短。背子下裆裤长度也较南宋中期为短，内衬裈裤显露程度加大，足部可见翘头弓履（图5-81）。贵州遵义地处南宋西南地区，隶属川蜀四路之一的夔州路，夔州路的经济文化在全国范围内是最落后的，[⑥]但其区域化服饰风尚却与经济文化发达的两浙路、福建路地区保持同步。以临安为中心形成的时尚向心力，正如南宋耐得翁所言，“中兴行都，东南之盛，为今日四方之标准”[⑦]，流行之迅速可谓“日更奇制，夕染诸夏”[⑧]。南宋后期等级制度涣散，女装更趋上下混淆，时尚的流行传播愈加迅速。这种以“轻盈化”为特色的着装趣尚至南宋晚期更是畅行不衰。江西德安周氏墓（咸淳十年，1274）所出背子衣长仅在110厘米左右，朝廷命

图5-81　启门侍女图[贵州遵义杨粲墓（1241—1252）]

图片来源：胡进：《杨粲墓石刻》，《文物天地》，2015年第5期，第40页。

---

① 程民生.宋代地域文化史[M].合肥：安徽文艺出版社，2017:85.
② 徐晓望.宋代福建史新编[M].北京：线装书局，2015:300-301.
③ 庄绰.鸡肋编[M].上海.上海古籍出版社，2012:50.
④ 王迈.臞轩集卷一：丁丑廷对策[M]//文渊阁四库全书：第1178册.台北：台湾商务印书馆，1986:450.
⑤ 胡进.杨粲墓石刻[J].文物天地，2015（5）:37.
⑥ 程民生.宋代地域文化史[M].合肥：安徽文艺出版社，2017:90.
⑦ 耐得翁.都城纪胜[M]//全宋笔记：第八编：5.郑州：大象出版社，2017:5.
⑧ 王安石.王文公文集：卷第三十二.风俗[M].上海：上海人民出版社，1974:380.

妇（安人）周氏身高为152厘米[①]，穿着效果约为膝下20厘米，仍为远离地面的轻巧之态。隶属南宋江南东路的江西地区，是文化较为繁荣之地[②]，其女装风尚同步于南宋主流时尚，自不足为奇。

在背子衣长短缩的同时，袖长也同步缩减，手的暴露程度加大。福州南宋黄昇墓出土4件窄袖背子，袖展在130厘米—147厘米之间[③]，与墓主人臂展（与身高相等，为160厘米）相比对，袖长短者仅及手腕，而长者亦能露出手指寸许。这种样式与南宋中期略显堆拥的袖式相比，更趋利落。福州南宋茶园村宋墓所出女装背子袖展为134厘米，与前者相仿。

南宋后期，伴随背子长度的渐缩，与之搭配的褶裙在长度及阔度上有所回应。裙长上提，日渐缩短。裙褶的数量及叠褶深度均随之衰减，较之以往的“百褶叠叠”，更似涟漪微波，舒朗自然。安妮·霍兰德指出，裙长的缩短被视为欧洲女装实现“现代化”必不可少的一步[④]。与之类比，南宋女裙的轻盈化发生便具有了几分现代的气息。南宋四座墓葬所出女性褶裙，其最长者93厘米，最短者仅77厘米，与墓主人身高相比，均呈露足之势。褶裙的施褶数量明显减少，叠褶程度减弱，风格轻盈洒脱，简约随性。除裙背装外，裤背装仍在流行，且高开衩式裆裤在长度上也呈递减之势。

在江南地区元代早期的墓葬中依稀可见南宋晚期背子文化的遗迹。福建将乐县元代壁画墓中所绘人物，男子皆为蒙古人装束，而捧物的绾髻女子衣式与宋人背子相似：对襟小袖，内束抹胸，衣长较南宋后期的短款式样略长[⑤]。背子的下摆已明显增宽，下裙宽疏及地，整体造型已与南宋时期福州地区流行的峭窄风调相去甚远（图5-82）。随着蒙元政权在全国统治日趋稳固，“胡服”最终取代了“汉冠”而风靡全国[⑥]。自南宋以来历时百年、为南宋女子所青睐的纤柔秀雅的衣装风尚最终退出了历史舞台。“宋之遗俗，变且尽矣”[⑦]，继之而来的是以短衣阔裙营造出的雄浑壮阔的蒙元气象（图5-83）。女装的整体风格由开放转向封闭，由阴柔走向粗犷。

① 周迪人，等.德安南宋周氏墓[M].南昌:江西人民出版社，1999:4.
② 程民生.宋代地域文化史[M].合肥:安徽文艺出版社，2017:95.
③ 福建省博物馆.福州南宋黄昇墓[M].北京:文物出版社，1982:30.
④ 霍兰德.性别与服饰——现代服装的演变[M].魏如明，等，译.北京:东方出版社，2000:164.
⑤ 福建省博物馆，等.福建将乐元代壁画墓[J]考古，1995（1）:35.
⑥ 韩志远.元代衣食住行[M].北京:中华书局，2016:23，24.
⑦ 宋濂.文宪集卷十九:汪先生墓铭[M]//文渊阁四库全书:第1224册.台北:台湾商务印书馆，1986:159.

图5-82 捧物妇女图（右室右壁壁画）（福建将乐县元代壁画墓）
图片来源：徐光冀主编：《中国出土壁画全集10北京等》，科学出版社2012年版，第94页。

图5-83 陶双髻女俑（M6:23）[西安曲江元代张达夫夫妇墓（1339）]
图片来源：西安市文物保护研究院：《西安曲江元代张达夫及其夫人墓发掘简报》，《文物》，2013年第8期，第36页。

（二）衫裤更趋利落

衫裤作为上层阶级的便服的地位在南宋后期有所改观，因较裙背、裤背更为轻盈便捷，其在女性衣装生活中的比重得到提升。随着使用频度的增加，女衫文化的时尚化趋势日益凸显。盛行窄身小袖式，袖长更为短缩，裆裤长度也随之削减。

江苏常州武进墓（年代上限1237）所出戗金花卉人物奁图像提供了南宋后期女性衫裤风尚的后期证据。十二棱莲瓣形漆奁，奁盖所绘仕女图一幅[①]。夏季花园中，两主人一人持团扇，一人持折扇，挽臂并行，侍女执瓶，旁立于侧。两位女主人皆着直领对襟长衫[②]，下着裆裤[③]；侍女着对襟短衫，围腰，裆裤与主人式样相同。主仆三人所着为南宋后期女装的典型样式（图5-84）。此奁盒盖面内有“温州新河

① 陈晶.记江苏武进新出土的南宋珍贵漆器[J].文物，1979（3）:46.

② 判断为衫子，理由有三：一是衣长较短，为不过膝款式；二是左侧女性上衣为花卉纹，且袖式窄小，符合衫子的结构工艺特色（背子一般多用素纱、素罗料，袖式稍宽），右侧女性上衣虽为素质，但领缘色彩与衫色区分，应是有异色或镶嵌领抹工艺，此亦衫子的工艺特色；三是二人执扇于花园闲适，此悠然的氛围自不必穿着略显正式的背子，靓丽的窄衫应是庭院漫步休憩的最好选择。

③ 判断为裆裤，理由有二：一是画面中仕女与女童所着下装纵向均有一条中分线，这是南宋时期对裆裤加以形象表现的显著标志。此幅画中，虽裆裤侧缝开衩特征因奁盒画面较小不易辨别，但并不影响对裆裤存在的整体判断。二是此奁盒年代为南宋后期时段，是衫子与裆裤使用极为活跃的时期，女性奁盒上绘制最时髦的流行式样，应是商品经济发达的南宋社会商家推销产品的一个卖点，具有时尚传播的特点。

金念五郎上牢”字样，可见产地为温州。温州、常州与都城临安（杭州）同隶属于两浙路，自然受京城时尚的影响较大，常州武进所出漆奁提供的女性形象大略可代表两浙路的普遍风尚，其与福州地区出土的女装实物风格契合，可以互证。

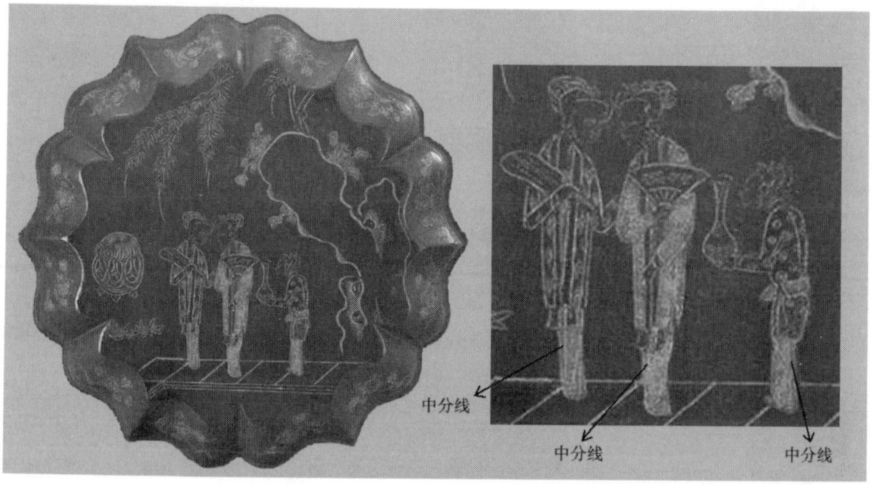

图5-84　朱漆戗金奁盒盖所绘仕女图[常州武进5号墓出土（年代上限1237）]
图片来源：中国文物网，http://www.cnarts.net/cweb/

南宋后期利落的衫裤更成为贵家女侍的典型衣装。四川华蓥安丙家族M4号墓（1265）所出人物俑像代表了南宋晚期高级官吏阶层家庭仆从的服饰特色。彩釉俑像头顶盘双髻，内束红色抹胸，外着绿色窄袖衫，下着浅色开衩裆裤，内衬红色衬裤，袖手或捧物侍立，造型利落（图5-85）。[①]这些俑像虽为贵宦仆从，但紧随潮流的轻盈化装扮也折射出女性墓主人服饰的潜在面貌。

这种因长度短缩而渐趋轻盈的特点可从对南宋女衫及裆裤尺度的考察中进一步得到印证。女衫数量较其他品类为最多，如福州南宋黄昇墓所出衫多达46件，而背子仅有4件，可见衫在日常生活中使用之频繁。造型洒脱的阔腿裆裤长度一般在79厘米—85厘米之间，长可露足，短者仅及小腿中部[②]。福州茶园村宋墓、南京高淳花山墓所出女衫数量也远多于背子。裆裤长度同样较短[③]。衫子与裆裤的搭配，轻盈简约、朦胧通透，颇具现代感（图5-86）。衫裤的清新组合成为一时之尚，甚至超越了衫裙的经典地位。

---

① 四川省文物考古研究所，等.华蓥安丙墓[M].北京：文物出版社，2008:119.
② 福建省博物馆.福州南宋黄昇墓[M].北京：文物出版社，1982:30，40，52，62.
③ 顾苏宁.高淳花山宋墓出土丝绸服饰的初步认识[C]//学耕文获集——南京市博物馆论文选.南京：江苏人民出版社，2008:52-53.

图5-85 彩釉女侍俑（左：实物俑 右：线描稿）[四川华蓥安丙家族墓M4号墓（1265）]

图片来源：四川省文物考古研究所等编：《华蓥安丙墓》，文物出版社2008年版，第119页，图版一一五。

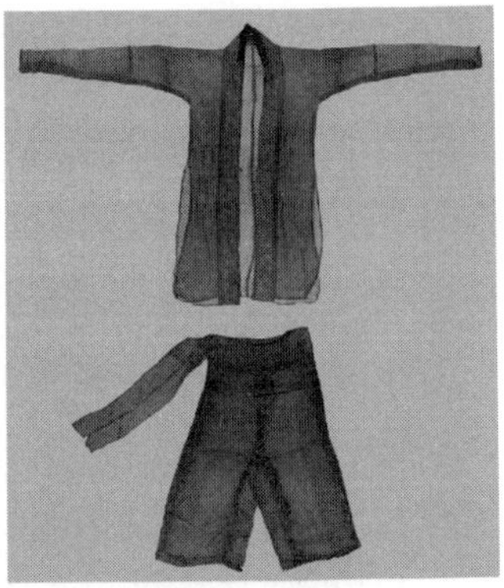

图5-86 镶金边纱罗衫和镶花边花罗裆裤[福州茶园村宋墓（福州市博物馆藏）]

图片来源：福州市文物管理局编：《福州文物集萃》，福建人民出版社1999年版，第78、82页。

（三）大袖的“简易化”

南宋后期，伴随日常女装的简约化进程，上下通行的大袖（后妃常服、士庶礼服）也发生了根本性改变。大袖颇具特色的拖裾式后襟以及舒垂式阔袖都不同程度地受到世俗化生活方式的影响，向“便身利事”的功能化方向发展。

传承于唐代钗钿礼衣的北宋女装大袖，直领，宽袖，具有唐五代以来“疏阔漫散”的造型风格。衣身前短后长的拖裾式样，为大袖形制的显著特征，如故宫南薰殿旧藏《宋宣祖后坐像轴》即反映了这一特点。进入南宋社会，大袖制度依然存在，为后妃常服、品官命妇礼服。从南宋晚期的南京高淳花山墓、福州茶园村宋墓所出大袖实物仍可看到与北宋大袖相似的形制特征：直领、阔袖、拖裾。大袖在外观廓形上看似一成不变，在服装工艺内部却悄然发生着改变。来自福州茶园村宋墓的一件“金黄色罗镶花边大袖”，袖式造型虽力承传统，但在工艺细节上却体现出“去繁求简”的意识，对阔袖加以“世俗化”改造：一是在阔袖上缝缉一条狭窄的袖型线，使袖管实际宽度缩小，袖口宽仅为20厘米（原为75厘米）。大袖成为外“阔”内“狭”的摆设；二是袖口余下的开口部分（55厘米）亦被纵向缝合，以避免可能的刮扯。这种通过增设内置缝线以缩小袖管尺寸的做法在福州南宋黄昇墓、江西德安周氏墓所出大袖上皆有体现。可见，这是一种在南宋后期普遍流行的工艺方法，其目的即为穿着方便。这种“窄袖”工艺出现的起始时间虽未可知，但有一点可以确定，自南宋以来背子及女衫袖式狭峭之风的盛行，必然对大袖穿着方式产生冲击和影响。在“大袖”标志性造型尚不可动摇的前提下，通过缝线的工艺辅助来实现宋人尚简易的诉求，自在情理之中。这种“简易化”改造由袖式延伸至衣襟。如端平年间将大袖后衣襟折转缝缉成尖状，于尖端钉缀纽扣，与大袖腋下的扣袢配合使用，达到提升后襟的简便目的。随着时间的推移，端平年间尚可见的“错裾式”大袖，至淳祐年间已不见踪影。大袖后襟被大幅裁削，代之以前后均齐、衣长及膝的利落风尚。同时后襟增设容纳霞帔的角形附属结构，增强了实用性。“等裾式”大袖绵延三十余载，至南宋咸淳年间仍畅行不衰。

南宋后期女装大袖的穿着效果见于贵州遵义杨粲墓（1241—1252）所出石刻浮雕人物像。杨粲为南宋西南播州地区高级地方官吏（官至武节大夫），杨氏家族世袭执掌播州政务，播州杨氏是名副其实的土皇帝。[①]杨粲墓装饰华丽，墓室北室为杨粲夫人所居，在后室壁龛上雕有女性墓主人端坐在龙椅上的石雕全身像。[②]杨粲夫人雕像头部已损坏，身着直领对襟广袖长袍，衣领、襟镶宽边，内穿抹胸，戴如意纹项牌[③]；双手拢袖合抱，体态丰腴，正襟危坐。杨粲夫人所穿即为礼服大袖，除袖式宽大外，衣身较为适体。大袖衫所佩霞帔及佩坠亦清晰可见（图5-87）。从雕像显示的细节特征看，墓主人身下露出的后衣襟长度应与前衣襟等长。杨粲夫人所着大袖代表了南宋淳祐年间西南地区上层女性的衣装风貌，可与同一时期福州黄昇墓出土大袖实物两相参照，皆具有南宋后期“等裾式”的形制特征。南宋后期女装大袖的袖宽较中期收窄，这从与南宋中期福州陈元吉墓（嘉定元年，1208）所出石雕女俑的衣式对比中可探知一二（图5-88）。[④]

5-87　杨粲夫人坐像[贵州遵义杨粲墓（1241—1252）]

图片来源：胡进.《杨粲墓石刻》《文物天地》，2015年第5期，第39页。

① 胡进.杨粲墓石刻[J]文物天地，2015（5）:37.

② 同上，2015（5）:40.

③ 学者扬之水在其著作《奢华之色：宋元明金银器研究》（卷一）中对宋代女性颈饰——“项牌”有专门的定名及考据，目前宋代金银项牌实物发现较少，仅四川阆中市双龙镇宋墓、山西星子县陆家山窖藏有出。泸州石雕人物像所见项牌形象，可作为实物佩戴方式的有效参考。

④ 张焕新.福建博物院藏南宋陈元吉墓出土器物[J].文物，2011（7）:87.

笔者在调研中发现，四川泸县与合江县宋墓石雕中也有女性墓主人身着礼服大袖的形象，虽未有精确纪年，但从衣式风格来看，与杨粲墓大袖形象趋同，具有南宋晚期的风格特色。四川泸县宋墓所出人物雕像中一位头戴孝冠，颈配如意项牌，仪态端庄的贵妇人袖手垂坐，所着衣式即为大袖（配有霞帔）（图5-89），其形象可代表南宋西部四川利州路地区的女装特色，与南宋东南部地区风格一致。四川合江县所出宋墓石雕中也有一位绾高髻，戴如意项牌，穿对襟大袖衣的贵妇人，袖手垂坐，其风格式样与泸县贵妇极为相似（图5-90）。值得注意的是，贵州遵义杨粲夫人雕像与泸州地区两座宋墓石雕女性都戴有装饰性项牌，①大略可推断三者年代相仿。项牌在南宋后期颇为流行，是与大袖礼服配套的流行颈饰（图5-91）。在元人所撰《碎金》中，可知元代女性服饰南北分制，南人凤冠霞帔，北人项牌。②而南宋后期四川地区女性普遍存在霞帔与项牌共用之举，或可证明宋室南迁，北俗南传，在川蜀地区形成两种装饰文化杂糅的情况。而至后世蒙元，南方则更多保留凤冠霞帔的固有传统，项牌不再流行。

图5-88　身着“大袖”的女石俑[福建陈元吉墓（1208）]
图片来源：张焕新：《福建博物院藏南宋陈元吉墓出土器物》，《文物》，2011年第7期，第73、74页。

图5-89　戴孝冠的贵妇（泸县古代石刻博物馆藏）
图片来源：肖卫东等著：《泸县宋代墓葬石刻艺术》，四川民族出版社2016年版，第342页。

① 扬之水.奢华之色——宋元明金银器研究：卷一：宋元金银首饰[M].北京：中华书局，2011:180.
② 碎金：服饰篇第十六：女服[M].故宫印万历年版.1937.

图5-90　梳高髻的贵妇（合江县博物馆藏）
图片来源：作者拍摄于合江县博物馆

图5-91　银牡丹鸾凤纹项牌[江西星子县陆家山宋代银器窖藏]
图片来源：扬之水著：《奢华之色——宋元明金银器研究》卷一《宋元金银首饰》，中华书局2011年版，第180页。

随着南宋政权的覆灭，女装大袖并未随元代的确立而迅速消失，而是按着一定的文化惯性有所延续。如《碎金》所言，元代南北分制，南方女装仍保留了南宋传统。福建省松溪县祖墩乡山元村元墓出土壁画中所绘女性墓主人即戴冠、着对襟大袖长裙，所披霞帔清晰可见（底端有帔坠），颇具宋风。但衣长已明显加长，长裙微露（图5-92）。这种元代初期南宋故地着宋服的现象在湖南沅陵元代夫妇合葬墓（元大德九年，1305）也有发现[①]。江苏吴县元代夫妻合葬墓（元大德八年，1304；延佑二年，1315）出土有金质鸳鸯莲叶纹霞帔坠子一件[②]，可见在墓主生前大袖仍在应用。但在元代晚期邹县李裕庵墓（元至正十年，1350）和苏州吴张士诚母曹氏墓（元至正二十五年，1365）所出女性服饰中均已不见大袖踪迹。汉族妇女礼服被一种称作“团衫”或“大

图5-92　着“大袖”的墓主人像（福建省松溪县祖墩乡山元村元墓）
图片来源：徐光冀主编：《中国出土壁画全集10（北京等）》，科学出版社2012年版，第214页。

① 韩志远.元代衣食住行[M].北京：中华书局，2016:65.
② 王德庆.江苏吴县元墓清理简报[J]文物，1959（11）:19.

衣”的蒙古族传统服饰所取代，“又有大袖衣，如中国鹤氅，宽长曳地，行则两女奴拽之”①，其腰身极阔、袖口极窄，袖两腋摺下，用紫罗带拴合于背②（图5-93）。汉民族重执权柄的大明王朝，“甫有天下，考定邦礼”③，宋代大袖基础形制特征得以延续（直领、阔袖），成为明代的“大衫”④。大衫在宋时原为大袖，至明称大袖衫，又简化为大衫⑤。明代大衫即后妃常服，命妇之礼服。南昌靖王夫人吴氏墓（弘治十七年，1504）出土有素缎大衫一件，“直领，宽摆，大袖。背后有三角形衣缀一片，专用于藏霞帔尾端。通袖长242厘米，袖口宽91厘米。前后衣身长短不一，前衣身长123厘米、下摆宽152厘米，后衣身长138厘米、下摆宽206厘米”⑥。大衫后摆长于前摆以及后身缀有“藏霞帔后垂之末者”的“兜子”的结构明显继承了南宋大袖的形制基因。⑦其在后衣身下摆底部与两腋下均有纽与袢的对位设定（以供行走时撩起，祭拜时放下），也明显承袭了南宋时既有的风格特色，但因明代大衫后摆长度已不再曳地，故而其纽袢“不再有实际的作用，它们只是原来大衫附件遗存的象征”。⑧明代大衫虽继承了宋代大袖的基础形制特征，但

图5-93　暗花织金绫云肩宽摆袍（私人收藏）

图片来源：赵丰，金琳主编：《黄金·丝绸·青花瓷——马可·波罗时代的时尚艺术》，艺纱堂2005年8月，第60页。

图5-94　明代素缎大衫（NJM：33）和霞帔（NJM：31）局部［南昌明代宁靖王吴夫人墓（1504）］

图片来源：江西省文物考古研究所：《南昌明代宁靖王夫人吴氏墓发掘简报》，《文物》，2003年2期，第28页。

① 赵珙撰.蒙鞑备录[M]// 全宋笔记：第七编：二.郑州：大象出版社，2016:111.

② 陈高华，史卫民.中国风俗通史：元代卷[M].上海：上海文艺出版社，2002:92.另，元代社会等级为四等，一等蒙古人，二等色目人，三等北人（原金统区），四等南人（南宋故地）。蒙古妇女称此式样的礼服为“袍”、北人曰“团衫”，南人曰“大衣”。南宋时朱熹也曾称南宋女装大袖为“大衣”，但此“大衣”非彼“大衣”也。

③ 明史卷六十五.志第四十一.舆服一[M].北京：中华书局，1997:1598.

④ 明史卷六十六.志第四十二.舆服二[M].北京：中华书局，1997:1623.

⑤ 赵丰.霞帔与大袖[J].文物，2005（2）:83.

⑥ 江西省文物考古研究所.南昌明代宁靖王夫人吴氏墓发掘简报[J].文物，2003（2）:28.

⑦ 明会典卷六一.命妇冠服·礼服[M].北京：中华书局，1989:393.

⑧ 赵丰.霞帔与大袖[J].文物，2005（2）:82.

在腰宽、袖宽、袖口宽、通袖等尺寸上均有不同程度的增幅①，尤以“A”形下摆造型最为夸张，独具朱明王朝衣装文化的特色（图5-94）。宋明大袖显著的风格差异折射出两种美学格调的变迁，由汉文化主导的“秀丽工致”向受蒙元文化影响深重的“健阔浑厚”的风格转向②。而随着满清政权的确立，大袖服制彻底退出了历史的舞台。南宋女装大袖形制风格的流变特征见图5-95所示。

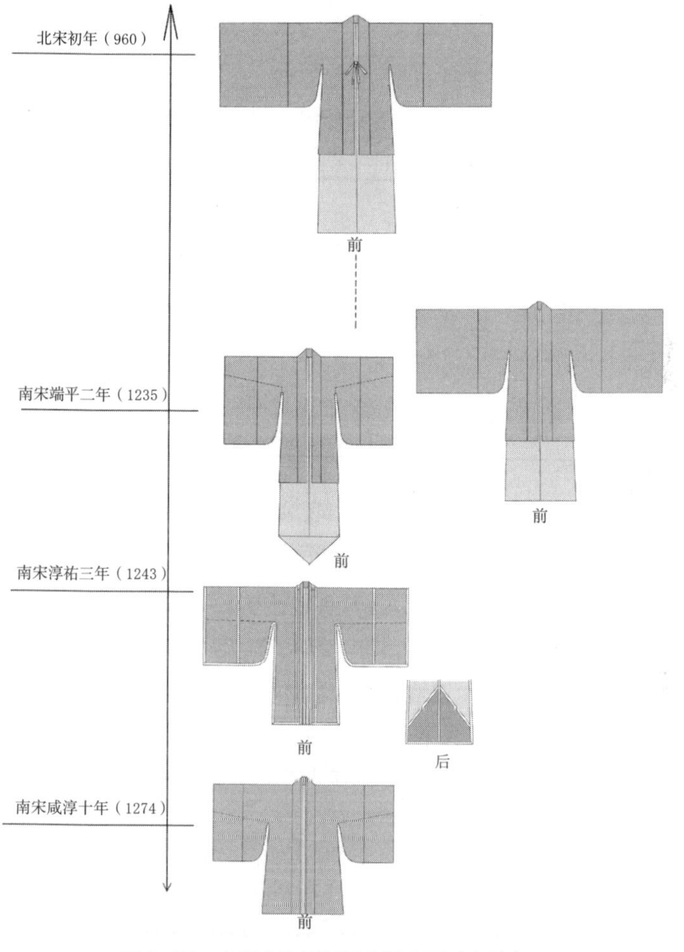

图5-95　宋代大袖形制风格流变图（自绘）

① 以南昌靖王夫人吴氏大衫为例，其通袖242厘米，腰宽68厘米，下摆宽152/206厘米，袖宽40厘米，袖口宽91厘米，而南宋女装大袖的对应尺寸为通袖148—220厘米，腰宽46—61厘米，下摆宽54—84/54—84厘米，袖宽31—37厘米，袖口宽66—76厘米。两者相比较，明代大衫尤以下摆、袖口宽度尺寸增幅最多，风格更趋褒博。

② 小岛毅.中国思想与宗教的奔流:宋朝[M].何晓毅，译.桂林:广西师范大学出版社，2014:351.日本学者杉山正明亦认为“明帝国继承了蒙古国和大元兀鲁思多方面的遗产，始终处于其浓烈的影响下。遗产和影响涉及国家、政治、社会、经济、文化各个方面”，只不过“出于政权的立场，对蒙古以‘胡元’等相称以示蔑视，标榜自己为中华”。详见：杉山正明.疾驰的草原征服者:辽西夏金元[M].乌兰，乌日娜，译.桂林:广西师范大学出版社，2014:337.

五、小结

南宋女装形制的“变古”发展，不仅表现为形制式样的奇巧创新，还体现在形制尺寸的峭窄化嬗变上。就常态而论，款型式样的变迁虽更受关注，但尺寸规格仍为构建服装风格的重要一翼。服装规格历来为统治阶级所看重，“乃命有司，具饬衣裳：文绣有恒，制有大小，度有长短；衣服有量，必循其故；冠带有常”。历代舆服制度中，亦有对服装式样与尺寸的双重规定。在古代中国社会的汉民族服饰系统中，服装的形制尺寸常具有文化的规约性，这种平衡一旦被打破，则被斥为服妖之异端，为正统观念所不容。而南宋女装形制语言的“变古”发生，在很大程度上正是通过形制尺寸的持续改变方得以实现的。

自晚唐五代以来“宏旷漫散”的女装风尚，经北宋前、中期的过渡，至北宋后期向“疏阔宽适”之风渐进发展。较前、中期而言，女装袖口明显紧缩，但袖宽、腰宽尺寸皆疏阔可观，仍属直线型宽衣风格，具有北方文化的雄浑特色。靖康之难，宋廷南迁。宋金战火连绵，动荡的社会变局带来着装观念的改变，“求简从便”思想风行上下。服装的机能性受到格外的关注，南宋女装的简约化进程以女装尺寸的大幅度削减为显著标志。

南宋前期（1127—1162）女装向“峭窄化”转型。表现为横向宽度尺寸的紧缩化演变，胸宽、袖宽、袖口宽同步缩减，服装造型一改北宋传统，走向秀丽纤巧之风。裙背与衫裤仍为日常装扮的主导。长及脚踝的背子，洒脱放达的新样——裆裤，成为显著的时尚要素。流行始自宫掖，而不断为活跃的下层民众所仿效。南宋中期（1163—1224）历经了半个世纪之久的承平，自前期而兴的女装的“峭窄化”新变，在南方型优雅精致的审美趣味的浸润下，得以承续深化。裙背、裤背、衫裤，多元品类，灵活组配，从宫廷而流播都城内外。背子仍保持狭长的造型范式，通服于贵家女眷及乐伎女侍。背子与裆裤的另类组合，打破了衫裤的等级传统，使裤装地位明显提升。开放的时髦裆裤风靡上下，在乡间村妇中已广为普及。与南宋中期同时段，金国统治区北宋故地内（河南、山西等地）女装风格多显宽适，且趋于封闭，体现了北宋传统与女真习俗杂糅并济的文化样态，但亦闪现南宋风调的渗透及影响。南宋后期（1125—1279）蒙元势力对南宋政权造成挤压，烽烟再起。受战争环境的影响以及南方审美文化的持续发酵，女装向更趋“简约化”的风格演进。表现为继南宋前、中期女装横向宽度尺寸的持续紧缩后，又于纵向长度尺寸上减缩递变：衣长、袖长、裙长、裤长同步削减，女装风格更显轻便利落。伴随女性生活常服的日趋简约化，礼服大袖的形制语言也向“世俗化”方向靠拢。以工艺为手段，完成了大袖的便身化改造（外阔内狭、纽扣系挂、等裾式）。南宋女装形制风格的简约化取径，是社会环境与时代审美等诸多因素的合力塑造。无论南宋女装的峭窄、轻盈之变达到何种程度，其仍为中华古典直线平面构成法这一悠久文化传统所规约，此可谓“恒中有变，变中守恒”之道也。

第六章

南宋女装形制语言的「胡化」及二元互逆

南宋日常女装形制风格的“峭窄化”新变带来了中华女装造型发展史上以汉民族为主体的窄衣文化的高峰，其持续时间之久为历史所鲜见。女装形制语言的“峭窄化”程度之甚，似乎游离于这个12世纪的儒教国家的整体文化语境之外，尤其是在宋金政权对峙、汉民族主体意识尤为强烈的特殊历史阶段。[①]女装在形制式样上继承汉民族的服饰造型基因，凸显汉文化的主导力，但在形制尺寸上，又完全颠覆了儒家文化所推崇的“褒衣博带”的审美理想，向“峭窄化”风格转向。南宋女装在形制语言上表现为日趋“胡化”的倾向，既与褒博儒雅的本族男装背道而驰，又与胡族女装的“汉化”风格二元互逆，颇具历史文化深意。

南宋（1127—1279）作为汉民族政权的国家形态，处于较为复杂的国际局势中。前、中期与周边少数民族政权如金、西夏、大理、吐蕃成比邻之势，军事摩擦时有发生；而在发展后期，南宋又不得不面对13世纪初兴起的大蒙古国所施加的军事压力。综合而论，在与周边少数民族关系中，南宋与金交往最为紧密，互为“南北朝”。二者在服饰文化上的影响与借鉴最为显著，而这种互动交流以主动或被动的方式得以推进。当双方政权矛盾缓和时，外交互访及贸易往来趋于频繁，服饰文化上的渗透及影响多有发生。当双方政权矛盾激化时，社会群体之间的服饰互鉴则被明令禁止，统治者都试图在服饰上清除对方造成的文化影响。从宋金服饰禁令可见，南宋所禁绝的“虏俗”衣装及“归正人”胡服[②]，当具有鲜明的女真特色；而金国统治者所着力防范的“南人衣装”[③]，自有南宋风调的汉族特色。衣冠服饰无疑具有民族文化标签的政治意义。宋金双方在服饰上的“南北之辨”始终根植于国家意识形态之中，是民族本位思想的外在投射。胡汉政权双方无论以何种方式对服饰文化的渗透加以阻拦，都无法磨灭彼此文化所留下的深刻印痕。

---

① 库恩.儒家统治的时代：宋的转型[M].李文锋，译.北京：中信出版社，2016:2.

② 历代名臣奏议卷一百二.礼乐[M]//文渊阁四库全书：第436册.台北：台湾商务印书馆，1986:390.宋史全文（七）卷二四上.宋孝宗一[M].北京：中华书局，2016:1980.

③ 金史卷八.本纪第八.世宗下[M].北京：中华书局，1997:199.

一、女装形制语言的“胡化”

（一）尺寸紧缩

南宋女装呈现出的峭窄化，属于少数民族“窄衣”文化的造型范式。此现象在汉民族服饰文化传统中极为罕见。从纺织考古提供的服装标本数据看，南宋女装在宽度、长度的取值上达到极致化。如南宋背心品类，极具贴身之势，腰（胸）宽取值仅在40厘米至45厘米之间，十分精致小巧。使用频度极高的时尚女衫，最小胸宽取值仅42厘米，达到贴体的极限程度。而袖宽最小取值为13厘米，为历代少有；袖口最小者8厘米，近乎剪裁的极限。这些形制尺寸的设定，即便在现代紧身型女装中也很少触及。与上衣同步，南宋女装裤长、裙长的取值也为历史最低。较之“华夷之辨”色彩浓烈的褒博男装，南宋女装表现出“胡风”鲜明的峭窄特色。

由服装形制的宽窄、长短而引发的关于民族身份的思考长存于宋人的思想深处。早在北宋时期，沈括即言，“中国衣冠，自北齐以来乃全用胡服。窄袖绯绿短衣、长靿靴，有蹀躞带，皆胡服也。窄袖利于驰射，短衣、长靿皆便于涉草”。[①]南宋时朱熹也将窄袖视为“华夷之辨”的标志，“唐初年服袖甚窄，全是胡服”[②]。在宋人心中，将服装形制的“窄”或“短”视为胡服的显著特征。但对于南宋女装，社会主流意识并未因形制窄小，而将其归入“虏俗”之列。相反，南宋世人对窈窕的女装风尚倍加追捧，并赋予无限赞赏。

大量清新隽永、意趣卓然的南宋词显示出南宋文人社会对女性衣衫窄峭之风的溢美之情：从两宋之交的“藕丝衫剪轻红窄”（王之道《菩萨蛮》）、“雾縠衫儿袖窄”（袁去华《金蕉叶》），到南宋时期的“墨绿衫儿窄窄裁”（黄机《浣溪沙》）、“衫儿贴体绉轻红”（卢炳《鹧鸪天》）。显然，“窄”“轻”“短”已成为南宋女装时尚的重要审美特征。与对待男子胡服的态度不同，宋人对女装世界所流露的异域风情给予了极大的包容，“茸茸狸帽遮眉额，金蝉罗翦胡衫窄，乘肩争看小腰身”（吴文英《玉楼春》）。从这些南宋词人的生平年代可以看出，对峭窄之姿的推崇自南宋初期一直延续至南宋晚期，而畅行不衰。“汉法剪裁”与“胡俗尺度”相融共济，成为南宋女装既立足民族传统又变革创新的文化特色。

对南宋女装这种“胡汉”兼容的文化现象，可以引用包伟民的一句话加以解释，“在文化心态的层面，更多的是回归汉风，而在物质层面上，可以很自由地接

① 沈括.梦溪笔谈全译[M].金良年，胡小静，译.上海：上海古籍出版社，2013:4.
② 朱子语类卷第九十一.礼八·杂仪[M].北京：中华书局，1986:2328.

收外来的因素，这种特征也一直延续到后代，最典型的表述就是近代的‘中学为体，西学为用’”。[①]胡汉两种文化因素融合的结果，产生出一种渗透或重叠后的新的文化形态。这种“交互文化”[②]，产生出一种与汉式传统审美相异，但又并非完全胡样的新的服饰形态，而这种改变则是通过服装形制尺寸（胸宽、袖宽、袖口宽）的紧缩得以实现的。由于两种文化的彼此调和，南宋女装风格并非因袖式、腰身的一味窄小而被斥为胡装，其因坚执与男装同步的汉式剪裁方法，仍从属于正统服饰的文化序列。

（二）式样仿效

1. 旋裙之便

较之形制尺寸的“胡化”日甚，南宋女装在形制式样上亦并非完全恪守传统，其中也不乏独具少数民族服饰文化基因的服饰品类。在南宋女性下装系统中，时尚的裆裤、实用的开裆裤具有汉民族显著的文化特色，前者为宋人之创变，而后者则据古典式样而来，且在宋人的审美推动下有所演变和发展（局部结构的异变），唯旋裙具有鲜明的胡文化特色。《江邻几杂志》载，番俗“妇人不服宽裤与襜，制旋裙必前后开胯，以便乘驴。其风闻于都下妓女，而士人家反慕效之，曾不知耻如此”。[③]这种来自番邦，自北宋中期流行，前后开衩便于活动的裙式为活跃于市井的妓女群体所好尚，旋即为上层女性所效习，逐渐流行开来。在南宋后期的东南地区，旋裙由于其灵活方便的特点，盛行程度甚至超越了古典式样的褶裙。如福州南宋黄昇墓（淳祐三年，1243）所出女裙21件，其中旋裙就占到19件，褶裥裙仅有2件[④]，可见前者的流行程度之甚。

旋裙由上下交叠的两片布料组成，上系腰带。于身体围拢后，在前后身侧形成自然的活动开衩，便于乘骑。传统汉民族的单片裙立体成型后，仅有一个交叠的活动搭门，而作为两片式的旋裙，立体成型后会提供两处活动开衩，从而极大提高了女性外出骑乘的方便性。[⑤]旋裙在南宋的大肆兴起，应与女性日益拓展的社交空间有着内在的关联。这种因面料重叠而产生的隐匿的开襟效果（于活动时打

① 包伟民.宋代社会心理巨变："白面书生"成大众情人[EB/OL].北京青年报，2012-01-17.http://www.chinanews.com/cul/2012/01-17/3611646.shtml.

② 伯克.文化杂交[M].杨元，蔡玉辉，译.南京：译林出版社，2016:71.

③ 江休復.江邻几杂志[M]//全宋笔记：第一编：五.郑州：大象出版社，2003:150.

④ 福建省博物馆.福州南宋黄昇墓[M].北京：文物出版社，1982:70.

⑤ 虽然南宋时期随着等级制度的松动，檐子（轿子）成为女性出行的主要方式，通用于士人阶层，但旋裙作为一种更为便捷的衣装仍然被南宋女性广为使用。

开），是少数民族服装形制语言的惯用方式，如辽代契丹男女通用的长袍就具有后缺胯或左右开衩的结构特征，[①]金齐国王墓出土的男女金锦绵袍的后腰处亦有隐匿的缺胯设计。[②]胯为两腿之间，缺胯袍也就是服装下摆在两腿之间开衩（图6-1）。这种缺胯的方式开始于北朝时期，主要是为了便于骑马[③]。旋裙则承续了胡文化中开胯的结构传统，与辽、金时期流行的开胯袍有异曲同工之妙。旋裙之尚虽发端于北宋，但却在南宋后期达到使用的高峰期。宋人保留了旋裙便于活动的形制特点，但在服装材料上并未尽效胡俗，摒弃了辽金文化崇尚的厚重织锦，代之以轻薄通透的提花纱罗，并在周边镶嵌精美的印金花边装饰，典雅美观，具有实用和审美的双重功效。旋裙与辽金开胯袍结构比较见图6-2。

图6-1 袍的后缺胯结构（紫地云鹤金锦绵袍后背）（金齐国王墓女袍，1162）

图片来源：赵评春等著：《金代服饰——金齐国王墓出土服饰研究》，文物出版社1998年版，彩图版一二八。

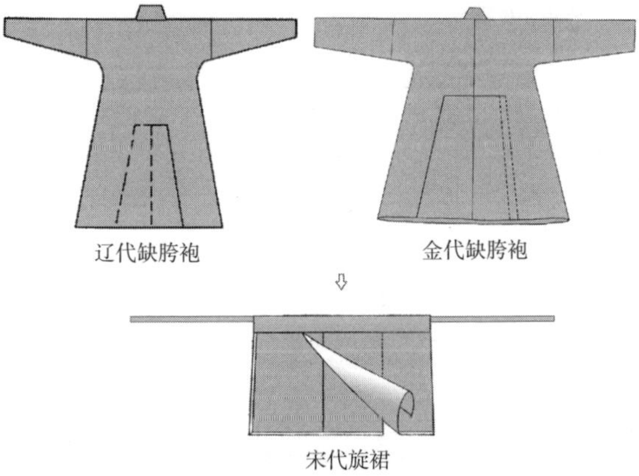

图6-2 辽金缺胯袍与宋代旋裙开衩部位比较

1. 辽代缺胯袍：紫罗袍

图片来源：赵丰著：《辽代服饰》，沐文堂美术出版社2004年版，第182页。

2. 金代缺胯袍：紫地云鹤金锦绵袍

图片来源：赵评春等著：《金代服饰——金齐国王墓出土服饰研究》，文物出版社1998年版，第29页。

3. 宋代旋裙：黄褐色绢印靛蓝小点花裙65⑥

图片来源：福建省博物馆编：《福州南宋黄昇墓》，文物出版社1982年版，第15页。

---

① 赵丰.辽代丝绸[M].香港：沐文堂美术出版社，2004:184-185.

② 赵评春，等.金代服饰——金齐国王墓出土服饰研究[M].北京：文物出版社，1998:29.

③ 赵丰.辽代丝绸[M].香港：沐文堂美术出版社，2004:184.

2. 高靿袜的变通

高靿袜为南宋女性日常服饰品类，但其使用似乎并不普遍，[①]仅江西德安周氏墓出土三双（另外四双为矮靿），其余三座墓葬所出均为常见的矮靿袜。周氏高靿袜的形制特征为三段式，圆跟，脚尖上翘，上端系带。长40厘米，筒宽12厘米至13.5厘米，脚尖到脚跟长17厘米，带长22厘米[②]。就整体造型而言，与少数民族“吊敦”的形制特征大体契合。

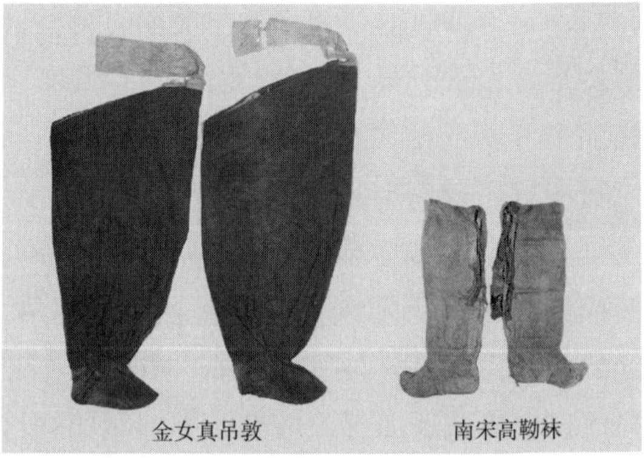

图6-3　金女袜与宋女袜形制狭阔比较

1. 金女真吊敦：绛绢绵吊敦

图片来源：赵评春等著：《金代服饰——金齐国王墓出土服饰研究》，文物出版社1998年版，彩图版一五八。

2. 南宋高靿袜：金黄色罗长筒袜

图片来源：周迪人等著：《德安南宋周氏墓》，江西人民出版社1999年版，彩图四8。

吊敦，又称钓墪，起源于早期的匈奴文化，形制似今日的长筒袜，但造型较为宽松，长度及膝，以吊带加以辅助固定。在北宋语境下，吊敦属辽国契丹人的服饰，是少数民族的身份标识。吊敦实物在金齐国王墓（金大定二年，1162）中有所发现，其形制式样与南宋高靿袜有相通之处，但细部结构存在差异。女性墓主人出土吊敦两件，袜底长度与宋袜趋同为20厘米至23厘米，但袜筒的高度和宽度却与宋袜形成巨大反差，袜高为76.5厘米至85厘米，筒上口宽达39厘米至44厘米[③]，金袜宽疏阔大，而宋袜尽显峭窄纤秀，二者狭阔效果的比较见图6-3所示。

吊敦一词频繁出现于宋代历史的文本书写中，无论是官方的屡次禁绝还是民间的潮流践用，都折射出胡服吊敦在宋人衣装生活中的渗透力。北宋晚期政和二年（1112）和政和七年（1117），都曾颁布禁令，“诏敢为契丹服若毡笠、钓墪之类者，以违御笔论”。[④]在北宋统治者的观念中，吊敦为不折不扣的政治劲敌契丹之服，应在严格管控的禁服之列。其三令五申地加以禁绝，则昭示出吊敦在宋代社

① 高靿袜在南宋士人阶层使用较为普遍，南宋中期浙江黄岩赵伯澐墓（1216）和江苏金坛周瑀墓（1261）均出土有高筒袜，筒高在35—48厘米左右，形制与女袜趋同，材质有单夹之别。

② 周迪人，等.德安南宋周氏墓[M].南昌：江西人民出版社，1999:11.

③ 赵评春，等.金代服饰——金齐国王墓出土服饰研究[M].北京：文物出版社，1998:33-34.

④ 宋史卷一百五十三.志第一百六.舆服五[M].北京：中华书局，1997:3577.

会的泛滥之甚。沈从文先生对此有精辟的阐释，“‘吊敦’一作‘钓墪’，在宋代为奇装异服”“但据一再禁令看来，却可推想当时至少在中下层社会必已相当流行，习为风气，还影响到社会中上层”。[①]禁令之多“说明违禁者极多，大有无法禁绝之势”。[②]河南偃师酒流沟宋墓出土杂剧人物砖刻中有“丁都赛”的形象，短巾、窄袍、吊敦、束带等服饰，与《东京梦华录》所述“结束如男子，短顶头巾，各着杂色锦绣捻金丝番段窄袍，红绿吊敦束带”的人物形象完全吻合[③]。宋代传世绘画《杂剧人物图》中，两女角中有一人，头戴裹巾，身着窄衫，膝下着网状长袜，足着弯弓短统靴，吊敦的直观形象甚为清晰。可见吊敦在北宋下层女性中多有出现。沈从文认为宋人衣着特别值得一提之处，除了妇女高髻大梳外（北宋流行），就是下身不着裙只着长筒袜裤的“吊敦服”。在杂剧人物图中，还经常可以看到这种外来衣着形象[④]。

南宋周氏墓出土的高靿袜应从北宋吊敦发展而来，朝廷命妇仍在使用，但并不普遍，似表现出区域化特色。深入观察周氏墓所出高靿袜的形制特点，其与黑龙江阿城金齐国王墓所出女真风格的吊敦存在形制构成的显著变异：袜靿变短，袜筒变窄，袜口变平，带位调整，袜型上翘等。南宋高靿袜继承了少数民族吊敦的基因（袜裤相连），但又根据自身的生活方式、穿着习惯加以灵活变通。周氏高靿袜一般穿于开裆裤之外，再外罩长裙，足下穿尖形翘头弓鞋。由于南宋以来妇女缠足之风日盛，为掩盖裹脚布的层叠参差之陋，套着一双全足式袜裤，确实具有美观雅致的装饰效果。由此不难看出，宋人对吊敦这一外来事物采取了因地制宜的接受态度，从自身生活方式出发，对其形制结构加以变通和调整，体现出胡俗在南宋本土融合发展的文化特色。

二、“女真”女装的“汉化”转型

在南宋女装文化向着峭窄化、轻盈化方向发展之即，与南宋鼎足而立的大金国，女真族统治阶级的服饰，其汉化程度却日益加剧，女装尤为明显。与南宋女装二元对立，女真女装日趋宏旷漫散。两族女装，在形制语言上发生了文化的逆转——汉族峭窄，而胡族褒博，“华夷之辨”的传统判断标准遭到颠覆。

---

① 沈从文.中国古代服饰研究[M].上海:上海书店出版社，2002:439.
② 刘复生.宋代衣服变古及其时代特征——兼论服妖现象的社会意义[J].中国史研究，1998（2）:88.
③ 孟元老.东京梦华录[M].北京:中州古籍出版社，2010:134.
④ 沈从文.中国古代服饰研究[M].上海:上海书店出版社，2002:8.

（一）原初的“纯实之风”

发展初期的女真人服饰尚具有浓郁的民族特色，体现纯实之美。女真族不同于游牧民族的契丹，是住在森林地带，讲通古斯语的渔狩、农耕民，也从事游牧和军事活动。其血统可上溯至被耶律阿保机摧毁的渤海国，与高丽国也有很近的关系。[①]女真族原附属于辽，自金太祖（完颜阿骨打）收国元年（1115年，宋徽宗政和五年）建国为金，至末帝（颜完承麟）天兴三年（1234年，南宋理宗端平元年）灭亡，先后共120年。“金俗好衣白，辫发垂肩，与契丹异。（耳）垂金锁，留颅后发，系以色丝。富人用珠金饰，妇人辫发盘髻，亦无冠。自灭辽侵宋，渐有文饰。妇人或裹“逍遥巾”，或裹头巾，随其所好，至于衣服，尚如旧俗。上产无桑蚕，惟多织布，贵贱以布之粗细为别。贫富皆皮衣御寒。又以化外不毛之地，非皮不可御寒，所以无贫富皆服之。……至妇人衣，（曰）大袄子，不领，如男子道服。裳曰锦裙，（裙）去左右，各阙二尺许，以铁条为圈，裹以绣帛，上衣单裙笼之。”[②]黑龙江阿城金代亚沟石刻提供了早期女真人衣着的图像资料。所刻一男一女，如夫妻并坐，男子头戴战盔，着圆领窄袖短袍，外罩披风，扶靴持剑，神情英武。女子为娴静安详，戴软帽（有飘带），衣左衽，窄袖衣，袖手，两腿盘坐（图6-4）。据郭长海考证，此石刻为金世宗大定二十五年（1185）作，是金太祖完颜阿骨打和宣献皇后仆散氏在“开国大典”上的“御容像”[③]。金世宗面对奢靡日寖、汉化严重的女真社会，为缅怀“纯实之风”的先辈传统，将开国太祖容像刻于悬崖之巅永世铭记。图中所反映的皇后形象，素俭淳朴，服饰似为大袄子与锦裙搭配式样。

左：宣献皇后仆散氏　右：金太祖完颜阿骨打

图6-4　阿城亚沟金代摩崖石刻

图片来源：“亚沟摩崖石刻”，360百科，https://baike.so.com/doc/6660314-6874135.html

金国至熙宗皇统时期，服饰风尚仍较为淳朴。宋臣洪皓出使金国被滞留十五载，至皇统三年（1143）才得返南宋，其在《松漠纪闻》中记述，“北方苦寒，故

① 杉山正明.疾驰的草原征服者：辽西夏金元[M].乌兰，乌日娜，译.桂林：广西师范大学出版社，2014:246.

② 宇文懋昭.大金国志[M].济南：齐鲁书社，1992:287-288.

③ 张育新.阿骨打俯瞰金都800年[EB/OL].新晚报，2006-07-04.http://news.sina.com.cn/c/2006-07-04/00249361807s.shtml.

多衣皮。难得一鼠，亦褫皮藏去。妇人以羔皮帽为饰，至直十数千，敌三大羊之价不贵”[①]，可见金国在定都上京时，女真人尚保持以皮毛为衣料的民族传统，丝绸的使用尚少。金熙宗的继任者海陵王完颜亮，对汉文化极度推崇，其“见江南衣冠文化，朝仪位著而慕之”[②]。在海陵王的极力推动下，随着帝国权力中心的南移（迁都燕京），配合一整套汉式宫廷礼仪的运行，女真人加快了汉化的脚步。

（二）演变中的“褒博之象”

金世宗和金章宗时期，为金国发展的全盛时期。世宗章宗之世，儒风丕变，庠序日盛[③]。女真人在保有自身特点的同时习汉俗礼仪，仿宋人衣冠。金朝服制从立国之初，至章宗明昌年间（1190—1196）经过多次修订才制定完成。世宗大定年间（1161—1189）定官民衣服制度，章宗明昌时又定“衣服通制”[④]，出于民族立场的考虑，在不可遏制的汉化进程中，统治者又竭力推广女真服饰，强化必要的民族特征。“妇女服襜裙，多以黑紫，上编绣全枝花，周身六辟积。上衣谓之团衫，用黑紫或皂及绀，直领，左衽，掖缝，两旁复为双辟积，前拂地，后曳地尺余。带色用红黄，前双垂至下齐。年老者以皂纱笼髻如巾状，散缀玉钿于上，谓之玉逍遥。许嫁之女则服绰子，制如妇人服，以红或银褐明金为之，对襟彩领，前齐拂地，后曳五寸余。”[⑤]可见，女性服饰在形制上仍保有“左衽”这一重要少数民族特征。服装的衽式是华夷之辨的重要标志，孔子曾言：“微管仲，吾其披发左衽矣”，流露出汉民族将“左衽”视为蛮夷的立场。而女真人也将左衽作为有别于汉族的标志[⑥]。女真服饰早期受到辽国契丹女装的影响[⑦]，加之女真人中期以来汉化程度日甚，故而女装宽博之象日趋明显，如女团衫衣长呈雍容拖裾之势，颇具汉风。宋人范成大于乾道六年（1170）出使金国，所见胡妇“衣金缕鹅红大袖袍”[⑧]；宋人周煇于淳熙三年（1176）使金，入境，乃见“男子衣皆小窄，妇女衫皆极宽

---

① 洪皓. 松漠纪闻卷二[M]// 文渊阁四库全书：第407册. 台北：台湾商务印书馆，1986:705.

② 宇文懋昭. 大金国志[M]. 济南：齐鲁书社，1992:105.

③ 薛瑞兆. 金代艺文叙录：上[M]. 北京：中华书局，2014:1.

④ 朱瑞熙，等. 宋辽西夏金社会生活史[M]. 北京：中国社会科学出版社，1998:29.

⑤ 金史卷四十三. 志第二十四. 舆服下[M]. 北京：中华书局，1997:985.

⑥ 学者邢义田认为，少数民族对左衽文化的认同，是“被逼出来的文化认同符号”。少数民族本对服装的衽式没有深层的文化概念，“但一旦入主中原，面对讲究衣衽的华夏士大夫，衣衽的左右确实成为一个话题”，“出于较强的文化对抗意识，刻意要去强调一些和华夏相反，却又不见得是自己原来拥有的象征符号”。详见：邢义田. 立体的历史－从图像看古代中国与域外文化[M]. 台湾：三民书局股份有限公司，2014:87-101.

⑦ 北宋人路振于大中祥符元年（1008）出使契丹，《乘轺路》所记辽皇帝耶律延禧身着汉服黄纱袍，而皇后则胡服，“冠翠花，玉充耳，衣黄锦小褧袍，束以白锦带。方床累茵而坐，以锦裙环覆其足”。可以看出，女真人立国时皇后的衣着与辽国皇后相仿，体现了早期女真人对契丹文化的借鉴。

⑧ 范成大. 揽辔录[M]// 宋代日记丛编. 上海：上海书店出版社，2013:798.

大”[①]。可见，金世宗大定年间金国女真女装与窄身的男装已分野明显，式样极为宽博。值得注意的是，女真服饰虽形制尺寸上凸显汉风，但在形制式样上，仍以“左衽”衣襟为民族标志，而衫、裙上凸显的辟积（褶皱）结构，则是少数民族服饰便于活动的功能化体现。

金世宗时期的女真服饰在黑龙江省阿城市巨源乡金齐国王墓有所发现。墓主人为金国齐国王完颜晏，金代贵族，金世宗朝官至右丞相，官爵显赫。陪葬女子身份不详，为殉葬性质。墓葬年代约为金世宗大定二年（1162）。墓中男女服饰用料精美，做工考究，大量锦、罗、绢等丝织物的使用，证明丝绸已成为女真贵族的大宗衣料。男女袍服，皆为织金锦裁制，左衽、窄袖，后衣摆处有缺胯设计，便于活动，其款式尚保留鲜明的女真服饰特色。男女短衫亦具有直领左衽的特点。男女墓主人各有两件金锦袍和两件短衫[②]，将二者袍服尺寸加以比对，发现女性外袍“紫地云鹤金锦绵袍”的胸宽尺寸达88厘米（全胸围176厘米），下摆宽122厘米，而男性外袍“紫地金锦襕绵袍”胸宽为66厘米（全胸围132厘米），下摆宽74.5厘米，以纺织实物印证了史料中女装“阔”于男装的记载（图6-5）。女袍和男袍衣长尺寸趋同，分别为142厘米和140厘米，女子身高155厘米至158厘米，明显矮于男子的167厘米至173厘米[③]，立体穿着后呈曳地之姿，此外袍当为《金史》中记载的女用“团衫”。另外，同墓出土的女裙“褐绿地全枝梅金锦绵襜裙”，亦与史料所言一致。该裙高腰式，上窄下宽，裙身前、后各有三对叠褶，上遍绣花卉纹，符合《金史》中“妇女服襜裙，上编绣全枝花，周身六辟积”的形制特征[④]，可见此裙为女真女子生前的常服襜裙（图6-6）。此襜裙尺寸较为宽松，腰宽52厘米，下摆宽127厘米，裙长128厘米，腰高28厘米，裙子上身后亦呈拖曳之势。该裙高腰式的特征与汉族女裙不同，体现了“塞外苦寒”的恶劣环境下少数民族对身体的防护。此外，同墓出土的女性大口开裆裤，其高腰、脚登带等结构

---

① 周煇.北辕录[M]//宋代日记丛编.上海：上海书店出版社，2013:1134.

②《金代服饰——金齐国王墓出土服饰研究》一书作者在“出土服饰性质”一节认为，男女锦袍尺寸规格几乎一致，“四袍均按金齐国王体材缝制，女性所服之内外袍，原均属男服”。此结论值得商榷。女外袍胸宽88厘米（合胸围176厘米），远远大于男子外袍66厘米（合胸围132）的胸宽，全胸围二者相差44厘米之巨，接近半米，可见二者尺寸规格差异显著。且男女外袍形制不同，女袍为交领左衽，符合史书记载，男子则采用少数民族男子常用的盘领左衽式样。无论是尺寸、式样，还是“阔”于男装的风格特色，女袍均与史料吻合。女性内袍胸宽（61厘米）略小于男性内袍胸宽（66厘米），则出于实际生理体征的差异。诸如大口裤、裈、抱肚等内衣也是女性较窄，男性较阔。可见内衣取值依据生理结构，而外衣取值则完全依据审美风格的需要，突出时代特色。此外，男女袍服的下摆设计也有所分别，女袍A字效果明显，男性较为平直，两件女袍下摆与胸宽的差值分别为22.7厘米、34厘米；而两件男袍下摆与胸宽的差值分别为11.3厘米、14.5厘米，显然这是男女装造型风格分化所致。综上而论，金齐国王墓具有性别分明的各自服饰系统，而不是女性穿着“男装”。

③ 赵评春，等.金代服饰——金齐国王墓出土服饰研究[M].北京：文物出版社，1998:49.

④ 金史卷四十三.志第二十四.舆服下[M].北京：中华书局，1997:985.

同样具有游牧民族的特征（开裆似受汉族裤式影响）（图6-7）。所出裤袜吊敦，同样保留了女真民族服饰的传统特色（图6-8）。此吊敦常为宋人所仿效，在政治干预下甚至成为汉族的禁服。金齐国王墓出土的女性服饰是女真风俗逐步走向汉化的初级阶段呈现出的真实样态，其形制结构上仍较多保留有少数民族的风俗特征，如左衽、缺胯、高腰、脚登带等，只是形制尺寸日趋宽博化。衣长、胸宽、袖宽等尺寸与南宋女装形成巨大反差，其外袍88厘米的胸宽尺寸比南宋女装最大胸宽者61厘米超出甚多（南宋女装胸宽最小者仅41厘米，均值48厘米），与南宋后期的男装阔度亦可等量齐观。女真女袍88厘米的胸宽与北宋晚期以“疏阔宽适”为特征的女装胸宽（74.5厘米至88厘米）又恰好相仿[①]，其褒博程度堪比汉俗。女真女性的内穿之衫袖式虽相对较窄，但整体造型同样具有宽疏肥阔的特点，其与北宋女衫风格趋同，而与南宋峭窄的女衫风格形成鲜明对比（图6-9）。在女衫的取材上，女真人已不像外袍那样采用少数民族喜爱的织锦，而是选用南宋时期颇为流行的薄透纱罗，服装材料上也已浸染宋风。可见，在女真政权发展初期，女装在形制式样上虽恪守本土传统，但形制尺寸及衣料选材皆已日趋汉俗，形成了“胡汉杂糅”的服饰文化特色。

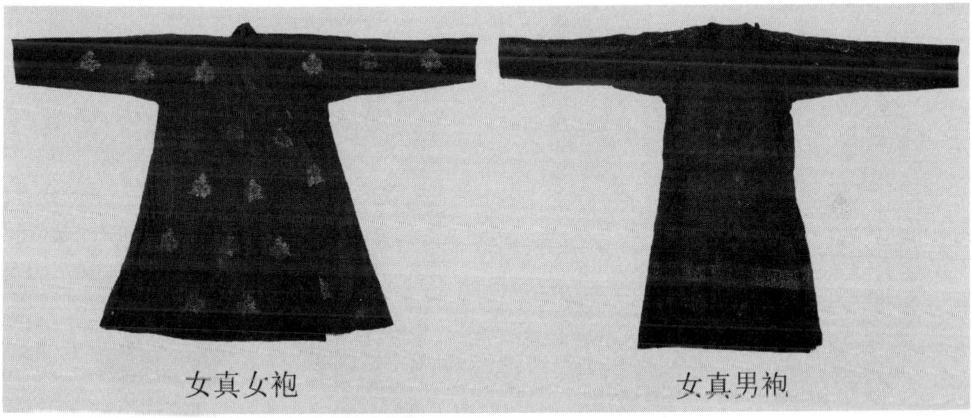

图6-5　女真女袍与男袍形制狭阔比较

女袍：紫地云鹤金锦绵袍　男袍：紫地金锦襕绵袍

图片来源：赵评春等著：《金代服饰——金齐国王墓出土服饰研究》，文物出版社1998年版，彩图版三〇，一二四。

① 郝胜利.安徽南陵铁拐宋墓发掘简报[J].文物，2019（12）:41.

图6-6　褐绿地全枝梅金锦绵襜裙（黑龙江金齐国王墓）
图片来源：赵评春等著:《金代服饰——金齐国王墓出土服饰研究》，文物出版社1998年版，彩图版一四四

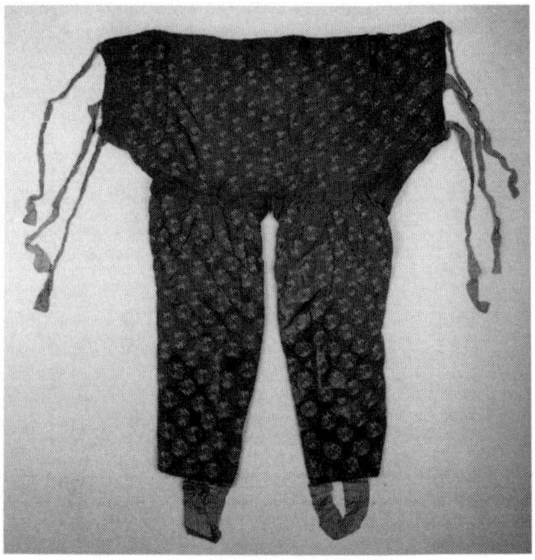

图6-7　暗花罗萱草团花绣绵大口裤（黑龙江金齐国王墓）
图片来源：赵评春等著:《金代服饰——金齐国王墓出土服饰研究》，文物出版社1998年版，彩图版一六〇。

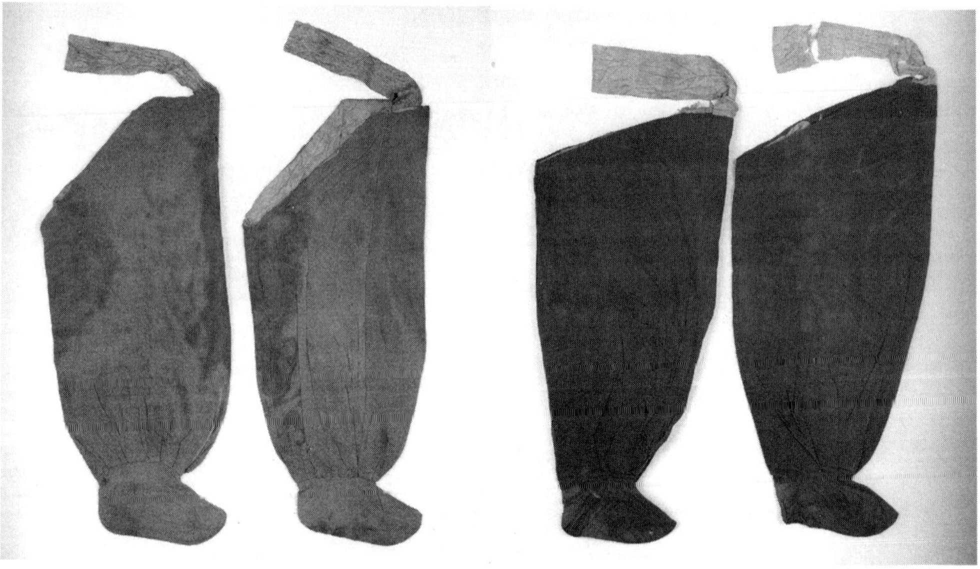

左：棕黄小朵暗花罗绵吊敦　右：绛绢绵吊敦
图6-8　女真女子吊敦（黑龙江金齐国王墓）
图片来源：赵评春等著:《金代服饰——金齐国王墓出土服饰研究》，文物出版社1998年版，彩图版一五八、一六五。

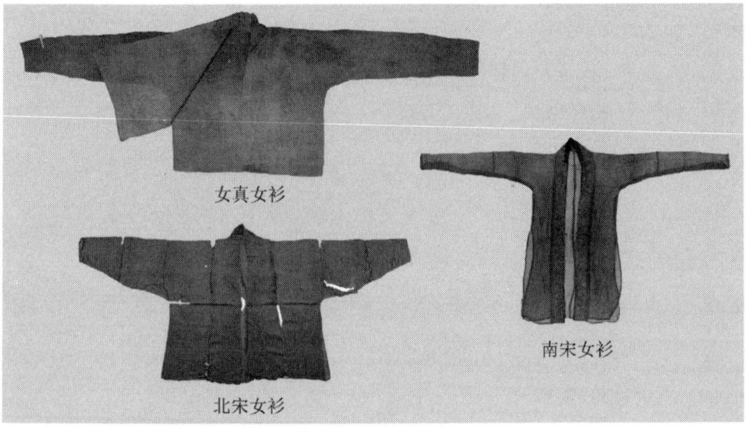

图6-9　金、北宋、南宋女衫形制狭阔比较

1. 女真女衫：黄朵梅暗花罗团衫

图片来源：赵评春等著：《金代服饰——金齐国王墓出土服饰研究》，文物出版社1998年版，彩图版一五〇

2.. 北宋女衫：窄袖“褙子”（M1:174）（应为衫）

图片来源：安徽省文物考古研究所：《安徽南陵铁拐宋墓发掘简报》，《文物》，2016年第12期，第47页。

3. 南宋女装：镶绣边纱罗窄袖“上衣”（应为衫）

图片来源：福州市文物管理局：《福州文物集萃》，福建人民出版社1999年版，第78页。

继海陵王、金世宗的汉化政策后，后继者金章宗表现得更为彻底，在其倡导下，女真贵族研习汉文化成为风气。章宗鼓励女真屯田户与汉族通婚，加速了民族的融合。[①]在服饰上，金国采用南宋官服制度后，在北方的女真官僚也改穿宋式袍服。至少男官朝服已和南方无多分别。《大金集礼》记载帝王及皇后出行仪仗，多采用宋制，区别不大[②]。章宗时期金国在舆服、冠服制度上已出现“全盘汉化”的情况，[③]可想而知，下层百姓（女真人）对于宋人衣装的效仿则不可避免。虽在世宗和章宗时期朝廷出于民族立场对民间服饰交流都曾给予禁止，[④]但上行下效，大势所趋，终难禁绝。至金晚期，为元所灭时，女真人的服装已与汉人多有相似，束发用巾，只左衽异焉，女真风俗之易变实则久矣。对于大金国，这个汉族占人口多数的少数民族政权而言，为了国家机器的稳固运行，采取汉制是大势所趋。蔡美彪认为，金代文化虽然保留和吸收了女真族的某些文化传统，但基本

① 蔡美彪.辽金元史十五讲[M].北京:中华书局，2015:125.

② 沈从文.中国古代服饰研究[M].上海:上海书店出版社，2002:495.

③ 关于金国女真贵族严重汉化的问题，墓葬考古也支持了这一结论。从海陵王迁都南下，女真贵族墓葬便发生了“飞跃式”转变。埋葬方式、墓内陈设、随葬品等方面都反映出金代女真贵族的汉化倾向。详见:吴敬.南方地区宋代墓葬研究[M].北京:社会科学文献出版社，2015:265.

④ 金史卷八.本纪第八.世宗下[M].北京:中华书局，1997:199.

上是继承辽、宋的汉族文化。[①]巴菲尔德亦言，金朝在其120年的历史中已经高度汉化，其汉化程度远超契丹前辈和蒙古继任者。女真人接受了汉人的哲学及统治方式，使其固有的传统价值、习俗甚至语言在新环境中被快速遗忘。[②]女真政权虽与南宋汉政权分庭抗礼，但意识形态领域持续的汉化选择则是源于对客观现实的一种适应与调和，由于“他们的文化传统不足以应对新生活的复杂性”[③]，汉文化模式则成为其发展的必然选择，由此便不可避免地被汉文化同化。

纵观女真人的汉化历程，由于民族意识的复苏以及对本民族文化传统渐行消退的隐忧，金统治者会在特定历史时期出台看似矛盾的“禁汉令”，一方面，国家权力顶层在积极从事汉人衣冠文化的礼仪实践；另一方面，却又在民间明令禁止女真人服用汉装。显然，此举是为了防范女真人的汉化。但如果深入考察“禁汉令”的实际指涉与潜在发生，则会发现其所引发的有趣现象。在世宗和章宗时期（1161—1208，相当于南宋孝宗和宁宗朝中段），就男装而言，旨在避免女真男子穿着袖式宽疏的宋服，这十分符合“胡狭汉阔”的“华夷之辨”的传统逻辑。但如果对女装领域深加探究，金统治者试图隔绝的，应是南宋语境中颇具“胡风”的南宋女装，而其着力保护的女真“传统”，反具有宽疏拖裾的“汉风”气象（海陵王时期构建）。“华夷之辨”的传统逻辑在女装领域遭到颠覆，表现为“胡阔汉狭”的奇妙逆转。看来，金统治者所防范的，仅在于女真人所穿是否是“宋服”，而非尺寸上的狭阔。女真女装形制尺寸的宽博之风，当应不在禁忌之列。随着金后期（卫绍王、宣宗、哀宗）对宋文化更加深入的全盘接受，或许女真女装也会转到以峭窄型为尚的审美趣味上来。在考古发掘的众多金墓壁画中，有大量身着窄身背子的女性形象，一些虽不能辨明其准确族属，但可见宋式女装在金国之流行，女真人身处其中，被其影响亦在所难免。

由于民族融合的日益深化，简单地以服装尺寸的狭阔论“华夷”的传统标准被颠覆。就女装而言，胡族的褒博化与汉族的峭窄化同时发生，出现了形制语言上的互逆现象，但这却是民族文化交融的历史发展之必然。即便就形制构成而言，被汉民族循袭相效、已融为自身服饰文化一端的汉装也不乏胡俗的显在基因。如宋人所普遍使用的公服，其圆领式样并非汉制，“今之公裳是也，则戎狄之服也”[④]，

① 蔡美彪.辽金元史十五讲[M].北京：中华书局，2015:134.
② 巴菲尔德.危险的边疆：游牧帝国与中国[M].袁剑，译.南京：江苏人民出版社，2011:228-229.
③ 巴菲尔德.危险的边疆：游牧帝国与中国[M].袁剑，译.南京：江苏人民出版社，2011:229.
④ 学斋佔毕第二卷.“饮食衣服今皆变古”条[M]//全宋笔记：第八编：三.郑州：大象出版社，2017:71.

“上领服非古服……惟是唐时人便服此，盖自唐初已杂五胡之服矣”[①]，显然，宋人已无法将“圆领”式样作为胡俗从自身服饰系统中剥离出去。南宋女装中的旋裙，原来自番邦，后被南宋女子所追慕效仿。汉族和少数民族在服饰文化上，彼此渗透、吸收、模仿、借鉴，正如沈从文所言，“彼此影响原因虽不尽同，但为政治需要，或从生活实际出发，由此可知，民族文化的融合，多出环境现实要求，即在民族矛盾十分剧烈时亦然”。[②]

值得一提的是，随着女真政权被蒙古所覆灭，对南宋而言，来自女真势力的威胁虽不复存在，但却要重新面对一个更为强大的草原劲敌——蒙古人。从南宋后期理宗朝始，赵宋王朝与蒙古政权展开了长达半个世纪之久的对峙与抗衡。南宋的领土在蒙古铁骑下不断被侵蚀，而蒙古势力所到之处则通过强制性的改服易制来证明新政权的确立。衣冠服饰看似为习俗问题，实际上可以说是社会历史变革的标签。国家的兴亡，政权的交替，往往伴随着服饰的变革。[③]蒙古势力入主中原，带来了强劲的塞外胡风，南宋沦陷区，男女服饰尽染胡俗。“（元）悉以胡俗变异中国之制，士庶咸辫发椎髻，深襢胡俗，衣服则为袴褶窄袖，及辫线腰褶。妇女衣窄袖短衣，下服裙裳，无复中国衣冠之旧。甚者易其姓氏，为胡名，习胡语”。[④]这种政治化的易服对南宋女装而言，似乎在外观狭阔上的落差并不明显，但对于男装而言，则由“冠冕堂皇”的汉风沦为“功能致用”的胡俗。元人虞集《挽文丞相》诗云：“徒把金戈挽落晖，南冠无奈北风吹。”反映了当时南宋汉族士人对服饰改朝换代无奈的心境[⑤]。南宋女装峭窄轻盈、自由奔放的风格亦随之消散，被严冷肃穆、圆融雄阔的蒙元气象所取代[⑥]，失去了宋型审美中那份婉约灵动、轻盈飘逸的美感。

三、小结

南宋女装呈现的“峭窄化”新风，明显区别于同时代褒博儒雅的男装，属于少数民族“窄衣”文化的造型范式，此现象在汉民族服饰文化传统中极为罕见。南宋女装虽颇具“胡风”，但并未在强调“华夷之辨”的社会主流意识中，被视为

① 朱子语类卷第九十一.礼八·杂仪[M].北京:中华书局，1986:2326.2327.
② 沈从文.沈从文说文物:服饰篇[M].重庆:重庆大学出版社，2014:107.
③ 韩至远.元代衣食住行[M].北京:中华书局，2016:20.
④ 明太祖实录卷三十[M]//黄彰健校注.明实录.北京:中华书局，2016:525.
⑤ 韩至远.元代衣食住行[M].北京:中华书局，2016:23.
⑥ 蒙元服饰在形制式样上既有自身的文化传统（左衽），又继承了南宋女装直领对襟的样制，并以内外层叠的穿着方式保证严密有序，而形制尺寸随着帝国统治的持续深化而呈宽疏之势。

不经之“异端”，而是在文人主导的阴柔美学的追捧下，得以蓬勃发展。女装形制语言的“胡化”之变，表现为两种取径：尺寸紧缩和式样仿效。女装形制尺寸极尽偏狭者，甚至超越了现代紧身型女装的采寸标准。这种尺寸上的极致紧缩，并非对胡服的刻意模仿，而是由以窄衫衬托女性窈窕风姿的审美所推动。对胡服的式样仿效，则体现在对旋裙与高靿袜的品类借鉴上。它并非完全意义的全盘接受，而是依托本土风俗对这些品类进行融通改造，体现出“胡汉杂糅”的文化特色。

作为与南宋女装形制风格对立的一极，女真女装随着金人政权的南下而逐步丧失了原初的“纯实之风”，向着颇具汉风的宽衣风格演变。由初期形制式样的恪守、尺寸规格的宽漫，发展至政权中期，女真人已完全融入汉民族的文化系统中，习汉装、改汉姓，蔚然成风。女真女装的褒博之象竟远胜同族男装，这在外衣上得到充分的体现。女真女装之“阔”与南宋女装之“狭”，亦呈泾渭分明的两极。女真女装褒博化的发展历程，见证了金人由追慕华风，到悉用汉俗的文化转变，折射出儒家文化所具有的强大的包容力和向心力。

综上，南宋女装形制语言的“胡化”转变，游离于12-13世纪中国古典文化语境之外，表现出发生的“特异性”。一方面，它加速了传统社会中男女服装的性别分化：男装严冷方正，而女装则纤柔秀丽。另一方面，南宋女装之“狭”与女真女装之“阔”，表现出鲜明的文化互逆性，传统“华夷之辨”的判断标准遭到颠覆。

第七章

南宋女装形制风格的文化建构

南宋女装形制的改变受到礼制的规约和时尚的驱动，尤以后者最能体现女装文化的时代特色。政治礼服坚守等级秩序的神圣性，稳中求变；时尚常服则超越一成不变的传统，体现变古活力。南宋时尚女装的形制之变，既有形制式样的奇巧创新，又具形制尺寸的峭窄嬗变。无论何种形式的变革，都是宋人意识形态中精神理想的现实投射，民族意识、着装观念、审美旨趣皆能从中得到体现。乔安妮·恩特维斯特将着装的身体视为文化的产物，[①]自然，衣装便具有了显在的文化意义。以峭窄为特色的南宋女装，较之古典衣装表现出极大的超越性，其所具有的轻巧、开放、外显的风格特色，体现了与现代女装相似的审美倾向。

一、女装形制风格之形成

（一）"华夷之辨"的民族意识

南宋女装形制式样简约纯粹，规整有序，凸显了汉民族的文化特质，体现出"程式化、稳定化、自然造化的人文精神"。[②]上衣领式整齐划一，造型洗练，与式样多元的裙、裤有序组合。女装在规格尺寸上虽颇显"胡风"，但在式样构成上却与男装同步，体现出以中分、对称、严整、均衡为特色的传统造物法则，"华夷之辨"的特征尤为明显。

胡汉分明的民族意识，在经历安史之乱的社会动荡后，自中唐以降逐步增强。孙机认为，由于安史之乱的影响，社会心理中华夷界限较乱前显著，唐人穿胡服的现象急剧减少。随之晚唐服饰愈加宽博，首饰也愈加繁复，五代大体延续了这种风气。[③]显然，服装形制的风格变迁与民族心理密切相关。入宋，由于宋政权并非天下一统，而是先后与辽、金、西夏、大理等少数民族政权呈并立之势，甚至

① 恩特维斯特.时髦的身体：时尚、衣着和现代社会理论[M].郜元宝，等，译.桂林：广西师范大学出版社，2005:18.
② 刘瑞璞，陈静洁.中华民族服饰结构图考（汉族编）[M].北京：中国纺织出版社，2013:62.
③ 孙机.华夏衣冠——中国古代服饰文化[M].上海：上海古籍出版社，2016:154.

时常受到异族政权的挤压，民族意识较之唐人更为凸显。尤其遭遇“靖康之难”，北宋灭亡，南宋社会中弥漫着更为强烈的民族情绪，宋人“文化的种族意识正在觉醒，显示出一种‘被压抑者的回归’态势”。[①]民族本位文化益渐强固，拒绝外来文化的成见也日益加深[②]。岳飞（1103—1142）《满江红》有“靖康耻，犹未雪。臣子恨，何时灭。……待从头，收拾旧河山，朝天阙”；张元幹（1091—1161）《水调歌头》有“戎虏乱中夏，星历一周天。干戈未定，悲咤河洛尚腥膻”；辛弃疾（1140—1207）《水调歌头》有“落日塞尘起，胡骑猎清秋。汉家组练十万，列舰耸层楼”；刘克庄（1187—1269）《贺新郎》有“国脉微如缕。问长缨何时入手，缚将戎主”，一首首铿锵豪迈的词句承载着南宋士人爱国主义的情怀。在强烈的民族意识支配下，服装的“华夷之辨”则成为民族情感的重要载体。南宋统治者曾屡下禁令对民间习效胡服的行为加以严格管制。在南宋士人的心中，服装重要的社会职能便在于区分华夷。朱熹曾肯定宋人的衣冠，虽“未得复古，且要辨得华夷”[③]，强调了衣冠制度的文化区隔意义。

在此种文化语境下，南宋男装在形制式样和形制尺寸上尽量向汉民族的文化传统靠拢，款型追溯古典、尺寸褒博旷达。在服装式样上，虽受文化惯性影响承袭了唐五代以来的圆领袍衫，但同时凸显了汉民族特色的交领衫（右衽）也备受推崇。浙江黄岩赵伯澐墓所出男装中就有相当数量的交领衫，且材质有单、夹、绵，服用广泛、横跨四季之需。[④]江苏金坛周瑀墓所出14件男衫，其中交领衫占5件，圆领衫仅为2件，其余为与女装相同的对襟衫。[⑤]可见汉民族的传统式样在宋人衣装中的地位愈加凸显。沈从文曾提出依据圆领服内是否有衬领来判断传世绘画的年代，认为“圆领服出现衬领，不可能早于五代十国”。[⑥]沈从文所言及的“衬领”，应为宋人圆领衫内所显露的交领衫之领口，这在宋人绘画中多有所见。赵伯澐墓出土的一件“圆领素罗大袖衫”，领口宽20厘米，领口深14厘米，可为内服的“右衽”交领衫提供充分的展示空间。这种圆领口开度上的变化在北宋时期尚不明显，到了南宋有所增强，至南宋后期理宗朝时则更为显著，这从南薰殿旧藏宋代历朝帝王的坐像对比中即可发现。日本正仓院藏隋唐式样的圆领袍则具有

① 伯克.文化杂交[M].杨元，蔡玉辉，译.南京：译林出版社，2016:97.
② 周膺，吴晶.南宋美学思想研究[M].上海：上海古籍出版社，2012:3.
③ 朱子语类卷第九十一.礼八·仪[M].北京：中华书局，1986:2328.
④ 中国丝绸博物馆.丝府宋韵——黄岩南宋赵伯澐墓出土服饰展[Z].杭州：中国丝绸博物馆，2017.
⑤ 镇江市博物馆.金坛南宋周瑀墓[J].考古学报，1997:109.
⑥ 沈从文.中国古代服饰研究[M].上海：上海书店出版社，2002:8.9.

同北宋初期一样紧严的圆领结构。①可见南宋以来，男性圆领衫领式在宽度与深度上的拓展应是为了使交领衫在视觉中心更为凸显。男装除了式样上强调汉民族的固有传统外，士人阶层在‘反胡化’思想的影响下，服饰逐渐趋于宽博化和多样化②，重拾儒家“褒衣博带”的服饰审美理想。

与男装相比较，女装领域的华夷之辨，从两个维度得到体现。作为神圣权力的象征，后妃命妇阶层的礼服，其剪裁构成着力体现汉文化的正统性，彰显“负绳应直、左右对称”的汉式风范，而有别于少数民族“多片切分、尤重机能”的造型特点。礼服在腰身适体的情况下③，突出袖式的雍容与宽博，彰显大汉衣冠的巍峨与神圣，南薰殿旧藏南宋皇后画像中宽袖疏垂的袆衣形象以及南宋诸多大袖衫实物标本可以为证。女装常服（背子、衫等）系统，虽尺寸规格上尽显峭窄化的审美倾向，但在剪裁构成上仍能体现汉民族造型语言的纯粹性。女装整齐划一的对襟式直领，亦具有汉文化的内在特征④。就服装款式而言，南宋女装似乎比男装具有更为纯粹的民族性（如男装尚有胡式圆领袍）。但峭窄化的外在视觉特征，又使其更多地被赋予超越传统的变革活力。女性礼服虽具有彰显“华夷之辨”的政治功用，但应用场域相对有限（如后妃仅在祭祀、册封、朝谒等场合使用），政治视觉符号的功效不甚持久，而常服（背子、衫等）则因跨越四季的普遍性而强化了女装超越传统、个性发展的特色。南宋日常女装的式样与尺寸表现出“胡”“汉”两种文化交织的双重特性。综合而论，男装在外观上具有显著的华夷之辨的角色性，带有强烈的政治色彩。而女装则更多受到社会思潮、审美观念等因素的影响，表现为时尚驱动的世俗化的风格取向，更加随性、自然。男装持重“复古”，女装活力“变古”。这堪比18世纪中叶以来欧洲男女服装的风格分野，男装日趋理性和稳重，而女装则以多变和流行展现其“短时的效应”⑤。南宋社会中，

① 参照日本正仓院藏公元752年（唐天宝十一年）日本东大寺开眼法会供奉乐舞的服装——“唐散乐混脱袄子（第3号）”，其衣式紧峭，衣长82厘米，袖展172厘米，圆领口十分窄小，领宽约为10厘米，领深仅为6厘米，为围拢脖颈的封闭式样。另一件“杂乐细布袍（第3号）”虽衣身尺寸加大，衣长122厘米，袖展209厘米，但领口尺寸仍较窄小，领深仅不足7厘米。资料来源：日本正仓院官方网站：http://shosoin.kunaicho.go.jp/ja-JP/“正仓院宝物”。

② 周膺，吴晶.南宋美学思想研究[M].上海：上海古籍出版社，2012:256.

③ 从对南宋女装形制结构的综合考察中可以发现，礼服大袖虽疏袖飘垂，但胸宽尺寸并未随袖式等比例增长，而是与背子、衫类女装相差不大。从南薰殿旧藏宋代帝后画像中亦可见皇后袆衣腰身适体，衣袖翩翩的特点。

④ 早在先秦时期汉民族就有直领对襟的造型传统，江陵马山一号楚墓出土有对襟式样的“緥衣”，为助丧所赠的小浴衣，据彭浩推论“此衣或许就反映了当时日常所着便服的一种样式”。详见：湖北省荆州地区博物馆.江陵马山一号楚墓[M].北京：文物出版社，1985:25.此外，湖南长沙马王堆一、三号汉墓均出土有着对襟式样的长衣女俑像，资料来源：唐婷，田甜.湖南走向世界的文化名片[EB/OL].湖南日报（多媒体数字版），2011-7-5，http://hnrb.voc.com.cn/hnrb_epaper/html/2011-07/05/content_362425.htm?div=-1.

⑤ 霍兰德.性别与服饰：现代服装的演变[M].魏明如，等，译.北京：东方出版社，2000:78.

男装肩负着道德之责回归经典，女装则既保有民族文化的印记又游离于传统审美之外。

（二）“求简从便”的着装观念

宋代随着文官集团的崛起、市民阶层的产生，社会阶级结构发生了改变。贵族消失，社会阶级的流动性增强。商品经济繁荣，经济实力雄厚的城市富豪成为传统服饰秩序的颠覆者。传统社会中服装标识身份等级的功能不断衰减，以往“乘轩服冕”作为群臣身份地位的象征而存在，但在宋代祭服则成为公用服装，临时穿用，事毕收回，与个人品位荣耀毫无关联。祭服穿戴麻烦，宋人多不适应。[①]朱熹对此徒发慨叹：“唐人法服犹施之朝廷，今日惟祭祀不得已乃用，不复施之朝廷矣。且如今之冕，嵯峨而不安于首”[②]。祭服礼仪之荒疏，至南宋后期，官员中竟出现“加中单于祭服之上，而以蔽膝系于肩背间”的荒唐之举。[③]不仅冕服如此，连充作朝服的公服也一再简略。《四朝闻见录》记载了这样一则事例，南宋孝宗朝丞相王淮暑日会见百官，由于公服闷热竟至昏厥，孝宗闻讯，宣布自此百官可以常服“衩衣”见丞相。[④]南宋人在着装细节上的含混失礼已成常态，朱熹曾举证两例：关于鞋子的系带，“古人皆旋系，今人只从简易，缀之于上，如假带然”。[⑤]南宋中期尚缀假带于鞋上，但到了后期连装饰性假带也都省略了。[⑥]朱熹还提到佩玉制度的衰落：“古之佩玉，右徵角，左宫羽，今必不然。”[⑦]日渐世俗化的生活方式使佩玉文化失去了生存的土壤。南宋以降，礼服的神圣性衰落，常服的普适性上升，礼仪与生活逐渐分离。“古礼”的号召力、神圣性和权威性，业已低落、动摇，理性化和世俗化成为时代潮流。[⑧]这预示着服装作为权力标识的象征意义逐渐走向衰落。

南宋人着装观念中透露着简便、从省的思想。在南宋早期，宋人对渗入生活的“简易”观念的理解已入木三分，“简以制繁，易以制难，便不费力。乾坤之人，

① 阎步克.服周之冕——《周礼》六冕礼制的兴衰变异[M].北京：中华书局，2009:387.
② 朱子语类卷第九十一.礼八·杂仪[M].北京：中华书局，1986:2325.
③ 周密.癸辛杂识[M]//全宋笔记：第八编：二.郑州：大象出版社，2017:192.
④ 叶绍翁.四朝闻见录（甲集）[M].北京：中华书局，1989:7.衩衣即为开胯之袍衫，南宋士大夫阶层较为常见的衩衣当为紫衫，原为戎服，后成为士大夫阶层的便服。丞相王淮所穿公服圆领，大袖，下施横襕，两侧不开衩。公服的实物在浙江黄岩赵伯澐墓所出“圆领素罗大袖衫”有所印证，下摆两侧确为封闭结构。
⑤ 朱子语类卷第八十七.内则[M].北京：中华书局，1986:245.
⑥ 福州南宋黄昇墓和江西德安周氏墓所出翘头女罗鞋形制均无系带。
⑦ 朱子语类卷第九十一.礼八·杂仪[M].北京：中华书局，1986:2325
⑧ 阎步克.服周之冕——《周礼》六冕礼制的兴衰变异[M].北京：中华书局，2009:389.

所以使万物由其宰制者，不过此二字，况于人乎”。[①]在南宋人眼中，“简易”成为“天地万物之理”。朱熹虽是礼仪制度的捍卫者，但身处时代大潮中，其思想也发生了与时俱进的改变，从朱熹的言谈中可看出以“简易”处事的态度：“上衣下裳，大带方履，比之凉衫自不为简。其所便者，但取束带足以为礼，解带可以燕居，免得羁绊缠绕之患，脱着疼痛之苦而已。”[②]“某常谓，衣冠本以便身，古人亦未必一一有义。又是逐时增添，名物愈繁。若要可行，须是酌古之制，去其重复，使之简易，然后可。”[③]朱熹尚且如此，南宋其他士人便可想而知了。

南渡以来，受战事的影响，女装和男装皆表现出尺寸上的缩减倾向，女装领域尤为明显。“人类一旦处于危机之中，服装就会有类似夸张的变化。”[④]这正如17世纪上半叶的欧洲，战火蔓延之处，“士兵式”的简洁装束开始普遍流行一样，[⑤]南宋男装中窄身的戎服紫衫极为盛行，拖沓的凉衫遭到冷落。女装一改北宋时背子宽适舒畅的风格，窄身小袖式样自宫廷而通行民间。衫子的适用度更加广泛，成为轻便利落的流行装束。裙和裤也倾向于适体发展，体现出轻盈利落的特点。特别是裆裤的外化创新，使得服装的机能性愈加凸显，形成背子与裆裤、衫与裆裤的时髦组合，风行上下。而在西方文化语境中，长裤代表着男性特权，女人若穿上它会被认为是“不适当、不道德和放肆的行为”（这种情况一直持续到二十世纪）。[⑥]就这一点而言，发生于12世纪南宋上流社会女性裤子普遍外穿的现象确实具有时代的超越性。与之同步，传统女裙的造型越发简约利落，褶皱的程度以及裙长均有所缩减，轻盈化趋势明显。日常服装的简约化也影响着礼服的造型发展，南宋后期女子礼服大袖的“简易化”变革就印证了这一点。不难看出，宋人“从简求便”的着装观念已深入人心，对女装的风格走向产生了重要影响。

较之女装，在求简观念浸染下，男装在南宋前中期也呈现出便身利事的倾向（尤辨华夷），但至南宋后期，随着程朱理学思想的复苏，儒家服饰审美观念在男装中有所投射，这在形制式样和形制尺寸上皆有体现。男装被赋予了积极的政治教化意义，担负起较之前期更为重要的“华夷之辨”的文化使命。女装与男装在形制风格上分道扬镳，呈现出“峭窄紧致”与“疏阔宽松”的审美两极。正如伊佩霞所言：“宋朝人的确通过构成日常生活基础的衣服、发型、化妆品和首饰得到

① 罗大经.鹤林玉露（甲编）卷三：“简易”条[M]//全宋笔记：第八编：三.郑州：大象出版社，2017:180.
② 晦庵先生朱文公集卷七十四[M]//朱杰人，等.朱子全书.上海：上海古籍出版社，2002:3603.
③ 朱子语类卷第八十九.礼六·冠婚丧[M].北京：中华书局，1986:2275.
④ 科斯格拉芙.时装生活史[M].龙靖遥，等，译.北京：东方出版中心，2004:106.
⑤ 霍兰德.性别与服饰[M].魏如明，等，译.北京：东方出版社，2000:89.
⑥ 恩特维斯特尔.时髦的身体：时尚、衣着和现代社会理论[M].郜元宝，译.桂林：广西师范大学出版社，2005:183-213.

了强有力的性别差异的视觉形象，直接表现在身体上的符号成为传递男女性别差异观念的强有力方式。"①

（三）"腰肢纤袅"的审美旨趣

女装峭窄化的倾向亦与南宋社会赋予女性的身体审美观念息息相关。身体作为一种具有丰富个人体验和感性特征的维度，总是被一定的文化所塑造，而"服装表达了一定文化中的身体的意义"。②服装与装饰是女性身体外围的重要组成部分，是在女性身体意识和社会意识形态影响下的女性身体审美趋向的具体表现。③衣着，无疑在某种程度上成为身体美学的物质外化。南宋社会女性以"瘦"为美，"腰肢纤袅"成为世人心中完美的女性形象④。昔日周人眼中"窈窕淑女"的审美标准被宋人推向极致。南宋以降，"中国古代审美意识的主调逐渐由崇尚壮美或阳刚之气嬗变为追求优美或阴柔之风"，"审美主体在感性形态上呈现出更加细腻精致、内敛尚意的时代特征"。⑤阴柔之韵被投射在女性身体的审美实践中，在男性的视觉观看中⑥女性成为流动的风景。弗吕格尔将西方男子牺牲了自我表现欲而转向素朴理性的着装，解释为"被看的欲望转化为看的欲望"，"男人喜欢一种'替代性的展示'，因为他可以欣赏爱人的风采并为此感到骄傲"，"而且为自身提供了一种完全的满足感"。⑦观看之道也为南宋文人阶层所谙知。在男性服饰因"华夷之辨"的政治承载而日渐褒博之即，作为一种审美"代偿"，以峭窄衣衫衬托的窈窕身姿便成为对异样美的追寻。与女性身体审美相关的大量宋词片段提供了这一证据，"瘦"成为女性身材的重要标准。唐五代以来健硕丰腴的女性形象不再被赋予积极的审美意义，以瘦为尚自北宋中期渐兴，至南宋而极盛。对于全宋词中"瘦"的审美意象进行文本提取，以时间为序加以列表归类，从近百条格律清新的词作中，可以探见以士大夫阶层为先导的男性群体对女性身体美学体认的同一理想（见表7-1、7-2、7-3）。

---

① 伊佩霞.内闱:宋代的婚姻和妇女生活[M].胡志宏，译.南京:江苏人民出版社，2004:49.

② 恩特维斯特尔.时髦的身体:时尚、衣着和现代社会理论[M].郜元宝，译.桂林:广西师范大学出版社，2005:299.

③ 陆溪.宋代女性身体史的国内研究回顾[J].妇女研究论丛，2011（4）:95.

④ 梦粱录卷一.元宵[M]//全宋笔记:第八编:五.郑州:大象出版社，2017:95.

⑤ 周膺，吴晶.南宋美学思想研究[M].上海:上海古籍出版社，2012:107-108.

⑥ 胡译文在《她的"面容":试论两宋女性的镜中之影》一文中认为:"随着时代的推进和女性教育的普及，（宋代）女性对自身的认知和观看开始明确起来，她们不再仅仅以男性的目光和视角来审视自己，也会以自己的方式来观看自己，即一种双重观看"，无疑随着宋代女性对自身形象关注度的日益增强，对完善女性形象的重要媒介——靓丽衣饰之于自我的意义的认知也会愈见清晰。详见:胡译文.她的"面容":试论两宋女性的镜中之影[J].美术研究，2016（3）:79.

⑦ 恩特维斯特尔.时髦的身体:时尚、衣着和现代社会理论[M].郜元宝，译.桂林:广西师范大学出版社，2005:202.

表 7-1 北宋时期对“瘦”的意象描述

词句	作者	词牌名	时间
轻怯瘦腰身	张先（990—1078）	《菩萨蛮》	中期
楚国细腰元自瘦	晏殊（991—1055）	《渔家傲》	中期
瘦觉玉肌罗带缓	欧阳修（1007—1072）	《蝶恋花》	中期
清瘦肌肤冰雪妒	欧阳修（1007—1072）	《蝶恋花》	中期
瘦损宫腰罗带剩	晏幾道（1030—1106）	《玉楼春》	中后
惯得腰肢真个瘦	王观（1035—1100）	《木兰花令》	中后
冰肌自是生来瘦	苏轼（1037—1101）	《虞美人》	中后
镇花销翠减，玉瘦香肌	黄庭坚（1045—1105）	《沁园春》	中后
凝脂肤理腻，削玉腰围瘦	李之仪（1048—1117）	《千秋岁》	中后
消得东阳瘦。垂窄袖	李之仪（1048—1117）	《千秋岁》	中后
谁念画眉人瘦	秦观（1049—1100）	《青门饮》	中后
瘦尽标容羞见也	晁端礼（1046—1113）	《江城子》	中后
一尺裙腰瘦不禁	贺铸（1052—1125）	《思越人》	中后
粉瘦酥寒，一段天真好	毛滂（1056—约 1124）	《蝶恋花》	中后
消瘦尽，洗妆匀，应更添风韵	周邦彦（1057—1121）	《蓦山溪》	中后

表 7-2 两宋之交对“瘦”的意象描述

词句	作者	词牌名	时间
帘卷西风，人似黄花瘦	李清照（1084—1155）	《醉花阴》	两宋
伤春玉瘦慵梳掠	向子諲（1085—1152）	《梅花引》	两宋
人似一枝梅瘦	蔡伸（1088—1156）	《好事近》	两宋
因甚自觉腰肢瘦，新来又宽裙幅	杨无咎（1097—1171）	《阳春》	两宋
腰肢瘦不胜	吕渭老（不详）	《醉桃源》	两宋
冰雪肌肤消瘦损	赵长卿（不详）	《江城子》	两宋
澹梳妆映瘦腰身	朱敦儒（1081—1159）	《定风波》	两宋
个侬争得知人瘦	陈克（1081—1137）	《渔家傲》	两宋
消瘦，消瘦。依约粉香襟袖	周紫芝（1082—1155）	《如梦令》	两宋
榴花故意红添皱。映得人来越瘦	侯置（不详）	《杏花天》	两宋

表 7-3　南宋时期对“瘦”的意象描述

词句	作者	词牌名	时间
闻道腰肢愈瘦	向滈（不详）	《西江月》	前期
玉肌孤瘦恰如伊	向滈（不详）	《好事近》	前期
瘦尽玉肌清彻骨	向滈（不详）	《清平乐》	前期
罗衣怯雨轻寒透。陡做伤春瘦	张孝祥（1132—1170）	《虞美人》	前中
人怜花似旧，花不知人瘦	朱淑真（1135—1180）	《菩萨蛮》	前中
且莫遣香肌，瘦减如削	朱淑真（1135—1180）	《月华清》	前中
何处娇魂瘦影，向来软语柔情	辛弃疾（1140—1207）	《西江月》	前中
瘦减腰围不碍、带金重	杨炎正（1145—？）	《相见欢》	前中
花销玉瘦斜平薄。舞衣宽尽腰如削	石孝友（不详）	《菩萨蛮》	前中
瘦颊凝酥，残妆弄酒，相逢一笑东风	石孝友（不详）	《满庭芳》	前中
瘦来肌体，孤香细细	史达祖（1163—1220）	《瑞鹤仙》	中期
薄纱衫子轻笼玉，削玉身材瘦怯风	赵长卿（不详）	《鹧鸪天》	中期
眉山敛秀。爱道奴家瘦	赵长卿（不详）	《点绛唇》	中期
玉清冰瘦，洗妆初见，春风头面	高观国（不详）	《留春令》	中期
玉肌翠袖，较似酴醾瘦	卢祖皋（1174—1224）	《洞仙歌》	中期
手展流苏腰肢瘦	刘学箕（不详）	《贺新郎》	中期
臂宽条脱添新瘦	张端义（1179—1248）	《倦寻芳》	中后
瘦得黄花能小	方岳（1199—1262）	《一落索》	中后
瘦得腰围柳弱	李昴英（1200—1257）	《兰陵王》	中后
人与流莺俱瘦	吴文英（1200—1260）	《如梦令》	中后
人瘦绿阴浓	吴文英（1200—1260）	《菩萨蛮》	中后
谁识秋娘，比行云纤瘦	吴文英（1200—1260）	《醉蓬莱》	中后
人比花枝瘦	柴望（1212—1280）	《念奴娇》	后期
翠腰羞对垂杨瘦	陈允平（不详）	《惜分飞》	后期
素质盈盈瘦，娇姿淡淡妆	陈允平（不详）	《南歌子》	后期
念纤腰柔弱，都为相如瘦损	陈允平（不详）	《丁香结》	后期
瘦肌羞怯金宽	周密（1232—1298）	《东风第一枝》	后期
瘦约楚裙尺二	周密（1232—1298）	《过秦楼》	后期

从北宋时期的“轻怯瘦腰肢”、两宋之交的“人似黄花瘦”，到南宋时期的“瘦颊凝酥”“瘦得腰围柳弱”“瘦尽玉肌清彻骨”，女性以瘦为美之风可谓愈演愈烈，从面容到腰肢乃至全貌。上自士大夫下至市井文人，甚至作为审美对象的女

性词人自身，皆流露出审美体认的高度一致性："骨瘦挽先，肌韵恰好"，风韵卓然的女性身体美学在宋词的低吟浅唱中不断被传颂与强化。无论是歌馆柳巷还是市井人家，这种腰肢纤袅之风为宫廷时尚所推动，"宫样细腰身"［《南乡子》朱敦儒（1081—1159）］，"宫样小腰身"［《朝中措》姜特立（？—1192）］，"宫腰素束，只怕能轻举"［《清平乐》刘克庄（1187—1269）］，别致的"宫样"楚腰，成为上流社会引领的时髦风尚，而为民众所仿效。

南宋社会日盛的妇女束足之风，推动了女性审美的精致化、阴柔化发展。自北宋晚期徽宗朝便流行有"瘦金莲方"，并由北传南。[①]南宋后期理宗朝更有宫妃束足纤细，名曰"快上马"[②]，乃至风靡上下。对于缠足，国人传统评价是男权社会对妇女性别歧视与精神压迫的产物，并从政治史的角度对其进行文化的批判。但若从社会生活史的视角出发，会带来并非单一的解读方式。伊佩霞认为，"缠足在宋代文人眼中代表精致的美感"。[③]谢和耐则从女性自身予以解读："女子缠足是另一种增进天资的途径：蜷缩的小小金兰（金莲）会使她们的步态更加优雅。"[④]孔茨尔对与中国式金莲有着异曲同工的欧洲紧身胸衣进行了精辟的文化阐释："那些妇女并不是男权社会体制的被动的牺牲品或受虐狂，恰恰相反，她们由此在社会和性上面获得了对于自身的肯定。妇女比男性更多地利用了她们的性感而在社会上出人头地。"[⑤]"为了尽可能争得好的姻缘，良家母亲不仅要把自己的女儿培养成品性端庄的妻子，而且还要通过缠足来增加她们的女性魅力，使之符合新的女性美的标准。"[⑥]类比西方为紧身胸衣所塑造的纤腰，中式金莲所隐喻的小脚所产生的效能亦可等量齐观。一双符合社会审美标尺的精致的缠足无疑使女性在社会权力结构的分配中获利，并"利用这种权力作为她们自己晋身之阶的一种潜在的可能。"[⑦]南宋社会，为塑造理想的上流社会的女性形象，围绕着女性的身体，从观念到实践，尽现精巧与纤柔，而金莲文化便是其中之显例。

宋人以瘦为美的审美趣味，也投射到文化艺术诸多领域。北宋徽宗皇帝赵佶所独创的瘦金体，笔法瘦挺爽利，侧锋如竹，体现了"天道遒美，意趣蔼然"之韵。宋瓷之美，以清、寂、妙为特色，构型变化细微，线条简洁婉转、柔和流畅，

① 袁褧.枫窗小牍[M].尚成，校点.上海：上海古籍出版社，2012:10.
② 宋史卷六十五.志第十八.五行三[M].北京：中华书局，1997:1430.
③ 伊佩霞.内闱：宋代的婚姻和妇女生活[M].胡志宏，译.南京：江苏人民出版社，2004:36.
④ 谢和耐.蒙元入侵前夜的中国日常生活[M].刘东，译.北京：北京大学出版社，2008:113.
⑤ 恩特维斯特尔.时髦的身体：时尚、衣着和现代社会理论[M].郜元宝，译.桂林：广西师范大学出版社，2005:23.
⑥ 库恩.儒家统治的时代：宋的转型[M].李文锋，译.北京：中信出版社，2016:258.
⑦ 恩特维斯特尔.时髦的身体：时尚、衣着和现代社会理论[M].郜元宝，译.桂林：广西师范大学出版社，2005:24.

有细腻轻巧的美感[①]。从身体到器用，由观念到载体，无不为至南宋而盛的精巧、阴柔美学所塑造，服饰亦概莫能外。当“腰肢纤袅”成为南宋社会对女性的集体想象时，服饰作为身体最直观的摹写便顺理成章。无论是“藕丝衫剪轻红窄”，还是“东风寒浅，绛罗衫窄”，窄小的衣装无疑是对“纤袅”身姿的最好礼赞。衣装之“窄”对身体之“瘦”的感观映射，成为南宋社会女性服饰美学的显著特色，以峭窄、轻盈为趣尚，自成格局。对于宋人优雅细腻的审美格调，柳诒徵认为，“宋代民族审美之风，实又进于唐代。任就何时观察，皆可见其高尚优美之概”。[②]

二、女装形制风格之特色

民族意识、着装观念以及审美旨趣的多元影响，促就了南宋女装形制的“变古”之风。日常女装为时尚驱动，个性发展。女装风尚为上流社会所引领，表现出超越古典范式的简约、轻盈、雅逸的审美趣味，带有几分清新的现代气息。这些饶有趣味的“现代现象”[③]，与现代女装的审美多有共通。沈从文将宋服的款式视为“类似现代小袖对襟褂子”式样的流行款式[④]。日本“民艺之父”柳宗悦在谈及何为工艺之美的原则时，认为“中国宋代的工艺也述说着当代的精神”。[⑤]南宋时期中国的美学体认深度达到了历史最高水平，审美主体在感性形式上呈现出细腻精致、内敛尚意的时代特征。[⑥]南宋女装作为宋人审美精神最直接的物化载体，既继承传统又不断超越，其艺术特色主要表现为以下二个方面：

（一）轻装化

在中西服饰文化中，现代对古典的超越表现为实用的“轻装”取代繁缛的“重装”，走向世俗化、大众化的一个过程。欧洲服装的现代化肇始于19世纪男装简约轻盈化的嬗变。作为新兴资产阶级的形象标识，套装文化代表着一种理性、

① 周膺，等.南宋美学思想研究[M].上海：上海古籍出版社，2012:253.

② 柳诒徵.中国文化史[M].上海：上海古籍出版社，2001:645.

③ “现代现象”一词借用于汪晖在《关于“早期现代性”及其他》一文提到的相应概念。汪晖认为：“‘早期现代’不是一种确定的历史时期，而是一种重复出现的历史现象，它不能被固定在线性时间的某一个点上，也并不意味着早期现代的出现预示着一个普遍的或高级的现代性的到来。这一概念只是提示着不同区域的历史中存在着一些“现代现象”，它们得以产生的动力和得以表述的范畴都不同于19世纪的欧洲资本主义及各种伴生现象——民族国家、市场经济、个人主义以及与之相关的文化-政治形式”。详见：汪晖.关于“早期现代性”及其他[N].中华读书报，2011-1-9（13）.笔者更倾向于使用“现代现象”一词用于对南宋女装形制风格的评价，毕竟南宋在时间轴线上离现代语境为时尚远。

④ 沈从文.沈从文的文物世界[M].王风，编.北京：北京出版社，2011:5.

⑤ 柳宗悦.工艺之道：日本百年生活美学之滥觞[M].台北：大鸿艺术股份有限公司（大艺出版事业部），2013:257.

⑥ 周膺，等.南宋美学思想研究[M].上海：上海古籍出版社，2012:108.

高效的新风尚。“服饰的标准已经从精细修饰的表面转向了基本的形式，从宫廷的雕琢转向了自然的简洁。”[①]较之男装的简洁化转型，女装仍在紧身胸衣与裙撑的羁绊下缓步前行，直到20世纪才有所转机。“女装尺寸逐渐减小，这样就使男性和女性在所占服装空间上趋于统一。女式服装的设计也开始转向服装与体型在视觉上的统一，同时取消了对胸部和臀部的突出强调。”[②]而最终经过两次世界大战的催化，服装的单纯和便于活动的实用因素日益受到重视，女装向男性化方向发展[③]，步入现代服装的行列。

与西方服饰相比，中华服饰的轻装化历变受孙中山领导的辛亥革命的推动而得以完成。自辛亥革命后，中华服饰从整体上摆脱了古典服制的束缚[④]，向平民化、大众化发展。张爱玲在《更衣记》中以犀利的笔调嘲讽旧时的压抑：“削肩，细腰，平胸，薄而小的标准美女在这一层层衣衫的重压下失踪了，她本身是不存在的，不过是一个衣服架子罢了。”[⑤]《清稗类钞·阔袖》中描述了清朝服饰的风尚变化，“同、光间，男女衣服尚宽博，袖广至一尺有余。及经光绪甲午、庚子之役，外患迭乘，朝政变更，衣饰起居，因而皆改革旧制，短袍窄袖，好为武装，新奇自喜，自是而日益加甚矣。”[⑥]社会制度的转型将女性从清朝时期的宽衣阔袖中解放出来。汉族女子固有的袄裙（裤）套装变得日渐轻盈，短衣长裙组合的“文明新装”应运而生，代表了“文明而又现代化的知识分子”形象[⑦]。20世纪20年代在女学生中率先兴起的宽腰式旗袍，于30年代达到发展的高峰。立领、偏襟、窄腰、小袖、开衩，修身流畅的剪裁，勾勒出新时期东方女性的曼妙身姿。旗袍，成为中国女装摆脱繁缛、步入简约现代女装行列的典型标志。

如果以20世纪以来中西方所形成的“现代女装”标准来反观南宋女装，便不难发现，其日常装领域的“轻装化”特征尤为明显，使造型的简约及衣料的轻薄得以呈现。

1. 造型简约轻盈

南宋日常女装，无论是典雅的背子或是时髦的女衫均采用利落的直领、窄身，

① 霍兰德.性别与服饰[M].魏如明，等，译.北京：东方出版社，2000:101.
② 霍兰德.性别与服饰[M].魏如明，等，译.北京：东方出版社，2000:142.
③ 李当岐.西洋服装史[M].北京：高等教育出版社，1995:169.
④ 黄能馥，陈娟娟.中国服装史[M].北京：中国旅游出版社，2001:385.
⑤ 张爱玲.更衣记[M].北京：北京出版社出版集团，2009:15.
⑥ 徐珂.清稗类钞[M].北京：中华书局，1985:6201.
⑦ 萧丽娟，等.历久弥新：旗袍的变奏[M].香港：香港历史博物馆，2011:26.

小袖式样。下装裙、裤也体出现简约洗练的特色。女装形制构成求简去繁，体现了宋人“行于简易闲淡之中，而有深远无穷之味”的韵味追求①。在装饰语言上，亦求繁略得当、精巧细腻，少有大面积的刺绣铺陈，仅在领口、袖口等部位画龙点睛。

对服装宽大的量感追求退出了日常女装领域，仅作为政治服装对权力神圣性的最后阐释存在于国家礼仪活动之中，日常女装则以轻巧方便为尚。在南宋王朝发布的诸多禁奢令中，除对“销金铺翠”这一装饰工艺的限定外，再难发现类似唐代对于服装用料奢靡的记载。唐文宗时期“仪制令”规定，“妇人裙不过五幅，曳地不过三寸，襦袖不过一尺五寸”；又“淮南观察使李德裕令管内妇人衣袖四尺者阔一尺五寸，裙曳地四五寸者减三寸”②；男子也不例外，“（职掌官等）袍袄衫等曳地不得长二寸已上，衣袖不得广一尺三寸已上”③。可见唐代中期由上流社会主导的服式风格仍以充满古典气息的“褒衣阔裙”为尚，而下层僭奢之举也是以夸大服装的尺寸为中心展开的。“晚唐服式愈加褒博，五代大体沿袭这种风气。北宋时才有新的变化。”④经历北宋的过渡，直至南宋，在女装领域服装形制的等级分化走向衰微，服装不再以腰身、袖式的宽博作为区分等级的工具。而是上下合流，迈向峭窄轻盈的简约化之路。女装的轻盈雅韵从宋词中可以窥见：“轻衫如雾，玉肌似削”[《永遇乐》，周紫之（1082—1155）]；“香吹雪练衣轻”[《风入松》，史达祖（1163—1220）]；“片片蝶衣轻”[《卜算子》，刘克庄（1187—1269）]。衣装之轻简强化了着装身体的美学意象，“玉肌肤韵胜，体段轻盈”（《夏云峰》，赵长卿），“有轻盈、妍姿靓态，缓步阆风仙苑”（《永遇乐》，赵师侠）。

南宋女装背子峭窄化的美学走向，与民国旗袍文化的发展演变若两相比对，二者在形制式样、形制尺寸、受众定位等方面具有某种程度的共通性：

（1）形制式样都保持了“十字型”平面构成的主体结构。背子直领对襟，连袖通裁，双侧开衩。旗袍立领偏襟，连袖通裁，双侧开衩。

（2）形制尺寸都随潮流风尚而变，渐趋狭峭化、轻盈化。二者都经历了由阔至狭，由长及短的过程。南宋前中期，背子腰身、袖式收窄，侧开衩加长，向狭峭化发展；后期衣长、袖长变短，向轻盈化发展。旗袍在1920年代平直宽身、阔袖，单侧开衩；后期腰身、袖式收窄。1930年代腰身、袖式继续收紧，衣长加长（及踝），衣袖缩短，出现双侧开衩。1940年代衣长变短，流行坎袖。

---

① 叶朗.中国美学史大纲[M].上海：上海人民出版社，1985:311.
② 新唐书卷二十四.志第十四.车服[M].北京：中华书局，1997:531-532.
③ 唐会要（上）卷三十一.舆服上・杂录[M].北京：中华书局，1960:573.
④ 孙机.华夏衣冠——中国古代服饰文化[M].上海：上海古籍出版社，2016:154.

（3）二者皆上下通服，具有世俗化、大众化的特点。

若从异质文化比较的视域出发，对东西方女装加以横向类比，则会呈现出由观念到形式的巨大差异。与南宋（1127—1279）时间相并行，为欧洲的中世纪。这时期的欧洲女装在以禁欲主义为核心的宗教神权的影响下，身体被严密地包裹起来，款型上虽袖式较窄，但整体造型属于雍容拖沓的“重装”之列。“在整个中世纪，女装一直借鉴男子的服装式样，并逐渐修改成适合女性穿着的款式”，“富裕的女子身着做工精良的衣服，向外展开的曳地长裙是用锦缎这样厚实的面料做成，腰部上移至胸部以下，并配上装饰性腰带，突出身体的这一特殊部位”①。可见欧洲女装的造型风格与南宋女装自然流畅的平实韵味截然不同。当南宋女性在“轻衫如雾”的轻装文化中袅袅徐行之即，欧洲女性在宗教的影响下尚处于呆板僵硬的重装文化的桎梏之中，人文精神的曙光直至16世纪才得以普照。

2. 织物轻薄通透

除了造型的简约轻盈，柔和的材质也是塑造“轻装化”的前提。南宋织物轻薄通透，引领了女装文化的“薄衣时代”。沈从文有感于宋人衣装之轻薄道：“宋代流行极薄纱罗，真是轻如烟雾，如做成六朝人物画的洛神打扮，还是不会太重的。”②罗在东周时期就已出现，湖北江陵马山一号楚墓、浙江安吉五福山一号楚墓均有出土，且有素、花之别③，但并不为衣料之大宗。唐代公私衣服衣料尚多用绫，而宋代公私衣服则多用罗，诸路州多设织罗务，罗的生产因此得到突出发展④。宋代男女服装大量用罗，普及度极高。在福州茶园村宋墓、福州南宋黄昇墓、江西德安周氏墓、南京高淳花山墓所出南宋女装中罗料的使用量最大。而浙江黄岩赵伯澐墓和江苏金坛周瑀墓所出南宋男装中罗料使用也较为普遍，并被用于较高等级的公服中。除罗料之外，男女装的用料还有纱、绢、绫等。罗经绞经工艺而成，有二经、三经、四经绞罗之别。素罗清新淡雅，花罗娟秀绮丽，花纹多为自由活泼的仿生折枝花样，有牡丹、芙蓉、山茶、梅花、荷花、玫瑰、卷草等。⑤南宋都城临安城特产中就有罗，并以染丝织造的熟线罗为贵，⑥且具有结罗、博生罗、暗

① 科斯格拉芙.时装生活史[M].龙靖遥，等，译.北京：东方出版中心，2004:106.
② 沈从文.沈从文说文物：服饰篇[M].重庆：重庆大学出版社，2014:105.
③ 赵丰，等.成是贝锦——东周纺织织造技术研究[M].上海：上海古籍出版社，2012:54.
④ 沈从文.中国古代服饰研究[M].上海：上海书店出版社，2002:446.
⑤ 福建省博物馆.福州南宋黄昇墓[M].北京：文物出版社，1982:85.
⑥ 潜说友.咸淳临安志卷五八：丝之品[M]//宋元方志丛刊.台北：台北成文出版社，1970: 556.

花罗、金蝉罗多个品类，花色繁多。[①]夏季多用纱，品种丰富，有素纱、天净、三法暗花纱、粟地纱、茸纱等。[②]纱极为轻透，南京高淳花山宋墓所出一件“直领纱衣8881”重量仅有31.1克，还不足1两。[③]清透飘逸的纱罗织物，亦构成南宋女性身体美学的重要媒介。“罗袖云轻雾薄，醉肌玉软花柔”［《西江月》，周紫芝（1082—1155）］；“拚却轻寒透薄罗”［《减字木兰花》，范成大（1126—1193）］；“眉颦笑浅。薄罗衣窄絮风软”［《醉太平》，辛弃疾（1140—1207）］；“薄纱衫子轻笼玉，削玉身材瘦怯风”［《鹧鸪天》，赵长卿］。宋词中风姿绰约的曼妙女子，衣衫云轻雾薄，玉肌若隐若现，颇具朦胧雅韵。无独有偶，这种轻透美学在西方19世纪新古典主义时期也蔚然成风。以柔和轻薄的细棉布裁制的“帝政裙”带来了别样的“薄衣时代”，那是一种“能透过衣料看到腿部的薄衣型服装样式”。[④]与西方女装这种轻薄化所引发的品味上的色情意味有所不同，[⑤]宋人对纱罗织物的主动选择，在于其轻薄通透的质感与人体映衬所生发的朦胧意趣。这亦是文人社会所形成的“逸”“韵”等美学精神的现实投射[⑥]，一种对“举之若无”“真若烟雾”的缥缈韵致的追求。基于生活的现实需要，衣装轻薄的审美趣味如何与四季的气候流转相适应，确实是需要调和的现实矛盾。19世纪爱美的巴黎女性在御寒与轻透的“帝政裙”间取舍，不惜付出健康的代价。[⑦]较之巴黎女性，12世纪的南宋女性也面临着轻薄与御寒的二元命题，轻盈的丝帛女衫即便穿着数层仍不失单薄。据竺可桢考证，“十二世纪是中国近代历史上最寒冷的一个时期”。[⑧]位列寒冷指数榜首的南宋时期，女性衣装并未受气候的影响而趋于厚重，可见“美丽战胜严寒”确实不只是今日爱美女性的着装信条，在南宋女性身上也有所体现。

唐、五代时期虽不乏罗的使用，但由于唐、五代社会少数民族文化与汉文化的交融，厚实的锦和绫在衣料中也占相当比重。且庶人女子只能衣青碧缬、着平头小花草履，不得服纱縠绫罗；而庶民男子仅能服“粗葛布”，[⑨]轻薄织物的使用被上层社会所垄断，并未达到社会化普及程度。而至元代，在尚武的蒙古政权统治下，审美取向发生逆转，妇女大宗衣料转变为厚重的锦及绸、缎，[⑩]明清两代则继

① 徐吉军.南宋临安工商业[M].北京：人民出版社，2009:61.
② 徐吉军.南宋临安工商业[M].北京：人民出版社，2009:63.
③ 南京市博物馆.“云裳簪影”——宋明服饰展画册[Z].南京：南京市博物馆.2010:1.
④ 李当岐.西洋服装史[M].北京：高等教育出版社，1995:110.
⑤ 霍兰德.性别与服饰[M].魏如明，等，译.北京：东方出版社，2000:111.
⑥ 金丹元.中国艺术思想史[M].上海：上海文化出版社，2005:193-199.
⑦ 李当岐.西洋服装史[M].北京：高等教育出版社，1995:110.
⑧ 竺可桢.中国近五千年来气候变迁的初步研究[J].气象科技资料，1975（S1）:20.21.
⑨ 新唐书卷二十四.志第十四.车服[M].北京：中华书局，1997:532.
⑩ 韩志远.元代衣食住行[M].北京.中华书局，2016:30，36.

续沿承此风，并有所发展。[1]就整体时代风尚而言，从纱罗织物使用的深度和广度来看，无论是唐、五代，还是后续的元明清三代都无法与宋相比及，从而形成了有宋以来“薄衣时代”所主导的朦胧清新的美学气象。

（二）开放性

南宋女装继承了唐五代以来形成的开放格局，并在此基础上有了进一步发展。

1. 酥胸尽现

宋承五代之制，抹胸式内衣与直领开襟相组合，“两襟微开，露出里衣和长长的粉颈”，[2]胸部也成为视觉审美的中心。北宋时期就有“欲融轻雪乍凝胸”［《浣溪沙》，方千里］；“玉纤嫩，酥胸白”［《满江红》，秦观（1049—1100）］之句；南宋更有“烛边疏影映酥胸”［《浣溪沙》，张元幹（1091—1161）］；“雪点酥胸暖未融”［《鹧鸪天》，刘过（1154—1206）］之词。洁白如雪的风韵不只是停留于文学想象中，更是生活的现实投射。由一片薄薄的绢帛抹胸所营造的意境空间，跨越身份等级的界限，呈现出即便是今天看来仍不免谓之“开放”的着装气象。对于西方而言，女性时装肇始于14世纪领线的放低、袒胸露背的衣装的出现，有选择性地暴露皮肤成为时装设计的主题。[3]从这一点来看，中国女装对身体裸露的表达在时间上要比西方早数个世纪。

中国儒家文化认为，“衣者，隐也。裳者，障也，所以隐形自障蔽也”[4]，强调服装之于人的社会伦理意义。从式样到尺寸，服装均最大限度地完成了对人体的遮蔽，先秦两汉时期服饰的道德伦理意义尤为突显。女装领型多为交领右衽，且多层穿叠，达到了很好的蔽体效果。对于传统女装何时由“隐”到“显”，孙机认为，女装上衣开始露胸，汉魏时无有，南北朝时方出现。唐代女装露胸，即沿袭了北朝遗俗。[5]而北朝女性袒装的流行，与鲜明的袒裸风俗有关[6]。宋代社会则继承了这一风尚传统，简洁开放的直领式样广泛流行。即便在冬季，女性亦保持裙背、抹胸衣式，亦以袒露胸颈为美[7]。元明清三代，由于理学思想的逐步渗透与影响，

① 沈从文.中国古代服饰研究[M].上海：上海书店出版社，2002:604，658.
② 扬之水.也说“轻解罗裳”[J].文史知识，2010（1）:159.
③ 霍兰德.性别与服饰[M].魏如明，等，译.北京：东方出版社，2000:54.
④ 陈立.白虎通疏证：下[M].吴则虞，点校.北京：中华书局，1994:433.
⑤ 孙机.华夏衣冠：中国古代服饰文化[M].上海：上海古籍出版社，2016:131.
⑥ 李志生.唐代女性袒装及其变化的原因[N].团结报，2013-09-19（7）:3.
⑦ 孟晖.中原历代女子服饰史稿[M].北京：作家出版社，1995:129.

女装逐渐恢复了儒家所推崇的“隐形自障蔽”的社会伦理功能，服装封闭性增强，变得日趋保守，女性的妖娆身姿被遮蔽于宽博的衣饰中。直至20世纪初叶女装的现代化转型（文明新装及旗袍出现），虽手臂和小腿渐显，但胸部仍为紧闭的立领和大襟所遮蔽，不再成为时尚审美的对象。当代女装深受欧美时尚流行体系的影响，潮流也随之易变。在时尚T台、明星派对甚至大众衣装生活中，袒胸装被视为时尚的要素、性感的标签。回溯历史，南宋女装所呈现的开放气象采用的是现代女装彰显性感而惯用的造型范式。此简约流畅、清新洒脱的造型成为一种“永恒的款式”，具有恒久的审美价值。

2. 开衩纤长

服装的开衩设计最早取其便于活动。据史料记载，隋文帝征辽，为戎事方便，诏武官服缺胯袄子。[①]后唐、五代男子常服为双侧敞开的形制，五代女性的直领宽衫中亦见短小的侧开衩结构。北宋承袭之，并因衣身渐窄，开衩有所增长。至南宋，随衣身峭窄化加剧，开衩已长及腋下，服装的开放性进一步增强。南宋日用女装多具有双侧高开衩的特点，“背子两裾开衩，于行走中，清风袭来，衣裾飘飘欲举，摇曳生姿”。[②]女裤（裆裤）也延续了这种造型法则，侧缝敞开，衩长及腰间，极富动感。旋裙亦通过两片交叠所形成的活动开衩来增强运动的机能性。五代时便有关于衩衣的描述，“每到日中重掠鬓。衩衣骑马绕宫廊”［《宫词》，王建（847—918）］；宋词更有“欲融轻雪乍凝胸。石榴裙衩为谁红”［《浣溪沙》，方千里］的记述。高开衩设计是构成南宋女装审美的重要方面。女装在前后、左右均形成不同的开放空间，即便规格尺寸趋于偏狭，仍不会造成穿着的局促。与同时代的男装相比，女装形制的开放性要远大于男装。宽大封闭的公服体现严冷方整的仪式感，而开衩仅存在于男子便服中。男装较之洒脱奔放的女装，尤显庄重而理性。

元明清三代女装风格发生逆转，由宋时的开放走向封闭，轻盈转入凝重。随着服装领型的关闭（交领或偏襟），衣身尺寸的加阔，衣衩在女装中的地位逐渐弱化，淹没在宽衣大袖之中。直至现代旗袍的出现，衣衩的显赫地位才得以复归，再次成为女装审美的重心。由1920年代的单侧开衩而演变为1930年代的双侧开衩，且长度逐渐加长[③]。狭长的开衩不仅方便活动，同时具有彰显纤细小腿的审美

① 马缟.中华古今注:卷上:武臣服缺胯袄子[M].北京:中华书局，2012:92.
② 蔡子谔.中国服饰美学史[M].石家庄:河北美术出版社，2001:688.
③ 萧丽娟，等.历久弥新:旗袍的变奏[C].香港:香港历史博物馆，2011:66，72.

功效，其与南宋女装上衣的长开衩对纤袅腰身的展示具有异曲同工之妙。

（三）外衣化

南宋女裤的外衣化、时装化颇具现代意味。裆裤作为时髦的外裤在南宋女性生活中地位显著。上至后妃命妇下至士庶百姓，无人不用。裆裤与背子、衫子的组合自由灵活，上衣高度的开放性令女裤毫无遮掩地显露于外，构成女性服饰审美的另一方面。裆裤通常以透明的花卉纱罗裁制，造型新颖别致，双侧开衩处活动的暗褶随身体的游移而自由散开，轻盈的丝绢衬裤隐约可见，这犹如民国时于通透的蕾丝旗袍内衬以轻盈的吊带裙，产生出内外相映、虚实相生的朦胧意趣。

南宋是上层社会女性将裤子赋予时装意义而加以外化的独特历史阶段，上至汉唐，下迄明清，绝无仅有。即便唐代出现过女着男装或胡服的做法，但其实质却在于借用，而非真正意义上的女性服装，只是“借鉴异性的穿着”而已[①]。孙机进一步认为，唐代女着男装和胡服者多为身份地位较低的杂役或婢女，“着胡服与男装带来的只是便捷”。[②]历经元、明、清三代之变迁，上层女性中绝少再出现着裤于外的现象，宽大的褶裙或厚重的马面裙将下肢完全遮蔽，裤子再次隐匿于内，成为不可示人的私密之物。直至20世纪初，在辛亥革命的推动下中华女裤的外衣化转变再次登场。衫裤套装极为流行，立领窄袖衫搭配直筒长裤是时髦的女性装扮。[③]其中流行的花卉纹透明女裤就材质而言与宋代女裤颇有几分神似，但因形制的封闭性而缺乏宋裤所独有的灵动与飘逸。民国时期女裤的流行十分短暂，30年代后即被席卷而至的旗袍风尚所替代。50至70年代，女裤成为实用的生活品而与时尚无缘。时至今日，裤成为女性衣装生活的重要品类，因功能便捷而被广泛穿用。但剪裁式样已皆效西洋，再难觅东方美学神韵。

与中国女性在12世纪到13世纪时便竞穿时装化外裤不同，西方社会接受女性着裤的历史相对短暂，西方女性直至20世纪才赢得着裤的权利。安妮·霍兰德写道，“18世纪以来，穿裤子的妇女固定地、自然也是大量地出现在色情描写中”，“进入19世纪，甚至作为看不见的内衣的裤子，一般也不穿”，“直到20世纪后期，着裤装的愿望才最后达到，裤子作为妇女的普遍着装逐渐得到接纳”[④]。纵观中西方女裤的发展历程，中国女性获得着裤的公共权利要比西方女性早数个世纪。南宋不

① 霍兰德.性别与服饰[M].魏如明，等，译.北京：东方出版社，2000:47.
② 孙机.中国古代物质文化[M].北京：中华书局，2014:106-109.
③ 萧丽娟，等.历久弥新：旗袍的变奏[M].香港：香港历史博物馆，2011:36-37.
④ 霍兰德.性别与服饰[M].魏如明，等，译.北京：东方出版社，2000:60-61.

同阶层女性大量外着裤装的事实证明了女性着装选择上的相对自由与开放，且女裤具有区别于男裤形态的独立的性别特征。在南宋士人阶层将男裤作为内着之裤、罩于宽衫之下不可示人之即，女裤已发展成为上下皆宜的流行时装。与西方服装发展史中女装始终滞后于男装的路径不同，[①]南宋社会的情境恰好相反，女装表现出超越现实的活力。这一引领性的着装实践，凸显了由女性主导的服装简约化的社会变革意义。风靡一时的南宋女裤文化犹如历史长河中一段不可复制的绮丽时光，虽已成为过往，但就其视觉审美、服用功能以及代表古典美学范式的深层文化寓意而言，对于试图超越西方时尚专制、重构民族审美传统的现代女装文化仍具有积极的借鉴意义。

三、小结

南宋女装形制风格之形成，受到诸多社会因素的影响。既有强烈的民族意识、务实的着装观念的影响，又不乏特异审美趣味的推动。受“华夷之辨”民族意识的影响，女装的礼服和常服，在形制式样上与男装同步，更多地保持了汉民族的审美文化特色，体现出“中轴对称、严整均衡”的汉家风范，与少数民族“多切分、重机能”的造型传统多有不同。女装整齐划一的对襟式直领凸显了汉民族的文化特质，就领式而言，女装比男装葆有更为纯粹的民族性（男装有胡式圆领袍）。南宋以来，受“求简从便”观念的影响，社会生活日趋世俗化。日常女装表现为形制尺寸的极度紧缩，背子、衫、裤、裙在宽度和长度尺寸上皆有所体现，向着峭窄化、轻盈化风格转型发展。与男装肩负“华夷之辨”的政治担当不同，男装由初期战时的“简易”向承平时代的“褒博”过渡，女装则在更大程度上从审美趣尚出发，体现出自由随性的特点。“腰肢纤袅”的审美趣味促就了南宋日常女装“峭窄化”风格的产生。精致细腻的文人雅趣推动着女性审美的发展，以“瘦”为美成为新的女性标准，峭窄衣衫所衬托的窈窕身姿成为对时尚美的追寻。衣之“窄”与身之“瘦”的感观映射，成为南宋女性服饰之美的显著特色。

就形制而言，南宋女装表现出超越古典范式的简约、轻盈、雅逸的审美趣味，带有几分清新的现代气息，与现代女装审美有着某种共通性。其艺术特色主要表现为三个方面：轻装化、开放性、外衣化。轻装化主要通过简约轻盈的造型和轻薄通透的衣料加以体现。女装造型求简去繁，装饰语言亦画龙点睛，繁略得当。

① 霍兰德.性别与服饰[M].魏如明，等，译.北京:东方出版社，2000:61.

轻薄的衣料是“轻装化”的前提，“薄如烟雾”的朦胧雅趣开启了女装文化的“薄衣时代”。开放性源于性感抹胸与直领开襟所营造的意境空间，“欲融轻雪乍凝胸”是超越“隐形自障蔽”的服饰伦理规范而呈现的“开放”气象。随着女装峭窄化的风格转型，长开衩融实用性与审美性于一体。时髦外裤的高开衩设计为南宋女装注入更加活跃的韵律。女裤外衣化成为女性时尚中的独特现象，其比西方女性获得着裤的权利要早数个世纪。南宋女性的时髦裆裤是鲜明的个性化品类，为女子所独有。不同阶层女性大量着外裤的事实，证明了南宋女性在着装选择上的自由与开放。这一引领性的着装实践，凸显了由女性主导的服装简约化、时尚化的社会变革意义。

结论

宋代是中华文化发展的高峰，也是一个在政治、经济、科技诸多领域创造出斐然成就的显赫时代。它不以强取豪夺的霸业功勋为利趣，而是倾心缔造以安居乐业为宏旨的太平盛景。超越等级的科举取士推动着贵族社会向士族社会的急剧转型；“工商皆本”的新型理念促进了商品经济的极大繁荣；儒、道、释兼容并包成就了意识形态领域的多元发展。以文治世的政治环境、活跃繁荣的经济形态、交融并济的文化格局，都使社会内部涌动着变革创新的活力。社会文明程度的提升使人文精神得以极大弘扬，女性社会地位显著提高、生活场域更加开放，权益空间的拓展让女性在社会生活的画框中格外悦目耀眼。南宋女装文化即在这样的社会语境中诞生，并在上下交济、追新逐异的时尚潮流的推动下嬗变发展。

南宋社会发达的商品经济大潮冲击着等级制度的堤坝，“衣服无章，上下混淆”的现象愈演愈烈，女装领域尤为凸显。上层阶层（后妃命妇）的礼服（袆衣、褕翟、翟衣等）与常服系统在形式与功能上发生显著分离。女性礼服系统崇古尚礼，在形制构成、材料选择、装饰手段上表现出高度的文化继承性：交领右衽、疏阔宽袖、庄严整肃。礼服以尊卑有序的威仪之风承载着政治生活中等级扮演的符号职能，具有礼仪化、程式化的特征，构成南宋女装文化中相对静止的一面。而上层阶层的常服系统则表现出高度世俗化、时尚化的特征。品类丰富，有大袖、背子、衫、襦、袄、裙、裤、抹胸、裹肚、袜等。常服造型简约纯粹、轻巧利落（大袖除外）。其清新俏丽之态，常为民众所仿效，成为流行的“时样”。经济实力左右着社会生活，“倡优被后服”全南宋已屡见不鲜，下层兴起的俚俗新样也为上层所涉猎，成为一时之尚。常服追新慕异，应时而变；而礼服循袭传统、恒一守常，二者使南宋女装文化呈现“动静交融”的多元面貌。这些缤纷各异的服饰品类在女性着装实践中，以“奢俭相当、轻薄有序”为原则，秩序组合、有机搭配，随四季流转，增减调配。

南宋女装在形制构成上保持着儒家汉文化所推崇的中正、对称、均衡的造型传统。较之北宋而言，既有文化继承，又不乏时代新变。女装上衣、裙、裤均具有多元的结构类型分化，下装（裙、裤）比上衣表现更为活跃。上衣（大袖、背子、衫、襦、袄、背心）领式高度统一，为直领对襟，唯衣长、裾式、袖式有所差异，体现出时间、地域维度的流变性。上衣为中华古典“十字型”平面结构，负绳应直（背缝中正），左右对称，四片构成。均为正裁，正身两片，拼袖两片，简洁纯粹，规整洗练。南宋女装构成范式虽承袭北宋传统，但二者在形制尺寸上（胸宽、袖宽）狭阔悬殊。南宋女装纤雅秀丽，而北宋女装则宽疏宏阔，体现出南北两宋不同的文化气象。与同时代的男装相比，南宋女装亦与之形成尺寸狭阔的高度分化，体现出服装性别意识的增强。女裤结构亦承袭传统，但又奇巧创新。如开裆裤（套裤）、裈裤（衬裤）借鉴经典，而裆裤（外裤）则为南宋独有。时髦的开衩裆裤，风靡上下，成为南宋女装文化的崭新特色。三种女裤在结构剪裁上“和而不同”，矩形全幅布料（一片或两片）构成裤筒，而依使用功能不同，分别采用三角形、菱形、矩形裆片完成裆部造型。其中合裆式裈裤和裆裤在裤筒外侧设有灵活的隐匿式活褶，别具韵味。裈裤（菱形裆片）、开裆裤（三角形裆衩）为男女通式，唯裆裤（矩形裆片）为女性所专有，自成格局。南宋女裙异彩纷呈，不乏奇巧之作。单片裙、两片裙和褶裥裙承袭传统，而错裾式A形裙则为时代新样。女裙构成方式简约纯粹，皆由矩形或梯形裁片灵活组配。较之北宋，南宋女裙渐趋轻盈化发展，在长度尺寸、褶量大小等方面均有缩减，体现轻巧利落的审美倾向。诸如背心、抹胸、裹肚类小件服饰，皆由单纯的矩形裁片（两片或一片）构成，体现极简特色。南宋女装在制作工艺上亦蕴含智慧与巧思。女装上衣直领的裁配技术，堪称绝妙。采用简易的“内出领缘法”，较之北宋“外加领缘法”，俭省而高效，是南宋时期男女普遍通行的工艺范式。女装的装饰工艺具有较强的规律性，局部装饰依附于主体结构，详略得当。窄花边应用于大袖、背子、旋裙、裆裤的边缝中，而领抹多施加于衫子的领缘之上。销金（泥金、盘金等）装饰被广泛应用，为女装在简约清新中增添了一抹奢华的亮色。

南宋女装在形制式样上立足传统、兼具创新。而在形制尺寸上，向峭窄化方向发展，极具“变古”精神。北宋承袭晚唐五代以来女装风格的“宏旷漫散”之气，历经一个多世纪的演变发展，至北宋后期（1086—1127），女装渐向“疏阔宽适”之风转向：袖式有所紧缩（侧重袖口），但胸宽（腰宽）尺寸仍疏阔可观，体现宽衣文化的特质。“靖康之难”，宋廷南迁，伴随社会的剧烈动荡，求“简易”的思想深入人心，服装尺寸上的缩减之势在南宋时期急剧深化。南宋女装形制风格之变，经历了前、中、后三个历史发展阶段，呈递进之势。南宋前期（1127—1162），女装风格表现为峭窄化“新变”。它是继北宋后期宽适之风而在服装形制尺寸横向维度上的急剧减缩，整体风格向“峭窄化”转变。具体而言，背子、衫子的胸宽和袖宽尺寸均大幅度缩减，整体趋于紧身适体。经典衫裙组合被打破，变奏出颇具机能性的衫裤（裆裤）组合，具有裤装外穿的特点。南宋中期（1163—1224），女装风格表现为对前期的“承续与深化”。背子仍以长及脚踝的纤长之势风靡上下。除裙背装外，裤背组合因其较强的机能性特征而后来者居上，应用甚广。衫裤组合则更加普遍，成为生活中实用利落的流行装束。南宋政治辖区内不同地域间女装风尚大致保持着同步的流行规律。南宋后期（1225—1279）女装在前中期“峭窄化”风格基础上，向“轻盈化”递变，与古典“拖曳式”审美趣味相分离。具体表现为服装在纵向长度尺寸（衣长、袖长、裙长、裤长）上的削减，同时褶裙在褶皱数量及叠褶深度上均有式微。受简约风潮的影响，通行上下的女装大袖在保持疏阔宽袖的传统造型基础上亦寻求“简易化”之道（缝缉明线、纽袢系挂、等裾式）。

南宋女装形制风格的峭窄化新变意义显著，成为古典文化语境中以汉民族为主体的“窄衣文化”的发展高峰，其程度之甚、时间之久为历代鲜见。当“华夷之辨”根深于南宋社会主流意识形态之即，女装的峭窄化演变无疑是背离传统、日趋“胡化”的“蜕变”，女装个别品类亦浸染胡俗（旋裙、高靿袜）。但以士大夫阶层为舆论主体的南宋社会却对这一独特的女装风尚未加诟病，而是从精致美学的视角对其赋予积极的审美意义。在士大夫阶层的有力推动下，南宋女装愈发走向精巧与别致。与南宋对峙日久的金国女真政权，其民族服饰文化则表现为“追慕华风”的“汉化”转变，由原初的“纯实之风”，演变为“褒博之象”，尤以女装最为显著。随着女真服饰的高度汉化，女真女装之“阔”与南宋女装之“狭”，分置审美风格的两极，“华夷之辨”的传统判断标准遭到颠覆。南宋时期男装由“简易”向“褒博”的儒化复归，无疑成为少数民族汉化进程中，汉民族捍卫自身文化正统性的制衡力量，具有浓郁的政治色彩。

南宋女装形制风格的形成可归因于形制式样和形制尺寸两方面因素的合力建构。在式样构成上，受“华夷之辨”的民族意识的影响，女装与男装保持同步，突出表现为汉式结构的风格范式。中轴布局、左右对称、规整有序，与少数民族多分片、重机能的构成传统有所不同，体现出汉文化的正统性。女装形制尺寸的紧缩化演变，由“求简从便”的着装观念、“腰肢纤袅”的审美趣味合力推动。“求简从便”着装观念的盛行，昭示了传统礼仪制度的衰微、世俗生活的繁盛，而女装尺寸的锐意缩减则体现了顺应世风的“简易化”诉求。由士大夫阶层所阐发的以瘦为美的审美旨趣，在女性的身体及衣装上均有所投射。峭窄的衣装文化无疑是对曼妙身姿的最好礼赞。这种日趋精致的审美趣味，从观念到载体，无所不入，缠足风尚便为其中之显例。无论是构成式样的汉风凸显，还是尺寸规格的日趋胡化，就整体风格而言，南宋日常女装呈现出轻装化、开放性、外衣化的艺术特色，颇具现代气息。传统社会以服装体量（宽度、长度）为等级贵贱的评价标准被打破，轻盈雅态被赋予积极的审美意义。从礼服到常服，对轻透纱罗织物的钟情，更加丰富了轻装文化的内涵。女装的开放性主要体现在敞开式直领与抹胸所营造的意境空间，此种衣式虽非宋人首创，但在南宋却得以持续深化，并通过大量的结构性开衩（上衣、裤、裙）使开放性进一步增强。女裤（裆裤）外穿具有显在的文化意义，它使等级较低的裤的地位得到提升，时髦的裆裤上下通服，成为流行时尚。大胆的女裤外衣化实践既超越同时期守成的男装文化，又较西方女裤的外化（20世纪）早数个世纪，其在中西裤文化发展史上无疑具有里程碑意义。

综上，可将对南宋女装形制文化的认知概括为以下三点：

1. 南宋女装文化二元分离，礼服世界的“神圣性”渐行衰微；常服世界的“时尚性”日益凸显，女装风格走向世俗化。

2. 南宋日常女装代表了中华“十字型”平面结构谱系中以汉民族为主导的窄衣文化发展的高峰，“峭窄裁”推动着女装的简约化进程，贯穿始终。

3. 理学对南宋女性衣装生活尚未产生束缚性影响，女装形制多受时尚潮流驱动，凸显“变古”活力。

纵观南宋女装文化的时代发生，其为特定的社会语境所塑造，在历史的长河中具有鲜明的特异性。较之循袭传统的礼服，南宋日常女装的文化建构意义尤为凸显，“峭窄裁”所成就的轻盈雅态被赋予积极的审美意义。南宋女装文化缔造了一个具有汉民族文化特色、在中华古典“十字型”平面结构系统中，凸显生活机能性的实用女装范例，其简约、清新、平易、典雅的艺术风格颇具现代精神。纤巧的南宋女装强调对身体线条的塑造，与“隐形自障闭”的儒家伦理相背离，其在构成方式上始终坚执汉民族的文化传统，虽峭窄化日甚，但仍被纳入汉民族服饰的文明发展序列当中，为主流文化所接受。由此看来，服装形制式样的构成方式成为制衡服装文化属性的关键要素。正如具有现代气质的中华古典旗袍，虽腰身、袖式急剧紧缩，服装趋于修身适体，但因其并未脱离中华古典“十字型”平面结构谱系而仍被视作具有东方美学韵味的时尚典范。

面对当今西方服饰文化强势话语主导的全球化语境，中华传统服饰文化的复兴之路任重道远。我们应立足本土文化传统，探索“十字型”平面结构与东方直线剪裁方式在当代的应用价值，使之融入窄衣文化的现代生活方式之中。东方古典意蕴的构成方式和适宜日用生活的造型尺寸的融会贯通，必将开辟一条新东方服饰美学的可持续发展之路。在传承与创新之间，应秉持对传统服饰文化基因的坚守，而南宋女装形制文化的借鉴意义尤在于此。

参考文献

一、古籍

毛诗正义[M]//李学勤. 十三经注疏. 北京:北京大学出版社,2000:261,482.

论语注疏[M]//李学勤. 十三经注疏. 北京:北京大学出版社,2000:218.

周易正义[M]//李学勤. 十三经注疏. 北京:北京大学出版社,2000:353,354.

周礼注疏[M]//李学勤. 十三经注疏. 北京:北京大学出版社,2000:239.

礼记正义[M]//李学勤. 十三经注疏. 北京:北京大学出版社,2000:482,616,1473,1661,1662,1681,1822,1823,1825.

仪礼注疏[M]//李学勤. 十三经注疏. 北京:北京大学出版社,2000:787,788,792,793.

刘向,等. 战国策[M]. 上海:上海古籍出版社,1985:597.

班固. 汉书[M]. 北京:中华书局,1997:1353,3960.

司马迁. 史记[M]. 北京:中华书局,1997:1806.

刘熙. 释名[M]. 北京:中华书局,1985:80,82.

刘安. 淮南子[M]. 北京:中华书局,2012:409.

贾谊. 新书校注[M]//阎振益,等,校注:新编诸子集成. 中华书局,2000:53.

司马彪. 续汉书·舆服志[M]//后汉书. 北京:中华书局,1997:3676.

萧子显. 南齐书[M]. 北京:中华书局,1997:343.

马缟. 中华古今注[M]. 北京：中华书局，2012:92，105.

刘昫，等：旧唐书[M]. 北京：中华书局，1997:107，1955.

范晔. 后汉书[M]. 北京：中华书局，1997:444，1177，2690，2878.

房玄龄，等. 晋书[M]. 北京：中华书局，1997:774，826，1823.

魏徵，等. 隋书·东夷·流球国[M]. 北京：中华书局，1997:260，465.

薛居正，等. 旧五代史[M]. 北京：中华书局，1997:428.

欧阳修，宋祁. 新唐书[M]. 北京：中华书局，1997:152，516，517，530，531，532，878，879.

王溥撰. 唐会要[M]. 北京：中华书局，1960: 573.

马端临. 文献通考[M]. 北京：中华书局，1986:1032.

郑居中. 政和五礼新仪[M]//文渊阁四库全书：第647册. 台北：台湾商务印书馆，1986:173.

窦仪，等. 宋刑统[M]. 北京：中华书局，1984:198，224.

朱熹. 晦庵先生朱文公集[M]//朱杰人，等. 朱子全书. 上海：上海古籍出版社，2002:3603.

朱熹. 家礼[M]//朱杰人，等. 朱子全书. 上海：上海古籍出版社，2002:902，903，906，908-912..

黎靖德. 朱子语类[M]. 北京：中华书局，1986:2330，3162.

王安石. 王文公文集[M]. 上海：上海人民出版社，1974:380.

孔平仲. 续世说[M]. 吴平，译注. 北京：东方出版社，1996:336.

潜说友. 咸淳临安志[M]//宋元方志丛刊：第四册. 北京：中华书局，1990:3775，3776.

梁克家. 淳熙三山志[M]//宋元方志丛册：第八册. 北京：中华书局，1990:8247.

楼钥. 攻媿集[M]//文渊阁四库全书：第1153册. 台北：台湾商务印书馆，1986:325.

陶穀. 清异录[M]//文渊阁四库全书：第1047册. 台北：台湾商务印书馆，1986:895.

司马光. 书仪[M]//文渊阁四库全书：第142册. 台北：商务印书馆，1986:81

司马光. 家范[M]//文渊阁四库全书：第696册. 台北：台湾商务印书馆，1986:691.

周密.武林旧事[M].李小龙,等,评注.北京:中华书局,2007:8,13,41,51,52,54,55,57,61,71,73,78,80,83,91,92,160,162,200,222.

赵彦卫.云麓漫钞[M].北京:中华书局,1996:155.

江休复.江邻几杂志[M]//全宋笔记:第一编:5.郑州:大象出版社,2003:150.

赵珙.蒙鞑备录[M]//全宋笔记:第七编:2.郑州:大象出版社,2016:111.

周密.癸辛杂识[M]//全宋笔记:第八编:2.郑州:大象出版社,2017:192.

史绳祖.学斋佔毕[M]//全宋笔记:第八编:3.郑州:大象出版社,2017:71.

罗大经.鹤林玉露[M]//全宋笔记:第八编:3.郑州:大象出版社,2017:180,253.

耐得翁.都城纪胜[M]//全宋笔记:第八编:5.郑州:大象出版社,2017:5,7,9.

吴自牧.梦粱录[M]//全宋笔记:第八编:5.郑州:大象出版社,2017:92,95,104,105,219,222,269,292,298,299,304,316,325,329.

西湖老人.繁胜录[M]//全宋笔记:第八编:5.郑州:大象出版社,2017:322.

江休復.江邻几杂志[M]//全宋笔记:第一编:5.郑州:大象出版社,2003:150.

孟元老.东京梦华录[M].河南:中州古籍出版社,2010:58,77,87,101,114,142,161.

陈元靓.事林广记[M].南京:江苏人民出版社,2011:458.

庄绰.鸡肋编[M].上海:上海古籍出版社,2012:13,50.

李廌.师友谈记[M]//唐宋史料笔记丛刊.北京:中华书局,2002:17.

吴曾.能改斋漫录[M].上海:上海古籍出版社,1979:16,385,386.

周密.齐东野语[M].黄益元,校点.上海:上海古籍出版社,2012:215.

周煇.清波杂志[M].上海:上海古籍出版社,2012:121.

沈括.梦溪笔谈全译[M] 金良年,胡小静,译.上海:上海古籍出版社,2013:4,271.

李心传.建炎以来朝野杂记[M].北京:中华书局,2000:189.

袁褧.枫窗小牍[M].上海:上海古籍出版社,2012:10.

叶绍翁.四朝闻见录:甲集[M].北京:中华书局,1989:7.

陆游.入蜀记[M]//宋代日记丛编.上海:上海书店出版社,2013:789.

陆游.老学庵笔记.[M].北京:中华书局,1979:40.

黄庭坚.宜州乙酉家乘[M]//宋代日记丛编.上海:上海书店出版社,2013:583,86,587.

洪皓．松漠纪闻[M]//文渊阁四库全书：第407册．台北：台湾商务印书馆，1986:705.

周煇．北辕录[M]//宋代日记丛编．上海：上海书店出版社，2013:1134.

范成大．揽辔录[M]//宋代日记丛编．上海：上海书店出版社，2013:797，798.

岳柯．桯史[M]．北京：中华书局，1981:54.

撰人不详．新刊大宋宣和遗事·亨集[M]．上海：中国古典文学出版社，1954:48.

王迈．臞轩集[M]//文渊阁四库全书：第1178册．台北：台湾商务印书馆，1986:450.

宇文懋昭．大金国志[M]．济南：齐鲁书社，1992:105，287，288.

大金集礼[M]//丛书集成初编：二．北京：商务印书馆，1936:251，252.

脱脱，等．宋史[M]．北京：中华书局，1997:50，781，1429，1430，3478，3479，3526，3529，3535，3536，3542，3547，3551，3574，3575，3576，3577，3578，3579.

脱脱，等．金史[M]．北京：中华书局，1997:52，199，256，398，914，977，978，985.

撰人不详．碎金．服饰篇第十六：女服[Z]．故宫印万历年版．

撰人不详．拊掌录[M]//学海类编：第106册．台北：台北艺文印书馆，1967:2b.

刘若愚．酌中志[M]．北京：北京古籍出版社，1994:172.

杨士奇，等．历代名臣奏议[M]//文渊阁四库全书：第436册．台北：台湾商务印书馆，1986:390.

宋濂．文宪集[M]//文渊阁四库全书：第1224册．台北：台湾商务印书馆，1986:159.

明太祖实录[M]//黄彰健校注．明实录．北京：中华书局，2016:525.

苏舆．春秋繁露义证[M]．锺哲，点校．北京：中华书局，1992:223.

胡敬．胡氏书画考三种[M]．刘英，点校．杭州：浙江人民美术出版社，2015:3，43.

段玉裁．说文解字注[M]．北京：中华书局，2013:238，362，396，398-399，661.

张廷玉，等．明史[M]．北京：中华书局，1997:1598，1623.

王夫之．夕堂永日绪论外编[M]//姜斋诗话笺注．北京：人民文学出版社，1981:213.

叶梦珠.阅世编[M].上海:上海古籍出版社,1981:173.

徐松.宋会要缉稿[M].北京:中华书局,1957:1795.

二、著作

(一)中国

徐珂.清稗类钞:第13册[M].北京:中华书局,1985:6201.

薛瑞兆.金代艺文叙录:上[M].北京:中华书局,2014:1.

湖北省荆州地区博物馆.江陵马山一号楚墓[M].文物出版社,1985:20,21,23,24.

湖南省博物馆,等.长沙马王堆一号汉墓:上[M].北京:文物出版社,1973:66,68,69.

湖南省博物馆,等.长沙马王堆一号汉墓:下[M].北京:文物出版社,1973:69.

福建省博物馆.福州南宋黄昇墓[M].北京:文物出版社,1982:7,9,11-14,16,19,30,31,87,102.

福州市文物管理局.福州文物集萃[M].福州:福建人民出版社,1999:2,78,82,86,168,40,41,52,53,62,64,68,70-72,76,80,85,111-133,143,144.

周迪人,等.德安南宋周氏墓[M].南昌:江西人民出版社,1999:4-6,9-11,19,20,24,34,70,76,98.

南京市博物馆.故都神韵:南京市博物馆文物精华[M].北京:文物出版社,2013:136.

赵评春等.金代服饰——金齐国王墓出土服饰研究[M].北京:文物出版社,1998:28-34,37,49.

宿白.白沙宋墓[M].北京:文物出版社,2002:35,36,73,104.图版四.图版八.

四川省文物考古研究所,等.泸县宋墓[M].北京:文物出版社,2004:85,175.彩版二四.彩版五四.

肖卫东,等.泸县宋代墓葬石刻艺术[M].成都:四川民族出版社,2016:333,336,337,338,339,341,342,347,348,355,358,359.

泸州市博物馆.泸州市博物馆藏宋墓石刻精品[M].中华书局,2016:154,155.

山西省考古研究所.平阳金墓砖雕[M].太原:山西人民出版社,1999:7,132-134,140,141,331-333.

郑州市文物考古研究所.郑州宋金壁画墓[M].北京:科学出版社,2005:96,97,98,99.

四川省文物考古研究所,等.华蓥安丙墓[M].北京:文物出版社,2008:119,图版二四.

湖南省文物考古研究所.桂阳刘家岭宋代壁画墓[M].北京:文物出版社,2013:17,21.

新疆维吾尔自治区博物馆.古代西域服饰撷萃[M].北京:文物出版社,2010:29,32,107.

陕西省考古研究院,等.法门寺考古发掘报告:上[M].北京:文物出版社,2007:261.

徐光冀.中国出土壁画全集6:陕西上[M].北京:科学出版社,2012:114,176,184,225,336,353.

徐光冀.中国出土壁画全集7:陕西下[M].北京:科学出版社,2012:336,353,457,460.

徐光冀.中国出土壁画全集4:山东[M].北京:科学出版社,2012:171.

徐光冀.中国出土壁画全集5:河南[M].北京:科学出版社,2012:143.

徐光冀.中国出土壁画全集10:北京,等[M].北京:科学出版社,2012:67,69,94,214.

张蕴.陕西地区出土壁画概述[M]//中国出土壁画全集:陕西上.北京:科学出版社,2012:Ⅳ.

金维诺.中国美术全集·绘画篇:隋唐五代[M].北京:人民美术出版社,2006:74.

王善才.张懋夫妇合葬墓[M].北京:科学出版社,2007:17.

秦大树.宋元明考古[M].北京:文物出版社,2004:218,219.

孙长初.中国艺术考古学初探[M].北京:文物出版社,2004:185.

俞伟超.考古类型学的理论与实践[M].北京:文物出版社,1987:6.

吴敬.南方地区宋代墓葬研究[M].北京:社会科学文献出版社,2015:50,192,265.

易晴.中国物质文化史:绘画·墓室壁画·宋元明清[M].北京:开明出版社,2014:71.

段文杰.中国敦煌壁画全集9:敦煌五代·宋[M].天津:天津人民美术出版

社,2006:22,23,53.

常沙娜.中国织绣服饰全集3:历代服饰卷:上[M].天津:天津人民美术出版社,2004:370,371,479,483,485.

常沙娜.中国织绣服饰全集4:历代服饰卷:下[M].天津:天津人民美术出版社,2004:186.

中国画经典丛书编辑组.中国人物画经典:北宋卷[M].北京:文物出版社,2005:23.

中国画经典丛书编辑组.中国人物画经典:南宋卷·2[M].北京:文物出版社,2006:12,13,67.

中国画经典丛书编辑组.中国人物画经典:南宋卷·1[M].北京:文物出版社,2006:42,51,56,57.

中国画经典丛书编辑组.中国人物画经典:五代卷[M].北京:文物出版社,2005:50,53,54.

上海龙美术馆编.敏行与迪哲:宋元书画私藏集萃[M].上海书画出版社,2016:140,145,146,147.

赵丰,等.成是贝锦——东周纺织织造技术研究[M].上海:上海古籍出版社,2012:49,50,54.

赵丰.辽代丝绸[M].香港:沐文堂美术出版社有限公司,2004:184-185,196.

赵丰,金林.黄金·丝绸·青花瓷——马可·波罗时代的时尚艺术[M].香港:艺纱堂,2005:85,86,60.

赵丰.丝路之绸:起源、传播与交流[M].杭州:浙江大学出版社,2015:47,96,104,158.

蔡美彪.辽金元史十五讲[M].北京:中华书局,2015:125,134.

何俊.南宋儒学建构[M].上海:上海人民出版社,2013:418.

刘鄂公.说南宋[M].刘永宁,整理.北京:中国大百科全书出版社,2014:3,5.

漆侠.宋代经济史[M].北京:中华书局,2009:543,634-637,646,659,733.1037,1039.

邓小南.宋代历史探究:邓小南自选集[M].北京:首都师范大学出版社,2015:445.

朱瑞熙,刘复生,等.宋辽西夏金社会生活史[M].北京:中国社会科学出版社,1998:29,105-107,110-113,118.

包伟民. 传统国家与社会[M]. 北京：商务印书馆，2009:278.

徐吉军. 南宋临安工商业[M]. 北京：人民出版社，2009:13,59,61,63,280.

徐东升. 宋代手工业组织研究[M]. 北京：人民出版社，2012:180,325.

包伟民. 宋代城市研究[M]. 北京：中华书局，2014:344-347.

程民生. 宋代地域文化史[M]. 合肥：安徽文艺出版社，2017:85,86,89,90,95.

何辉. 宋代消费史[M]. 北京：九州出版社，2016:220.

徐吉军. 南宋临安社会生活[M]. 杭州：杭州出版社，2011:6,70,75.

徐吉军. 南宋全史：八 [M]. 上海：上海古籍出版社，2016:3,229-235.

邓广铭. 宋史十讲[M]. 北京：中华书局，2015:3,181,185.

徐晓望. 宋代福建史新编[M]. 北京：线装书局，2015:300,301.

陈东原. 中国妇女生活史[M]. 北京：商务印书馆，2015:109.

铁爱花. 宋代士人阶层女性研究[M]. 北京：人民出版社，2011:349.

王扬. 宋代女性法律地位研究[M]. 北京：法律出版社，2015:9.

邵育欣. 宋代妇女的佛教信仰与生活空间[M]. 北京：中国社会科学出版社，2015:144,145.

王国维. 古史新证[M]. 北京：清华大学出版社，1994:1-3.

陈寅恪. 陈寅恪集[M]. 北京：生活·读书·新知三联书店，2001:247.

柳诒徵. 中国文化史[M]. 上海：上海古籍出版社，2001:580,645.

黄仁宇. 中国大历史[M]. 北京：生活·读书·新知三联书店，2007:151.

钱穆. 中国学术思想史论丛：六[M]. 北京：生活·读书·新知三联书店，2009:233.

高洪兴. 缠足史[M]//中国社会民俗史丛书. 上海：上海文艺出版社，1995:17.

韩志远. 元代衣食住行[M]. 北京：中华书局，2016:20,23,24,30,36,65.

陈高华，史卫民. 中国风俗通史·元代卷[M]. 上海：上海文艺出版社，2001:92.

李希凡. 中华艺术通史·元代卷[M]. 北京：北京师范大学出版社，2006:14.

吴功正. 宋代美学史[M]. 南京：江苏教育出版社，2007:25.460.

周膺，吴晶. 南宋美学思想研究[M]. 上海：上海古籍出版社，2012:3,107,108,186,189,253,257.

李泽厚. 美的历程[M]. 合肥：安徽文艺出版社，1999:176.

李泽厚. 美学三书[M]. 合肥：安徽文艺出版社，1999:173.

叶朗. 中国美学史大纲[M]. 上海：上海人民出版社，1985:311.

金丹元. 中国艺术思想史[M]. 上海：上海文化出版社，2005:193-199.

杨道圣. 时尚的历程[M]. 北京：北京大学出版社，2013:1, 2, 5.

杨道圣. 服装美学[M]. 重庆：西南师范大学出版社，2003:30.

蔡子谔. 中国服饰美学史[M]. 河北：河北美术出版社，2001:688.

宋雪莉. 宋代服饰制度研究[M]. 杭州：杭州出版社，2007:119.

阎步克. 服周之冕——《周礼》六冕礼制的兴衰变异[M]. 北京：中华书局，2009:7, 22, 387, 389.

沈从文. 中国古代服饰研究[M]. 上海：上海书店出版社，2002:1, 9, 445, 446, 495, 604, 658.

沈从文. 沈从文说文物·服饰篇[M]. 重庆：重庆大学出版社，2014:105, 107.

沈从文著，王风编. 沈从文的文物世界[M]. 北京：北京出版社，2011:5.

孙机. 中国古代物质文化[M]. 北京：中华书局，2014:106-110, 112, 148.

孙机. 华夏衣冠——中国古代服饰文化[M]. 上海：上海古籍出版社，2016:113, 114, 131, 153, 154.

孙机. 从历史中醒来：孙机谈中国古文物[M]. 北京：生活·读书·新知三联书店，2016:400.

周锡保. 中国古代服饰史[M]. 北京：中国戏剧出版社，1984:104, 130, 131, 196, 289, 291, 309-311.

黄能馥，陈娟娟. 中国服装史[M]. 北京：中国旅游出版社，2001:55, 161, 206, 358.

李当岐. 西洋服装史[M]. 北京：高等教育出版社，1995:110, 169, 171, 182.

王宇清. 国服史学钩沉：下册[M]. 台北：辅仁大学出版社，2000:37.

华梅等. 中国历代《舆服志》研究[M]. 北京：商务印书馆，2015:268, 287.

高春明. 中国服饰名物考[M]. 上海：上海文化出版社，2001:551, 554, 570-575, 610, 618, 620, 622, 624, 795, 796.

高汉玉. 中国历代织染绣图录[M]. 上海：上海科学技术出版社，1986:82, 220.

孟晖. 中原历代女子服饰史稿[M]. 北京：作家出版社，1995:129, 132, 134.

刘瑞璞，陈静洁. 中华民族服饰结构图考：汉族编[M]. 北京：中国纺织出版社，2013:56, 57, 62, 69, 74, 172, 203, 240, 249.

萧丽娟等. 历久弥新：旗袍的变奏[C]. 香港：香港历史博物馆，2011:21,

26,37,67,72.

扬之水.奢华之色——宋元明金银器研究:卷一[M].北京:中华书局,2011:6,180.

李允鉌.华夏意匠:中国古典建筑设计原理分析[M].天津:天津大学出版社,2005:151.

丘光明,邱隆,杨平.中国科学技术史·度量衡卷[M].北京:科学出版社,2001:168.

王熹.明代服饰研究[M].北京:中国书店,2013:475.

邵晓峰.中华图像文化史:宋卷下[M].北京:中国摄影出版社,2016:461,642.

张玲.东周楚服结构风格研究[M].北京:中国传媒大学出版社,2016:103.

邢义田.立体的历史——从图像看古代中国与域外文化[M].台湾:三民书局股份有限公司,2014:87-101.

张爱玲.流言·更衣记[M].北京:北京出版社出版集团,2009:15.

夏征农.辞海:彩图本第六版[M].上海:上海辞书出版社,2009:615,2569.

阮智富,等.现代汉语大词典[M].上海:上海辞书出版社,2009:1310,2429.

王力,等.古代汉语常用字字典[M].北京:商务印书馆,2005:426,504.

(二)外国

巴菲尔德.危险的边疆:游牧帝国与中国[M].袁剑,译.南京:江苏人民出版社,2011:228,229.

麦迪森.中国经济的长期表现——公元960-2030年[M].武晓鹰,等译.上海:上海人民出版社,2016:1,3.

伯克.图像证史[M].杨豫,译.北京:北京大学出版社,2008:3,4,9

伊佩霞.内闱:宋代的婚姻和妇女生活[M].胡志宏,译.南京:江苏人民出版社,2004:36,49.

小岛毅.中国思想与宗教的奔流:宋朝[M].何晓毅译.桂林:广西师范大学出版社,2014:74,351.

杉山正明.疾驰的草原征服者:辽西夏金元[M]乌兰,乌日娜,译.桂林:广西师范大学出版社,2014:246,253,255,344,337.

内藤湖南.东洋文化史研究[M].林晓光译.上海:复旦大学出版社,2016:104,119.

库恩.儒家统治的时代:宋的转型.哈佛中国史(4)[M].李文锋,译.北京:

中信出版社,2016:2,261,258,272.

崔瑞德.剑桥中国隋唐史(589-960)[M].中国社科院历史研究所.北京:中国社会科学出版社,1990:30.

谢和耐.蒙元入侵前夜的中国日常生活[M].刘东,译.北京:北京大学出版社,2008:6,7,113,121.

贾志扬.天潢贵胄:宋代宗室史[M].赵冬梅,译.南京:江苏人民出版社,2010:202.

柯格律.牛津艺术史:中国艺术[M].刘颖,译.上海:上海人民出版社,2013:56.

巫鸿.黄泉下的美术:宏观中国古代墓葬[M].施杰.北京:生活·读书·新知三联书店,2010:1,2.

伯克.文化杂交[M].杨元,蔡玉辉,译.南京:译林出版社,2016:71,85,97.

伯克.制造路易十四[M].郝名玮,译.北京:商务印书馆,2015:7,11.

傅克斯.欧洲风化史[M].沈阳:辽宁教育出版社,2002:113,114.

巴特.流行体系[M].敖军,译.上海:上海人民出版社,2011:5.

凡勃伦.有闲阶级论——关于制度的经济研究[M].北京:商务印书馆,1964:134.

罗什.平常事情的历史[M].吴鼎,译.天津:百花文艺出版社,2005:249.

霍兰德.性别与服饰——现代服装的演变[M].魏如明,等,译.北京:东方出版社,2000:47,48,54,78,89,100,101,111,142,164.

恩特维斯特尔.时髦的身体:时尚、衣着和现代社会理论[M].郜元宝,等,译.广西:广西师范大学出版社,2005:2,18,23,24,183,202,213,299.

科斯格拉芙.时装生活史[M] 龙靖遥,等,译.北京:东方出版中心,2004:106.

柳宗悦.工艺之道:日本百年生活美学之滥觞[M].台湾:大鸿艺术股份有限公司,2013:257.

三、论文

汪济英.兰溪南宋墓出土的棉毯及其他[J].文物,1975(6):55,56.

陈晶,陈丽华.江苏武进村前南宋墓清理纪要[J].考古,1986(3):248-259.

安徽省文物考古研究所.安徽南陵铁拐宋墓发掘简报[J].文物,2016

（12）:41,46,47.

镇江市博物馆，等. 金坛南宋周瑀墓[J]. 考古学报，1977（1）:108,109,118,119.

山东邹县文物保管所. 邹县元代李玉庵墓清理简报[J]. 文物，1978（4）:17.

苏州市文物保管委员会，等. 苏州吴张士诚母曹氏墓清理简报[J]. 考古，1965（6）:293,294.

泰州市博物馆. 江苏泰州明代刘湘夫妇合葬墓清理简报[J]. 文物，1992（8）:71,74-76.

西安市文物保护考古研究所. 西安曲江元代张达夫及其夫人墓发掘简报[J]. 文物，2013（8）:36.

泰州市博物馆. 江苏泰州市明代徐蕃夫妇墓发掘简报[J]. 文物，1986（9）:3,5,6.

陈国安. 浅谈衡阳县何家皂北宋墓纺织品[J]. 文物，1984（12）:77.

新疆文物考古研究所. 新疆尉犁县营盘墓地1995年发掘简报[J]. 文物，2006（6）:27.

山东邹县文物保管所. 邹县元代李裕庵墓清理简报[J]. 文物，1978（4）:17.

杨忠敏，阎可行. 陕西彬县五代冯晖墓[J]. 文物，1994（11）:55,56.

郑州市文物考古研究所，等. 河南登封黑山沟宋墓壁画[J]. 文物，2001（10）:61,62.

内蒙古师范大学科学技术史研究院，等. 内蒙古清水河塔尔梁五代壁画墓发掘简报[J]. 文物，2014（4）:27.

洛阳市文物工作队. 河南新安县梁庄北宋壁画墓[J]. 考古与文物，1996（4）:11,12,13.

赵宏，高明. 济源市东石露头村宋代壁画墓[J]. 中原文物，2008（2）:20,21. 彩版四.

李明德，等. 安阳小南海宋代壁画墓[J]. 中原文物，1993（2）:76.

刘玉生. 河南省方城县出土宋代石俑[J]. 文物，1983（8）:41. 图版七.

山西省考古研究所，等. 山西平定宋、金壁画墓简报[J]. 文物，1996（5）:彩图四.

郑州市文物考古研究所，等. 河南登封唐庄宋代壁画墓发掘简报[J]. 文物，2012（9）:39.

郑州市文物考古研究院，等．河南荥阳槐西壁画墓发掘简报［J］．中原文物，2008（5）：彩版一．

郑州文物考古研究所，等．河南新密市平陌宋代壁画墓［J］．文物，1998（12）:27. 彩图版．

北京大学考古文博学院，等．新安县石寺李村北宋宋四郎砖雕壁画墓测绘简报［J］．故宫博物院院刊，2016（1）:78.

中国社会科学院考古研究所安阳工作队．河南安阳新安庄西地宋墓发掘简报［J］．考古，1994（10）:913.

河北省文化局文物工作队．河北井陉县柿庄宋墓发掘报告［J］．考古学报，1962（2）:36.

许淑珍．山东淄博市临淄宋金壁画墓［J］．华夏考古，2003（1）:25.

康保成．陕西韩城宋墓壁画考释［J］．文艺研究，2009（11）:87. 彩图版．

甘肃省文物考古研究所．甘肃天水市王家新窑宋代砖雕墓［J］．考古，2002（11）:45, 46.

彭适凡，等．江西发现几座北宋纪年墓［J］．文物，1980（5）:32.

苏州博物馆，等．江阴北宋“瑞昌县君”孙四娘子墓［J］．文物，1982（12）:32, 34. 图版一．

成都市文物考古研究所．四川成都北宋宋京夫妇墓［J］．文物，2006（12）:57.

李烨，周忠庆．陕西洋县南宋彭杲夫妇墓［J］．文物，2007（8）:60. 71.

四川省博物馆，等．四川广元石刻宋墓清理简报［J］．文物，1982（6）:59.

盛伟．四川广元宋墓石刻［J］．文物，1986（12）:23.

张焕新．福建博物院藏南宋陈元吉墓出土器物［J］．文物，2011（7）:74, 87.

三台县文化馆．四川三台县发现一座宋墓［J］．考古，1973（6）:363.

王勇刚．陕西甘泉金代壁画墓［J］．文物，2009（7）:30, 31.

济南市博物馆，等．济南市宋金砖雕壁画墓［J］．文物，2008（8）:42, 43.

西北大学文化遗产学院，等．陕西甘泉柳河渠湾金代壁画墓发掘简报［J］．文物，2016（11）:46, 49.

襄阳市文物考古研究所．湖北襄阳檀溪宋代壁画墓［J］．文物，2015（2）:40, 41, 42.

福建省博物馆．福建福州郊区清理南宋朱著墓［J］．考古，1987（9）:801. 图版三．图版四．

胡进.杨粲墓石刻[J].文物天地,2015(5):37,39,40.

张焕新.福建博物馆藏南宋陈元吉墓出土器物[J].文物,2011(7):73,74.

福建省博物馆,等.福建将乐元代壁画墓[J].考古,1995(1):35.

西安市文物保护研究院.西安曲江元代张达及其夫人墓发掘简报[J].文物,2013(8):36.

辽宁省博物馆等.凌源富家屯元墓[J].文物,1985(6):75.

陈晶.记江苏武进新出土的南宋珍贵漆器[J].文物,1979(3):46.

王德庆.江苏吴县元墓清理简报[J].文物,1959(11):19.

江西省文物考古研究所.南昌明代宁靖王夫人吴氏墓发掘简报[J].文物,2003(2):28.

王秀玲.明定陵出土帝后服饰(三)[J].收藏家,2009(11):33,34.

李清泉.墓主像与唐宋墓葬风气之变——以五代十国时期的考古发现为中心[J].美术学报,2014(4):7.

李学勤."二重证据法"与古史研究[J].清华大学学报:哲学社会科学版,2007,5(22):5,6.

金石.重评"澶渊之盟"[J].民族研究,1981(2):3.

程民生.略论宋代市民文艺的特点[J].史学月刊,1998(6):107.

刘复生.宋代"衣服变古"及其时代特征——兼论"服妖"现象的时代意义[J].中国史研究,1998(2):87-90.

范立舟.理学在南宋宁宗朝的境遇[J].暨南学报,2002(3):125.

刘广丰.心态史视角下宋代的女主政治——以北宋刘皇后为中心[J].中原文化研究,2018(2):111.

徐勇.古代市民政治文化的独特性和局限性分析[J].江汉论坛,1991(8):66.

陈宝良."服妖"与"时世妆":古代中国服饰的伦理世界与时尚世界[J].艺术设计研究,2013(4):36.

扬之水.也说"轻解罗裳"[J].文史知识,2010(1):159.

冯鸣阳."帝国隐射"与"崇儒教化":南宋画院人物画政治功能的两种类型[J].民族艺术,2015(4):150,151.

陆溪.宋代女性身体史的国内研究回顾[J].妇女研究论丛,2011(4):95.

胡译文.她的"面容":试论两宋女性的镜中之影[J].美术研究,2016(3):79.

赵丰.霞帔与大袖[J].文物,2005(2):82,83.

高冰清.《宋史·舆服志三》订误二则[J].中华文史论丛,2012(4):222.

王欢.唐代大礼服袆衣复考[J].人民论坛,2015(33):224.

包铭新、高冰清.论晚清民国时期围系之裙到套穿之裙的演变[J].东华大学学报(社会科学版),2006(1):1.

刘瑞璞,等.藏袍结构研究在中华传统服饰结构谱系中的史学价值[J].服饰导刊,2016(10):65.

彭浩,张玲.北京大学藏秦代简牍《制衣》的“裙”与“袴”[J].文物,2016(9):73-75,82.

沈雁.说“领抹”[J].丝绸,2012(9):72.

张玲.南宋女装大袖形制特征及符号价值考[J].艺术设计研究,2017(2):48.

祁姿妤.史更几兴废,物华常流转——马面裙的始末、解构与重组[J].艺术设计研究,2015,(2):84.

张玲.南宋淳祐时期贵族妇女着装形态考释[J].国家博物馆馆刊,2016(6):87.

牛犁,等.清代合裆女裤的造型特征与制作工艺[J].服装学报,2016(3):298.

杭海.以图像的名义:北京2008年奥运会形象设计研究[D].北京:中央美术学院,2011.

张蓓蓓.宋代汉族服饰研究[D].苏州:苏州大学,2010.

王成礼.中国南宋汉族女子服装结构研究[D].福州:福建师范大学,2013.

陈晨.明代女子膝裤研究[D].北京:北京服装学院,2015.

王瑀.中兴瑞应图研究[D].北京:中央美术学院,2012.

顾苏宁.高淳花山宋墓出土丝绸服饰的初步认识[A].南京市博物馆.学耕文获集——南京市博物馆论文选[C].南京:江苏人民出版社,2008:52-68.

刘复生.泸州宋墓墓主人寻踪——从晋到宋:川南社会与民族关系的变化[A].泸州市博物馆.泸州市博物馆藏宋墓石刻精品[C].北京:中华书局,2016:194.

梁庚尧.南宋城市的发展[A]//南宋史研究论丛:上册.杭州:杭州出版社,2008:264.

汪晖.“早期现代性”及其他[N].中华读书报,2011-01-09(13).

李志生.唐代女性袒装及其变化的原因[N].团结报,2013-09-19(7).

四、电子文献

李冬君．从《清明上河图》看宋代的文艺复兴[EB/OL]. http://fashion.163.com/15/0211/00/AI4P7TOT00264MK3.html， 2015-02-11.

包伟民．宋代社会心理巨变："白面书生"成大众情人[EB/OL]. http://www.chinanews.com/cul/2012/01-17/3611646.shtml,2012-01-17.

张育新．阿骨打俯瞰金都800年[EB/OL]. http://news.sina.com.cn/c/2006-07-04/00249361807s.shtml， 2006-07-04.

唐婷，田甜．《湖南走向世界的文化名片》[EB/OL]. http://hnrb.voc.com.cn/hnrb_epaper/html/2011-07/05/content_362425.htm?div=-1， 2011-07-05.

后记 POSTSCRIPT

本论著是在笔者博士学位论文基础上历时一年的修改而完成。时至今日，清华大学李当岐教授于答辩当日提出“尽快出版”的殷切期望仍萦绕耳畔。诸位评审专家对博士论文给予优秀认定，是对我三年来夜以继日辛劳付出的最好回报。由博士论文到专著的转化，则是将诸位师友之中肯意见加以吸纳融汇，修正既往、补充新知的再认识过程，犹感收获甚丰。

古代服饰的“形制”研究极具挑战性，能否与文物“亲密”接触，直接关系到研究所能达到的精度与深度。三年来，围绕出土宋代纺织服饰的调研工作成为重中之重。所幸的是，在实地调研中，得到相关考古和文博机构的多方关照：江西德安县博物馆、福州市博物馆、南京市博物馆分别对江西德安周氏墓、福州茶园村宋墓、南京高淳花山墓出土服饰的调研工作给予大力支持。安徽省文物考古研究所、荆州文保中心为安徽南陵铁拐宋墓服饰的调研、成都考古研究院对北宋高克明家族墓考古成果的考察皆给予热忱帮助。黑龙江考古研究所对金齐国王墓服饰的考察提供便利条件。泸州市博物馆为泸州地区宋墓石刻的调研计划提供了周全的配合，并有专人陪同奔赴下属合江县开展宋墓石刻俑像的采集记录工作，使论文撰写收获难得的图像资料。泸县博物馆在新馆筹备的忙碌之际为我收集馆藏宋代石刻资料提供方便。荆州博物馆为调研计划提供智力支持，使预定的考察方案得以顺利实施。如果没有各级考古和文博机构对学术研究的理解和慷慨的资源分享，宋服调研测绘及相关资料收集工作将会步履为艰、难以开展。对于他们给予的倾力帮助，当铭记在心，致以诚谢。

在论文撰写过程中，得到诸多专家学者的热忱指教，受益良多。杨道圣教授对选题的学术价值予以高度肯定，对在比较视野下引入西方学者的相关理论给予启示，并对论文逐章悉心评阅，意见中肯翔实。中国社科院历史所王曾瑜研究员虽值耄耋之年，连日通读本书并精心批注，勉励之情溢于笔端。四川大学刘复生教授对涉及的史学问题答疑解惑，并为泸州之行的文物调研提供鼎力帮助。故宫博物院严勇研究员则对宋服相关织物问题给予认真详解。荆州博物馆彭浩研究员对我写作中遇到的困惑耐心释答，并对拙作付诸出版前的修改提出重要建议。中国丝绸博物馆周旸主任、上海师范大学古籍整理研究所雷家圣博士、河南大学博士后流动站曹文瀚博士、温州大学王业宏博士为本书撰写提供了宝贵的资料分享，在此一并诚谢。我的家人在本书撰写过程中默默地承担与付出，使我不为琐事干扰，安心治学、潜心写作，从而使撰写工作得以如期完成，感恩于斯，无以回报。

本书研究的开展得到“中国传统服饰文化的抢救、传承与设计创新”国家特殊需要博士人才培养项目、中国传媒大学2017年度科研培育项目的支持。后续又承蒙中国传媒大学“双一流”和特色发展专项资金项目的资助，方得以提交出版。在此，对多年来培育和扶持我科研发展的校方深表谢忱。

《那更罗衣峭窄裁：南宋女装形制风格研究》付梓在即，四年多的躬耕钻研终结硕果，心稍释然。同时又深感未解之题众多，莫敢倦怠。中国古代服饰形制文化研究任重道远，尽管求索之路绝非坦途，甚至布满艰辛，但对中华优秀传统文化的传承与弘扬之责无疑是持续前行的动力所在，我愿为之继续努力。

张玲

2019年6月于通州

图书在版编目(CIP)数据

那更罗衣峭窄裁：南宋女装形制风格研究 / 张玲著 . -- 北京：中国传媒大学出版社，2019.12（2023.9 重印）
ISBN 978-7-5657-2657-6

Ⅰ．①那… Ⅱ．①张… Ⅲ．①女服—研究—中国—南宋 Ⅳ．① TS941.742.442

中国版本图书馆 CIP 数据核字（2019）第 299051 号

那更罗衣峭窄裁：南宋女装形制风格研究

NAGENG LUOYI QIAOZHAICAI: NANSONG NVZHUANG XINGZHI FENGGE YANJIU

著　　者	张　玲
责任编辑	黄松毅
封面设计	崔晓旋
责任印制	阳金洲

出版发行	中国传媒大学出版社		
社　　址	北京市朝阳区定福庄东街 1 号	**邮　　编**	100024
电　　话	86—10—65450528　65450532	**传　　真**	65779405
网　　址	http://cucp.cuc.edu.cn		
经　　销	全国新华书店		

印　　刷	唐山玺诚印务有限公司
开　　本	710mm×1000mm　1/16
印　　张	黑白 20　彩插 4
字　　数	390 千字
版　　次	2019 年 12 月第 1 版
印　　次	2023 年 9 月第 3 次印刷

书　　号	ISBN 978-7-5657-2657-6/TS・2657	**定　　价**	98.00 元

本社法律顾问:北京嘉润律师事务所　郭建平